JN425763

自由 Freedom Academy Pub. Co.

생명과학연구를 위한 통계적 방법

이재원/박미라/유한나

머리말

저자들이 [임상시험연구를 위한 통계적 방법]을 펴낸 지 거의 10년이 지났고, 그동안 국내의 생명과학연구 환경에 많은 변화가 있었다. 생명과학분야에서 통계적 방법의 적용이 보편화되고 그 중요성이 널리 인식되면서, 여러 대학에서 의학통계학 등의 관련 학과를 신설하기도 하고 제약회사 등에도 통계전문가들이 많이 진출하였다. 생명과학연구에서 좋은 결과를 얻기 위해서는 각 단계에 걸쳐 각 분야의 연구자와 통계전문가가 긴밀히 협조해야 함은 이론의 여지가 없으나, 현실적으로는 공동연구가 효율적으로 이루어지기 위해서 넘어야 할 장벽이 많다. 학부에서 통계학을 전공했다 하더라도 이 분야의 연구와 데이터의 특성을 알고 잘 훈련되어 있지 못하면 좋은 성과를 기대하기 어렵다. 여러 학교에서 이러한 수요에 맞는 커리큘럼을 적용하고 있지만, 아직까지 적절한 교재가 부족하다는 판단에서 이 책을 펴내게 되었다.

이 책은 통계학과 학부 3·4학년생들의 생물통계학강의를 염두에 두고 집필되었으며, 보건대학원 및 간호대학원에서 고급 생물통계학 교재로 활용될 수 있을 것으로 생각된다. 이론적 부분을 덜어내면 의약학 및 간호대학의 연구자들이나 제약회사 등에서 임상시험연구를 담당하는 연구자들의 참고서적으로 활용될 수 있을 것이다.

이 책은 총 3부, 14장으로 구성되어 있다. 제 1부에서는 생명과학연구에서 자주 사용되는 고급통계분석방법을 다루었다. 기초분석과 더불어 분할표분석, 로짓 및 로그선형분석, 공분산분석, 반복측정 자료분석, 생존분석 및 메타분석을 예제를 통해 자세히 설명하였다. 생명과학자료에서 부딪치게 되는 거의 대부분의 자료형태와 분석방법이 여기에 포함되어 있다고 하겠다. 제 2부에서는 임상시험연구의 설계, 대상자수의 결정과 임상시험의 운용, 결과보고에 이르기까지의 임상시험의 전 과정을 구체적으로 설명하였다. 이 책의 초판이라고 말할 수 있는 [임상시험연구를 위한 통계적 방법] 중에서 임상시험에 관계되는 모든 내용이 여기에 포함되어 있으며, 거기에 ICH 가이드라인 등 최근의 내용이 대폭 보강되었다. 제약회사나 병원에서 임상시험을 담당하는 연구자들은 스스로 통계부분에 익숙하지 않다고 생각하면 제 2부부터 읽는 것이 바람직할 것이다. 제 3부에서는 최근 관심이 집중되고 있는 유전자감식 및 유전체 연구에서 통계적 방법들이 어떻게 적용되는가를 설명하였다.

이 책에서는 각 장에서 소개한 방법들을 독자들이 쉽게 적용할 수 있도록 SAS 프로그램을 제시하였으며, 특히 연구대상자수의 계산이나 메타분석의 경우에도 SAS 프로그램으로 작성하여 수록하였다. 프로그램은 모두 SAS Ver 8.02로 테스트되었다.

아무쪼록 이 책으로 하여 통계학분야의 연구자들이 생명과학연구에 보다 익숙해지고, 더 나아가 생명과학분야의 연구자들과의 공동연구를 원활히 수행하기를 바란다. 끝으로 출판에 관련한 여러 분들께 감사의 뜻을 전하고, 특히 원고의 검토와 교정에 수고가 많았던 고려대 대학원의 이현정, 유아미에게 감사하는 바이다.

2005년 2월

저자 일동

차 례

PART I 생명과학자료의 통계분석 1

PART I

생명과학자료의 통계분석

제 1 장

서 론

의학, 약학, 간호학, 보건학, 역학 등 생명과학연구에서 신뢰할만한 연구결과를 얻기 위해서는 연구의 계획과 설계, 데이터의 수집과정 및 분석과 해석에 이르기까지의 전 과정이 과학적이고 합리적으로 진행되어야 할 것이다. 통계학은 말하자면 이러한 일련의 과정을 뒷받침해 주는 역할을 하며, 따라서 생명과학연구자와 통계전문가가 연구의 준비단계에서부터 결과의 해석에 이르기까지의 전 과정에 걸쳐서 긴밀하게 협조해야 한다. 그러나 현실적으로는 생명과학분야와 통계학분야의 연구자들 간의 공동연구가 제대로 이루어지지 못하고 있다. 이는 생명과학연구자들의 경우에는 전문적인 지식은 많지만 통계지식의 기반이 단단하지 못하고, 반면에 통계 전공자들은 생명과학분야에서의 용어나 관례를 비롯하여 생명과학연구의 절차나 연구자료의 특성에 대한 이해가 부족하여, 서로 원활한 의사소통이나 효율적인 연구를 기대하기 어렵기 때문이라고 판단된다. 이 장에서는 생명과학연구에서 많이 접할 수 있는 통계적 방법들을 별도로 배울 필요성에 대해 간략히 이야기하고, 연구결과를 올바로 해석하기 위한 가설검정의 개념을 강조할 것이다. 또한 생명과학 연구에서 흔히 볼 수 있는 자료의 형태를 소개하기로 한다.

1.1 생명과학연구와 통계

일반적으로 통계학과 학생들은 학부과정 중에 수많은 통계과목을 이수하게 된다. 대부분의 학교에서는 기초통계학, 수리통계학, 회귀분석, 분산분석, 다변량분석, 시계열분석, 범주형자료분석, 실험계획법, 비모수통계학 등 여러 통계전공 과목이 개설되어 있다.

그렇다면 이런 과목들을 모두 이수한 학생들은 과연 생명과학분야의 연구를 계획하고, 자료를 분석하고, 그 연구결과를 연구논문이나 보고서로 작성할 수 있을까? 예를 들어 다음의 문장을 보자. 이는 소아과 48권 1호 및 마취과학회지 34권 1호에 실린 논문 중 일부 내용을 발췌한 것이다.

① 운동선수군의 BMI 평균은 20.4 ± 2.2로 대조군 21.3 ± 2.7보다 낮았다 ($p = 0.0001$).

② T30 또는 T90 시점에서 구한 부위별 $P_{(a\text{-}ET)}CO_2$ 차이의 비교는 paired t-test를 이용하였다.

③ 뇌척수액의 lactoferrin의 농도는 뇌척수액의 백혈구수와 양의 상관관계를 보였고 ($r = 0.449$, $p = 0.007$), 뇌척수액내 단백농도와도 상관관계가 있었다 ($r = 0.508$, $p = 0.002$).

이러한 내용을 이해하기 위해서는 '$p = 0.0001$' 등과 같은 표현의 의미를 알아야 할 것이며, 'paired t-test'나 상관분석 같은 통계적 검정방법을 사용하여 분석하는 것도 알아야 할 것이다. 이 정도 수준이라면 통계학 전공 학생들에게는 전혀 문제가 되지 않을 것이지만, 실제로는 상당히 많은 연구에서 학생들이 어려움을 느끼고 있다. 예를 하나 더 들어보도록 하자. 아래 내용은 필자가 모 제약회사에서 시행하고자 하는 고지혈증 환자대상의 임상시험과 암 환자대상의 임상시험을 위해 작성한 임상시험계획서의 통계 부분의 일부이다.

① 본 임상시험에 대한 유효성 분석은 Intent-to-treat 원칙에 따라 실시한다. 무작위 배정된 모든 환자를 대상으로 Intent-to-treat 분석을 실시할 것이며, 12주까지 시험을 완료한 환자를 대상으로 Per-protocol 분석이 동시에 실시될 것이다 (유의수준 5%). 안전성 평가에서는 적어도 한 번 치료약을 복용한 모든 환자들이 포함된다.

② 주 평가항목은 6주 후 시험약과 위약 간의 LDL-C (콜리에스테롤) 감소치를 비교하는 것으로서, 이를 위하여 이표본 t-검정 (two sample t-test) 또는 순위합 검정 (rank sum test)을 이용하고, 치료군과 투여전 LDL-C 값을 공변량 (covariate)으로 하는 공분산분석 (ANCOVA)을 실시한다.

실험실검사자료 및 환자의 배경에 관한 자료로부터 얻어진 예후인자 (prognostic factor) 들에 대해서도 카이제곱검정 및 로그-선형모형 (log-linear model) 에 근거한 분석을 실시하여, 두 환자군의 동질성을 검정하고 예후인자들간의 연관관계를 살펴본다. 또한 각 예후인자들이 LDL-C의 변화양상에 미치는 영향을 알아보기 위하여 회귀분석 (regression analysis) 을 실시한다.

시험약을 투여한 환자군과 위약 (placebo) 을 투여한 환자군의 각 치료군 내에서 투여전 대비 LDL-C의 변화양상을 측정하기 위하여 두 가지 검정을 실시하는 데, 첫째, H_0: $\mu_{0주} = \mu_{6주}$를 검정하기 위하여 짝지은 t-검정 (paired t-test) 또는 부호순위검정(signed rank test) 을 실시하고, H_0: $\mu_{0주} = \mu_{2주} = \mu_{4주} = \mu_{6주}$를 검정하기 위하여 반복측정된 자료의 분산분석법(repeated measure ANOVA) 을 이용한다.

③ 보조 결과변수에 대해서는 주 결과변수와 같은 방법으로 분석을 실시한다. 안전성에 대한 분석은 크게 실험실 검사의 이상과 임상적으로 측정한 이상반응 자료에 근거한다. 치료약 투여군 별로 실험실적 또는 임상적 이상반응이 발생할 경우의 분율을 고려하여, Fisher의 정확검정법 (Fisher's exact test) 또는 카이제곱검정법을 이용한다.

④ 본 임상시험의 유효성 평가변수는 생존기간 및 생존율이다. 유효성 평가변수인 생존기간 및 생존율에 대하여 카플란-마이어 (Kaplan-Meier) 방법을 사용한 생존분석을 실시하고, 피험자의 기초특성에서 얻어진 예후인자가 생존분포에 끼치는 영향을 살펴보기 위해 로그-순위 (log-rank) 검정법과 Cox의 회귀분석 등을 이용한다.

피험자가 사망하지 않고 중도에 탈락하였거나 임상시험이 종료되어 더 이상 피험자를 추적 관찰하지 못하였을 경우에는 마지막으로 피험자를 관찰한 시점을 중도절단 (censoring) 시점으로 한다.

위 내용을 다시 한 번 자세히 살펴보도록 하자. 앞에서 언급하였듯이 십 수 개의 통계과목을 이수한 통계학과 학생들은 유의수준 5%, 이표본 t-검정 (two sample t-test), 순위합 검정 (rank sum test), 카이제곱검정 (chi-square test), 짝지은 t-검정 (paired t-test), 부호순위검정 (signed rank test), 회귀분석 (regression analysis) 등과 같은 방법에는 익숙하지만, 공분산분석 (ANCOVA), 로그-선형모형 (log-linear model), 반복측정된 자료의 분산분석법 (repeated measure ANOVA), 피셔의 정확검정법 (Fisher's exact test), 카플란-마이어 (Kaplan-Meier) 방법, 로그-순위 (log-rank) 검정법과 Cox의 회귀분석 등의 방법은 잘 이해하고 있기가 어렵다. 또한 Intent-to-treat 나 Per-protocol 분석, 예후인자 (prognostic factor)와 중도절단 (censoring) 같은 용어는 생소할 것이다. 이와 같이 통계학과 학부과정에서도 잘 다루지 않는 통계적 방법들이 의학연구를 비롯한 생명과학연구에서는 흔히 사용되는 것을 볼 수가 있다. 따라서 통계 전공자들은 생명과학연구의 절차나 연구자료의 특성에 대한 이해를 높이고 생명과학연구에서 많이 접할 수 있는 통계적 방법들을 별도로 배워야 할 필요가 있다고 하겠다. 다행스럽게도 요즈음에는 많은 통계학과에서 '생물통계학(Biostatistics)'이라는 과목을 따로 개설하여 학생들로 하여금 이런 훈련을 하도록 하고 있다.

본 교재는 이러한 취지를 최대한 살리기 위해서 다음과 같은 세 부분으로 나뉘어져 있다. 제1부에서는 집단비교, 피셔의 정확검정법이나 맥니마검정법 등을 사용하는 분할표분석, 공분산분석, 반복측정자료분석, 로짓분석, 로그-선형분석, 생존분석과 메타분석 등 생명과학연구에서 흔히 접할 수 있는 통계적 방법들을 차례대로 알아보고, 제2부에서는 임상시험연구에 초점을 맞추어 임상시험의 설계부터 운용, 분석, 결과보고 및 평가에 이르기까지 전 과정에 걸쳐 자세히 설명하고 있다. 마지막으로 제3부에서는 유전자감식분야와 유전체분야 등 최신분야에서 통계적방법이 어떻게 응용되어지는가를 설명하고 있다. 독자들이 이 교재의 내용을 다 배우고 위의 임상시험계획서 통계부분을 다시 읽어본다면 아주 편안함을 느낄 수 있으리라 기대한다.

2장에서의 '집단의 비교'를 시작으로 본격적인 논의가 진행될 것이며, 가능하면 기초통계학 부분과 겹치는 내용은 이 교재에서 많이 다루지 않도록 하겠다. 통계학을 처음 접하는 독자들은 'Excel을 이용한 의학데이터의 통계분석' (박미라 · 이재원, 1998)과 같은 입문서를 먼저 학습하여 생명과학연구자료의 기초분석에 대한 지식을 습득하기를 권한다. 하지만 본 교재에서도 대부분 가설검정 방법을 다루게 되므로, 가설검정의 개념은 다음 절에서 다시 한 번 강조하고자 한다. 또한 생명과학 연구에서 흔히 볼 수 있는 데이터의 형태를 소개하고, 데이터의 형태에 따른 통계적 방법들을 정리하여 보기로 한다.

1.2 가설검정의 원리

가설검정(hypothesis testing)은 모수(parameter)에 대한 가설의 옳고 그름을 판단하는 절차이다. 생명과학분야의 논문 등에서는 흔히 "5% 유의수준에서 가설은 기각된다" 또는 "A그룹과 B그룹은 통계적으로 유의한 차이를 보였다($p<0.01$)" 등의 표현을 자주 접할 것이다. 가설검정과 관련된 용어와 절차를 정리하여 보자.

먼저 가설에 대해서 논의해 보자. 기존의 치료효과가 70%인 약이 있었다고 하자. 어느 제약회사에서는 이에 대한 신약개발연구를 거듭한 결과 치료효과가 더 좋은 신약을 개발하였다. 이와 같은 경우에 다음과 같은 두 개의 주장이 존재할 것이다.

① 신약의 치료효과는 기존의 약과 차이가 없다.

② 신약의 치료효과가 기존의 약보다 좋다.

이러한 주장을 가설이라고 한다. 가설에는 **귀무가설 (null hypothesis)** 과 **대립가설 (alternative hypothesis)** 의 두 가지가 있게 된다. 흔히 귀무가설을 H_0, 대립가설을 H_1으로 표시한다. 이 때 연구자가 주장하는 바인 ②의 주장을 대립가설로 놓고, 그에 반하는 ①의 주장을 귀무가설로 놓는다. 대립가설을 입증할 강력한 증거가 있을 때 자기 주장을 채택하고, 증거가 충분하지 못하면 자기주장을 버리고 귀무가설로 돌아간다.

증거를 수집한 후 판정을 하는 과정에서 오류가 발생할 수 있다. 예컨대 실제로는 두 집단의 치료효과의 차이가 없는데도 불구하고, 관측된 값에서 치료효과의 차이가 우연히 크게 나타날 수 있다. 이 때 연구자는 사실과 다르게 귀무가설을 기각하게 되는 잘못을 범하게 된다. 이러한 종류의 오류를 **제 1 종 오류 (type I error)** 라고 한다. 이러한 오류가 일어날 확률의 최대허용치를 **유의수준 (significance level)** 이라고 하며 통상 α로 표기한다. 반대로 치료효과의 차이가 있는데도 불구하고, 관측된 차이가 우연히 매우 작은 값이 될 수 있다. 이 때 연구자는 이에 근거하여 귀무가설을 기각하지 않는 오류를 범하게 되는데, 이러한 오류를 **제 2 종 오류 (type II error)** 라고 하며 이러한 오류가 일어날 확률을 β로 표기한다. 귀무가설이 사실이 아닐 때 귀무가설을 기각하게 될 확률은 $1-\beta$가 되는데 이 값을 **검정력 (power)** 이라고 한다.

위의 예에서 제약회사에서 두 약을 비교하기 위한 실험을 시행한 결과 신약의 치료율이 76%로 기존의 약의 치료율보다 6% 더 좋게 나타났다고 하자. 사실은 치료효과가 같은데도 우연히 더 좋게 나온 것일 수도 있고, 사실상 신약의 치료효과가 더 좋기 때문에 당연히 나타난 결과일 수도 있다. 따라서 우리는 치료효과가 같을 때에 우연히 6% 이상의 차이가 나타날 확률을 계산할 필요가 있다. 이 확률이 극히 작다면 귀무가설을 기각할 만한 충분한 증거가 된다고 할 수 있다. 이 확률값을 ***p*-값 (*p*-value)** 이라고 한다. 결론적으로 말해서, p-값이란 귀무가설 하에서 관측된 사건 이상으로 귀무가설에 반하는 사건이 일어날 확률을 말하며, p-값이 작을수록 귀무가설에 반대되는 강한 증거가 된다. 이 예에서 만약 실험결과 신약이 기존의 약에 비해 10% 더 효과가 높은 것으로 나타났다면, p-값은 더욱 작아지고 귀무가설을 버리고 대립가설을 채택하는데 더 강한 증거가 되었을 것이다. 이 때 판단의 기준으로 삼는 것이 유의수준 α이다. $\alpha = 0.05$로 했으면 관측된 p-값이 0.05보다 작을 때 귀무가설에 반하는 충분한 근거가 있다고 본다. 이를 "유의수준 5%에서 귀무가설은 기각된다" 또는 "유의수준 5%에서 유의하다"고 표현하게 된다. 만약 $\alpha = 0.01$로 정했다면 p-값이 0.01보다 작아야만 귀무가설을 기각하는 증거로 인정된다.

마지막으로 단측 및 양측검정에 대해서 알아보자. 위에서 설명한 사례의 귀무가설과 대립가설은 다음과 같다.

H_0 : 신약의 치료효과는 기존의 약과 차이가 없거나 더 못하다. (또는 $p_1 \le p_0$)
H_1 : 신약의 치료효과가 기존의 약보다 좋다. (또는 $p_1 > p_0$)

이 때의 연구자의 주장은 "더 좋다"는 것으로 이와 같이 주장하는 바가 어느 한 방향으로 이루어지는 것을 **단측검정 (one-sided test)**이라고 한다. 앞에서 설명한 대로 실험결과 신약의 치료효과가 기존의 약보다 충분히 크게 나타났을 때 대립가설을 채택하게 된다. 반면 다음의 가설을 생각해 보자.

H_0 : 신약과 기존의 약의 치료효과는 같다. (또는 $p_1 = p_0$)
H_1 : 신약과 기존의 약의 치료효과는 같지 않다. (또는 $p_1 \ne p_0$)

이때에는 실험결과 신약의 약효가 충분히 더 좋거나 아니면 기존의 약이 충분히 더 좋거나 할 때 대립가설을 채택하게 된다. 이러한 가설은 **양측검정 (two-sided test)**이라고 한다. 이와 같이 단측검정과 양측검정은 대립가설의 방향에 따라 결정된다. 이 예에서 연구자가 신약의 치료효과가 더 좋을 것으로 확신하고 충분히 좋은가에만 관심이 있다면 단측검정을 선택할 수 있다. 그러나 의외로 신약의 치료효과가 더 떨어질 위험도 있다면 양측검정을 사용해야 한다. 단측검정을 할 것인지 양측검정을 할 것인지는 데이터 수집이전에 미리 결정되어야 하는 문제이며, 많은 경우 양측검정이 사용된다.

1.3 생명과학 연구자료의 유형

연구의 결과 얻게 되는 데이터는 크게 **질적 자료 (qualitative data)** 와 **양적 자료 (quantitative data)** 로 분류할 수 있다. 질적 자료를 **범주형 자료 (categorical data)**, 양적인 자료를 **수치자료 (numerical data)** 로 표현하기도 한다. 이제 유형별로 간단히 살펴보기로 하자.

질적 자료는 반응값이 몇 개의 범주로 나뉘어진 것을 말하는데, 가장 단순한 형태는 각 데이터의 속성을 두 개의 범주 중 하나로 분류하는 것이다. 예를 들어 남/여, 성공/실패, 흡연/비흡연 등으로 분류하는 것이다. 임상자료에서 이러한 예는 흔히 찾아 볼 수 있다. 예를 들어 호지킨 림프종의 경우 4주 동안 종양이 사라지는 것을 "성공", 그렇지 않으면 "실패"하는 식으로 이분할 수 있다. 이렇게 이분된 자료는 남자 = 1, 여자 = 0 하는 식으로 각각의 범주에 1 또는 0을 대입하여 입력하는 방법이 선호된다. 그 이유는 분석 시 편리한 부분이 있기 때문인데, 한 예로 회귀분석 등에서 이러한 입력방식으로 성별을 가변수 (dummy variable) 화하여 독립변수에 포함시킬 수 있다. 범주가 둘 이상인 경우도 많다. 예컨대 ABO식 혈액형에서는 모든 사람을 A/B/AB/O의 4개 범주로 분류한다. 이러한 범주에는 아무런 순서가 없으며 이를 **명목형 자료 (nominal data)**라고 한다. 반면 순서에 의미가 있는 범주들이 있을 수 있는데 예컨대 류마치스성 관절염의 치료에서 고통의 감소정도를 '전혀 효과 없음', '조금 있음', '매우 효과 있음' 식으로 묻는 것이다. 이러한 데이터를 **순서형 자료 (ordinal data)** 라고 한다.

양적 자료에는 **이산형 자료 (discrete data)** 와 **연속형 자료 (continuous data)** 가 있다. 이산형 자료는 출산횟수라든가 일정기간 동안의 재발횟수 등과 같이 이산적인 값을 갖는 데이터를 말한다. 연속형 자료는 체중, 혈압, 혈청 콜레스테롤 수치 등과 같이 연속적인 값을 갖는 데이터를 말한다. 연속형 자료를 몇 개의 범주로 나누어 기록하게 되는 경우가 흔히 있으나, 혈압이나 헤모글로빈 등의 수치는 정확한 값으로 기록하는 것이 좋다. 이러한 값들을 몇 개의 범주로 나누어 기록하면 정보의 손실을 가져오게 되기 때문이다. 예컨대 혈압을 90 mmHg 이상과 미만의 두 범주로 나누어 기록한다면 혈압이 95 mmHg 인 사람과 120 mmHg 인 사람과의 구별이 없어지게 되어 바람직하지 않다.

위에서 소개한 자료유형 외에도 비율 자료, 비 자료, 생존시간 자료 등이 있다. 비율 (rate) 자료는 신생아 분만시 사망률과 같이 전체도수에 대한 관측도수를 구하여 비율로 변환한 자료를 말한다. 이와는 달리 비(ratio) 자료는 한 병원에서의 환자 대 의사 비와 같이 분자가 분모의 일부분일 필요가 없는 형태를 말한다. 한편, 생존시간(survival time) 자료는 어느 시점부터 사망 등의 사건 (event) 이 발생하는 시점까지의 시간을 나타내는데, 예컨대 암환자의 생존시간에 대한 연구에서 어떤 환자가 수술 후 30개월까지는 생존한 사실은 알고 있으나 그 이후에 더 이상 병원에 오지 않아 확실한 생존기간을 알 수 없게 되는 경우에 발생하는 자료의 형태를 중도절단 자료라고 한다. 이러한 여러 형태의 자료에 대해 적절한 분석방법을 다음 장부터 알아보기로 하자.

제 2 장 집단의 비교

생명과학 분야의 연구에서는 실험군과 대조군을 비교한다거나 어떤 처리 전후의 변화가 있는지를 알아보는 분석을 해야 할 경우가 많다. 이 장에서는 반응이 연속형인 경우에 두개의 독립적인 집단간에 차이가 있는가를 보는 방법과 짝지은 표본의 분석방법, 그리고 여러 개의 독립적인 집단들을 비교하는 방법을 알아보기로 한다.

2.1 두 집단의 평균비교

먼저 두 개의 모집단이 있을 때 그들의 고평균을 비교하는 방법을 알아보자. 모분산이 알려진 정규 모집단의 경우와 모집단이 알려지지 않은 경우로 나누어 설명하겠다.

2.1.1 모분산이 알려진 정규모집단의 경우

두 집단의 데이터가 서로 독립적인 정규분포에서 나온 것이라고 하고 다음과 같은 가정을 하자.

− $x_1, x_2, \cdots, x_{n_1}$은 평균 μ_1, 분산 σ_1^2인 정규분포를 따르는 모집단에서 나온 표본이다.

- $y_1, y_2, \cdots, y_{n_2}$은 평균 μ_2, 분산 σ_2^2인 정규분포를 따르는 모집단에서 나온 표본이다.
- 두 표본은 서로 독립이다.

여기서 n_1과 n_2는 각각 두 모집단으로부터의 표본의 크기이다. 우리가 관심 있는 것은 두 모평균의 차이, 즉 $\mu_1 - \mu_2$이다. 이의 추정량은 $\bar{x} - \bar{y}$이 되고 이를 표준화한

$$Z = \frac{(\bar{x} - \bar{y}) - (\mu_1 - \mu_2)}{\sqrt{\sigma_1^2/n_1 + \sigma_2^2/n_2}}$$

가 표준정규분포를 따른다는 사실을 이용하여 가설검정을 할 수 있다. 일반적으로 두 모평균의 차이 δ를 검정하기 위한 검정통계량은

$$Z = \frac{(\bar{x} - \bar{y}) - \delta}{\sqrt{\sigma_1^2/n_1 + \sigma_2^2/n_2}}$$

이 된다. 유의수준을 α로 했을 때 가설의 형태에 따른 검정절차는 다음과 같다.

- $H_0: \mu_1 - \mu_2 = \delta$ vs. $H_1: \mu_1 - \mu_2 > \delta$일 때, $Z > z_\alpha$이면 귀무가설 기각
- $H_0: \mu_1 - \mu_2 = \delta$ vs. $H_1: \mu_1 - \mu_2 < \delta$ 일 때, $Z < -z_\alpha$이면 귀무가설 기각
- $H_0: \mu_1 - \mu_2 = \delta$ vs. $H_1: \mu_1 - \mu_2 \neq \delta$ 일 때, $|Z| > z_{\alpha/2}$이면 귀무가설 기각

여기서 $\delta = 0$으로 놓으면 두 모평균의 동일성 $\mu_1 = \mu_2$에 관한 검정이 될 것이다. 이 때 Z_α는 표준정규분포에서 상위 α의 확률을 갖는 임계치를 의미한다(표준정규분포표는 [부록2]에 있다).

모평균의 차이 $\mu_1 - \mu_2$의 $100(1-\alpha)\%$ 신뢰구간은 다음과 같이 구해진다.

$$\left((\bar{x} - \bar{y}) - z_{\frac{\alpha}{2}}\sqrt{\frac{\sigma_1^2}{n_1} + \frac{\sigma_2^2}{n_2}},\quad (\bar{x} - \bar{y}) + z_{\frac{\alpha}{2}}\sqrt{\frac{\sigma_1^2}{n_1} + \frac{\sigma_2^2}{n_2}} \right)$$

예제 2-1 한 연구자는 건강한 사람 5명, 부갑상선 기능 항진증 환자 12명에 대하여 혈청 중의 칼슘량을 측정하여 건강한 사람의 혈중 칼슘량이 더 많은지를 조사하였다. 실험결과 건강한 사람의 평균 칼슘량은 12.9이고, 기능 항진증 환자들의 혈청 중의 평균 칼슘량은 9.9로 측정되었다. 두 그룹의 자료는 정규모집단에서 독립적으로 뽑힌 확률표본이라고 가정하고 모분산은 각각 0.69와 0.175로 알려져 있다고 할 때 두 그룹의 혈중 칼슘량 평균이 같다고 할 수 있을까?

이 때 귀무가설과 대립가설을 다음과 같이 놓자.

$$H_0: \mu_1 - \mu_2 = 0 \quad \text{vs.} \quad H_1: \mu_1 - \mu_2 \neq 0$$

이를 검정하기 위한 검정통계량은 다음과 같다.

$$Z = \frac{(\bar{x} - \bar{y}) - \delta}{\sqrt{\sigma_1^2/n_1 + \sigma_2^2/n_2}} = \frac{12.9 - 9.9}{\sqrt{0.69/5 + 0.175/12}} = 7.68$$

유의수준을 5%로 하였을 때 $z_{0.025} = 1.96$이므로 $|Z| > z_{0.025}$가 되어 귀무가설은 기각된다. 즉, 부갑상선 기능항진증의 환자와 건강한 사람의 혈청 중의 칼슘량은 다르다고 할 수 있다.

두 모평균의 차이 $\mu_1 - \mu_2$의 95% 신뢰구간은 다음과 같다.

$$\left((12.9 - 9.9) - 1.96\sqrt{\frac{0.69}{5} + \frac{0.175}{12}},\ (12.9 - 9.9) + 1.96\sqrt{\frac{0.69}{5} + \frac{0.175}{12}}\right)$$
$$= (2.23,\ 3.77)$$

2.1.2 모분산이 알려지지 않은 경우

실제로 두 집단의 모분산이 알려진 경우는 그다지 흔치 않다. 그런데 두 집단의 표본의 크기가 모두 큰 경우(보통 30이상)에는, 모분산을 알고 있지 않더라도, 또한 모집단이 정규분포를 따르지 않더라도 정규분포를 이용한 검정을 할 수 있다. 이 때에는 모분산의 추정치로 표본분산을 사용하게 된다. 두 모평균의 차이 δ에 대한 가설검정을 위한 검정통계량은 다음과 같다.

$$Z = \frac{(\bar{x} - \bar{y}) - \delta}{\sqrt{s_1^2/n_1 + s_2^2/n_2}}$$

여기서 s_1과 s_2는 각각 두 집단에서의 표본표준편차이다(따라서 s_1^2과 s_2^2은 각 집단의 표본분산이다). 검정절차는 모분산을 알고 있는 경우에서와 같다.

모평균의 차이 $\mu_1 - \mu_2$의 $100(1 - \alpha)$% 신뢰구간은 다음과 같이 구해진다.

$$\left((\bar{x} - \bar{y}) - z_{\frac{\alpha}{2}}\sqrt{\frac{s_1^2}{n_1} + \frac{s_2^2}{n_2}},\quad (\bar{x} - \bar{y}) + z_{\frac{\alpha}{2}}\sqrt{\frac{s_1^2}{n_1} + \frac{s_2^2}{n_2}}\right)$$

그런데 우리는 흔히 모분산이 알려져 있지 않으면서 표본수도 적은 데이터를 접하게 된다. 이러한 경우에 모평균의 차이를 추론하기 위해서는 두 모집단이 정규분포를 따른다는 가정이 필요하다. 이러한 소표본의 경우 두 표본이 독립된 모집단으로부터 추출된 것일 때 두 모집단의 평균을 비교하는 검정방법인 **이표본 t-검정(two sample t-test)**

에 관해서 알아보자. 모분산이 동일하다는 가정을 할 수 있을 때와 그렇지 않을 때의 두 가지 경우에 따라 검정방법이 달라진다.

(1) 모분산이 같은 경우

먼저 두 모집단이 동일한 분산을 갖는다고 가정할 수 있는 경우의 검정법을 알아보자. 모분산은 두 표본의 표본분산으로부터 합동으로 추정할 수 있다. 모분산의 추정량으로서 두 그룹의 표본분산을 각 그룹의 표본수에 비례하여 병합한 다음과 같은 **합동분산 (pooled variance)** 의 추정량을 생각할 수 있다.

$$s_p^2 = \frac{(n_1 - 1)s_1^2 + (n_2 - 1)s_2^2}{n_1 + n_2 - 2}$$

여기서 s_1, s_2는 각각 두 그룹에서의 표본표준편차이다. 이 때의 검정통계량

$$t = \frac{(\bar{x} - \bar{y}) - (\mu_1 - \mu_2)}{s_p\sqrt{\dfrac{1}{n_1} + \dfrac{1}{n_2}}}$$

이 자유도 $n_1 + n_2 - 2$인 t-분포를 따른다는 것을 이용하여 검정하게 된다(t-분포표는 [부록 3]에 있다).

유의수준을 α로 했을 때 가설의 형태에 따른 검정의 절차는 다음과 같다. 여기서 $t_\alpha(n_1 + n_2 - 2)$는 자유도 $n_1 + n_2 - 2$인 t-분포의 상위 α의 확률을 갖는 임계치를 의미한다.

- $H_0: \mu_1 - \mu_2 = \delta$ vs. $H_1: \mu_1 - \mu_2 > \delta$ 일 때,
  $t > t_\alpha(n_1 + n_2 - 2)$ 이면 귀무가설 기각
- $H_0: \mu_1 - \mu_2 = \delta$ vs. $H_1: \mu_1 - \mu_2 < \delta$ 일 때,
  $t < -t_\alpha(n_1 + n_2 - 2)$이면 귀무가설 기각
- $H_0: \mu_1 - \mu_2 = \delta$ vs. $H_1: \mu_1 - \mu_2 \neq \delta$ 일 때,
  $|t| > t_{\frac{\alpha}{2}}(n_1 + n_2 - 2)$이면 귀무가설 기각

두 모평균의 차이 $\mu_1 - \mu_2$의 $100(1 - \alpha)\%$ 신뢰구간은 다음과 같이 구해진다.

$$\left((\bar{x} - \bar{y}) - t_{\frac{\alpha}{2}}(n_1 + n_2 - 2) \times s_p\sqrt{\frac{1}{n_1} + \frac{1}{n_2}},\ (\bar{x} - \bar{y}) + t_{\frac{\alpha}{2}}(n_1 + n_2 - 2) \times s_p\sqrt{\frac{1}{n_1} + \frac{1}{n_2}}\right)$$

예제 2.2 다음 자료는 뚜렷한 폐기종(emphysema) 발전 이전의 흡연자에 대해 폐 파괴 현상을 조사한 것이다. 비흡연자 집단과 호흡기질환 외의 다른 원인으로 사망한 흡연자 집단에 대해 폐 파괴지수를 측정하였다(높은 수치는 폐의 손상됨이 크다는 것을 뜻한다). 각 그룹에서의 관측치들은 정규분포를 따르는 모집단으로부터 독립적으로 얻어진 것이며, 두 그룹에서의 모분산은 같다고 가정하자. 흡연자와 비흡연자의 폐 파괴지수의 평균이 같다고 할 수 있는가?

[표 2.1] 흡연자와 비흡연자의 폐 파괴지수

흡연자	비흡연자
16.6 13.9 11.3 26.5 17.4 15.3 15.8 12.3 18.6 12.0 24.1 16.5 21.8 16.3 23.4 18.8	18.1 6.0 10.8 11.0 7.7 17.9 8.5 13.0 18.9

귀무가설과 대립가설은 다음과 같다.

H_0 : 흡연자와 비흡연자의 폐 파괴지수 평균은 같다(즉, $\mu_1 = \mu_2$)
H_1 : 흡연자의 폐 파괴지수의 평균은 비흡연자의 평균과 다르다(즉, $\mu_1 \neq \mu_2$)

이 때,

$$\bar{x} - \bar{y} = 17.538 - 12.433 = 5.1042$$

$$s_p = \sqrt{\frac{(16-1)(4.48)^2 + (9-1)(4.85)^2}{16+9-2}} = 4.61$$

이므로, 검정통계량은

$$t = \frac{17.538 - 12.433}{4.61\sqrt{\frac{1}{16} + \frac{1}{9}}} = 2.66$$

이 된다. 이 값은 자유도 23(= 16 + 9 − 2)인 t-분포의 임계값 2.069보다 크므로 5% 유의수준에서 귀무가설은 기각된다. 즉, 흡연자의 폐 파괴지수의 평균은 비흡연자의 평균과 다르다고 할 수 있다.

(2) 모분산이 다른 경우

정규분포로부터 나온 표본이라 해도, 모분산이 알려지지 않고 두 모집단이 동일한 분산을 갖는다고 가정할 수 없을 때에는 위에서와 같이 합동분산을 이용하는 방법을

쓸 수 없다. 이 때는 다음과 같은 검정통계량

$$t = \frac{(\bar{x} - \bar{y}) - (\mu_1 - \mu_2)}{\sqrt{\frac{s_1^2}{n_1} + \frac{s_2^2}{n_2}}}$$

이 근사적으로 t-분포를 따른다는 것을 이용하여 검정하게 된다. 이 때의 자유도 υ는 다음과 같이 계산하는데 이를 **새터스웨이트 (Satterthwaite) 자유도**라고 부른다.

$$\upsilon = \frac{(w_1 + w_2)^2}{\frac{w_1^2}{n_1 - 1} + \frac{w_2^2}{n_2 - 1}}$$

여기서 $w_1 = s_1^2/n_1$, $w_2 = s_2^2/n_2$이다. υ의 값이 정수가 아닐 때에는 이 값에 가장 가까운 정수를 사용하거나 보간법 (interpolation) 을 사용한다.

앞에서와 마찬가지로 유의수준을 α로 했을 때 가설의 형태에 따른 검정의 절차는 다음과 같다. 여기서 $t_\alpha(\upsilon)$는 자유도 υ인 t-분포의 α의 확률값을 갖는 임계치를 의미한다.

- $H_0 : \mu_1 - \mu_2 = \delta$ vs. $H_1 : \mu_1 - \mu_2 > \delta$ 일 때, $t > t_\alpha(\upsilon)$이면 귀무가설 기각
- $H_0 : \mu_1 - \mu_2 = \delta$ vs. $H_1 : \mu_1 - \mu_2 < \delta$ 일 때, $t < -t_\alpha(\upsilon)$이면 귀무가설 기각
- $H_0 : \mu_1 - \mu_2 = \delta$ vs. $H_1 : \mu_1 - \mu_2 \neq \delta$ 일 때, $|t| > t_{\alpha/2}(\upsilon)$이면 귀무가설 기각

모평균의 차이 $\mu_1 - \mu_2$의 $100(1-\alpha)\%$ 신뢰구간은 다음과 같다.

$$\left((\bar{x} - \bar{y}) - t_{\frac{\alpha}{2}}(\upsilon)\sqrt{\frac{s_1^2}{n_1} + \frac{s_2^2}{n_2}}, \quad (\bar{x} - \bar{y}) + t_{\frac{\alpha}{2}}(\upsilon)\sqrt{\frac{s_1^2}{n_1} + \frac{s_2^2}{n_2}} \right)$$

(3) 모분산의 비교

두 그룹의 모분산이 같으냐, 다르냐에 따라 평균을 비교하는 검정방법이 다르므로 검정에 앞서 두 모분산을 비교하는 방법을 살펴볼 필요가 있다. 또한 경우에 따라서는 분산의 비교 자체에 목적이 있는 경우도 있다. 먼저 다음과 같은 가정이 필요하다.

- $x_1, \cdots, x_{n_1}$은 평균 μ_1, 분산 σ_1^2인 정규분포를 따르는 모집단에서 나온 표본이다.
- $y_1, \cdots, y_{n_2}$은 평균 μ_2, 분산 σ_2^2인 정규분포를 따르는 모집단에서 나온 표본이다.
- 두 표본은 서로 독립이다.

모분산의 비교를 위해서 관심 있는 것은 두 모분산의 비, 즉 σ_1^2/σ_2^2이다.

$$F = \frac{s_1^2/s_2^2}{\sigma_1^2/\sigma_2^2}$$

이 귀무가설 하에서 자유도 $n_1 - 1$, $n_2 - 1$인 F-분포를 따른다는 것을 이용한다. 결과적으로 다음과 같은 검정통계량

$$F = \frac{s_1^2}{s_2^2}$$

를 이용하여 검정한다. 유의수준을 α로 했을 때 가설의 형태에 따른 검정의 절차는 다음과 같다. $F_\alpha(v_1, v_2)$는 자유도가 v_1과 v_2일 때 F-분포의 상위 α의 확률값을 갖는 임계치를 말한다. F-분포의 임계치는 [부록 4]의 F-분포표로부터 찾을 수 있다.

- $H_0: \sigma_1^2/\sigma_2^2 = 1$ vs. $H_1: \sigma_1^2/\sigma_2^2 > 1$ 일 때, $F > F_\alpha(n_1 - 1, n_2 - 1)$이면 귀무가설 기각
- $H_0: \sigma_1^2/\sigma_2^2 = 1$ vs. $H_1: \sigma_1^2/\sigma_2^2 < 1$ 일 때, $F < F_{1-\alpha}(n_1 - 1, n_2 - 1)$이면 귀무가설 기각
- $H_0: \sigma_1^2/\sigma_2^2 = 1$ vs. $H_1: \sigma_1^2/\sigma_2^2 \neq 1$ 일 때,
  $F > F_{\alpha/2}(n_1 - 1, n_2 - 1)$ 또는 $F < F_{1-\alpha/2}(n_1 - 1, n_2 - 1)$이면 귀무가설 기각

여기서 $F_{1-\alpha/2}(n_1 - 1, n_2 - 1) = 1/[F_{\alpha/2}(n_2 - 1, n_1 - 1)]$로 구할 수 있다. F-분포는 정규분포나 t-분포와는 달리 좌우대칭의 형태를 가지고 있지 않으므로 기각역을 설정할 때 상위 α와 하위 α의 확률을 따로 생각해야 한다.

SAS 프로그램을 사용하여 앞의 [표 2.1] 자료에 대해 t-검정을 해보자. 이를 위한 SAS 프로그램과 결과는 각각 아래 [표 2.2]와 [표 2.3]과 같다. SAS에서는 PROC TTEST를 이용하여 두 모집단의 모평균을 비교할 수 있다. 이 예제에서는 모집단이 2개이므로 CLASS문에 분류변수를 나타내는 변수 group을 지정해준다.

[표 2.2] 폐 파괴지수 자료의 t-검정 SAS 프로그램

```
DATA test;
 INPUT group x @@;
 CARDS;
 1 16.6 1 13.9 1 11.3
 1 26.5 1 17.4 1 15.3
 1 15.8 1 12.3 1 18.6
 1 12.0 1 24.1 1 16.5
 1 21.8 1 16.3 1 23.4
 1 18.8 2 18.1 2 6.0
 2 10.8 2 11.0 2 7.7
 2 17.9 2 8.5 2 13.0
 2 18.9
 ;
 PROC TTEST;
      CLASS group;
      VAR x;
 RUN;
```

[표 2.3] 폐 파괴지수 자료의 *t*-검정 SAS 출력결과

The TTEST Procedure

Statistics

Variable	group	N	Lower CL Mean	Mean	Upper CL Mean	Lower CL Std Dev	Std Dev	Upper CL Std Dev	Std Err
x	1	16	15.153	17.538	19.922	3.3059	4.4752	6.9263	1.1188
x	2	9	8.7059	12.433	16.161	3.2754	4.8492	9.29	1.6164
x	Diff (1-2)		1.1317	5.1042	9.0767	3.582	4.6088	6.465	1.9203

T-Tests

Variable	Method	Variances	DF	t Value	Pr > |t|
x	Pooled	Equal	23	2.66	0.0141
x	Satterthwaite	Unequal	15.6	2.60	0.0198

Equality of Variances

Variable	Method	Num DF	Den DF	F Value	Pr > F
x	Folded F	8	15	1.17	0.7498

두 그룹간의 모평균 차이가 있는지를 검정하기 위해 우선 두 그룹의 모분산이 같다는 가정이 옳은지 검정하여 보자. 두 그룹에서의 표본표준편차가 각각 4.48과 4.85이므로 검정 통계량 *F*-값은 1.17이 된다. SAS 출력 결과 'Equality of Variances'를 보면 *F*-값과 *p*-값이 각각 1.17과 0.7498로 유의수준을 5%로 했을 때 귀무가설을 기각할 만한 충분한 증거가 없으므로 두 그룹의 모분산은 유의하게 다르지 않다. 따라서 분산이 동일하다고 보고 SAS 출력 결과의 T-Test에서 Variances 중 Equal에 해당하는 *t*-값을 보면 2.66이고 *p*-값은 0.0141로, 유의수준을 5%로 했을 때 귀무가설을 기각할 만한 충분한 증거가 있으므로 두 그룹의 모평균은 유의한 차이가 있다고 볼 수 있다.

2.2 짝지은 표본의 비교

한 집단의 개체를 대상으로 처리 전과 처리 후의 특성치를 관측하여 차이를 알아보거나 쌍생아를 이용하여 쌍생아의 한명에게는 처리 A를, 다른 한명에게는 처리 B를 실시하여 두 처리를 비교하는 경우가 있다. 이러한 짝지은(paired) 설계는 결과에 영향을 줄 수 있는 다른 인자들을 제어할 수 있으므로 보다 공평하게 두 처리 효과를 비교할

수 있다. 다음의 [표 2.4]과 같이 n명의 환자에 대해 짝을 이룬 데이터가 있다고 하자.

[표 2.4] 짝지은 데이터

번호	처리 전	처리 후	차이
1	x_1	y_1	d_1
2	x_2	y_2	d_2
:	:	:	:
:	:	:	:
n	x_n	y_n	d_n

여기서 $d_i = x_i - y_i$이다. 이 때 각 환자에 대한 처리 전과 처리 후의 두 데이터는 서로 독립이 아니나, 환자들 간의 데이터는 독립적으로 구해진 것이다. 검정을 하기 위해서는 각 관측치 간의 차이 $d_1, d_2, \cdots, d_n$이 서르 독립적이고 동일한 정규분포를 따른다는 가정이 필요하다. 이제 문제는 하나의 모집단에서의 모평균에 대한 t-검정과 같게 된다. 즉, $d_i(i = 1, \cdots, n)$의 평균이 $\bar{d}$이고 이의 표준편차가 s_d일 때, 차이의 모평균 μ_δ에 대한 검정통계량은

$$t = \frac{\bar{d} - \delta}{s_d/\sqrt{n}}$$

으로, 이 통계량이 귀무가설 하에서 자유도 $n-1$인 t-분포를 한다는 것을 이용하여 검정한다. 이를 **짝지은 t-검정 (paired t-test)** 이라고 한다. 유의수준을 α로 했을 때 가설의 형태와 검정절차는 다음과 같다.

- $H_0: \mu_\delta = \delta$ vs. $H_1: \mu_\delta > \delta$ 일 때, $t > t_\alpha(n-1)$이면 귀무가설 기각
- $H_0: \mu_\delta = \delta$ vs. $H_1: \mu_\delta < \delta$ 일 때, $t < -t_\alpha(n-1)$이면 귀무가설 기각
- $H_0: \mu_\delta = \delta$ vs. $H_1: \mu_\delta \neq \delta$ 일 때, $|t| > t_{\alpha/2}(n-1)$이면 귀무가설 기각

예제 2.3 한 연구에서 환자 15명에게 새로운 혈압강하제를 12 주 동안 투입한 다음 약을 복용하기 전의 혈압과 복용 후 혈압을 비교하였다. 결과는 다음 [표 2.5]와 같다. 이 새로운 약은 혈압강하에 효과가 있다고 할 수 있는가?

[표 2.5] 투약 전후의 혈압비교에 관한 자료

환자번호	복용전 혈압	복용후 혈압	차이
1	90	72	− 18
2	56	55	− 1
3	49	56	7
4	64	57	− 7
5	65	62	− 3
6	88	79	− 9
7	62	55	− 7
8	91	72	− 19
9	74	73	− 1
10	93	74	− 19
11	55	58	3
12	71	59	− 12
13	54	58	4
14	64	71	7
15	54	61	7

먼저 각 환자에서 투약 전과 투약 후의 혈압의 차이가 서로 독립이고 동일한 정규분포를 따른다는 가정이 필요하다. [표 2.5]의 자료에서 각 관측치들의 차이의 평균은 −4.533, 이의 표준편차는 9.425이므로, 검정통계량은 −1.862가 되는데 이 값이 임계치 $-t_{0.05}(14) = -1.761$ 보다 작으므로 단측검정을 하는 경우에 5% 유의수준 하에서 귀무가설은 기각되며 투약후의 혈압이 떨어진다는 결론을 내릴 수 있다.

투약 전후의 혈압비교 자료를 SAS 프로그램을 이용하여 분석해보자. 짝지은 t-검정을 SAS로 분석하는 방법은 두 가지가 있다. 하나의 방법은 PROC MEANS을 이용하는 것이고 다른 한 방법은 PROC TTEST를 이용하는 것이다. 여기서는 두 방법 모두를 사용하여 결과를 보겠다. [표 2.6]은 PROC MEANS를 사용한 SAS 프로그램이다. 처리 전과 후의 값을 코딩한 후 두 처리간의 차이를 나타내는 새로운 변수 d_i를 만들었고 이 변수의 평균(MEANS)과 표준오차(STDERR), T통계량(T), p-값(PRT)을 계산하도록 하였다. 이에 대한 결과는 [표 2.7]에 있다. 출력 결과는 양측 검정을 위한 p-값이 제공되므로 단측검정을 하기 위해서는 이를 반으로 나눈 값을 사용해야 한다. SAS 출력 결과를 보면 차이에 대한 t 통계량이 −1.862이고 양측검정에 대한 p-값이 0.0836이므로 단측 검정에 대한 값은 이를 반으로 나눈 0.0418이다. 따라서 유의수준 5%하에서 두 그룹의 혈압차이가 없다는 귀무가설을 기각할 만한 충분한 증거가 있으므로 새로운 약이 혈압을 내린다고 볼 수 있다.

[표 2.6] 혈압비교자료의 짝지은 t-검정 SAS 프로그램 1

```
DATA blood;
INPUT id time1 time2 @@;
d=time2-time1;
CARDS;
 1 90 72     2 56 55     3 49 56     4 64 57     5 65 62
 6 88 79     7 62 55     8 91 72     9 74 73    10 93 74
11 55 58    12 71 59    13 54 58    14 64 71    15 54 61
 ;
 PROC MEANS MEAN STDERR T PRT;
      VAR d;
 RUN;
```

[표 2.7] 혈압비교자료의 짝지은 t-검정 SAS 출력결과 1

Analysis Variable : d

N Obs	Mean	Std Error	T	Prob>|T|
15	-4.5333333	2.4336269	-1.8627890	0.0836

PROC TTEST를 이용하는 경우 [표 2.8]과 같이 PAIRED 명령문을 사용하여 비교하고자 하는 변수들을 지정해주면 된다. 아래와 같이 time2*time1로 입력하면 time2 − time1에 대한 모평균 검정을 해준다. 반대도 time1*time2로 입력하면 time1 − time2에 대한 모평균 검정을 해준다. T-Tests 의 출력 결과는 PROC MEANS를 이용한 것과 동일하게 나오고 Statistics 부분에는 두 변수의 차이(time2 − time1) 의 모평균과 모표준편차에 대한 95% 신뢰구간, 평균에 대한 표준오차, 관찰치의 최소값과 최대값 등 몇 가지 통계량이 함께 출력되어 나온다.

[표 2.8] 혈압비교자료의 짝지은 t-검정 SAS 프로그램 2

```
DATA blood;
INPUT id time1 time2 @@;
CARDS;
 1 90 72     2 56 55     3 49 56     4 64 57     5 65 62
 6 88 79     7 62 55     8 91 72     9 74 73    10 93 74
11 55 58    12 71 59    13 54 58    14 64 71    15 54 61
;
PROC TTEST data=blood;
     PAIRED time2*time1;
RUN;
```

[표 2.9] 혈압비교자료의 짝지은 t-검정 SAS 프로그램 2

```
                          The TTEST Procedure

                              Statistics

                  Lower CL          Upper CL  Lower CL            Upper CL
Difference     N    Mean      Mean    Mean    Std Dev   Std Dev   Std Dev   Std Err

time2 - time1  15 -9.753    -4.533  0.6863    6.9006    9.4254    14.865    2.4336

                                T-Tests

               Difference          DF    t Value    Pr > |t|

               time2 - time1       14      -1.86      0.0836
```

2.3 여러 집단의 평균비교

비교하고자 하는 집단이 셋 이상일 때 많이 사용되는 분석방법은 **분산분석법(analysis of variance)** 으로 흔히 ANOVA라고 표기한다. 관심 있는 요인(factor)의 수가 하나인 경우의 분산분석을 일원분산분석(one-way ANOVA)이라고 하고, 두 개의 요인을 고려하는 경우에 쓰이는 분산분석을 이원분산분석(two-way ANOVA)이라고 한다. 각각에 대해 알아보자.

2.3.1 한 개의 요인을 고려하는 경우

k개의 집단이 있을 때 집단에 따라 반응값의 차이가 있는가를 알아보는 문제를 생각해보자. 이 때 고려되는 요인은 '집단'이라는 하나의 요인이고, 집단은 k개의 수준을 갖는다. 우리의 관심은 k개 집단의 평균을 비교하는 문제가 된다. 데이터의 형태는 [표 2.10]과 같이 주어지게 된다. 앞 절에서 설명한 이표본 t-검정은 $k=2$ 일 때 적용되는 것으로 이러한 t-검정을 일반화한 방법이 필요하다.

우선 k개의 모집단은 독립이며 정규분포를 따른다고 가정한다. i번째 집단($i=1, \cdots, k$)의 데이터는 평균이 μ_i, 이고 분산이 σ^2인 모집단으로부터 n_i개의 표본을 추출하였다고 하자. 분산이 모두 동일함을 가정하고 있다. 이 때 **일원분산분석(one-way ANOVA)** 모형은 다음과 같다.

[표 2.10] 데이터의 형태: 요인이 하나일 때

	집단 1	집단 2	…	집단 k
데 이 터	y_{11} y_{12} : : y_{1n_1}	y_{21} y_{22} : : y_{2n_2}	…	y_{k_1} y_{k_2} : : y_{kn_k}
크 기 평 균 표준편차	n_1 $\overline{y}_1$ s_1	n_2 $\overline{y}_2$ s_2	…	n_k $\overline{y}_k$ s_k
전 체	$n = n_1 + n_2 + \cdots + n_k$ $\overline{y} = (y_{11} + \cdots + y_{kn_k})/n$			

$$y_{ij} = \mu_i + \varepsilon_{ij} \qquad (i = 1, 2, \cdots, k;\ j = 1, 2, \cdots, n_i)$$

여기서 ε_{ij}는 평균 0 , 분산 σ^2인 정규분포를 따르는 오차항이다. 귀무가설과 대립가설은 다음과 같다.

$$H_0 : \mu_1 = \mu_2 = \cdots = \mu_k \quad \text{vs.} \quad H_1 : \mu_i\text{들이 모두 같지는 않다.}$$

이러한 가설을 검정하기 위해 총 제곱합을 다음과 같은 형태로 분해한다.

$$\sum_i \sum_j (y_{ij} - \overline{y})^2 = \sum_i n_i (\overline{y}_i - \overline{y})^2 + \sum_i \sum_j (y_{ij} - \overline{y}_i)^2$$
$$(\quad SST \quad = \quad SSt \quad + \quad SSE \quad)$$

여기서 $SST = \sum_i \sum_j (y_{ij} - \overline{y})^2$는 총제곱합(total sum of squares), $SSt = \sum_i n_i (\overline{y}_i - \overline{y})^2$는 처리제곱합(treatment sum of squares)이고, $SSE = \sum_i \sum_j (y_{ij} - \overline{y}_i)^2$는 오차제곱합(error sum of squares)이다. 이는 전체의 변동을 처리에 의한 변동과 오차에 의한 변동으로 분해한 것이다. k개 집단의 모평균이 모두 같다면 오차에 의한 변동에 비해 처리에 의한 변동은 상대적으로 작아지고, 반대로 모평균들의 차이가 클수록 처리에 의한 변동이 상대적으로 커진다. 따라서 처리제곱합이 오차제곱합에 비해 충분히 크다면 모든 집단의 평균이 같다는 귀무가설을 기각할 수 있을 것이다. 처리제곱합과 오차제곱합을 각각 그들의 자유도 $k - 1$, $n - k$로 나눈 평균제곱합을 각각

$$MSt = SSt / (k - 1), \qquad MSE = SSE / (n - k)$$

라고 했을 때 이들의 비가 크면 귀무가설을 기각한다. 다음과 같은 검정통계량

$$F = \frac{SSt/(k-1)}{SSE/(n-k)} = \frac{MSt}{MSE}$$

이 자유도 $k-1$, $n-k$인 F-분포를 따른다는 것을 이용하여 검정한다. 유의수준을 α로 할 때

$$F > F_{\alpha}(k-1,\, n-k) \text{ 일 때 귀무가설 } H_0: \mu_1 = \mu_2 = \cdots = \mu_k \text{을 기각}$$

한다. 여기서 $F_{\alpha}(k-1, n-k)$는 자유도 $k-1$, $n-k$인 F-분포의 상위 α의 확률에 해당하는 임계치이다. 이들을 표로 정리한 것이 **분산분석표 (ANOVA table)** 이다. 분산분석표의 일반적인 형태는 [표 2.11]과 같다.

[표 2.11] 일원분산분석표

	제곱합	자유도	평균제곱합	F
처 리	SSt	$k-1$	$MSt = SSt/(k-1)$	$F = MSt/MSE$
오 차	SSE	$n-k$	$MSE = SSE/(n-k)$	
계	$SST = SSt + SSE$	$n-1$		

예제 2.4 면역이상에 대한 한 연구에서 자폐아, 정상아, 지진아에 대한 혈청 항원의 농도에 대해 조사하였다. 이 연구의 목적은 자폐아, 정상아, 지진아에 따라 혈청 항원의 농도에 유의한 차이가 있는가이다. 이에 대한 자료는 아래 [표 2.12]와 같다.

[표 2.12] 자폐아, 정상아, 지진아에 대한 혈청항원 농도 자료

자폐아		정상아		지진아
755	343	165	390	380
820	345	290	435	510
170	460	235	345	315
325	440	320	330	565
380	360	205	375	715
400	450	345	305	380
415		220	270	390
410		355	360	245
225		335	305	155
400		325	245	335
435		285	370	295
360		345	345	200
365		230	370	105
900		285	315	105
300		195	270	245
385		305	375	
215		220		

이때 귀무가설은 "세 집단의 모평균이 모두 같다"이며, 대립가설은 "세 집단의 모평균이 모두 같지는 않다"이다.

$$SST = \sum_i \sum_j (y_{ij} - \overline{y})^2 = 1421856.479$$
$$SSt = \sum_i n_i (\overline{y}_i - \overline{y})^2 = 185159.319$$
$$SSE = SST - SSt = 1236697.159$$

이므로 F-값은

$$F = \frac{185159.319/2}{1236697.159/68} = 5.09$$

가 된다. [부록 4]의 F-분포표로부터 자유도 2, 68인 F-분포의 상위 5% 임계치 $F_{0.05}(2,68) \doteq 3.15$이므로 $F > F_{0.05}(2, 68)$가 되어 유의수준 5% 하에서 귀무가설은 기각된다. 즉, 세 집단의 평균이 모두 동일하지는 않다. 분산분석표는 다음 [표 2.13]과 같이 작성된다.

[표 2.13] 혈청항원 농도자료의 분산분석표

	제곱합	자유도	평균제곱합	F
처 리	185159.319	2	92579.660	F = 5.09
오 차	1236697.159	68	18186.723	
계	1421856.479	70		

이제 [표 2.12]의 혈청항원 농도 자료에 대한 일원분산분석을 SAS 프로그램을 이용하여 분석해보자. 이를 위한 SAS 프로그램은 아래 [표 2.14]와 같다. 분산분석을 하기 위해서는 PROC ANOVA를 사용하는데 CLASS 명령문에 분류 변수인 group 을 지정한다. MODEL 명령문은 분석에 사용될 반응변수, 주효과 및 교호작용효과를 지정하는 명령문으로 등호 왼쪽에는 반응변수를, 등호 오른쪽에는 모형에 포함될 효과들을 나열하면 된다. SAS 출력 결과는 아래 [표 2.15]에 나와 있다. 결과를 보면 앞서 계산한 바와 같이 F-값이 5.09이고 p-값이 0.0087로 유의수준 5% 하에서 세 집단의 혈청항원 농도의 평균이 같다는 귀무가설은 기각된다. 즉 자폐아, 정상아, 지진아 집단 안에서 혈청항원의 농도평균이 모두 동일하지는 않다고 볼 수 있다.

[표 2.14] 혈청 항원의 농도자료의 분산분석 SAS 프로그램

```
DATA anova;
INPUT group $ y @@;
CARDS;
1 755 1 365 1 820 1 900 1 170 1 300 1 325 1 385
1 380 1 215 1 400 1 343 1 415 1 345 1 410 1 460
1 225 1 440 1 400 1 360 1 435 1 450 1 360 2 165
2 390 2 290 2 435 2 235 2 345 2 320 2 330 2 205
2 375 2 345 2 305 2 220 2 270 2 355 2 360 2 335
2 305 2 325 2 245 2 285 2 370 2 345 2 345 2 230
2 370 2 285 2 315 2 195 2 270 2 305 2 375 2 220
3 380 3 510 3 315 3 565 3 715 3 380 3 390 3 245
3 155 3 335 3 295 3 200 3 105 3 105 3 245
;
PROC ANOVA data=anova;
     CLASS group;
     MODEL y=group;
RUN;
```

[표 2.15] 혈청 항원의 농도자료의 일원분산분석 SAS 출력결과

The ANOVA Procedure

Dependent Variable: y

Source	DF	Sum of Squares	Mean Square	F Value	Pr > F
Model	2	185159.319	92579.660	5.09	0.0087
Error	68	1236697.159	18186.723		
Corrected Total	70	1421856.479			

R-Square	Coeff Var	Root MSE	y Mean
.130224	38.82305	134.8582	347.3662

Source	DF	Anova SS	Mean Square	F Value	Pr > F
group	2	185159.3195	92579.6597	5.09	0.0087

분산분석에서 귀무가설 $H_0: \mu_1 = \mu_2 = \cdots = \mu_k$을 기각하는 경우에, 모평균들이 모두 같지는 않다는 결론을 얻을 수 있을 뿐이며, 구체적으로 어떤 집단 간에 유의한 차이가 있는 것인지는 알 수 없다. 따라서 이를 알아보기 위한 추가적인 검정이 필요하게 되는데, 이 때 두 집단씩 묶어서 t-검정 등을 반복하게 되면 비교횟수에 따라 1종 오류가 커지게 된다. 따라서 유의수준을 조정하는 방법을 사용해야 하는데 이러한 분석을 **다중비**

교 (**multiple comparison**) 라고 한다. 다중비교 방법으로는 최소유의차 (LSD) 방법, 튜키의 표준화 검정법 (TUKEY), 던컨의 방법 (DUNCAN), 쉐페의 방법 (SCHEFFE) 등이 있는데, 각 방법에 대한 자세한 설명은 박미라, 이재원(1998)을 참조하기로 하고 여기서는 SAS 사용방법만 살펴보기로 한다.

다중비교를 하기 위한 SAS PROGRAM은 [표 2.16]에 나와 있는데 일원분산분석을 수행하기 위한 프로그램에 MEANS 명령문을 추가하여 옵션 부분에 원하는 다중비교법을 지정해주면 된다. 이 프로그램에서는 Tukey 방법과 Duncan 방법을 출력하도록 지정하였다. LINES 옵션을 함께 사용하면 평균 차이가 없는 수준들이 그룹화되어 출력되므로 알아보기 쉽다. 이중 DUNCAN 방법에 대해서만 보면 그 결과는 [표 2.17]과 같다. 아래쪽의 Duncan Grouping 부분을 보면 같은 철자로 묶인 것은 집단간에 차이가 없다는 것을 의미한다. 즉 여기서는 그룹 3과 2만이 같이 묶였으므로 (BBB), 그룹 3과 그룹 2간에는 유의한 차이가 없고 유의한 차이를 보인 것은 그룹 1과 나머지 그룹이라는 것을 알 수 있다.

[표 2.16] 다중비교 SAS 프로그램

```
PROC ANOVA data=anova;
     CLASS group;
     MODEL y=group;
     MEANS group/ TUKEY DUNCAN LINES;
RUN;
```

[표 2.17] 다중비교 SAS 출력결과

```
 The ANOVA Procedure

Duncan's Multiple Range Test for y


Alpha                               0.05
Error Degrees of Freedom              68
Error Mean Square               18186.72
Harmonic Mean of Cell Sizes 21.36023


Number of Means           2          3
Critical Range        82.35      86.63

Means with the same letter are not significantly different.

Duncan Grouping        Mean      N    group
        A            419.91     23      1

        B            329.33     15      3
        B
        B            305.00     33      2
```

2.3.2 두 개의 요인을 고려하는 경우

두 가지 요인 A, B의 영향을 알아보기 위한 연구를 실시한다고 하자. 요인 A는 I개의 수준으로 되어 있으며 요인 B는 J개의 수준이 있다고 하고, $I \times J$개의 조합에 대해 각각 n번씩 반복하였다고 하면, 데이터의 형태는 [표 2.18]과 같이 주어진다. 이 때 **이원분산분석 (two-way ANOVA)** 모형은 다음과 같다.

$$y_{ijk} = \mu + \alpha_i + \beta_j + (\alpha\beta)_{ij} + \varepsilon_{ijk} \qquad (i = 1, 2, \cdots, I;\ j = 1, 2, \cdots, J;\ k = 1, \cdots, n)$$

여기서 μ는 전체 평균이고, α_i는 요인 A의 i번째 주효과, β_j는 요인 B의 j번째 주효과이며, $(\alpha\beta)_{ij}$는 요인 A의 i번째 수준과 요인 B의 j번째 수준간의 **교호작용 (interaction)**을 말한다. 교호작용이란 요인A의 수준에 따라 요인B의 효과가 달라지는 것을 말한다. ε_{ijk}는 서로 독립이며 평균 0, 분산 σ^2인 정규분포를 따르는 오차항이다. 이 때 $\sum_i \alpha_i = 0$, $\sum_j \beta_j = 0$, $\sum_i (\alpha\beta)_{ij} = \sum_j (\alpha\beta)_{ij} = 0$으로 제약한다.

[표 2.18] 데이터의 형태: 요인이 두 개일 때

요인A \ 요인B	수준 1	수준 2	⋯	수준 J	전 체
수준 1	y_{111} ⋮ y_{11n}	y_{121} ⋮ y_{12n}	⋯	y_{1J1} ⋮ y_{1Jn}	
평균	$\overline{y_{11\cdot}}$	$\overline{y_{12\cdot}}$	⋯	$\overline{y_{1J\cdot}}$	$\overline{y_{1\cdot\cdot}}$
수준 2	y_{211} ⋮ y_{21n}	y_{221} ⋮ y_{22n}	⋯	y_{2J1} ⋮ y_{2Jn}	
평균	$\overline{y_{21\cdot}}$	$\overline{y_{22\cdot}}$	⋯	$\overline{y_{2J\cdot}}$	$\overline{y_{2\cdot\cdot}}$
⋮	⋮	⋮		⋮	
수준 I	y_{I11} ⋮ y_{I1n}	y_{I21} ⋮ y_{I2n}	⋯	y_{IJ1} ⋮ y_{IJn}	
평균	$\overline{y_{I1\cdot}}$	$\overline{y_{I2\cdot}}$	⋯	$\overline{y_{IJ\cdot}}$	$\overline{y_{I\cdot\cdot}}$
전체	$\overline{y_{\cdot1\cdot}}$	$\overline{y_{\cdot2\cdot}}$	⋯	$\overline{y_{\cdot J\cdot}}$	$\overline{y_{\cdot\cdot\cdot}}$

요인 A와 요인 B의 주효과와 교호작용을 검정하기 위한 귀무가설과 대립가설은 다음과 같다.

- $H_0: \alpha_1 = \alpha_2 = \cdots = \alpha_I = 0$ vs. $H_1: \alpha_i$들이 모두 0은 아니다.
- $H_0: \beta_1 = \beta_2 = \cdots = \beta_J = 0$ vs. $H_1: \beta_j$들이 모두 0은 아니다.
- $H_0: (\alpha\beta)_{ij} = 0$ vs. $H_1: (\alpha\beta)_{ij}$들이 모두 0은 아니다.

  $(i = 1, \cdots, \mathrm{I}; j = 1, \cdots, J)$

여기서 처음 두 귀무가설은 각각 요인 A와 요인 B의 각 수준의 효과가 모두 동일하다(주효과가 없다)는 것이며, 마지막 귀무가설은 두 요인간의 교호작용이 없다는 것을 의미한다.

앞에서와 마찬가지로 이러한 가설을 검정하기 위해서는 전체제곱합을 분해하는 것이 필요하다. 총제곱합 SST는 요인 A의 주효과에 대한 제곱합(SS_A)과 요인B의 주효과에 대한 제곱합(SS_B), 그리고 요인 A와 B의 교호작용효과에 대한 제곱합($SS_{A\times B}$)과 오차제곱합(SSE)으로 나뉘어 진다.

$$SST = SS_A + SS_B + SS_{A\times B} + SSE$$

여기서 $SST = \sum_i \sum_j \sum_k (y_{ijk} - \bar{y}_{...})^2$,

$$SS_A = nJ\sum_i (\bar{y}_{i..} - \bar{y}_{...})^2,$$

$$SS_B = nI\sum_j (\bar{y}_{.j.} - \bar{y}_{...})^2,$$

$$SS_{A\times B} = n\sum_i \sum_j (\bar{y}_{ij.} - \bar{y}_{i..} - \bar{y}_{.j.} + \bar{y}_{...})^2,$$

$$SSE = \sum_i \sum_j \sum_k (y_{ijk} - \bar{y}_{ij.})^2$$

[표 2.19] 이원분산분석표

	제곱합	자유도	평균제곱합	F
요인 A	SS_A	$I-1$	$MS_A = SS_A/(I-1)$	$F_A = MS_A/MSE$
요인 B	SS_B	$J-1$	$MS_B = SS_B/(J-1)$	$F_B = MS_B/MSE$
교호작용 $A\times B$	$SS_{A\times B}$	$(I-1)(J-1)$	$MS_{A\times B} = SS_{A\times B}/[(I-1)(J-1)]$	$F_{A\times B} = MS_{A\times B}/MSE$
오 차	SSE	$IJ(n-1)$	$MSE = SSE/[IJ(n-1)]$	
계	SST	$IJn-1$		

이다. 이에 대한 분산분석표는 [표 2.19]과 같다.

각각의 가설에 해당하는 F-값을 계산하여 이 값이 충분히 크면 귀무가설을 기각한다. 유의수준 α일 때 가설에 따른 검정절차는 다음과 같다.

- 요인 A의 주효과 검정: $F_A > F_\alpha(I-1, IJ(n-1))$ 일 때 귀무가설 기각
- 요인 B의 주효과 검정: $F_B > F_\alpha(J-1, IJ(n-1))$ 일 때 귀무가설 기각
- 교호작용효과의 검정 : $F_{A\times B} > F_\alpha((I-1)(J-1), IJ(n-1))$ 일 때 귀무가설 기각

여기서 $F_\alpha(u, \upsilon)$는 자유도 u, υ인 F-분포에서의 상위 α의 확률에 해당하는 임계치를 의미한다. 먼저 교호작용효과를 검정하고 그 결과가 유의하지 않으면 주효과에 대한 검정을 한다. 만일 교호작용의 효과가 유의하게 나타나면, 요인 A와 요인 B의 주효과에 대한 검정은 의미가 적어지게 된다. 또한 반복이 없는 실험의 경우에는 두 요인간의 교호작용효과를 구할 수 없다.

예제 2.5 세 종류의 호르몬 처리와 성별에 따라 혈액 칼슘 값에 차이가 있는지를 알아보기 위해 남녀 각 15명씩을 선정하여 이들을 세 그룹으로 나누어 세 가지 호르몬 처리를 한 후 혈액 칼슘을 측정하였다. 이 자료가 [표 2.20]에 있고, 처리조합별 평균은 [표 2.21]와 같다.

[표 2.20] 호르몬 처리와 성별에 따른 혈액 칼슘 자료

성별 \ 처리	처리 1	처리 2	처리 3
남	16.87	19.07	32.45
	16.18	18.77	28.71
	17.12	17.63	34.65
	16.83	16.99	28.79
	17.19	18.04	24.46
여	15.86	17.20	30.54
	14.92	17.64	32.41
	15.63	17.89	28.97
	15.24	16.78	28.46
	14.80	16.72	29.65

[표 2.21] 혈액칼슘자료의 처리 조합별 평균

성별 \ 처리	처리 1	처리 2	처리 3	전 체
남	$\overline{y}_{11\cdot} = 16.84$	$\overline{y}_{12\cdot} = 18.1$	$\overline{y}_{13\cdot} = 29.81$	$\overline{y}_{1\cdot\cdot} = 21.58$
여	$\overline{y}_{21\cdot} = 15.29$	$\overline{y}_{22\cdot} = 17.25$	$\overline{y}_{23\cdot} = 30.01$	$\overline{y}_{2\cdot\cdot} = 20.85$
전 체	$\overline{y}_{\cdot1\cdot} = 16.06$	$\overline{y}_{\cdot2\cdot} = 17.67$	$\overline{y}_{\cdot3\cdot} = 29.91$	$\overline{y}_{\cdot\cdot\cdot} = 21.22$

여기서 $SST = \sum_{i=1}^{2}\sum_{j=1}^{3}\sum_{k=1}^{5}(y_{ijk} - \overline{y})^2 = 1230.843,$

$$SS_A = 5 \times 3 \sum_{i=1}^{2}(\overline{y}_{i..} - \overline{y}_{...})^2 = 4.063,$$

$$SS_B = 5 \times 2 \sum_{j=1}^{3}(\overline{y}_{.j.} - \overline{y}_{...})^2 = 1146.642,$$

$$SS_{A \times B} = 5 \sum_{i=1}^{2}\sum_{j=1}^{3}(\overline{y}_{ij.} - \overline{y}_{i..} - \overline{y}_{.j.} + \overline{y}_{...})^2 = 3.845$$

$$SSE = SST - SS_A - SS_B - SS_{A \times B} = 76.292$$

로 계산된다. 이를 토대로 한 이원분산분석표는 다음 [표 2.22]과 같다.

[표 2.22] 혈액칼슘자료의 이원분산분석표

	제곱합	자유도	평균제곱합	F
성별	4.063	1	4.063	1.28
처리	1146.642	2	573.321	180.35
교호작용	3.845	2	1.923	0.60
오 차	76.292	24	3.180	
계	1230.843	29		

먼저 임계치를 구해보면 [부록 4]의 F-분포표로부터 자유도 1, 24인 F-분포의 상위 5%의 확률에 해당하는 임계치 $F_{0.05}(1, 24) = 4.26$이고, 자유도 2, 24인 F-분포의 상위 5% 임계치 $F_{0.05}(2, 24) = 3.40$이다. 교호작용의 경우 F-값이 0.60으로 $F < F_{0.05}(2, 24)$가 되어 유의수준 5% 하에서 귀무가설은 기각되지 않으며, 따라서 성별과 처리간의 유의한 교호작용효과는 없다. 성별간의 차이가 없다는 가설에 대한 F-값이 1.28로 $F_{0.05}(1, 24) = 4.26$보다 작으므로 귀무가설은 기각할 수 없다. 즉, 남녀 간의 혈액칼슘수치는 유의한 차이가 없다. 반면 처리간의 차이가 없다는 가설에 대한 F-값은 180.35로 상위 5%에 해당되는 임계치 $F_{0.05}(2, 24) = 3.40$보다 매우 크므로 처리 간에는 유의한 차이가 있다고 할 수 있다. 이를 SAS 프로그램을 이용하여 분석해보자. 이를 위한 SAS 프로그램은 다음 [표 2.23]과 같다.

[표 2.23] 혈액칼슘자료의 이원분산분석 SAS 프로그램

```
DATA calcium;
   DO gender='male' , ' female';
   DO trt='trt1','trt2','trt3';
   DO rep=1,2,3,4,5;
   INPUT calcium @@;
   OUTPUT;
   END;
   END;
   END;
CARDS;
16.87 16.18 17.12 16.83 17.19
19.07 18.77 17.63 16.99 18.04
32.45 28.71 34.65 28.79 24.46
15.86 14.92 15.63 15.24 14.80
17.20 17.64 17.89 16.78 16.72
30.54 32.41 28.97 28.46 29.65
RUN;
PROC ANOVA data=calcium;
     CLASS gender trt;
     MODEL calcium=gender trt gender*trt;
     MEANS trt/ TUKEY;
RUN;
```

자료의 입력 단계에서는 두 개의 요인(gender, trt)과 반복(rep)에 대한 각 수준을 DO 문을 사용하여 입력하였다. 각각의 수준의 명칭을 따옴표안에 입력하였다. PROC ANOVA를 사용하여 이원배치 분산분석을 시행하는데, CLASS 명령문에는 2개의 분류변수, 즉 성별(gender)과 처리(trt)를 지정한다. MODEL 명령문은 분석에 사용될 반응변수와 주효과 및 교호작용효과를 지정하는 명령문으로, 등호 왼쪽에는 반응변수를, 오른쪽에는 모형에 포함될 효과들을 나열하면 된다. MODEL 명령문에 성별과 처리의 교호작용효과인 gender*trt 항을 추가하였다. 또한 처리(trt)의 수준에 따라 TUKEY의 다중비교법을 시행하도록 MEANS 명령문을 사용하였다.

[표 2.24]의 출력결과를 보면 처리(trt)에 대한 F-값은 180.35이고 p-값이 <0.0001로 처리(trt) 수준간의 모평균 차이가 없다는 귀무가설을 유의수준 5%하에서 기각할 만한 충분한 증거가 있으므로 처리(trt)에 따라 혈액 칼슘 측정치에 차이가 있다고 볼 수 있다. 그러나 성별(gender), 성별과 처리의 교호작용(gender*trt)에 대한 각각의 p-값 모두 0.05보다 크기 때문에 혈액 칼슘 측정치에 유의한 차이를 보인다고 할 수 없다. 또한 처리(trt)에 TUKEY의 다중비교법을 실시한 결과 trt3과 나머지 trt1, trt2간에 차이를 보였고 trt1와 trt2간에는 유의한 차이를 보이지 않았다. 결국 처리(trt)가 혈액 칼슘 측정치에 유의한 차이를 나타낸 것은 처리수준 trt3이 다른 처리수준 trt1, trt2들과 차이가 났기 때문이라고 볼 수 있다.

[표 2.24] 혈액칼슘자료의 이원분산분석 SAS 출력 결과

```
Dependent Variable: calcium

                                         Sum of
Source                      DF          Squares     Mean Square    F Value    Pr > F

Model                        5      1154.550147      230.910029      72.64    <.0001

Error                       24        76.292400        3.178850

Corrected Total             29      1230.842547


              R-Square     Coeff Var      Root MSE    calcium Mean

              0.938016      8.403983      1.782933        21.21533


Source                      DF         Anova SS     Mean Square    F Value    Pr > F

gender                       1         4.062720        4.062720       1.28    0.2694
trt                          2      1146.642007      573.321003     180.35    <.0001
gender*trt                   2         3.845420        1.922710       0.60    0.5543


      Tukey's Studentized Range (HSD) Test for calcium

노트: This test controls the Type I experimentwise error rate, but it generally has a higher
                        Type II error rate than REGWQ.

                   Alpha                                    0.05
                   Error Degrees of Freedom                   24
                   Error Mean Square                     3.17885
                   Critical Value of Studentized Range   3.53170
                   Minimum Significant Difference         1.9912


              Means with the same letter are not significantly different.

               Tukey Grouping          Mean      N    trt

                            A       29.9090     10    trt3

                            B       17.6730     10    trt2
                            B
                            B       16.0640     10    trt1
```

연습문제

1. 다음은 서로 다른 비료로 자란 식물의 키에 대한 자료이다(단위:cm). 두 비료사이에 식물의 키에 대한 분산이 동일한지를 검정하여라.

현재 사용하는 비료	새로운 비료
48.2	52.3
54.6	57.4
58.3	55.6
47.8	53.2
51.4	61.3
52.0	58.0
55.2	59.8
49.1	54.8
49.9	51.2
52.6	46.2

2. 다음은 흑색종(melanoma) 환자들의 조직생검으로부터 얻은 데이터로서 40개의 림프구와 40개의 종양세포의 직경에 대한 데이터이다(단위: μm).

림프구 세포	9.0	9.4	4.7	4.8	8.9	4.9	8.4	5.9	6.3	5.7
	5.0	3.5	7.8	10.4	8.0	8.0	8.6	7.0	6.8	7.1
	5.7	7.6	6.2	7.1	7.4	8.7	4.9	7.4	6.4	7.1
	6.3	8.8	8.8	5.2	7.1	5.3	4.7	8.4	6.4	8.3
종양 세포	12.6	14.6	16.2	23.9	23.3	17.1	20.0	21.0	19.1	19.4
	16.7	15.9	15.8	16.0	17.9	13.4	19.1	16.6	18.9	18.7
	20.0	17.8	13.9	22.1	13.9	18.3	22.8	13.0	17.9	15.2
	17.7	15.1	16.9	16.4	22.8	19.4	19.6	18.4	18.2	20.7

(1) 림프구세포의 크기가 종양세포의 크기보다 작다고 볼 수 있는가? 5% 유의수준으로 SAS를 이용하여 가설 검정하라.

(2) 위의 검정을 하기 위해 필요한 가정은 무엇인가?

3. 다음 자료는 면역 4주전과 4주후의 Type III Group B Streptococcus (GBS)에 대한 항체 농도이다. 면역 전후 간에 평균 항체 농도에 있어서 차이를 보이는지 5% 유의수준으로 SAS를 이용하여 가설 검정하여라.

번호	4주전	4주후
1	0.4	0.4
2	0.4	0.5
3	0.4	0.5
4	0.4	0.9
5	0.5	0.5
6	0.5	0.5
7	0.5	0.5
8	0.5	0.5
9	0.5	0.5
10	0.6	0.6
11	0.7	1.1
12	0.7	1.2
13	0.8	0.8
14	0.9	1.2
15	0.9	1.9
16	1.0	0.9
17	1.0	2.0
18	2.0	3.7

4. 다음은 정신지체아를 둔 11명의 부모를 대상으로 아이들의 자립심을 길러주기 위한 교육을 전문가들로부터 받기 전과 받은 후의 지식 습득 점수를 측정한 자료이다.

번호	사전 점수	사후 점수
1	104	108
2	116	118
3	84	89
4	77	71
5	61	66
6	84	83
7	81	88
8	72	76
9	61	68
10	97	96
11	84	81

(1) 교육을 받기 전과 받은 후의 차이가 있는지를 유의수준 5% 하에서 검정하여라.

(2) 점수 차이의 모평균에 대한 95% 신뢰구간을 구하여라.

(3) (1)과 (2)사이의 연관성에 대하여 설명하여라.

5. 인생에서의 주요사건과 면역기능간의 관계를 알아보기 위해 남편이 전이성폐암환자 (metastatic lung cancer) 인 여성들과 남편이 사망한지 1개월-6개월 된 여성들, 그리고 건강한 남편을 둔 여성들을 대상으로 하여 그들의 SRRS (Social Readjustment Rating Scale) 점수를 매기고 면역기능의 측도로서 NK세포활동 (Natural Killer cell activity)을 조사하였다. 여성들을 SRRS 점수에 따라 저 (≤54), 중 (55 − 99), 고(≥100) 의 세 그룹으로 나누어 이들 그룹에 따라 NK세포활동 수치에 차이가 있는지 알아보고자 한다. 다음은 이의 데이터이다.

저	중	고
22.2	15.1	10.2
97.8	23.2	11.3
29.1	10.5	11.4
37.0	13.9	5.3
35.8	9.7	14.5
44.2	19.0	11.0
82.0	19.8	13.6
56.0	9.1	33.4
9.3	30.1	25.0
19.9	15.5	27.0
39.5	10.3	36.3
12.8	11.0	17.7

(1) 귀무가설과 대립가설을 세우라.

(2) 분산분석표를 작성하라.

(3) 위 (1)의 가설을 유의수준 5%로 SAS를 이용하여 검정하여라.

6. 한 연구자는 특발성 폐섬유증 (idiopathic pulmonary fibrosis) 환자들을 대상으로 흡연이 폐기능 표준 점수에 어떠한 영향을 끼치는지 조사하기 위해 흡연 경력을 다음과 같이 한 번도 흡연을 하지 않은 사람과 지금은 흡연을 하지 않으나 이전에 흡연을 한 사람 그리고 현재 흡연을 하는 사람으로 나누어서 폐기능 표준 점수를 측정하였다. 자료는 아래와 같다.

한 번도 흡연 안함	이전에 흡연경력 있음	현재 흡연
35.0	62.0	96.0
120.0	73.0	107.0
90.0	60.0	63.0
109.0	77.0	134.0
82.0	52.0	140.0
40.0	115.0	103.0
68.0	82.0	158.0
84.0	52.0	131.0
124.0	105.0	76.0
77.0	143.0	69.0
140.0	80.0	69.0

(1) 귀무가설과 대립가설을 세우라.
(2) 분산분석표를 작성하라.
(3) 위 가설을 유의수준 5%로 SAS를 이용하여 검정하라.

7. 다음 자료는 20명의 다이어트를 희망하는 사람들을 대상으로 4가지 식이요법과 5가지 운동요법을 각각 한 사람에게 3개월간 처리를 한 후의 감소된 체중이다(단위:Kg).

운동방법	식이요법			
	I	II	III	IV
A	7.0	5.3	4.9	8.8
B	9.9	5.7	7.6	8.9
C	8.5	4.7	5.5	8.1
D	5.1	3.5	2.8	3.3
E	10.3	7.7	8.4	9.1

(1) 식이요법에 따라 체중 감량에 차이가 있는가?
(2) 운동방법의 수준에 따른 체중 감량의 차이는 있는가?
(3) 각각의 방법에 따라 차이가 있다면 SCHEFFE의 방법을 이용하여 다중 비교하여라.

8. 한 정신병원에서 환자들에 대한 재동기부여 실험을 하였다. 대상자들을 초기동기부여 수준에 따라 나누고 다섯 가지 방법으로 실험을 하여 재동기부여 점수를 측정하였다. 그 결과는 다음과 같다.

초기 동기 부여 수준	방법					평균
	방법 1	방법 2	방법 3	방법 4	방법 5	
없 음	58	68	60	68	64	63.6
매우 낮음	62	70	65	80	69	69.2
낮 음	67	78	68	81	70	72.8
평 균	62.33	72	64.33	76.33	67.67	68.53

(1) 각 방법 간의 차이가 있는가?

(2) 초기 동기부여의 수준에 따른 차이가 있는가?

(3) 각각의 방법 또는 초기 동기부여 수준에 따라 차이가 있다면 Tukey의 방법을 이용하여 다중 비교하여라.

9. 다음의 데이터는 남성 27명을 나이와 마리화나 사용여부에 따라 분류하여 감정적 성숙점수를 측정한 결과이다.

나이 \ 사용여부	사용안함	가끔	매일
15-19	25 28 22	18 23 19	17 24 19
20-24	28 32 30	16 24 20	18 22 20
25-29	25 35 30	14 16 15	10 8 12

(1) 적절한 이원분산분석모형을 써라.

(2) 분산분석표를 작성하라.

(3) 적절한 가설을 세우고 유의수준 5%내에서 검정하여라.

10. 아래 자료는 노래기 (millipedes) 의 혈림프 (hemolymph) 내에 있는 아미노산 함량을 노래기의 종과 성별에 따라 조사한 것이다. 각 종간, 성별 그리고 이 둘 사이에 교호작용이 있는지를 SAS를 이용하여 검정하여라.

	종 1	종 2	종 3
수컷	21.5	14.5	16.0
	19.6	17.4	20.3
	20.9	15.0	18.5
	22.8	17.8	19.3
암컷	14.8	12.1	14.4
	15.6	11.4	14.7
	13.5	12.7	13.8
	16.4	14.5	12.0

제 3 장

분할표의 분석

데이터가 몇 개의 범주로 나누어진 명목형 자료일 경우, 흔히 각 범주에 해당하는 도수를 표로 만든 분할표 (contingency table) 로 결과를 정리하게 된다. 이 장에서는 두 변수가 몇 개의 범주로 나누어진 경우에 그들 간의 **연관성 (association)** 이 어느 정도인지, 그러한 연관성이 유의한지를 파악하는 방법에 대해 알아보기로 한다. 또한 2원 분할표 형태의 진단자료에서 진단법을 평가하고 비교하는 방법에 대해 논의할 것이다.

3.1 연관성의 측도

요인과 결과가 각각 명목형 범주로 나누어진 경우에, 주요 관심사는 이들 간에 유의한 연관성이 있느냐 하는 문제일 것이다. 그러나 경우에 따라서는 단순히 연관성이 어느 정도인지 기술하고자 할 때가 있다. 여기서는 연관성을 나타내는 측도에 대해 먼저 알아보자. 연관성의 유의성 검증은 다음 절에서 다룰 것이다.

3.1.1 상대위험률과 오즈비

요인과 결과가 각각 두 개의 범주로 나누어진 분할표 자료의 경우에, 연관성을 나타내는 측도로서 주로 사용되는 것은 상대위험률(relative risk)과 오즈비(odds ratio)이다. **상대위험률(relative risk)**은

$$RR = \frac{\text{실험군에서의 위험률}}{\text{대조군에서의 위험률}}$$

로 정의된다. 상대위험률은 코호트 연구(cohort study)나 실험군과 대조군이 사전에 정해지고 난 후 그 결과를 관찰하게 되는 임상시험연구에서만 계산될 수 있다. 다음의 예를 보자.

예제 3-1 소량의 아스피린(aspirin) 복용이 심장병으로 인한 위험을 줄이는 데 효과가 있는지를 알아보고자 하였다. 22,071명의 남성을 확률화를 통해 두 그룹으로 나눈 후, 한 그룹에는 저용량(325 mg/일)의 아스피린을 복용시키고 다른 그룹에는 플라시보(placebo)를 복용하게 한 후 약 60개월간 관찰하여 심근경색(myocardial infarction)을 일으키는지 여부를 관찰하였다. 결과는 [표 3.1]에 정리되어 있다. 아스피린의 복용여부와 심근경색간의 연관성이 어느 정도인지 알아보자.

[표 3.1] 아스피린 복용과 심근경색간의 관계

	심근경색 발병		합
	유	무	
아스피린	139	10,898	11,037
플라시보	239	10,795	11,034

(출처: Dawson-Saunders and Trapp, 1994)

플라시보를 복용한 그룹의 위험률(대조군)과 아스피린을 복용한 그룹(실험군)의 상대위험률은

$$RR = \frac{139/11037}{239/11034} = \frac{0.0126}{0.0217} = 0.581$$

이다. 상대위험률이 1보다 작으므로 아스피린을 복용했을 때 그렇지 않은 것에 비해 심근경색을 일으킬 위험이 상대적으로 적어진다는 것을 알 수 있다.

이와 같이 상대위험률은 이해하기 쉬운 개념이지만, 사례-대조연구(case-control study)

에서는 대조군의 수가 연구자에 의해 결정되므로 상대위험률을 구할 수 없다. 다음의 예를 보자.

예제 3-2 다음의 [표 3.2]는 심장발작을 일으킨 환자와 그렇지 않은 사람들을 각각 214명씩 조사하여 그들이 과거에 약물남용을 한 경력이 있는지 여부를 조사한 사례-대조 연구로부터 얻은 자료이다. 약물남용과 심장발작의 연관성이 어느 정도인지 알아보자

[표 3.2] 약물남용과 심장발작간의 관계

		심장 발작	
		유	무
약물남용	유	73	18
	무	141	196
합		214	214

(출처: Dawson-Saunders and Trapp, 1994)

이 때에는 코호트 연구가 아니므로 앞의 예에서처럼 약물남용 경험이 있는 그룹(실험군) 또는 없는 그룹(대조군)에서의 발병률은 알 수가 없다. 따라서 이런 경우에는 상대위험률을 구할 수 없게 된다. 이때에 상대위험률 대신 오즈비 (odds ratio) 와 같은 측도를 생각할 수 있다.

오즈비 (odds ratio) 는 대조군에서의 오즈 (odds) 에 대한 실험군에서의 오즈 (odds) 의 비율로 정의된다. 어떤 사건에 대한 오즈 (odds) 라는 것은 그 사건이 발생하지 않은 확률에 대한 그 사건이 발생한 확률의 비율로 정의된다. 위의 예에서 심장발작을 일으킨 집단에서 약물남용에 대한 오즈 (odds) 는

$$\frac{73/214}{141/214} = 0.518$$

이고, 심장발작을 일으키지 않은 집단에서 약물남용에 대한 오즈 (odds) 는

$$\frac{18/214}{196/214} = 0.092$$

이다. 따라서 이 예에서 약물남용에 대한 오즈비는

$$OR = \frac{0.518}{0.092} = 5.64$$

이 된다. 이것은 심장발작을 일으킨 집단에서 약물남용을 한 환자들이 심장발작을 일으키지 않은 집단보다 약 5.6배 많다는 것을 의미한다. 오즈비가 1에 가까우면 위험요인과 결과 사이에 연관성이 없다는 것을 의미한다.

일반적으로 [표 3.3]과 같은 2차원 분할표가 있을 때 상대위험률과 오즈비는 각각

$$\text{상대위험률 } RR = \frac{n_{11}/n_{1+}}{n_{21}/n_{2+}}$$

$$\begin{aligned}\text{오즈비 } OR &= \frac{[n_{11}/n_{+1}]/[n_{21}/n_{+1}]}{[n_{12}/n_{+2}]/[n_{22}/n_{+2}]} \\ &= \frac{n_{11}/n_{12}}{n_{21}/n_{22}} \\ &= \frac{n_{11}n_{22}}{n_{12}n_{21}}\end{aligned}$$

와 같이 계산된다.

[표 3.3] 2차원 분할표의 일반적인 형태

	결과 1	결과 2	합
그룹 1	n_{11}	n_{12}	n_{1+}
그룹 2	n_{21}	n_{22}	n_{2+}
합	n_{+1}	n_{+2}	n

3.1.2 상대위험률과 오즈비의 신뢰구간

앞에서 구한 상대위험률과 오즈비는 단순한 점 추정치이므로, 이를 보완하기 위해 신뢰구간을 함께 제시하는 경우가 많다. 상대위험률이나 오즈비는 정규분포를 따르지 않기 때문에 통상 자연로그를 취하여 이 값이 정규분포를 따른다는 것을 이용하여 신뢰구간을 유도하고, 지수를 취하여 역치환하는 과정을 거치게 된다.

결론적으로 상대위험률의 $100(1-\alpha)\%$ 신뢰구간은 다음과 같은 형태로 주어진다.

$$(RR \times \exp\{-z_{\alpha/2}\sqrt{v_1}\},\ RR \times \exp\{z_{\alpha/2}\sqrt{v_1}\})$$

여기서 $z_{\alpha/2}$는 정규분포의 상위 $\alpha/2$에 해당하는 임계치를 의미하며, v_1은 $ln(RR)$의 분산추정치로

$$\upsilon_1 = \frac{1 - n_{11}/n_{1+}}{n_{11}} + \frac{1 - n_{21}/n_{2+}}{n_{21}}$$

이다. 한편 오즈비에 대한 $100(1-\alpha)\%$ 신뢰구간도 비슷한 형태로

$$(OR \times \exp\{-z_{\alpha/2}\sqrt{\upsilon_2}\},\ OR \times \exp\{z_{\alpha/2}\sqrt{\upsilon_2}\})$$

로 주어진다. 여기서 υ_2은 $ln(OR)$의 분산추정치로서

$$\upsilon_2 = \frac{1}{n_{11}} + \frac{1}{n_{12}} + \frac{1}{n_{21}} + \frac{1}{n_{22}}$$

이다.

[예제 3.1]에서의 상대위험률의 95% 신뢰구간을 구해보자. $z_{\alpha/2} = 1.96$이고

$$\upsilon_1 = \frac{1 - n_{11}/n_{1+}}{n_{11}} + \frac{1 - n_{21}/n_{2+}}{n_{21}} = \frac{1 - 139/11037}{139} + \frac{1 - 239/11034}{239} = 0.011$$

이므로 신뢰구간은 다음과 같다.

$$\begin{aligned}&(0.581 \times \exp\{-1.96\sqrt{0.011}\},\ 0.581 \times \exp\{1.96\sqrt{0.011}\})\\ &= (0.473,\ 0.715)\end{aligned}$$

신뢰구간이 1을 포함하지 않으므로, 이 때의 상대위험률은 1과 유의한 차이가 있다고 할 수 있다. 즉, 아스피린의 복용이 심근경색 발병위험을 감소시킨다고 할 수 있다.

[예제 3.2]의 자료에서 오즈비는 5.63으로 계산되어 1보다 매우 크게 나타났다. 이의 95% 신뢰구간은

$$\begin{aligned}&(5.63 \times \exp\{-1.96\sqrt{0.081}\},\ 5.63 \times \exp\{1.96\sqrt{0.081}\})\\ &= (3.222,\ 9.863)\end{aligned}$$

으로 계산된다. 역시 1을 포함하고 있지 않으므로, 약물남용이 심장발작의 위험률을 높인다고 결론지을 수 있겠다.

SAS에서는 PROC FREQ를 이용하여 상대위험률과 오즈비, 그들의 신뢰구간을 구할 수 있다. 다음의 [표 3.4]는 [예제 3.2]의 데이터를 사용한 SAS 프로그램이다. 이 프로그램에서 대문자로 쓴 것은 SAS 고유의 명령어이고 소문자로 쓴 것은 사용자가 정해주는 이름들이다. 여기서는 WEIGHT문을 사용하여 도수를 표시하였고 연관성 측도를 얻기 위해 TABLES문에서 옵션으로 MEASURE를 지정하였다.

[표 3.5]는 이의 출력결과 중 일부이다. 먼저 분할표가 나온다. 다음으로 여러 감마나

[표 3.4] 약물남용자료의 연관성측도 SAS 프로그램

```
DATA test;
INPUT drug $ mi $ count;
CARDS;
1 1 73
1 2 18
2 1 141
2 2 196
;
PROC FREQ;
TABLES drug*mi/MEASURES;
WEIGHT count;
RUN;
```

[표 3.5] 약물남용자료의 연관성측도 SAS 출력결과

```
  drug       mi

Frequency¦
Percent  ¦
Row Pct  ¦
Col Pct  ¦1       ¦2       ¦  Total
---------+--------+--------+
1        ¦     73 ¦     18 ¦     91
         ¦  17.06 ¦   4.21 ¦  21.26
         ¦  80.22 ¦  19.78 ¦
         ¦  34.11 ¦   8.41 ¦
---------+--------+--------+
2        ¦    141 ¦    196 ¦    337
         ¦  32.94 ¦  45.79 ¦  78.74
         ¦  41.84 ¦  58.16 ¦
         ¦  65.89 ¦  91.59 ¦
---------+--------+--------+
Total         214      214      428
            50.00    50.00   100.00


        Estimates of the Relative Risk (Row1/Row2)

Type of Study                 Value       95% Confidence Limits
---------------------------------------------------------------
Case-Control (Odds Ratio)     5.6375      3.2223        9.8631
Cohort (Col1 Risk)            1.9173      1.6305        2.2546
Cohort (Col2 Risk)            0.3401      0.2227        0.5195

                     Sample Size = 428
```

캔달의 타우 등 여러 연관성의 측도가 나오는데 여기서는 생략했다. 마지막으로 나오는 결과인 'Estimates of the Relative Risk (Row1/Row2)' 부분에 오즈비와 상대위험률이 나온다. (Row1/Row2)라는 것은 첫째 행을 실험군, 둘째 행을 대조군으로 간주한다는 의미이다. 'Case-Control (Odds Ratio)' 부분에 오즈비와 그 신뢰구간이 출력되고, 상대위험률은 Cohort 라는 이름으로 출력된다. 코호트 열에는 첫째 열을 발병한 것으로 보았는지 둘째 열을 발병한 것으로 보았는지가 표시되어 있으므로 그에 맞는 값을 보면 된다. 여기서는 Col1 이 발병한 예이므로 상대위험률이 1.9173이 되지만, 앞서 설명한 바와 이 예에서는 상대위험률을 구하는 것이 옳지 않다.

3.2 연관성의 검증

분할표 자료에서 두 변수간의 연관성을 검정하는 방법으로 가장 많이 쓰이는 것은 카이제곱검정 (Chi-square test)이다. 이 밖에도 데이터에 따라서 피셔의 정확 검정 (Fisher's exact test), 맥니마 검정 (McNemar's Test) 그리고 코크란-맨텔-핸젤 검정 (Cochran-Mantel-Haenszel Test) 등이 사용된다. 이들 방법에 대해 하나씩 알아보자.

3.2.1 카이제곱 검정 (Chi-square Test)

앞에서 기술된 [예제 3.1]에서 아스피린 복용여부와 심근경색 발병여부의 두 변수간의 연관성에 대한 검정을 하기 위한 가설을 생각해 보자. 다음과 같은 두 가지 형태의 귀무가설이 있을 수 있다.

$H_{0(1)}$: 아스피린 복용시와 플라시보 복용시의 심근경색의 발병비율은 같다.
$H_{0(2)}$: 아스피린 복용여부와 심근경색 발병여부는 서로 독립이다.

$H_{0(1)}$ 형식의 귀무가설을 검정하는 것을 **동질성검정 (homogeneity test)** 이라고 하고, $H_{0(2)}$ 형식의 귀무가설 검정을 **독립성검정 (independence test)** 이라고 한다. 두 가지 방법은 귀무가설과 검정절차의 유도과정이 약간 다르지만 결과적으로는 동일하다. 여기서는 동질성검정을 중심으로 설명하기로 한다.

앞의 [표 3.3] 과 같은 2차원 분할표가 있을 때 p_{ij}를 i번째 그룹에서 j번째 결과가 될 확률이라고 하자. 동질성에 대한 귀무가설은

$$H_0 : p_{1j} = p_{2j} = p_j \quad (j = 1, 2)$$

와 같이 표현될 수 있을 것이다. 이 가설 하에서 p_j의 추정치는

$$\hat{p}_j = \frac{n_{+j}}{n}$$

이다. 귀무가설이 맞다면 모든 처리그룹에 대해 j번째 결과의 확률이 모두 p_j로 같으므로 i번째 그룹의 j번째 결과에 대한 기대도수는

$$E_{ij} = n_{i+}\hat{p}_j = n_{i+}n_{+j}/n$$

가 된다. 관측된 도수와 기대도수의 차이가 클수록 귀무가설을 기각하는 강한 증거가 될 것이다. 카이제곱통계량(chi-square statistic)은

$$\chi^2 = \sum_{i=1}^{2}\sum_{j=1}^{2}\frac{(n_{ij}-E_{ij})^2}{E_{ij}} = \sum_{i=1}^{2}\sum_{j=1}^{2}\frac{(n_{ij}-n_{i+}n_{+j}/n)^2}{n_{i+}n_{+j}/n}$$

로 정의된다. 귀무가설 하에서 이 통계량은 자유도 1인 카이제곱분포를 따른다는 것을 이용하여 검정하게 된다.

일반적으로 그룹의 수가 I, 결과가 J개로 나타나는 $I \times J$ 분할표에서 다음과 같은 귀무가설

$$H_0 : p_{1j} = \cdots = p_{ij} = \cdots = p_{Ij} \qquad (j = 1, \cdots, J)$$

에 대한 카이제곱통계량은

$$\chi^2 = \sum_{i=1}^{I}\sum_{j=1}^{J}\frac{(n_{ij}-E_{ij})^2}{E_{ij}} = \sum_{i=1}^{I}\sum_{j=1}^{J}\frac{(n_{ij}-n_{i+}n_{+j}/n)^2}{n_{i+}n_{+j}/n}$$

으로 정의되고, 이것이 자유도 $(I-1)(J-1)$을 가지는 카이제곱분포를 따른다는 것을 이용하여 가설검정을 하게 된다.

예제 3-3 앞서 사용한 [표 3.1]의 데이터로 카이제곱검정을 해보자.

심근경색이 발병한 사람 수는 총 $139 + 239 = 378$명이고 발병하지 않은 사람 수는 $10898 + 10795 = 21693$명이다. 총 22071명이 있으므로 귀무가설 하에서

$$\hat{p}_1 = n_{+1}/n = 378/22071 = 0.0171,$$
$$\hat{p}_2 = n_{+2}/n = 21693/22071 = 0.9829$$

로 추정된다. 따라서 아스피린을 투여 받은 환자들에서 심근경색을 일으키는 사람들의 기대도수는

$$E_{11} = 11037 \times 0.0171 = 188.73$$

이 된다. 같은 방식으로

$$E_{12} = 10848.27,\quad E_{21} = 188.68\,,\quad E_{22} = 10845.32$$

이다. 따라서 카이제곱통계량은

$$\begin{aligned}\chi^2 &= \frac{(139 - 188.73)^2}{188.73} + \frac{(10898 - 10848.27)^2}{10848.27} \\ &\quad + \frac{(239 - 188.68)^2}{188.68} + \frac{(10795 - 10845.32)^2}{10845.32} \\ &= 26.99\end{aligned}$$

로 계산된다. [부록 5]의 카이제곱분포표로부터 유의수준을 5%로 했을 때 자유도 1의 카이제곱의 임계치는 3.84이므로 귀무가설은 기각된다. 따라서 아스피린과 플라시보를 복용한 환자들의 심근경색을 일으키는 비율은 유의한 차이가 있다는 것을 알 수 있다.

SAS에서는 PROC FREQ를 이용하여 카이제곱검정을 수행할 수 있다. [표 3.6]은 [표 3.1]의 데이터를 사용한 SAS 프로그램이다. 프로그램 작성 방법은 앞의 예제와 동일하고 단지 카이제곱검정통계량을 얻기 위해 TABLES문에서 옵션으로 CHISQ를 지정하였다.

[표 3.6] 아스피린과 심근경색자료의 카이제곱검정 SAS 프로그램

```
DATA test;
INPUT treat $ mi $ count;
CARDS;
a yes 139
a no 10898
p yes 239
p no 10795
;
PROC FREQ DATA=test;
WEIGHT count;
TABLES treat*mi/CHISQ;
RUN;
```

[표 3.7]는 이의 출력결과이다. 출력된 분할표에서 각 칸의 첫 줄은 도수를 나타내고, 둘째 줄은 전체를 100으로 보았을 때 각 칸의 도수에 대한 백분율이며, 행에 대한 백분율과 열에 대한 백분율이 차례로 출력되었음을 알 수 있다. 카이제곱통계량은 Chi-

Square로 인쇄된 값은 26.94이고 p-값이 <0.0001로 극히 작으므로 아스피린과 플라시보를 복용한 환자들의 심근경색을 일으키는 비율이 같다는 귀무가설을 기각하게 된다.

[표 3.7] 아스피린과 심근경색자료의 카이제곱검정 SAS 출력결과

```
                    The FREQ Procedure

                  Table of treat by mi

          treat     mi

          Frequency|
          Percent  |
          Row Pct  |
          Col Pct  |no      |yes     |  Total
          ---------+--------+--------+
          a        |  10898 |    139 |  11037
                   |  49.38 |   0.63 |  50.01
                   |  98.74 |   1.26 |
                   |  50.24 |  36.77 |
          ---------+--------+--------+
          p        |  10795 |    239 |  11034
                   |  48.91 |   1.08 |  49.99
                   |  97.83 |   2.17 |
                   |  49.76 |  63.23 |
          ---------+--------+--------+
          Total       21693      378    22071
                      98.29     1.71   100.00

          Statistics for Table of treat by mi

Statistic                      DF       Value      Prob
------------------------------------------------------
Chi-Square                      1     26.9437    <.0001
Likelihood Ratio Chi-Square     1     27.2612    <.0001
Continuity Adj. Chi-Square      1     26.4078    <.0001
Mantel-Haenszel Chi-Square      1     26.9425    <.0001
Phi Coefficient                        0.0349
Contingency Coefficient                0.0349
Cramer's V                             0.0349
```

3.2.2 피셔의 정확 검정법 (Fisher's Exact Test)

카이제곱검정은 근사적인 방법이므로 기대도수가 작을 때에는 적절치 않게 된다. 기대도수가 아주 작을 때에는 카이제곱통계량의 분모가 작아져서 통계량을 부풀리는 결과를 낳게 된다. 카이제곱검정이 적절하지 않을 정도의 기대도수가 얼마인지에 대해 절대적인 기준은 없지만 대체로 기대도수가 5미만인 칸이 전체의 20%를 초과할 때에는 카이제곱검정을 쓰지 않는 것이 좋다고 알려져 있다. 이러한 문제가 발생했을 때 대안으로 사용할 수 있는 것이 **피셔의 정확 검정법(Fisher's exact test)** 이다. 간단한 예를 들어 설명하기로 하자.

예제 3-4 10명의 환자들이 각각 처리 1과 처리 2를 받고 난 후 [표 3.8]과 같이 반응 또는 무반응의 결과를 보였다. 처리와 반응간에 유의한 연관성이 있는지 알아보자.

[표 3.8] 환자 10명의 처리와 반응간 관계

	반응	무반응	합
처리 1	1	4	5
처리 2	3	2	5
합	4	6	10

이 때 귀무가설과 대립가설을 각각

H_0 : 처리와 반응 간에는 아무런 연관이 없다

H_1 : 처리 2에서의 반응율이 처리 1에서의 반응율 보다 높다

로 놓고 단측검정을 한다고 하자. 피셔의 정확 검정법에서는 분할표의 행의 합과 열의 합이 각각 고정되었다고 가정한다. 가설검정을 위한 p-값은 관측된 분할표가 나올 확률과 관측된 분할표보다 더 극단적인 분할표(즉, 관측된 분할표보다 귀무가설이 사실이 아니라는 보다 강한 증거를 보여주는 분할표)를 얻게 될 확률들을 모두 더하여 구해진다. 먼저 [표 3.8]과 같은 분할표가 나올 확률을 생각해 보자. 행합과 열합이 고정되어 있으므로 일단 처리 1의 반응에 대한 도수만 정해지면 나머지 도수는 자동적으로 정해지게 된다. 따라서 귀무가설 하에서 처리 1의 반응에 대한 도수가 1이 되는 확률

$$p(n_{11} = 1) = \frac{\binom{4}{1}\binom{6}{4}}{\binom{10}{5}} = 0.238$$

이 [표 3.8]의 분할표가 나올 확률이 된다. 행합과 열합이 같으면서 보다 극단적인 분할표는 이 문제에서는 [표 3.9]와 같은 분할표 하나만이 있다. 귀무가설 하에서 [표 3.9]의 분할표가 나올 확률은

$$p(n_{11} = 0) = \frac{\binom{4}{0}\binom{6}{5}}{\binom{10}{5}} = 0.024$$

이다. 따라서 정확한 p-값은 $0.238 + 0.024 = 0.262$로 계산되고, 5% 유의수준 하에서 귀무가설은 기각되지 않는다.

[표 3.9] 환자 10명의 처리와 반응간 관계–극단적인 분할표

	반응	무반응	합
처리 a	0	5	5
처리 b	4	1	5
합	4	6	10

SAS의 PROC FREQ에서 피셔의 정확 검정을 수행할 수 있다. [표 3.10]는 [표 3.8]의 데이터를 사용한 SAS 프로그램이다. 정확 검정통계량을 얻기 위해 TABLES문에서 옵션으로 EXACT를 지정하였다. 2×2 분할표의 경우에는 별도로 EXACT를 지정해주지 않아도 CHISQ옵션만 써주면 자동으로 피셔의 정확 검정결과도 같이 나오지만, 그 이상의 분할표에서는 EXACT옵션을 지정해야 한다.

[표 3.10] 환자 10명의 처리–반응자료의 정확검정 SAS 프로그램

```
DATA test2;
INPUT treat $ rep $ count;
CARDS;
a yes 1
a no 4
b yes 3
b no 2
;
PROC FREQ DATA=test2;
WEIGHT count;
TABLES treat*rep/EXACT;
RUN;
```

[표 3.11]는 이의 출력결과 중 일부이다. 분할표와 카이제곱검정결과가 먼저 나오고 가장 뒤쪽에 피셔의 정확 검정결과가 나온다. 단측검정에 대한 p-값은 `Right-sided` 또는 `Left-sided` 값을 봐야 하는데 이 예에서는 `Right-sided`로 인쇄된 상단측 p-값 부분을 보아야 한다. 이 값이 0.2619로 앞서 계산한 바와 같음을 알 수 있다. 양측검정에 대한 것은 `Two-sided`로 인쇄된 부분에 나와 있으며 p-값이 0.5238이다. p-값이 크므로 처리와 반응간의 연관성은 유의하지 않다.

[표 3.11] 환자 10명의 처리-반응자료의 정확검정 SAS 출력결과

```
         Fisher's Exact Test
----------------------------------
Cell (1,1) Frequency (F)         4
Left-sided Pr <= F          0.9762
Right-sided Pr >= F         0.2619

Table Probability (P)       0.2381
Two-sided Pr <= P           0.5238

          Sample Size = 10
```

3.2.3 맥니마 검정 (McNemar's Test)

연속형 변수의 분석에서 짝지은 t-검정이 있었던 것처럼, 도수를 구한 데이터에서도 짝지은 표본에 대해서 분석방법을 달리 고려해야 한다. 예컨대 어떤 처리를 받기 전에 양성반응이던 사람이 처리 후에도 양성반응인지 아니면 음성반응으로 되었는지, 마찬가지로 처리를 받기 전 음성반응이던 사람은 처리 후에 어떻게 달라졌는지를 알아보는 문제를 생각해보자. 한 환자에 대해 처리 전·후를 비교한 문제이므로 앞서 설명한 카이제곱검정과는 상황이 다르다. 이 때 사용될 수 있는 것이 **맥니마 검정(McNemar's test)** 이다.

범주형 자료에서 짝지은 표본의 일반적인 형태는 [표 3.12]과 같이 표현할 수 있다. 총 n명의 개체들을 대상으로 조건 1과 조건 2에서 반응하는 도수를 조사했을 때 n_{11}은 총 n명의 개체들 중에서 조건 1과 조건 2에 모두 반응한 도수를 말하며 n_{12}는 조건 1에는 반응하지만 조건 2에는 반응하지 않는 도수를 의미한다.

[표 3.12] 짝지은 범주형 자료의 형태

조건 1	조건 2		합
	예	아니오	
예	n_{11}	n_{12}	n_{1+}
아니오	n_{21}	n_{22}	n_{2+}
합	n_{+1}	n_{+2}	n

이 때 연구자의 관심은 조건 1과 조건 2에서 반응률이 서로 같은지 알아보는 데 있다. 조건 1에서의 반응률을 p_1, 조건 2에서의 반응률을 p_2라고 했을 때 귀무가설과 대립가설은 다음과 같이 세울 수 있다.

$$H_0: p_1 = p_2 \quad \text{vs} \quad H_1: p_1 \neq p_2$$

여기서 p_1과 p_2의 추정량은 각각 $\hat{p}_1 = \frac{n_{1+}}{n}$와 $\hat{p}_2 = \frac{n_{+1}}{n}$가 된다. 맥니마 검정은 두 조건에서 일치한 쌍의 개수는 고려하지 않고 일치하지 않은 쌍의 개수에 근거하여 검정통계량을 구한다. 예컨대 처리 전에 양성반응이었다가 처리 후에 음성이 된 사람이, 처리 전에 음성이었다가 처리 후에 양성이 된 사람보다 현저히 많다면 처리 전후의 반응률은 차이가 있는 것이고 귀무가설은 기각되어야 할 것이다. 이러한 근거에서 McNemar (1947)가 제안한 맥니마 검정 통계량은

$$Q_M = \frac{(n_{12} - n_{21})^2}{(n_{12} + n_{21})}$$

이며, 이 통계량이 귀무가설 하에 자유도 1을 갖는 근사 카이제곱분포를 따른다는 것을 이용하여 가설검정을 하게 된다. 또는 이 통계량 대신 연속성 보정을 한

$$Q_{M(2)} = \frac{(|n_{12} - n_{21}| - 1)^2}{(n_{12} + n_{21})}$$

을 사용하기도 한다. 연속성 보정에 대한 자세한 설명은 Walker (1997) 을 참조하기 바란다.

예제 3-5 아래 [표 3.13]의 자료는 결혼한 지 3년이 된 남성 60명을 대상으로 결혼 전후의 경제생활의 만족도를 조사한 자료이다. 이 자료에 대해 결혼 전과 결혼 후의 경제생활의 만족도에 있어서 차이가 있는지 알아보자.

[표 3.13] 결혼 전후 경제생활 만족도 자료

결혼 전	결혼 후		합
	만족	불만족	
만족	23	7	30
불만족	18	12	30
합	41	19	60

여기서

$$Q_M = \frac{(n_{12} - n_{21})^2}{(n_{12} + n_{21})} = \frac{(7 - 18)^2}{7 + 18} = 4.84$$

이고 유의수준을 5%로 했을 때 자유도 1의 카이제곱의 임계치는 3.84이므로 귀무가설은 기각된다. 이 분석을 위한 SAS 프로그램은 [표 3.14]와 같다.

[표 3.14] 맥니마 검정 SAS 프로그램

```
DATA marriage;
INPUT before $ after $ count @@;
CARDS;
satisfy satisfy 23
satisfy unsatisfy 7
unsatisfy satisfy 18
unsatisfy unsatisfy 12
;
ODS SELECT McNemarsTest;
PROC FREQ order=data;
WEIGHT count;
TABLES before*after/AGREE;
RUN;
```

맥니마 검정을 하기 위한 SAS 프로그램은 역시 PROC FREQ를 이용하는데 옵션문에 AGREE만 첨가해주면 된다. PROC FREQ 문 앞의 ODS SELECT문에서 McNemar's Test를 첨가하면 분할표와 여러 다른 통계량은 출력되지 않고 오직 맥니마 검정 결과만 나타나게 된다. SAS 출력 결과는 아래 [표 3.15]와 같다. 맥니마 검정 결과 카이제곱통계량이 4.84, p-값이 0.0278로 유의수준 5% 하에서 유의함을 알 수 있다. 즉 결혼 생활 전과 후의 경제생활 만족도에 유의한 차이가 있다는 것을 알 수 있다. 맥니마 검정은 정규 근사를 이용하면 이항분포 검정과 동일하다. 이것은 표본수가 클 때 이항분포를 따르는 확률변수는 정규 분포로 근사되고 이를 표준화시킨 확률변수를 제곱하면 카이제곱 분포를 따르게 되기 때문이다.

[표 3.15] 맥니마 검정 SAS 출력 결과

```
              The FREQ Procedure

      Statistics for Table of before by after

               McNemar's Test
          ------------------------
          Statistic (S)     4.8400
          DF                     1
          Pr > S            0.0278
```

3.2.4 코크란-맨텔-핸젤 검정 (Cochran-Mantel-Haenzel Test)

앞 절에서 소개한 카이제곱 검정과 피셔의 정확 검정, 그리고 맥니마 검정은 반응률의 차이를 하나의 그룹 안에서 비교하였지만 경우에 따라서는 여러 개의 그룹이 있을 때 두 처리 간 반응률의 차이가 있는지를 검정할 때가 있다. 이 절에서 소개할 코크란-맨텔-핸젤 검정은 이처럼 독립된 K개의 그룹이 있을 때 그룹의 효과를 제어한 반응률의 차이가 있는지를 검정하는 방법이다. 예컨대 처리와 반응률의 자료가 어떤 하나의 병원으로부터 얻어진 것이 아니라 독립된 여러 병원으로부터 얻어졌을 때, 병원을 하나의 층(strata)로 보고 이를 제어한 처리와 반응사이의 연관성을 알아보는 경우가 될 것이다. 여기서 병원을 층(strata)으로 두고 두 처리 간 반응률의 차이를 조사하는 것은 병원에 따라 처리 간 반응률이 달라질 수 있기 때문이다. 따라서 이러한 병원이라는 층 변수(stratification variable)를 제어하면서 전체적인 반응률의 차이를 조사하는 것이 더 바람직한 방법이라고 할 수 있겠다. 층변수는 서로 다른 지역이 될 수도 있고, 성별이나 나이그룹 등 처리와 반응률 사이에 영향을 끼치는 어떠한 변수도 될 수가 있다. 일반적으로 독립된 K개의 층이 있을 때 $k(=1, \cdots, K)$번째 층의 처리와 반응간의 관계를 나타내는 자료의 형태는 다음 [표 3.16]과 같이 나타낼 수 있다.

[표 3.16] k번째 층에서의 처리와 반응간의 관계

처리 \ 반응 여부	반응	반응 안함	합계
1	n_{k11}	n_{k12}	n_{k1+}
2	n_{k21}	n_{k22}	n_{k2+}
합계	n_{k+1}	n_{k+2}	n_k

K개의 층이 있고 처리1에서의 반응률을 p_1, 처리2에서의 반응률을 p_2라고 할 때, 두 처리 간에 전체적인 반응률의 차이가 있는지를 검정하기 위한 귀무가설은 다음과 같이 세울 수 있다.

$$H_0 : p_1 = p_2 \quad \text{vs} \quad H_1 : p_1 \neq p_2$$

이를 검정하기 위한 **코크란-맨텔-핸젤 검정 통계량(Cochran-Mantel-Haenzel Test Statistic)**은 다음과 같이 정의된다.

$$Q_{CMH} = \frac{\left(\sum_{k=1}^{K} n_{k11} - \sum_{k=1}^{K} E(n_{k11} | H_0)\right)^2}{\sum_{k=1}^{K} Var(n_{k11} | H_0)}$$

여기서 $E(n_{k11} | H_0) = \dfrac{n_{k1+} n_{k+1}}{n_k}$이고 $Var(n_{k11} | H_0) = \dfrac{n_{k1+} n_{k2+} n_{k+1} n_{k+2}}{n_k^2 (n_k - 1)}$이다.

통계량 Q_{CMH}이 귀무가설 하에서 근사적으로 자유도 1을 갖는 카이제곱 분포를 따른다는 것을 이용하여 가설검정한다.

예제 3-6 다음의 [표 3.17]은 4개의 병원으로부터 호흡기 곤란 환자들을 기존 치료제와 새로운 치료제에 랜덤하게 할당한 후 호전의 유무를 조사한 자료이다. 연구자가 알고 싶은 것은 치료제에 따라 호전도의 차이가 있는가이며, 병원의 효과를 제어하고 싶다. 코크란-맨텔-핸젤 검정을 이용하여 분석해보자.

[표 3.17] 4개 병원으로부터 얻은 치료제와 호전도 관계 자료

병원	치료제	호전	호전되지 않음	합계
A	기존 치료제 새로운 치료제	9 11	5 6	14 17
합계		20	11	31
B	기존 치료제 새로운 치료제	7 8	5 3	12 11
합계		15	8	23
C	기존 치료제 새로운 치료제	4 7	6 5	10 12
합계		11	11	22
D	기존 치료제 새로운 치료제	18 26	11 4	29 30
합계		44	15	59
전체 합계		90	45	135

이를 위한 SAS 프로그램은 [표 3.18]과 같다. 코크란-맨텔-핸젤 검정을 하기 위해서는 역시 PROC FREQ를 사용하고 TABLES문의 옵션에 CMH만 추가해주면 된다. 뒤의 NOROW NOCOL은 행도수와 열도수를 인쇄하지 말라는 의미이며, 쓰지 않아도 된다. TABLES 문에서 주의할 것은 층변수를 hospital로 두었기 때문에 3개의 변수를 *로 연결할 때 hospital 변수를 맨 앞에 놓아야 한다. 그래야만 병원의 종류에 따라 처리와 호전도의 분할표가 출력되기 때문이다. 만약 trt 변수를 맨 앞에 놓았다면 출력 결과는 trt에 따라 병원과 호전도에 관한 분할표가 출력된다.

코크란-맨텔-핸젤 검정 결과는 [표 3.19]에서처럼 3가지의 통계량으로 나오는데 대립가설의 표현만 다를 뿐 결국은 같은 대립가설에 대한 통계량이므로 그 값이 모두 같다. Q_{CMH}의 값은 4.0391이고, 이에 대한 p-값은 0.0445로 유의수준 5% 하에서 유의함을 알 수 있다. 따라서 병원을 층변수로 제어했을 때 치료제와 호흡곤란 환자들의 호전도 사이에는 유의한 연관성이 있다는 것을 알 수 있다.

[표 3.18] 4개 병원 자료의 코크란-맨텔-핸젤 검정 SAS 프로그램

```
DATA hospital;
INPUT hospital $ trt $ recovery $ count @@;
CARDS;
A old yes 9 A old no   5
A new yes 11 A new no  6
B old yes 7 B old no   5
B new yes 8 B new no   3
C old yes 4 C old no   6
C new yes 7 C new no   5
D old yes 18 D old no  11
D new yes 26 D new no  4
;
PROC FREQ;
WEIGHT count;
TABLES hospital*trt*recovery/CMH NOROW NOCOL;
RUN;
```

[표 3.19] 4개 병원 자료의 코크란-맨텔-핸젤 검정 SAS 출력 결과

```
                         The FREQ Procedure

              Summary Statistics for trt by recovery
                     Controlling for hospital

     Cochran-Mantel-Haenszel Statistics (Based on Table Scores)

Statistic    Alternative Hypothesis    DF       Value      Prob
---------------------------------------------------------------
    1        Nonzero Correlation        1      4.0391    0.0445
    2        Row Mean Scores Differ     1      4.0391    0.0445
    3        General Association        1      4.0391    0.0445
```

만약 병원을 층변수로 제어하지 않고 단순히 모든 데이터를 통합하여 치료제와 호흡곤란 환자들의 호전도의 관계를 보면 어떤 결과가 나올까? 이를 분석하기 위해 SAS 프로그램에서 TABLES문에서 hospital를 제외하고 옵션문에 CHISQ를 추가하여 그 결과를 보면 아래 [표 3.20]와 같다. 층변수를 고려하지 않은 결과 카이제곱 통계량이 3.7978이고 p-값이 0.0513으로 유의수준 5% 하에서 유의하지 않음을 알 수 있다.

[표 3.20] 층변수를 고려하지 않은 교차표 분석 결과

```
The FREQ Procedure

Table of trt by recovery

trt       recovery

Frequency|
Percent  |no      |yes     |  Total
---------+--------+--------+
new      |     18 |     52 |     70
         |  13.33 |  38.52 |  51.85
---------+--------+--------+
old      |     27 |     38 |     65
         |  20.00 |  28.15 |  48.15
---------+--------+--------+
Total          45       90      135
            33.33    66.67   100.00


Statistics for Table of trt by recovery

Statistic                     DF       Value      Prob
------------------------------------------------------
Chi-Square                     1      3.7978    0.0513
Likelihood Ratio Chi-Square    1      3.8136    0.0508
Continuity Adj. Chi-Square     1      3.1191    0.0774
Mantel-Haenszel Chi-Square     1      3.7697    0.0522
Phi Coefficient                      -0.1677
Contingency Coefficient               0.1654
Cramer's V                           -0.1677
```

3.3 진단법의 평가

3.3.1 민감도와 특이도

의학연구에서 관심의 대상이 되는 문제 중 하나는 어떤 진단기법이 있을 때 그것이 얼마나 정확한가를 평가하는 것이다. 좋은 진단기법은 질병이 있는 사람을 양성으로, 질병이 없는 사람을 음성으로 판정할 확률이 높아야 할 것이다. 전자와 같이 이 진단법을 사용했을 때 실제로 이에 해당하는 사람들을 얼마나 잘 찾아내는가 하는 기준을 **민감도 (sensitivity)**, 후자와 같이 해당되지 않는 사람들을 얼마나 잘 분류하는가 하는 기준을 **특이도 (specificity)** 라고 한다. 민감도가 높다면, 그 진단은 질병에 걸린 사람을 음성으로 잘못 진단하는 위음성률 (false-negative rate) 이 낮다는 것을 의미하며, 특이도가 높다면 그 진단법은 질병에 걸리지 않은 사람들을 양성으로 잘못 진단하는 위양성률

(false-positive rate)이 낮다는 것을 의미한다. 질병의 여부와 진단결과를 [표 3.21]와 같은 2×2분할표로 정리할 수 있다. 여기서 TP, FP, FN, TN은 각각 true-positive, false-positive, false-negative, true-negative를 가리킨다.

[표 3.21] 질병과 진단과의 관계를 보여주는 분할표

진 단	질병	
	양성 D +	음성 D −
양성 T +	TP	FP
음성 T −	FN	TN

이 때 민감도와 특이도를 계산하는 식은 다음과 같이 쓸 수 있다.

$$\text{민감도} = \frac{TP}{TP + FN}$$

$$\text{특이도} = \frac{TN}{FP + TN}$$

예제 3-7 다음의 [표 3.22]는 간의 화상(liver scan)과 병리적 진단결과를 정리한 것이다. 연구자의 관심은 간의 화상을 이용한 방법이 병리적인 비정상을 가려내는데 좋은 진단법인지 알아보는 데 있다.

[표 3.22] 간의 화상과 병리적 진단결과

실제 / 간의 화상	병리적 진단		
	비정상 D +	정상 D −	계
비정상판정 T +	231	32	263
정상판정 T −	27	54	81
계	258	86	344

(출처: Altman, 1991)

이 검사에서 민감도는 간의 화상을 이용한 방법이 병리적 진단결과 비정상인 사람을 얼마나 잘 비정상으로 판정했는가에 대한 기준이며, 231/258 = 0.90이다. 한편 특이도는 병리적 진단결과 정상인 사람들을 간의 화상방법에서 정상으로 옳게 판정하는 비율로서 54/86 = 0.63이 된다.

3.3.2 양성예측도와 음성예측도의 추정

실제로 임상에서 알고자 하는 것은 진단법이 옳은 진단을 내릴 확률이다. 즉, 어떤 환자에 대해 암을 진단하기 위해 한 진단기법을 사용한 결과 양성으로 판정되었을 때, 그 환자가 정말 암에 걸려 있을 확률은 얼마인지에 관심이 있게 된다. 민감도와 특이도는 이에 대한 해답을 주지는 않는다. 양성으로 판정되었을 때 실제로 병에 걸렸을 확률을 **양성예측도 (predicted value of positive test)** 라고 하며, 음성으로 판정되었을 때 실제로도 병에 걸리지 않았을 확률을 **음성예측도 (predicted value of negative test)** 라고 한다. 위의 [예제 3.7]에서 관측된 도수에 근거해서 계산한다면, 263명의 비정상판정자 중에서 실제로 비정상인 사람이 231명이었으므로 양성예측도는 231/263 = 0.88이다. 또한 관측된 도수에 근거해서 계산된 음성예측도는 54/81 = 0.67이 될 것이다. 그러나 이 계산에는 유병률 (prevalence) 이라는 중요한 부분이 숨어 있으며, 344명이 전체 집단에서 랜덤하게 뽑힌 것이 아니어서 258/344 = 0.75를 유병률로 볼 수 없고, 유병율이 다른 여러 나이그룹에 대해 양성 및 음성예측도를 계산하고 싶다면 이러한 방식으로 관측된 도수에 근거하여 구해서는 안된다.

일반적으로, 양성예측도와 음성예측도는 다음과 같은 베이즈 정리 (Bayes' theorem) 에 근거하여 구할 수 있다. 양성예측도는 양성 $(T+)$ 일 때 실제로 병에 걸렸을 $(D+)$ 조건부 확률, 즉 $P(D+|T+)$ 이 된다. 베이즈 정리를 이용하면 이는 다음과 같은 식으로 표현된다.

$$P(D+|T+) = \frac{P(T+|D+)P(D+)}{P(T+|D+)P(D+)+P(T+|D-)P(D-)}$$

여기서 $P(T+|D+)$는 병에 걸렸을 때 양성으로 판정할 확률이므로 곧 진단법의 민감도를 의미하며, $P(T+|D-) = 1 - P(T-|D-) = 1 -$ '특이도'가 된다. $P(D+)$가 질병의 유병률이 될 것이며, $P(D-) = 1 - P(D+)$이다. 이를 풀이하면 다음과 같은 식으로 표현된다.

$$\text{양성예측도} = \frac{\text{민감도} \times \text{유병률}}{[\text{민감도} \times \text{유병률}] + [(1 - \text{특이도}) \times (1 - \text{유병률})]}$$

같은 방식으로 음성으로 판정되었을 때 실제로 병에 걸리지 않았을 확률 $P(T-|D-)$ 은 다음과 같다.

$$P(D-|T-) = \frac{P(T-|D-)P(D-)}{P(T-|D-)P(D-)+P(T-|D+)P(D+)}$$

즉, 음성예측도 (predicted value of negative test) 는 다음과 같은 표현으로 쓸 수 있다.

$$음성예측도 = \frac{특이도 \times (1-유병률)}{특이도 \times (1-유병률) + (1-민감도) \times 유병률}$$

이와 같이 예측도는 집단의 유병률에 의존하는 값이다. 앞에서 계산한 [예제 3.7]의 양성예측도 0.88과 음성예측도 0.67은 관측도수에 근거하여 유병률을 258/344 = 0.75로 놓고 계산한 값과 같다. 만약 이 검사법을 유병률이 0.25인 집단에 대해 양성예측도와 음성예측도를 구하면 각각 0.45와 0.95로 상당히 달라지게 된다는 것을 알 수 있다.

예제 3-8 아래 자료는 흉부 X-ray를 이용한 판정이 결핵 (tuberculosis) 을 진단하는데 얼마나 유용한가를 알아보기 위한 연구로부터 나온 결과이다. 민감도와 특이도, 양성예측도와 음성예측도를 구해보자.

[표 3.23] X-ray를 이용한 결핵 진단 자료

X-ray	결 핵		계
	유 D +	무 D −	
양성 판정 T +	22	51	73
음성 판정 T −	8	1739	1747
계	30	1790	1820

민감도와 특이도는 각각

$$민감도 = P(T+ \mid D+) = 22/30 = 0.7333$$
$$특이도 = P(T- \mid D-) = 1739/1790 = 0.9715$$

로 계산된다.

1820명이 전체 집단에서 랜덤하게 뽑힌 것이 아니므로 이에 근거하여 30/1820 = 0.00165식으로 유병률을 계산할 수는 없다. 대신 1987년 연구에서 인구 100,000명당 9.3명꼴로 결핵이 발생된 것으로 보고된 바 있으며, 이에 근거하면 유병률 $P(D+) = 0.000093$이라고 할 수 있다. 따라서 양성 예측도는

$$양성예측도 = \frac{0.7333 \times 0.000093}{(0.7333 \times 0.000093) + (0.0285 \times 0.999907)} = 0.00239$$

이 된다. 즉 X-ray 진단에 의해 양성으로 판정된 사람 중 0.239%만이 실제 결핵환자로 추정된다. 한편 음성예측도는

$$\text{음성예측도} = \frac{0.9715 \times 0.999907}{0.9715 \times 0.999907 + 0.2667 \times 0.000093} = 0.999974$$

로 음성으로 판정받은 사람의 99.9%는 결핵환자가 아니라고 할 수 있다.

이 밖에도 사후확률을 계산하기 위한 방법으로 트리기법 (tree method) 이나 우도비를 이용한 방법 등 여러 가지가 있다. 자세한 것은 Dawson-Saunders and Trapp (1994) 등을 참고하기 바란다.

연습문제

1. 산후 우울증에 대한 연구에서, 연구자는 초산인 여성 116명을 뽑아 산후 우울증에 대한 위험요인으로 배우자의 무관심이나 애정결핍을 고려하여 조사하고, 산후 1개월 때 산후 우울증에 대해 조사하였다. 결과는 다음의 표와 같다.

위험요인	산후 우울증		총 계
	유	무	
유	5	21	26
무	8	82	90
총계	13	103	116

(1) 상대위험률과 오즈비를 구하라.

(2) 상대위험률과 오즈비에 대한 95% 신뢰구간을 구하라.

(3) 위의 (1), (2)로부터 어떤 해석을 할 수 있는가?

2. 구강피임약의 복용이 유방암과 관련이 있는지 알아보기 위한 연구를 실시하였다. 이전에 구강피임약을 사용한 2914명의 여성 가운데에서 273명이 유방암 환자였으며, 구강피임약을 복용한 경력이 없는 7976명의 여성 가운데에서 유방암이 발생한 사람은 716명이었다. 구강피임약을 사용하는 것이 유방암 발생을 높인다고 할 수 있는지 오즈비와 95% 신뢰구간을 구하고 결과를 해석하라.

3. 한 비확률화 연구에서 125명의 췌장염 환자들중 61명은 참여를 거부했으며, 33명은 금주를 권고받았고, 31명은 수술을 시행하였다. 이들의 췌장염 재발여부를 표로 나타낸 것이 아래와 같다. 세 그룹간 재발률이 같은지 검정하라.

그 룹	재 발		총 계
	있음	없음	
참여거부	49	12	61
금주권고	24	9	33
수술	2	29	31
총계	75	50	125

4. 한 연구자는 분자 하이브리드형성에 의해 탐지되는 인간 유두종바이러스(human papilloma virus; HPV)에 이미 전염된 HIV (human immuno-deficiency virus) 전염 여성

은 둘 중의 한 바이러스에 전염되거나 둘 다 전염되지 않은 사람보다 더 쉽게 세포학적 자궁경부 이상이 나타나는지에 대해 알기 위해 96명의 여성을 조사하였다. 이 결과는 다음의 표와 같다. HPV 감염 여부와 HIV 감염 여부에 대해 관계가 있는지 유의수준 5%로 검정하시오.

HPV	HIV			총 계
	혈청반응양성 증후성	혈청양성반응 무증후성	혈청반응음성	
양 성	23	4	10	37
음 성	10	14	35	59
총 계	33	18	45	96

5. 후두암을 치료하는 데 있어 수술과 방사선 치료를 비교한 연구 결과가 다음과 같았다. 치료 방법과 후두암의 연관성을 검정하기 위해 피셔의 정확검정을 하고 그 결과를 해석하여라.

치료 방법	후두암 치료 결과	
	치료됨	치료 안 됨
수술	21	2
방사선 치료	15	3

6. 다음은 비행청소년과 그렇지 않은 청소년들의 건강을 비교하는 연구에서 시력저하를 보이는 청소년들 중에서 안경을 쓴 비율을 조사한 표이다. 두 집단에서 안경을 쓴 비율이 같은지 가설검정하고, 결과를 해석하라.

그룹	안경	
	착용	미착용
비행청소년	1	5
일반청소년	8	2

7. 다음 자료는 투표권이 있는 1600명의 임의 표본을 대상으로 국무총리의 임무 수행에 관한 의견을 조사한 후 6개월 뒤에 동일한 1600명에 대하여 다시 의견을 조사한 자료이다. 이 자료에 대해서 첫 번째 투표와 두 번째 투표에서 찬성확률이 동일한지를 검정하여라.

첫 번째 투표	두 번째 투표		총 계
	찬성	반대	
찬성	794	150	944
반대	86	570	656
총계	880	720	1600

8. 신생아에게 치명적인 적아구증(erythroblastosis)에 관한 자료를 조사하였다. 적아구증은 혈액형이 Rh^{+}형인 신생아의 혈액 안에 있는 anti-Rh 항체로 인해서 발병한다. 적아구증을 치료하기 위한 방법은 anti-Rh 항체에 영향을 안주는 혈액을 수혈 받는 것이다. 혈액 기증자들의 성별과 환자들의 질병의 심각도에 따른 생존 상태 자료가 아래 표와 같다. 위의 자료를 바탕으로 기증자의 성별과 생존 상태의 연관성을 코크란-맨텔-핸젤방법을 이용하여 검정하라.

질병의 심각도	기증자 성별	생존 상태		총 계
		사망	생존	
심각하지 않음	남	2	21	23
	여	0	10	10
약간 심각	남	2	40	42
	여	0	18	18
심각	남	6	33	39
	여	0	10	10
매우 심각	남	17	16	33
	여	0	4	4
총계		27	152	179

9. 다음의 데이터는 관상동맥질병(coronary artery disease)을 찾아내는데 방사핵종 뇌실사(radionuclide ventriculography)의 사용을 탐색하는 연구로부터 얻은 것이다.

진 단	질 병		총 계
	유	무	
양 성	302	80	382
음 성	179	372	551
총 계	481	452	933

(1) 이 연구에서 방사핵종 뇌실사를 이용한 진단의 민감도와 특이도를 구하라.

(2) 인구집단에서 관상동맥질병을 가지는 비율이 10%라고 한다. 양성예측도와 음성예측도를 구하라.

제 4 장

로짓 및 로그-선형 분석

이 장에서는 반응값이 범주형일 때 주로 쓰이는 분석방법에 대해 알아보기로 하자. 하나 또는 그 이상의 설명변수 (공변량) 가 있고 반응변수가 연속형일 때, 설명변수들이 결과에 어떻게 영향을 미치는지 알아보기 위해 흔히 사용되는 방법이 회귀분석 (regression) 이다. 그러나 반응값이 연속적이지 않고 반응이 성공/실패나 생존/사망 등의 두개의 범주이거나 또는 그 이상의 범주로 나뉘어져 있는 경우가 종종 있다. 이 때 연구자는 성공확률을 추정하고, 그 값에 유의한 영향을 미치는 설명변수가 무엇인가를 알아보는 문제에 관심을 가질 것이다. 이를 위해 사용될 수 있는 분석이 로짓분석 (logit analysis) 이며, 로지스틱 회귀분석 (logistic regression) 이라고도 한다.

한편 반응변수와 설명변수의 구분이 뚜렷하지 않고 각 변수가 범주형인 경우에 각 변수들간의 연관성을 알아보기 위한 방법으로 로그-선형 모형 (log-linear model) 이 있다. 로그-선형 모형에서는 모든 변수들을 반응변수로 보고 각 변수들 간의 연관성과 교호작용에 초점을 맞추어 분석하게 된다. 이 두 가지 방법에 대해 차례로 알아보자.

4.1 로짓 분석

로짓 분석은 병리학 연구에서 질병과 연관 있는 위험요인들을 식별하거나, 임상 연구 자료에서 중요한 요인들을 식별하는 탐색적 분석에 많이 적용된다. 로짓 분석에서 범주형 결과 변수는 주로 이항 반응이나 여러 개의 수준을 갖는 다항 반응일 수도 있다. 또한 다항 반응의 경우 범주가 명목형 또는 순서형일 수 있다. 반응변수가 이항인 경우와 다항인 경우로 나누어서 설명하기로 한다.

4.1.1 이항 반응변수의 경우

로짓 분석은 반응변수가 2개의 가능한 값(예/아니오, 생존/사망 등)을 갖는 이항반응인 경우가 대부분이다. N개의 개체와 k개의 설명변수 $X_1, X_2, \cdots, X_k$가 있을 때 로짓 분석에서 사용되는 데이터의 일반적인 형태는 [표 4.1]와 같다. 이때의 설명변수값은 나이나 체중 등의 수치자료가 될 수도 있고, 처리의 종류(0 = 대조군, 1 = 실험군)가 될 수도 있으며, 기타 종양의 크기(소 = 0, 중 = 1, 대 = 2)와 같이 순서형 범주자료가 될 수도 있다.

[표 4.1] 로짓분석에서의 데이터 형태

개체번호	반응 변수	설명 변수			
1	y_1	X_{11}	X_{21}	$\cdots$	X_{k1}
2	y_2	X_{12}	X_{22}	$\cdots$	X_{k2}
$\cdots$	$\cdots$	$\cdots$	$\cdots$	$\cdots$	$\cdots$
N	y_N	X_{1N}	X_{2N}	$\cdots$	X_{kN}

먼저 반응변수 y가 2개의 가능한 값을 갖는 이항 반응이고, 설명변수 X가 있을 때의 로짓 모형을 생각해보자. 이항반응을 갖는 반응변수 y의 두 결과값을 0과 1로 하면 반응변수 y의 평균은 아래와 같다.

$$E(Y) = 1 \times p(Y=1) + 0 \times p(Y=0) = p(Y=1)$$

즉, 이항 반응변수 y의 평균은 $y=1$의 값을 가질 확률과 같다. 이 확률을 성공확률이라고 하자. 반응변수 y에 영향을 주는 설명변수들이 있기 때문에 반응변수의 성공확률은 이러한 설명변수들을 고려해야 한다. 반응변수 y는 설명변수가 $X=x$ 일 때의 성공확률

p_x를 갖는 베르누이 분포를 따른다고 가정하자. 설명변수 $X=x$ 일 때 반응변수 $Y=y$일 확률은

$$P(Y=y|X=x) = p_x^y (1-p_x)^{1-y} \quad (y=0,\ 1)$$

이 된다. 여기서 성공확률 p_x에 대해 다음과 같은 선형 확률모형(linear probability model)을 생각할 수 있다.

$$p_x = \alpha + \beta x$$

그런데 이러한 모형은 구조적으로 결함을 갖고 있다. 우선, 확률은 0과 1사이의 값을 가져야 하는데 위와 같은 선형 확률모형은 실수 전체의 값을 갖고 있고, 충분히 크거나 작은 x값에 대해서는 성공확률 p_x는 0보다 작거나 1보다 큰 값을 갖게 된다. 다음으로, 위의 식에 있는 모수들인 α, β들을 추정함에 있어서 최소제곱추정량(LSE)은 선형 불편추정량에 있어서 더 이상 최소 분산을 갖지 않는다. 따라서 이러한 식 대신 성공확률 p_x에 대해 설명변수 X와 비선형인 아래의 식

$$p_x = \frac{exp(\alpha + \beta x)}{1 + exp(\alpha + \beta x)}$$

과 같은 함수를 생각하게 된다. 성공확률 p_x를 세로축으로 하고 설명변수 X를 가로축으로 했을 때의 그래프 모양은 s자 곡선의 형태를 갖는다. 모수 β가 양수일 때에는 증가하는 s자 곡선의 형태를 갖고, β가 음수일 때에는 감소하는 s자 곡선의 형태를 갖는다. 또한 β가 0일 때에는 성공확률 p_x가 설명변수 X와 무관한 상수값을 갖게 되어 설명변수와 반응변수간의 관계가 독립임을 나타내며, 곡선의 변화율은 $|\beta|$가 커짐에 따라 커지게 된다. 성공확률에 대한 오즈(odds)는 아래 식

$$\frac{p_x}{1-p_x} = exp(\alpha + \beta x)$$

과 같고 설명변수 x가 한 단위 증가할 때마다 오즈는 $exp(\beta)$배 만큼 증가하게 됨을 알 수 있다. 성공확률의 오즈에 로그를 씌운 토그 오즈는 아래와 같은 선형식으로 나타낼 수 있다.

$$\ln \frac{p_x}{1-p_x} = \alpha + \beta x$$

이 식을 **로짓 모형(logit model)**이라고 한다.

일반적으로 k개의 설명변수 $X_1, X_2, \cdots, X_k$가 있는 경우에 성공확률 p_x는

$$p_x = \frac{exp(\alpha + \beta_1 x_1 + \beta_2 x_2 + \cdots + \beta_k x_k)}{1 + exp(\alpha + \beta_1 x_1 + \beta_2 x_2 + \cdots + \beta_k x_k)}$$

와 같이 모형화되며, 로짓모형은 다음과 같다.

$$\ln \frac{p_x}{1 - p_x} = \alpha + \beta_1 x_1 + \beta_2 x_2 + \cdots + \beta_k x_k$$

각 설명변수들이 반응 변수에 영향을 끼치는 정도는 회귀 계수 β_i를 추정함으로써 알 수 있다. 이 추정량들은 최대우도 추정량(MLE)을 통해 구해지며 근사적으로 정규분포를 따른다. β_i의 추정치를 b_i라고 하고 이의 표준오차를 s_{b_i}라고 하면 b_i / s_{b_i}는 귀무가설을 $H_0 : \beta_i = 0$으로 했을 때 근사적으로 표준정규분포를 따르게 되고 $\left(\frac{b_i}{s_{b_i}}\right)^2$는 근사적으로 자유도 1을 갖는 카이제곱 분포를 따르게 된다. 귀무가설과 대립가설을 다음과 같이 세웠을 때

$$H_0 : \beta_i = 0 \quad \text{vs.} \quad H_1 : \beta_i \neq 0$$

이를 위한 검정 통계량은 왈드 통계량 $\chi_w^2 = \left(\frac{b_i}{s_{b_i}}\right)^2$으로, 이 통계량이 자유도 1인 카이제곱분포의 임계치 $\chi^2_\alpha(1)$ 보다 클 때 귀무가설을 기각하게 된다(χ^2-분포표는 [부록 5]에 있다).

예제 4-1 102명의 백혈병 환자를 랜덤하게 두 개의 그룹으로 나누어서 한 그룹에는 처리 A를 하고, 다른 그룹에는 처리 B를 하여 재발 여부를 조사하였다. 이때 재발 여부에 영향을 미칠 수 있는 또 하나의 요인은 호전기간(remission time)이다. 데이터는 [표 4.2]와 같다. X는 호전기간(단위:월)이며, Y는 재발 여부로 재발 안한 경우 Y = 0, 재발한 경우 Y = 1 로 코딩되었다. 처리와 호전기간이 재발 여부에 어떠한 영향을 미치는지 알아보자.

[표 4.2] 백혈병환자의 재발 자료

처리	번호	X	Y	번호	X	Y	번호	X	Y
	1	3	0	18	9	0	35	12	0
	2	3	1	19	6	1	36	12	0
	3	3	1	20	6	0	37	12	0
	4	6	1	21	6	0	38	9	1
	5	15	0	22	6	0	39	6	1
	6	6	1	23	3	1	40	12	0
	7	6	1	24	18	0	41	6	0
	8	6	1	25	9	0	42	15	1
A	9	15	0	26	12	1	43	9	0
	10	15	0	27	6	0	44	3	1
	11	12	0	28	9	1	45	9	0
	12	18	0	29	9	1	46	9	0
	13	6	1	30	3	0	47	9	0
	14	15	0	31	9	1	48	9	0
	15	6	1	32	12	0	49	9	1
	16	15	0	33	12	0	50	12	1
	17	12	1	34	3	0	51	3	1

처리	번호	X	Y	번호	X	Y	번호	X	Y
	52	9	1	69	15	0	86	9	1
	53	3	0	70	15	1	87	15	0
	54	12	1	71	9	0	88	15	0
	55	3	1	72	9	0	89	12	0
	56	3	1	73	12	1	90	9	0
	57	15	1	74	3	1	91	12	0
	58	9	1	75	6	1	92	15	0
	59	12	1	76	6	1	93	18	1
B	60	3	1	77	12	0	94	12	0
	61	9	1	78	12	0	95	15	1
	62	15	1	79	12	1	96	15	0
	63	9	1	80	3	1	97	15	0
	64	6	1	81	12	1	98	18	0
	65	9	1	82	3	1	99	18	1
	66	6	1	83	12	1	100	18	0
	67	12	0	84	6	1	101	18	0
	68	9	0	85	6	1	102	6	1

재발 여부를 나타내는 반응변수 y의 성공확률을 p_x라 하고 두 개의 설명변수인 처리와 재발 시간을 각각 trt, remission으로 놓으면 로짓 모형은 아래 식과 같게 된다.

$$\ln \frac{p_x}{1-p_x} = \alpha + \beta_1 \text{ trt} + \beta_2 \text{ remission}$$

이제 SAS 프로그램을 이용하여 실제적인 분석에 들어가 보자. 이 자료의 로짓 분석을 위한 SAS 프로그램은 [표 4.3]와 같다.

[표 4.3] 백혈병자료의 로짓 분석 SAS 프로그램

```
DATA liver;
INPUT trt$remission y @@;
CARDS;
A 3  0 A 3 1
A 3  1 A 6 1
A 15 0 A 6 1
A 6  1 A 6 1
. . .
B 15 0 B 18 0
B 18 1 B 18 0
B 18 0 B 6 1
;
PROC LOGISTIC DESCENDING;
CLASS trt;
MODEL y=trt remission/SCALE=NONE AGGREGATE;
RUN;
```

로짓 모형은 SAS 의 PROC LOGISTIC를 이용하여 분석할 수 있다. CLASS 문에서는 설명변수 중에서 범주형 설명변수인 처리(trt)를 지정해준다. PROC LOGISTIC 단계의 MODEL 문에서는 반응변수에 해당하는 'y'를 등식의 좌변에, 설명변수들에 해당하는 'trt'와 'remission'을 등식의 우변에 입력한다. PROC LOGISTIC은 디폴트로 반응변수의 값이 숫자든 문자든, 보다 작은 값을 성공 확률로 가정한다. 가령 위의 예제처럼 반응변수의 값이 숫자 '0'과 '1'로 코딩되었을 경우에는 반응변수가 0의 값을 가질 확률을 성공확률로 하고, 반응변수가 'Yes'와 'No'로 코딩되었을 경우에는 알파벳 순서가 앞선 'No'가 성공확률이 된다. 위 예제에서는 반응변수의 값 중 0의 값을 가질 확률, 즉 재발하지 않을 확률을 성공확률로 보게 된다. 따라서 재발할 확률을 성공 확률로 보고 분석을 하고 싶으면 PROC LOGISTIC 문 옆에 옵션으로 'DESCENDING' 을 지정하면 반응변수의 값 중에서 보다 큰 값을 성공 확률로 보게 된다. 출력 결과는 [표 4.4]와 같다.

[표 4.4] 백혈병자료의 Response Profile과 Class Level Information 결과

Response Profile

Ordered Value	y	Total Frequency
1	1	53
2	0	49

Probability modeled is y=1.

Class Level Information

Class	Value	Design Variables 1
trt	A	1
	B	-1

위의 Response Profile을 보면 반응변수인 'y' 의 값이 순서대로 나열되어 있는 것을 알 수 있다. 프로그램 단계에서 'DESCENDING' 옵션을 두었기 때문에 내림차순으로 반응변수 $y=1$의 값이 첫 번째 Ordered Value가 되고 $y=0$의 값이 두 번째 Ordered Value 값을 갖게 된다. 그리고 하단의 'Probability modeled is y = 1.'를 통해서 성공확률은 y변수가 1의 값을 가질 때의 확률이라는 것을 알 수 있다. 따라서 우리는 로짓 모형식을 해석할 때 이를 염두에 두고 해야 한다. 또한 Class Level Information에는 범주형 설명변수인 처리(trt)의 각 수준 값을 어떻게 인식하고 있는지가 나온다. 처리 수준 A는 모형 적합과정에서 1의 값으로, 수준 B는 -1의 값으로 인식하는데, 인식된 값들은 후에 모형식에서 모수들의 추정값의 부호에 영향을 주기 때문에 모형식을 해석하기 전에 반드시 살펴보아야 한다.

[표 4.5] 백혈병자료의 적합도 검정 결과

Deviance and Pearson Goodness-of-Fit Statistics

Criterion	DF	Value	Value/DF	Pr > ChiSq
Deviance	9	4.8181	0.5353	0.8499
Pearson	9	3.3468	0.3719	0.9489

Number of unique profiles: 12

MODEL 문에서 옵션에 'SCALE = NONE AGGREGATE' 라는 문구를 입력하면 모형의 적합도 검정을 해준다. 적합도 검정으로 가장 많이 쓰이는 통계량은 피어슨의 카이제곱 통계량과 우도비 카이제곱 통계량이 있다. 각각의 통계량은 우리가 세운 모형이 자료에 적합하다는 귀무가설 하에서 카이제곱분포를 따르게 되고, 이 사실을 이용하여 모형의 적합도 검정을 하게 된다. [표 4.5]의 적합도 검정 통계량을 보면 두 개의 통계량이 나와 있는데, 'Deviance' 으로 나타난 것이 우도비 카이제곱 통계량이고, 'Pearson' 으로 나타난 것이 피어슨의 카이제곱 통계량이다. 자유도는 2개의 설명변수들 수준의 모든 조합의 개수에서 추정해야 할 모수의 수를 뺀 값을 갖는다. 이 예제에서는 설명변수의 조합의 개수는 처리 (trt) 가 2개의 수준 (A, B) 을 갖고, 호전기간 remission 이 6개의 수준 (3, 6, 9, 12, 15, 18) 을 갖기 때문에 총 수준의 조합의 개수는 12가 된다. 이 개수는 위의 표에서 'Number of unique profiles : 12' 로 나타난다. 또한 추정해야 할 모수의 개수는 α, β_1, β_2로 3개이므로 자유도는 $12 - 3 = 9$개가 된다. 위의 적합도 검정 결과 두 통계량의 p-값이 유의수준을 0.05로 놓았을 때 모두 0.05 보다 크게 나오므로, 우리가 세운 로짓 모형이 자료에 적합하다는 것을 알 수 있다.

[표 4.6] 백혈병자료의 모수 추정 결과

The LOGISTIC Procedure

Analysis of Maximum Likelihood Estimates

Parameter		DF	Estimate	Standard Error	Wald Chi-Square	Pr > ChiSq
Intercept		1	2.0446	0.5945	11.8266	0.0006
trt	A	1	-0.5887	0.2334	6.3652	0.0116
remission		1	-0.1998	0.0559	12.7824	0.0003

위의 [표 4.6]에는 모수들의 추정값이 나타나 있다. 검정 통계량으로는 왈드 통계량과 p-값이 나온다. 출력 결과 처리(trt)의 왈드 통계량 값은 6.3652이고 귀무가설 하에서 $\chi^2_{0.05}(1) = 3.841$보다 크므로 처리에 따라 성공확률이 같다는 귀무가설을 기각할 만한 충분한 증거가 있다. 호전기간 (remission) 에 대해서도 왈드 통계량 값 12.7824이 3.841보다 크므로 역시 호전기간이 재발할 확률에 유의하게 영향을 주고 있다는 것을 알 수 있다. 위의 모수 추정치를 바탕으로 로짓 모형식을 세우면 아래 식과 같다.

$$\ln \frac{p_x}{1 - p_x} = 2.0446 - 0.5887\, trt - 0.1998\, remission$$

처리 수준별 로짓 모형식은 설명변수 trt에 수준 A일 때에는 1의 값을, 수준 B일 때에는 -1의 값을 넣으면 된다. 따라서 처리 수준 별로 로짓 모형식을 쓰면 다음과 같다.

$$\text{처리 A}: \frac{p_{x(A)}}{1-p_{x(A)}} = exp\,(2.0446 - 0.5887 - 0.1998\,remission)$$

$$\text{처리 B}: \frac{p_{x(B)}}{1-p_{x(B)}} = exp\,(2.0446 + 0.5887 - 0.1998\,remission)$$

호전기간을 고정시킨 상태에서의 처리 A와 처리 B의 오즈비는 다음과 같이 나타난다.

$$\frac{\dfrac{p_{x(A)}}{1-p_{x(A)}}}{\dfrac{p_{x(B)}}{1-p_{x(B)}}} = \exp\,(-0.5887 - 0.5887) = \exp\,(-1.1774) = 0.308$$

즉, 처리 A를 받은 사람의 재발할 확률의 오즈는 처리 B를 받은 사람의 30.8%가 된다. 다음으로 호전기간이 r에서 $r+1$로 증가할 때의 각 로짓 모형식은 다음과 같다.

$$r: \frac{p_{x(r)}}{1-p_{x(r)}} = exp\,(2.0446 - 0.5887\,trt - 0.1998\,r)$$

$$r+1: \frac{p_{x(r+1)}}{1-p_{x(r+1)}} = exp\,(2.0446 - 0.5887\,trt - 0.1998\,(r+1))$$

따라서 호전기간 $r+1$과 r의 오즈비는 다음과 같다.

$$\frac{\dfrac{p_{x(r+1)}}{1-p_{x(r+1)}}}{\dfrac{p_{x(r)}}{1-p_{x(r)}}} = \exp\,(-0.1998) = 0.819$$

즉, 재발할 확률의 오즈는 호전기간이 1개월 늘어남에 따라 그 이전의 약 81.9%가 된다. 따라서 처리 A를 받고 호전기간이 길수록 재발할 확률은 낮아짐을 알 수 있다.

[표 4.7]에는 설명변수들의 오즈비 값들이 나타나있는데 앞에서 각 모수들의 추정치로부터 직접 계산한 것과 동일함을 알 수 있다.

[표 4.7] 백혈병자료의 오즈비 결과

```
                      Odds Ratio Estimates

                              Point          95% Wald
Effect                      Estimate      Confidence Limits

trt          A vs B            0.308        0.123        0.769
remission                      0.819        0.734        0.914
```

예제 4-2 아래 [표 4.8]는 두 종류(T,M)의 종양이 있는 환자들을 대상으로 3가지(A,B,C)의 처리 방법으로 그들의 종양이 치료되었는지의 여부를 조사한 자료이다. 설명변수들이 모두 범주형이기 때문에 자료는 분할표식으로 표현된다. 이 때 연구자의 관심은 치료율이 종양의 종류와 처리 방법에 따라 달라지는지 알아보는 데 있다.

[표 4.8] 종양의 종류와 처리 방법 자료

종류(type)	처리(trt)	치료된 환자수	치료 안 된 환자수
T	A	65	18
M	B	100	13
T	C	56	38
M	A	80	15
T	B	29	9
M	C	78	22

반응변수는 2가지의 이항 반응(치료됨, 치료 안 됨)이고 설명변수들인 종류와 처리는 각각 2개의 수준(T, M)과 3개의 수준(A, B, C)을 갖고 있다. 따라서 3개의 수준을 갖는 설명변수에 대해서는 2개의 가변수를 만들어 로짓 모형을 세우면 된다. 그 모형은 아래식과 같이 나타난다.

$$\ln \frac{p_x}{1-p_x} = \alpha + \beta_1\, type + \beta_2\, trt_1 + \beta_3\, trt_2$$

이제 SAS를 이용하여 로짓 분석을 해보자.

[표 4.9] 종양 자료의 로짓 분석 SAS 프로그램

```
DATA cure;
INPUT type $ trt $ outcome $ count @@;
CARDS;
T A cured 65  T A uncured 18
M B cured 100 M B uncured 13
T C cured 56  T C uncured 38
M A cured 80  M A uncured 15
T B cured 29  T B uncured 9
M C cured 78  M C uncured 22
;
PROC LOGISTIC;
FREQ count;
CLASS type trt;
MODEL outcome =type trt/SCALE=NONE AGGREGATE;
RUN;
```

데이터 입력은 자료가 분할표의 형태로 나타나기 때문에 각 수준 조합의 빈도수를 입력해야 한다. 따라서 빈도수를 count로 입력하였다. 반응변수는 'outcome'으로 나타냈는데 치료가 된 경우에는 'cured', 그리고 치료가 안 된 경우에는 'uncured'로 입력하였다. 프로그램 단계는 앞의 [예제 4.1]에 더한 프로그램과 동일하고, 'DESCENDING'을 지정하지 않았기 때문에 디폴트로 'ASCENDING'이 지정되어 반응변수 outcome 중 알파벳 순서가 낮은 'cured' 값이 성공확률로 나타내도록 하였다. CLASS 문에는 범주형 설명변수들인 종류(type)와 처리(trt)를 지정해주었다. 출력결과는 다음과 같다.

[표 4.10] 종양 자료의 Response Profile 및 Class Level Information 결과

Response Profile

Ordered Value	outcome	Total Frequency
1	cured	408
2	uncured	115

Probability modeled is outcome='cured'.

Class Level Information

Class	Value	Design Variables 1	Design Variables 2
type	M	1	
	T	-1	
trt	A	1	0
	B	0	1
	C	-1	-1

데이터를 분석하기 전에 [표 4.10]의 Profile 정보를 먼저 확인해야 한다. Ordered Value에서 반응변수 'outcome'의 수준 중에서 'cured'가 1의 값을 갖는다는 것을 확인할 수 있다. Class Level Information에서 변수 'type'의 수준은 데이터 입력 단계에서 각각 M과 T로 코딩되었지만, 모형 적합과정에서는 1과 −1로 인식됨을 알 수 있다. 또한 'trt' 변수는 수준이 A, B, C 3개이기 때문에, 2개의 가변수 trt_1과 trt_2가 만들어졌으며 A, B, C는 두 개의 가변수에 대해 각각 (1,0), (0,1), (−1, −1)로 인식되었다.

[표 4.11] 종양 자료의 적합도 검정과 회귀계수 검정 결과

Deviance and Pearson Goodness-of-Fit Statistics

Criterion	DF	Value	Value/DF	Pr > ChiSq
Deviance	2	1.0604	0.5302	0.5885
Pearson	2	1.0701	0.5350	0.5856

Number of unique profiles: 6

Testing Global Null Hypothesis: BETA=0

Test	Chi-Square	DF	Pr > ChiSq
Likelihood Ratio	25.7635	3	<.0001
Score	25.9463	3	<.0001
Wald	24.6402	3	<.0001

모형의 적합도 검정 결과 'Deviance'로 나타나는 우도비 카이제곱 통계량과 'Pearson'으로 나타나는 피어슨 카이제곱 통계량들의 p-값이 각각 0.5885와 0.5856으로 유의수준 0.05에서 자료가 모형에 적합하다는 귀무가설을 기각할 만한 충분한 증거가 없어 우리가 세운 로짓 모형이 자료에 잘 적합함을 알 수 있다. 다음으로 모든 회귀계수의 추정치에 대한 가설 검정 결과 우도비, 스코어, 왈드 통계량 모두 p-값이 0.0001보다 작게 나와 추정치들이 유의미함을 알 수 있다.

[표 4.12] 종양 자료의 주효과 모형

Type III Analysis of Effects

Effect	DF	Wald Chi-Square	Pr > ChiSq
type	1	10.7344	0.0011
trt	2	11.4919	0.0032

위의 표는 설명변수들의 교호작용을 배제하고 주효과만을 고려한 모형에 대한 변수들의 유의성을 나타내주고 있다. 두 변수 모두 p-값이 0.05보다 작게 나와 치료율에 유의한 영향을 끼치고 있음을 알 수 있다.

[표 4.13] 종양 자료의 모수 추정과 오즈비 결과

Analysis of Maximum Likelihood Estimates

Parameter		DF	Estimate	Standard Error	Wald Chi-Square	Pr > ChiSq
Intercept		1	1.3131	0.1139	132.9077	<.0001
type	M	1	0.3608	0.1101	10.7344	0.0011
trt	A	1	0.1836	0.1611	1.2983	0.2545
trt	B	1	0.3124	0.1788	3.0526	0.0806

Odds Ratio Estimates

Effect	Point Estimate	95% Wald Confidence Limits	
type M vs T	2.058	1.336	3.169
trt A vs C	1.973	1.207	3.224
trt B vs C	2.244	1.286	3.917

위의 회귀계수 추정치를 바탕으로 로짓 모형식을 세우면 아래 식과 같다.

$$\ln \frac{p_x}{1-p_x} = 1.3131 + 0.3608\, type + 0.1836\, trt_1 + 0.3124\, trt_2$$

변수 type에서 M으로 코딩된 값은 실제 모형식에서는 *type* 변수에 1의 값을 넣어 그 회귀계수의 추정치는 0.3608이 되는 반면, T로 코딩된 값은 *type* 변수에 -1을 넣어야하기 때문에 회귀계수의 추정치는 -0.3608이 된다. 즉, 종양의 종류가 M일 경우에는 T인 경우보다 로짓이 약 0.72씩 증가한다. 마찬가지로 처리방법 변수인 trt에서 방법 A는 두 개의 가변수에 대해 (1,0)으로 코딩되어 있기 때문에 식의 두 변수 trt_1과 trt_2에 각각 1과 0을 대입하면 *type* 변수의 값이 일정할 때, 방법 A의 회귀계수의 추정치는 0.1836이 되고 방법 B는 0.3124의 추정치를 갖게 된다. 방법 C는 두 가변수에 각각 -1, -1을 대입한 -0.496의 추정치를 갖게 된다. 다음으로 오즈비를 보면 종양의 종류인 type 변수가 M값을 가질 때의 오즈는 $e^{0.3608}$이고 T값을 가질 때의 오즈는 $e^{-0.3608}$로, 종양 M과 T의 오즈비는 $e^{0.7216} = 2.058$로 종양의 종류가 M일 경우 T인 경우보다 종양이 치료될 오즈가 2배나 높은 것을 알 수 있다. 마찬가지 방법으로 처리 방법 A가 C보다 종양이 치료될 오즈가 1.973으로 약 두 배 높고 처리 방법 B가 C 보다는 2.244배 높다는 것을 오즈비를 통해서 알 수 있다.

4.1.2 다항 반응변수의 경우

로짓 모형을 분석하다 보면 반응변수가 이항 반응이 아닌 다항 반응인 경우가 있다. 가령 인종에 따라서 내세확신이 있는지에 대한 자료에서 내세확신에 대한 반응값이 '있다', '아직 모르겠다', '없다' 와 같이 3개의 반응으로 나타난다고 하자. 이러한 경우에 있어서의 다항 반응 로짓 모형은 앞 절에서 다룬 이항 반응 모형의 경우를 확장해서 사용할 수 있다. 또한 다항 반응은 순서형이거나 명목형일 수 있는데 각각의 경우에 대한 모형과 분석에 대해서 알아보자.

(1) 순서형 반응변수의 경우

반응변수가 순서형인 경우에는 그 순서를 이용하여 로짓 모형을 분석하는 것이 더 많은 정보를 담을 수 있다. 순서형 반응변수에 대해 일반적으로 3가지 종류의 로짓 모형이 많이 쓰인다. 비례오즈(proportional odds) 로짓 모형, 이웃범주(adjacent-categories) 로짓 모형, 연속비(continuation-ratio) 로짓 모형이 그것인데, 이 장에서는 비례오즈 로짓 모형에 대해서만 알아보겠다. 다른 방법에 대한 자세한 설명은 Agresti (1990)을 참고하기 바란다.

반응변수 Y가 J개의 순서형 범주를 갖고, 설명변수가 k개일 때, i번째 개체의 설명변수 벡터 $\boldsymbol{x_i} = (x_{i1}, x_{i2}, \cdots, x_{ik})'$에 대하여 π_{ij}를 i번째 개체가 j번째 반응을 나타낼 확률이라고 하자. j번째 누적확률은 반응변수 Y가 범주 j이하에 해당할 확률로 다음과 같이 정의한다.

$$F_{ij} = P(Y \leqq j | \boldsymbol{x_i}) = \pi_{i1} + \pi_{i2} + \cdots + \pi_{ij} \quad (j = 1, \cdots, J)$$

따라서 **누적 로짓 (cumulative logit)** 은 다음과 같이 정의된다.

$$L_j = logit\,[F_{ij}] = log\left(\frac{F_{ij}}{1 - F_{ij}}\right) = log\left(\frac{\pi_{i1} + \cdots + \pi_{ij}}{\pi_{ij+1} + \cdots + \pi_{iJ}}\right) \quad (j = 1, \cdots, J-1)$$

위의 누적 로짓 모형에 설명변수 x_i의 효과를 포함하여 아래와 같은 모형을 생각할 수 있다.

$$L_j(\boldsymbol{x_i}) = \alpha_j + \boldsymbol{\beta}' \boldsymbol{x_i} \quad (j = 1, \cdots, J-1)$$

여기서 $\boldsymbol{\beta}$는 $\boldsymbol{\beta} = (\beta_1, \cdots, \beta_k)'$로 표현되고 $J-1$개의 범주에 공통적으로 적용되는 계수 벡터이다. 이것은 비례오즈 모형의 기본 가정이 된다. 이 식을 다시 쓰면

$$L_j(x_i) = \alpha_j + (\beta_1, \beta_2, \cdots, \beta_k)\,\boldsymbol{x_i} = \alpha_j + \beta_1 x_{i1} + \beta_2 x_{i2} + \cdots + \beta_k x_{ik}$$

와 같이 나타난다.

i번째 개체의 설명변수 $\mathbf{x}_i$가 가령 $\mathbf{x}_1^*$과 $\mathbf{x}_2^*$ 이렇게 두 개의 값을 가질 때 두 값의 오즈비는 다음과 같이 나타난다.

$$\frac{P(Y \leqq j \mid \mathbf{x}_1^*)/P(Y > j \mid \mathbf{x}_1^*)}{P(Y \leqq j \mid \mathbf{x}_2^*)/P(Y > j \mid \mathbf{x}_2^*)}$$

위의 식에 log를 씌우면 아래 식과 같이 로짓의 차이는 설명변수의 두 값의 차이 $(x_1^* - x_2^*)$에 비례하고 비례상수는 β'로 $J-1$개의 모든 범주에 대해 동일함을 알 수 있다.

$$log\frac{P(Y \leqq j \mid \mathbf{x}_1^*)}{P(Y > j \mid \mathbf{x}_1^*)} - log\frac{P(Y \leqq j \mid \mathbf{x}_2^*)}{P(Y > j \mid \mathbf{x}_2^*)} = logit[F_{1j}^*] - logit[F_{2j}^*]$$

$$= \beta' \mathbf{x}_1^* - \beta' \mathbf{x}_2^* = \beta'(\mathbf{x}_1^* - \mathbf{x}_2^*)$$

이러한 비례성이 모형 $L_j(x_i) = \alpha_j + \beta' \mathbf{x}_i$을 비례오즈 로짓 모형으로 부르는 이유이다. 이제 예를 통해 분석을 해보자.

예제 4-3 아래 [표 4.14]는 관절염 통증에 관한 자료이다. 남성과 여성을 2가지 (Active, Placebo) 처리방법에 할당하여 통증의 개선도를 '전혀 없음(N)', '약간 있음(S)', '상당히 있음(M)', 3가지의 순서형 반응으로 측정하였다. 통증의 개선도가 성별과 처리 방법에 따라 영향을 받는지 알아보고자 한다.

[표 4.14] 통증 개선도 자료

성 별	처리	개선도			합
		전혀없음(N)	약간 있음(S)	상당히 있음(M)	
여	A	6	5	16	27
여	P	19	7	6	32
남	A	7	2	5	14
남	P	10	0	1	11

(출처 : Koch and Edwards, 1988)

이제 [표 4.14]의 통증 개선도 자료를 SAS를 이용하여 로짓 모형을 적합시켜 보자. 통증의 개선도를 나타내는 변수인 'improvement'를 반응변수로 하고 설명변수인 성별(gender)과 처리(trt)를 각각 x_1, x_2라고 했을 때 이를 위한 비례오즈 로짓 모형은 아래 식과 같다.

$$logit[F_{ij}] = \alpha_j + \beta_1 x_{i1} + \beta_2 x_{i2} \quad (j = 1, 2)$$

이 모형을 분석하기 위한 SAS 프로그램은 아래 [표 4.15]와 같다.

[표 4.15] 통증 개선도 자료의 순서형 로짓 분석 SAS 프로그램

```
 DATA improvement;
 INPUT gender $ trt $ improvement $ count @@;
 CARDS;
 f a n 6  f a s 5 f a m 16
 f p n 19 f p s 7 f p m 6
 m a n 7  m a s 2 m a m 5
 m p n 10 m p s 0 m p m 1
 ;
PROC LOGISTIC ORDER=DATA;
FREQ count;
CLASS gender trt;
MODEL improvement=gender trt/SCALE=NONE AGGREGATE;
OUTPUT OUT=prob pred=p;
RUN;

PROC PRINT data=prob(obs=10);
RUN;
```

데이터 입력 단계는 이항 반응변수일 때와 같고, 다항 반응 자료이기 때문에 PROC LOGISTIC 문 옆에 옵션으로 'ORDER = DATA'을 추가하면 데이터 입력 단계 순서대로 자료를 인식한다. 아래 [표 4.16]의 SAS 결과 중 Response Profile을 보면 Ordered Value가 n, s, m의 순서로 되어있다는 것을 알 수 있다. 만약 ORDER 문을 사용하지 않았다면 디폴트인 알파벳 순서대로 즉 m, n, s로 Ordered Value가 나왔을 것이다. 반응변수가 순서형이고 비례오즈 로짓 모형을 사용할 경우에는 반응 변수의 순서가 모형을 해석할 때 중요하기 때문에 데이터 입력 순서와 ORDER 문에 주의하여야 한다. 이 예제에서는 반응변수의 범주 순서가 통증의 개선도이기 때문에 ORDER 문을 사용하여 이 자료의 입력 순서인 'None-Some-Marked' 대로 인식하도록 하였다. 나머지 설명변수인 성별(gender)의 여성(f)은 1로 인식하고 남성(m)은 −1로 인식했음을 알 수 있고, 처리(trt)에 대해서도 각 수준에 따른 인식값이 나타남을 알 수 있다. 이 값들을 알고 있어야 모수의 계수 추정치를 정확하게 계산할 수 있게 된다.

[표 4.16] 통증 개선도 자료의 순서형 로짓 분석 SAS 출력결과

Response Profile

Ordered Value	improvement	Total Frequency
1	n	42
2	s	14
3	m	28

Class Level Information

Class	Value	Design Variables 1
gender	f	1
	m	-1
trt	a	1
	p	-1

비례오즈 로짓 모형은 2(= 3 − 1)개의 범주에 대해 설명변수들의 효과가 동일함을 가정한다. 따라서 이 가정이 옳은지를 검정할 필요가 있는데, 이것이 SAS 출력 결과에 "Score Test for the Proportional Odds Assumption" 부분에 나와 있다. 다음의 [표 4.17]을 보라. 이 때 카이제곱 통계량 값은 1.8833이고 p-값이 0.39로 우리가 세운 모형이 비례 오즈 가정을 만족하고 있음을 알 수 있다. 만약 비례 오즈 가정을 만족하지 못하면 일반화된 로짓 모형을 사용해야 할 것이다. 이 모형은 뒤에 반응변수가 명목형인 경우에서 설명되어있다. 또한 모형의 적합도를 보면 우도비 카이제곱 검정통계량과 피어슨의 카이제곱 검정통계량 모두 p-값이 0.05보다 크므로, 우리가 세운 모형이 자료에 잘 적합된다고 볼 수 있다.

[표 4.17] 통증 개선도 자료의 비례성 검정과 모형 적합도 검정

Score Test for the Proportional Odds Assumption

Chi-Square	DF	Pr > ChiSq
1.8833	2	0.3900

Deviance and Pearson Goodness-of-Fit Statistics

Criterion	DF	Value	Value/DF	Pr > ChiSq
Deviance	4	2.7121	0.6780	0.6071
Pearson	4	1.9099	0.4775	0.7523

다음의 [표 4.18]의 출력결과에는 모수 추정치와 오즈비 결과가 나와있다. 이 모수 추정치를 바탕으로 각 반응변수의 수준에 따른 모형 식을 나타내면 다음 식과 같다.

$$logit\,[F_{i1}] = 0.2547 - 0.6593x_{i1} - 0.8987x_{i2}\,,\quad j = 1$$
$$logit\,[F_{i2}] = 1.1091 - 0.6593x_{i1} - 0.8987x_{i2}\,,\quad j = 2$$

첫 번째 식은 반응변수의 수준이 n일 때이고 두 번째 식은 반응변수의 수준이 s일 때이다. [표 4.18]에서 성별(gender)의 계수는 −0.6593이고, 처리방법(trt)의 계수가 −0.8987로 p-값이 모두 작아 두 변수 모두 유의하게 반응변수에 영향을 주고 있다는 것을 알 수 있다. gender와 trt 변수 옆에 구체적인 값인 f와 a가 나타나는데 위 [표 4.16]의 Class level information을 보면 두 값이 각각 1로 인식되어있음을 알 수 있다. 따라서 추정된 모수 계수값들은 각각 여성과 처리방법 'a'를 받았을 때의 계수임을 알 수 있다. 반면 남성과 처리방법 'p'는 Class level information에서 각각 −1로 인식되었기 때문에 각 계수들에 −1을 곱한 값이 실제 계수값이 된다. 따라서 통증의 개선도가 전혀없음에 속할 추정된 로그오즈가 여성이 남성보다 −0.6593 − (0.6593) = −1.3186 만큼 더 작다는 것을 알 수 있다. 처리 방법도 마찬가지로 통증의 개선도가 '전혀 없음'에 속할 추정된 로그오즈는 'a'가 'p'보다 −0.8987 − (0.8987) = −1.7974 만큼 더 작다. 각 추정계수로부터 추정 오즈비를 구하면 여성과 남성의 추정 오즈비는 0.267로 나타난다. 즉 여성이 통증의 개선도가 '전혀 없음' 범주에 속할 경향은 남성에 비해 추정 오즈가 exp(−0.6593 × 2) = 0.267배 낮게 나타난다. 마찬가지로 처리방법이 'a'와 'p'일 때의 추정 오즈비는 0.166으로, 처리 방법 'a'가 처리 방법 'p'보다 통증의 개선도가 '전혀 없음'에 속할 추정 오즈가 0.166배로 낮아진다.

[표 4.18] 통증 개선도 자료의 모수 추정치와 오즈비 결과

Analysis of Maximum Likelihood Estimates

Parameter		DF	Estimate	Standard Error	Wald Chi-Square	Pr > ChiSq
Intercept	n	1	0.2547	0.2685	0.8999	0.3428
Intercept	s	1	1.1091	0.2949	14.1434	0.0002
gender	f	1	-0.6593	0.2646	6.2096	0.0127
trt	a	1	-0.8987	0.2364	14.4493	0.0001

Odds Ratio Estimates

Effect	Point Estimate	95% Wald Confidence Limits	
gender f vs m	0.267	0.095	0.755
trt a vs p	0.166	0.066	0.419

프로그램의 OUTPUT 문에서 'PRED = p' 를 지정하고 PROC PRINT 문에서 '(obs = 10)' 을 지정하면 출력 결과에 처음 10개 관찰치에 대한 누적 추정 확률이 출력된다. 이 옵션에 의해 [표 4.19]와 같은 개체별 누적 추정 확률이 나타난다. 첫 2줄은 원래 자료의 첫 번째 개체에 대해 반응변수인 improvement의 수준이 n인 경우와 s인 경우의 누적 확률이 나와 있다. 즉 $P(Y \le n) = 0.2136$르 통증의 개선도가 n이하일 확률이 0.2136이고 통증의 개선도가 s이하일 확률은 $P(Y \le s) = 0.3896$로 나타난다. 따라서 통증의 개선도가 s일 확률은 $P(Y \le s) - P(Y \le n) = 0.176$임을 알 수 있다.

[표 4.19] 통증 개선도 자료의 누적 추정 확률 결과

Obs	gender	trt	improvement	count	_LEVEL_	p
1	f	a	n	6	n	0.21362
2	f	a	n	6	s	0.38963
3	f	a	s	5	n	0.21362
4	f	a	s	5	s	0.38963
5	f	a	m	16	n	0.21362
6	f	a	m	16	s	0.38963
7	f	p	n	19	n	0.62106
8	f	p	n	19	s	0.79388
9	f	p	s	7	n	0.62106
10	f	p	s	7	s	0.79388

(2) 명목형 반응변수의 경우

반응변수가 명목형일 때에는 앞에서처럼 누적 로짓(cumulative logit)을 이용하기 보다는 **일반화 로짓(generalized logit)**을 이용하여 분석한다. 반응변수 Y가 J개의 범주형 반응을 갖고 있고, 각 범주에 속할 확률, 즉 반응 확률을 $\{\pi_1, \pi_2, \cdots, \pi_J\}$라고 하자. 여기서 모든 범주에서의 반응 확률의 합은 1이 된다. 즉, $\sum_{j=1}^{J} \pi_j = 1$이다. k개의 설명변수를 갖는 i번째 개체의 설명변수 벡터를 $\boldsymbol{x_i} = (1. x_{i1}, x_{i2}, \cdots, x_{ik})'$라 하고 그에 해당하는 모수 벡터를 $\boldsymbol{\beta_j'} = (\alpha_j, \beta_{j1}, \beta_{j2}, \cdots, \beta_{jk})$라 할 때 명목형 반응변수를 갖는 로짓 모형을 분석하기 위한 일반화된 로짓은 다음과 같이 정의된다.

$$log\left(\frac{\pi_{ij}}{\pi_{iJ}}\right) = \boldsymbol{\beta_j'}\boldsymbol{x_i} = \alpha_j + \sum_{l=1}^{k} \beta_{jl}x_{il} \quad (j = 1, \cdots, J-1)$$

위의 식을 보면 비례오즈 로짓 모형과는 다르게 $J-1$개의 범주에 대해 모두 다른 모수들을 두고 있는 것을 알 수 있다. 마지막 반응 범주 J를 분모에 두고 다른 수준의 범주 j를 분자에 놓고 로그를 취했는데 이 값을 기준범주 로짓이라고 한다. 여기서 π_{ij}는 i번째 개체가 j번째 범주에 속할 반응 확률이다. π_{ij}는 위 식으로부터 다음과 같이 쉽게 구할 수 있다.

$$\pi_{ij} = \frac{\exp(\beta_j' x_i)}{1 + \sum_{k=1}^{J-1} \exp(\beta_k' x_i)} \quad (j = 1, \cdots, J-1)$$

또한 마지막 범주에 속할 확률은 모든 범주에 대한 반응 확률의 값의 합이 1이 된다는 사실로부터 아래와 같이 구해진다.

$$\pi_{iJ} = \frac{1}{1 + \sum_{k=1}^{J-1} \exp(\beta_k' x_i)}$$

예제 4-4 성별과 인종에 따라 어떤 정당을 지지하는가를 조사하여 [표 4.20]과 같은 분할표로 정리하였다. 반응변수는 지지하는 정당으로, 민주당(D), 공화당(R), 무소속(I)의 세 항이다. 반응변수의 범주가 어떠한 순서를 갖고 있지 않으므로 일반화된 로짓 모형을 사용하여 분석해 보자.

[표 4.20] 정당 지지도 자료

성 별	인종	정당		
		민주당(D)	공화당(R)	무소속(I)
남	백인(W)	132명	176명	127명
	흑인(B)	42명	6명	12명
여	백인(W)	172명	129명	130명
	흑인(B)	56명	4명	15명

이의 SAS 프로그램이 [표 4.21]에 있다. 남성과 백인은 1로 코딩을 하였고, 여성과 흑인은 −1로 코딩하였다. 일반화된 로짓 분석을 할 때 SAS에서는 주로 PROC CATMOD을 사용한다. PROC LOGISTIC은 순서형 자료 분석을 할 때 유용하지만 일반화된 로짓 분석은 할 수 없는 단점이 있다. 일반화된 로짓 분석은 PROC CATMOD와 함께 PROC GENMOD로도 분석할 수 있는데 여기서는 PROC CATMOD에 대해서만 설명하겠다. 프로그램 입력 방법은 앞의 PROC LOGISTIC과 유사하고 빈도수에 대해서는 'FREQ' 가 아닌 'WEIGHT' 문을 사용한다. 위의 예에서 범주형 설명변수로 성별(gender)과 인종(race)이 있는데 이들의 경우에는 범주의 개수가 2개 이므로 특별히 가변수를 만들지 않았고 또한 두 변수 모두에 대해 CLASS 문을 사용하지 않았다는 것을 볼 수 있다.

[표 4.21] 정당 지지도 자료의 로짓 모형 분석 SAS 프로그램

```
DATA party;
INPUT gender race party $ count @@;
CARDS;
1 1 D 132 1 1 R 176  1 1 I 127
1-1 D 42  1-1 R  6   1-1 I 12
-1 1 D 172-1 1 R 129 -1 1 I 130
-1-1 D 56 -1-1 R 4   -1-1 I 15
;
PROC CATMOD ORDER=DATA;
WEIGHT count;
MODEL party=gender race/PRED=PROB ;
RUN;
```

출력 결과 중 먼저 [표 4.22]의 Profile 표를 보면 반응변수의 각 수준을 어떻게 인식했는지에 대한 정보가 나타나 있다. 여기서는 반응변수에서 마지막 '무소속(I)'을 기준범주로 보고, '민주당(D)'을 1, '공화당(R)'을 2로 보고 있다.

[표 4.22] 정당 지지도 자료의 로짓 모형 SAS 출력 결과

Response Profiles

Response	party
1	D
2	R
3	I

[표 4.23]의 모형 적합 출력 결과에서 우도비 검정 통계량을 보면 그 값이 0.20이고 p-값이 0.9056으로 유의수준 5% 하에서 우리가 세운 로짓 모형이 적합하다고 판단된다. 또한 각 설명변수들의 회귀계수가 0이라는 귀무가설은 설명변수인 성별(gender)과 인종(race)의 p-값이 각각 0.0013과 $<.0001$로 두 설명변수가 모두 유의하다는 것을 알 수 있다.

[표 4.23] 정당 지지도 자료의 모형 적합 출력 결과

Maximum Likelihood Analysis of Variance

Source	DF	Chi-Square	Pr > ChiSq
Intercept	2	70.05	<.0001
gender	2	13.30	0.0013
race	2	57.89	<.0001
Likelihood Ratio	2	0.20	0.9056

[표 4.24]에는 모수 추정 결과가 나와 있다. x_{i1}을 성별, x_{i2}를 인종을 나타내는 설명변수라고 할 때 이 결과를 바탕으로 한 로짓 모형은 아래와 같다.

$$log\left(\frac{\pi_1}{\pi_3}\right) = 0.7190 - 0.1101\, x_{i1} - 0.5591\, x_{i2}$$

$$log\left(\frac{\pi_2}{\pi_3}\right) = -0.4209 + 0.1763\, x_{i1} + 0.5799\, x_{i2}$$

범주 1과 2의 비교는 위의 두 식의 차를 구하면 된다. 즉

$$log\left(\frac{\pi_1}{\pi_2}\right) = 1.1399 - 0.2864\, x_{i1} - 1.139\, x_{i2}$$

이 된다. 첫 번째 식에서 무소속 대비 민주당 지지의 추정오즈를 보면 남성은 여성의 $\exp[(-0.1101 \times 1) - (-0.1101 \times (-1))] = \exp(-0.1101 \times 2) = 0.8023$ 배가 된다. 즉, 남성이 여성보다 (무소속에 대한) 민주당 지지비율이 낮다. 또한 백인은 흑인의 $\exp(-0.5591 \times 2) = 0.327$ 배가 되어, 백인의 무소속에 대한 민주당 지지율이 더 낮다. 두 번째 식에서는 무소속 대비 공화당의 오즈비를 알 수 있는데, 이 경우 남성이 여성보다 오즈가 $\exp(0.1763 \times 2) = 1.423$ 배로 높아서 (무소속에 대한) 공화당 지지율이 더 높다. 백인의 추정 오즈는 흑인에 비해 $\exp(0.5799 \times 2) = 3.189$ 배로 (무소속에 대한) 공화당의 지지율이 더 높음을 알 수 있다.

[표 4.24] 정당 지지도 자료의 모수 추정 결과

Analysis of Maximum Likelihood Estimates

Parameter		Function Number	Estimate	Standard Error	Chi-Square	Pr > ChiSq
Intercept		1	0.7190	0.1169	37.84	<.0001
		2	-0.4209	0.1902	4.90	0.0269
gender	1	1	-0.1101	0.0791	1.94	0.1641
	1	2	0.1763	0.0825	4.56	0.0327
race	1	1	-0.5591	0.1168	22.94	<.0001
	1	2	0.5799	0.1900	9.32	0.0023

다음의 [표 4.25]는 프로그램의 MODEL 옵션문에 "PRED = PROB"를 지정함으로써 출력된 변수들의 각 수준별 반응 확률이 추정값이다. 남성 (gender = 1) 이고 백인 (race = 1) 인 경우 민주당을 지지하는 반응 확률의 추정값은 0.3047 인데 이 값은

$$\pi_{11} = \frac{\exp(0.7190 - 0.1101 - 0.5591)}{1 + \exp(0.7190 - 0.1101 - 0.5591) + \exp(-0.4209 + 0.1763 + 0.5799)} = 0.3047$$

로부터 구해진다. 각 셀에서의 기대 도수 또한 알고자하면 옵션에서 'PRED = FREQ'로 바꿔주면 된다. [표 4.21]의 SAS 프로그램에서 여성을 gender = 0 으로 입력하더라도 SAS는 − 1로 인식하여 동일한 출력결과과 나온다.

[표 4.25] 정당 지지도 자료의 추정 반응 확률 결과

Maximum Likelihood Predicted Values for Probabilities

gender	race	party	Observed Probability	Observed Standard Error	Predicted Probability	Predicted Standard Error	Residual
1	1	D	0.3034	0.022	0.3047	0.0214	-0.001
		R	0.4046	0.0235	0.4054	0.0233	-8E-4
		I	0.292	0.0218	0.2899	0.0212	0.002
1	-1	D	0.7	0.0592	0.6909	0.0442	0.0091
		R	0.1	0.0387	0.0942	0.0286	0.0058
		I	0.2	0.0516	0.2149	0.0388	-0.015
-1	1	D	0.3991	0.0236	0.3978	0.0229	0.0013
		R	0.2993	0.0221	0.2985	0.0218	0.0008
		I	0.3016	0.0221	0.3037	0.0216	-0.002
-1	-1	D	0.7467	0.0502	0.7539	0.038	-0.007
		R	0.0533	0.0259	0.058	0.0185	-0.005
		I	0.2	0.0462	0.1881	0.0347	0.0119

4.2 로그-선형 분석

로그-선형 분석 (log-linear analysis)은 범주형 자료 분석에서 유용하게 사용할 수 있는 또 다른 분석 방법이다. 로그-선형 모형에서는 모든 변수들을 반응변수로 보고 각 변수들 간의 독립성과 종속성을 알아보게 된다. 반응변수가 하나 있을 때에는 앞서 설명한 로짓모형을 적용할 수 있으므로, 로그-선형 모형을 사용하지 않아도 된다. 로그-선형 모형은 주로 둘 이상의 범주형 반응변수들간의 연관성을 모형화할 때 사용된다. 이때 데이터는 분할표 형태로 정리되게 된다. 여기서는 2차원과 3차원 분할표에 대한 로그-선형 모형을 알아보기로 한다.

4.2.1 2차원 분할표의 경우

(1) 2×2 분할표

먼저 행변수 X와 열변수 Y가 각각 2개의 수준을 가지는 가장 단순한 경우를 알아보자. 각 수준 조합에서의 빈도수를 나타내는 2×2 분할표는 [표 4.26]과 같이 나타낼 수 있다. 여기서 n_{ij}는 행변수 X의 i번째 수준과 열변수 Y의 j번째 수준 조합에서의 빈도수를 나타낸다.

[표 4.26] 셀 빈도수의 2×2 분할표

X	Y		합
	1	2	
1	n_{11}	n_{12}	n_{1+}
2	n_{21}	n_{22}	n_{2+}
합	n_{+1}	n_{+2}	n

총 n명의 개체가 하나의 모집단으로부터 랜덤하게 추출되어 각각 2개의 수준을 갖는 행변수 X와 열변수 Y에 할당될 때 각 빈도수 n_{ij}는 다항분포(multinomial distribution)를 따르게 된다. 행변수와 열변수의 모든 개별 수준 조합들을 셀로 볼 수 있는데, 각 셀에서의 확률 π_{ij}은 총 n명의 개체 중 행변수 X의 i번째 조합과 열변수 Y의 j번째 조합에 할당될 확률을 나타낸다. 이 셀 확률의 2×2 분할표는 다음 [표 4.27]과 같이 나타낼 수 있다.

[표 4.27] 셀 확률 π_{ij}의 2×2 분할표

X	Y		합
	1	2	
1	π_{11}	π_{12}	π_{1+}
2	π_{21}	π_{22}	π_{2+}
합	π_{+1}	π_{+2}	1

먼저 두 변수가 독립이라는 조건에서의 독립 **로그-선형 모형**에 대해 알아보자. 두 변수가 서로 독립이라면, 셀 확률 π_{ij}은 행변수와 열변수의 각 수준에서의 주변 셀 확률의 곱과 같게 된다. 즉, $\pi_{ij} = \pi_{i+} \times \pi_{+j} (i, j = 1, 2)$. 각 셀에서의 기대 빈도수를 m_{ij}라 하면 이 값은 아래 식과 같이 나타낼 수 있다.

$$m_{ij} = n\pi_{ij} = n\pi_{i+}\pi_{+j}$$

위의 식의 양변에 로그를 씌우면 다음의 식

$$\log m_{ij} = \log n + \log \pi_{i+} + \log \pi_{+j}$$

과 같은 선형식으로 표현 할 수 있다. 기대도수에 로그를 씌운 값은 i번째 행 효과와 j번째 열 효과의 선형 결합이 된다. 행변수 X와 열변수 Y를 모형에 나타내기 위해 위의 식과 동일한 다음의 식을 생각해보자.

$$\log m_{ij} = \mu + \lambda_i^X + \lambda_j^Y \qquad (i, j = 1, 2)$$

여기서
$$\lambda_i^X = \log \pi_{i+} - (\sum_{k=1}^{2} \log \pi_{k+})/2,$$
$$\lambda_j^Y = \log \pi_{+j} - (\sum_{k=1}^{2} \log \pi_{+k})/2,$$
$$\mu = \log n + (\sum_{k=1}^{2} \log \pi_{k+})/2 + (\sum_{k=1}^{2} \log \pi_{+k})/2$$

이다. 이 모형을 이원 분할표에서의 독립 르그-선형 모형이라고 부른다. 여기서 λ_i^X와 λ_j^Y는 각각 행의 효과와 열의 효과를 나타낸다. 즉, λ_i^X의 값이 클수록 많은 개체들이 행변수 X의 i번째 수준에 할당되어 있다는 것을 나타낸다. 모수들은 모형의 식별을 위해 각 수준에서의 합이 0이 되게 한다. 즉, $\sum\lambda_i^X = 0$, $\sum\lambda_j^Y = 0$이다.

만약 두 변수가 서로 독립이 아닌 어떤 연관성이 존재한다면 위의 식은 아래와 같은 **포화 로그-선형 모형(saturated log-linear model)**으로 나타낼 수 있다.

$$\log m_{ij} = \mu + \lambda_i^X + \lambda_j^Y + \lambda_{ij}^{XY} \quad (i, j = 1, 2)$$

이 때 모수들의 제약은 $\sum\lambda_i^X = 0$, $\sum\lambda_j^Y = 0$, $\sum_i \lambda_{ij}^{XY} = \sum_j \lambda_{ij}^{XY} = 0$이다. 이 모형은 이차원 분할표에서 가장 일반적인 모형으로, 모든 가능한 모수를 포함하고 있어서 포화모형이라고 불리운다. 앞서 설명한 독립 로그-선형 모형은 모든 λ_{ij}^{XY}가 0인 특별한 경우가 된다.

두 변수의 독립성 여부를 판단하기 위한 귀무가설은 다음과 같이 세울 수 있다.

$$H_0 : \lambda_{ij}^{XY} = 0$$

두 변수의 독립성 여부는 우도비 검정을 통해 알 수 있다. 우도비는 귀무가설 하에서의 최대우도함수를 모수의 제약이 없을 때의 최대우도함수로 나누어서 구해지는데 그 값은 아래 식과 같다.

$$\lambda = \frac{\max L_0}{\max L} = \prod_{i=1}^{2} \prod_{j=1}^{2} \left(\frac{\hat{m}_{ij}}{n_{ij}} \right)^{n_{ij}}$$

여기서 $\hat{m}_{ij} = n_{i+} n_{+j} / n$이다. 우도비 검정을 위한 통계량은

$$G^2 = -2 \log \lambda = 2 \sum_{i=1}^{2} \sum_{j=1}^{2} n_{ij} \log \left(\frac{n_{ij}}{\hat{m}_{ij}} \right)$$

와 같이 나타나고 통계량 G^2는 귀무가설 하에 자유도 1을 갖는 근사 카이제곱 분포를 갖는다. 따라서 통계량 G^2의 p-값이 유의수준 보다 작으면 두 변수가 서로 독립이라는 귀무가설을 기각하여 변수 간에 연관성이 존재한다고 판단할 수 있다.

예제 4-5 40대 이상의 독신과 결혼한 사람 100명을 대상으로 종교의 유무 상태를 조사한 결과가 [표 4.28]와 같이 정리되었다. 결혼 여부와 종교의 유무간의 연관성이 있는지 로그-선형 모형을 통해 알아보자.

[표 4.28] 결혼과 종교의 연관성 자료

결혼 여부	종교의 유무		총합
	유	무	
결혼	36	33	69
독신	8	23	31
총합	44	56	100

먼저 독립 로그-선형 모형을 적합시켜 보자. 다음의 [표 4.29]는 결혼 여부별 종교의 유무 자료에 대한 독립 로그-선형 모형 분석을 하기 위한 SAS 프로그램이다. 로그-선형 모형도 앞 절의 로짓 모형과 마찬가지로 SAS의 PROC CATMOD를 통해 분석할 수 있다. 기본적인 프로시저는 같고 MODEL 문에서만 차이가 난다. 로그-선형 모형은 모든 변수들을 반응변수로 보기 때문에 MODEL 문의 좌변에 변수들을 * 표시로 연결하여 입력하고 등식의 우변에는 독립변수가 없기 때문에 '_response_'를 지정한다. 옵션에 있

[표 4.29] 결혼과 종교 자료의 독립로그선형모형 분석 SAS 프로그램

```
DATA marriage;
INPUT state $ religion $ count @@;
CARDS;
married yes 36 married no 33
single  yes 8  single  no 23
;
PROC CATMOD;
WEIGHT count;
MODEL state*religion=_response_/NORESPONSE NOITER;
LOGLIN state religion;
RUN;
```

는 'NORESPONSE'와 'NOITER'는 각각 로그-선형 모형에서의 design matrix와 각 반복마다 모수의 최대우도 추정치의 출력을 나타내지 않게 한다. LOGLIN 문에서는 분석하고자 하는 로그-선형 모형을 지정해 주면 된다. 여기서는 독립 로그-선형 모형을 적합시키기 위해 두 개의 변수 state와 religion을 지정하고 두 변수의 교호작용은 지정하지 않았다.

그 결과는 아래 [표 4.30]와 같다. 독립모형으로 적합시킨 결과 우도비 검정 통계량의 값이 6.26이고 p-값이 0.0124로, 결혼여부와 종교의 유무간의 독립성을 가정한 귀무가설을 기각할 만한 충분한 증거가 있다. 이 때 주효과의 모수 추정에 대한 p-값은 개체들이 각 변수의 수준에 대해 동일하게 분포되어 있다는 귀무가설을 검정해줄 뿐이다. 모수 state 옆에 수준 married가 나와 있기 때문에 추정치와 이에 해당하는 p-값은 결혼한 사람에 대한 값이다. 즉 결혼한 사람에 대한 모수의 추정치는 0.4001이고 p-값은 0.0002이다. 따라서 결혼한 사람이 독신인 사람보다 더 많다는 사실을 알려준다. 또한 종교의 유무를 나타내는 religion 변수는 그 옆에 수준 no가 나와 있기 때문에 출력되는 모수의 추정치와 p-값은 종교가 없는 사람들에 대한 것이다. 모수의 추정치와 p-값이 각각 0.1206과 0.2313으로 나타나 개체들이 종교의 유무에 균등하게 배분되었다고 볼 수 있다. 그렇지만 두 변수간의 상호작용이 존재하기 때문에 두 주효과를 해석할 때에 주의를 기울여야 한다.

[표 4.30] 결혼과 종교 자료의 독립로그선형모형 SAS 출력 결과

```
                 Maximum Likelihood Analysis

          Maximum likelihood computations converged.


           Maximum Likelihood Analysis of Variance

        Source               DF   Chi-Square    Pr > ChiSq
        --------------------------------------------------
        state                 1        13.70        0.0002
        religion              1         1.43        0.2313

        Likelihood Ratio      1         6.26        0.0124


           Analysis of Maximum Likelihood Estimates

                                      Standard         Chi-
    Parameter              Estimate      Error       Square    Pr > ChiSq
    ---------------------------------------------------------------------
    state      married       0.4001     0.1081        13.70        0.0002
    religion   no            0.1206     0.1007         1.43        0.2313
```

모수들의 추정치들을 통해 로짓과 오즈도 구해볼 수 있다. 변수 Y는 종교의 유무

(유:1, 무:2)를 나타내고 X는 결혼 여부(유:1, 무:2)를 나타내는 변수라고 할 때 결혼여부 수준 $i(=1, 2)$에 대해서 종교를 가질($Y=1$) 확률 π에 대한 로짓은 다음 식과 같다.

$$\log\left(\frac{\pi}{1-\pi}\right) = \log\left(\frac{m_{i1}}{m_{i2}}\right) = \log m_{i1} - \log m_{i2}$$

$$= (\mu + \lambda_i^X + \lambda_1^Y) - (\mu + \lambda_i^X + \lambda_2^Y) = \lambda_1^Y - \lambda_2^Y = 2\lambda_1^Y$$

위 식은 변수 X의 수준 i에 영향을 받지 않는다는 것을 알 수 있다. 따라서 모든 행에 대해서 종교를 갖고 있을 오즈는 $\exp(2\lambda_1^Y) = \exp(2*(-0.1206)) = 0.7857$이다. 오즈값을 계산할 때 λ_1^Y값에 -0.1206을 대입한 것은 [표 4.30]에서의 모수 religion의 추정값 0.1206은 종교가 없는 경우의 값이고 우리가 구하고자 하는 값은 종교를 가질 경우에 대한 오즈이기 때문에 모수 제약조건 $\sum\lambda_j^Y=0$에 따라 부호를 바꿔 계산하였다.

각 변수의 주효과와 함께 교호작용도 알고자 하면 두 변수를 '|'로 연결해 주면 된다. 이 예제에서는 변수가 2개뿐이므로 다음과 같이 LOGLIN문에서 두 변수 사이에 '|'를 연결하면 포화모형이 될 것이다.

```
LOGLIN  state|religion;
```

이때의 출력된 결과는 아래 [표 4.31]와 같다. 기대한 대로 교호작용에 대한 항 state*religion의 p-값이 0.0163으로 유의하게 나와, 결혼여부의 종교유무는 서로 관련이 있음을 알 수 있다. 포화모형을 적합시킨 결과 우도비 통계량의 값이 0이 나왔는데, 이것은 귀무가설 하에서의 우도와 전체 모수 하에서의 우도값이 같기 때문이다.

[표 4.31] 결혼과 종교 자료의 포화모형 결과

Maximum Likelihood Analysis of Variance

Source	DF	Chi-Square	Pr > ChiSq
state	1	15.35	<.0001
religion	1	4.14	0.0418
state*religion	1	5.77	0.0163
Likelihood Ratio	0	.	.

(2) $I \times J$ 분할표

2차원 분할표에서 행 변수와 열 변수가 각각 I과 J의 수준을 갖는 경우에는 앞의 2×2 분할표의 경우를 그대로 확장해서 생각하면 된다. $I\times J$ 분할표에서 셀 확률의 분할표는 아래 [표 4.32]와 같다.

[표 4.32] 셀 확률의 $I \times J$ 분할표

X	Y				합
	1	2	⋯	J	
1	n_{11}	n_{12}	⋯	n_{1J}	n_{1+}
2	n_{21}	n_{22}	⋯	n_{2J}	n_{2+}
⋮	⋮	⋮	⋮	⋮	⋮
I	n_{I1}	n_{I2}	⋯	n_{IJ}	n_{I+}
합	n_{+1}	n_{+2}	⋯	n_{+J}	n

두 변수의 상호작용까지 고려한 포화모형 (saturated model) 은 아래와 같다.

$$\log m_{ij} = \mu + \lambda_i^X + \lambda_j^Y + \lambda_{ij}^{XY} \quad (i = 1, \cdots, I; \ \ j = 1, \cdots, J)$$

이 때 모수 제약은 앞의 2×2 분할표인 경우와 같다. 두 변수의 독립성 여부에 대한 귀무가설은

$$H_0 : \lambda_{ij}^{XY} = 0 \quad (i = 1, \cdots, I-1; \quad j = 1, \cdots, J-1)$$

이 된다. 독립성 검정을 위한 통계량 역시 $G^2 = -2\log\lambda = 2\sum_{i=1}^{I}\sum_{j=1}^{J} n_{ij} \log\left(\frac{n_{ij}}{\hat{m}_{ij}}\right)$이 되며 귀무가설 하에서 자유도 $(I-1)\times(J-1)$를 갖는 근사 카이제곱분포를 따른다.

예제 4-6 아래의 [표 4.33]는 400명의 악성흑색종 (malignant melanoma) 환자에 대해 종양의 위치와 종양의 유형을 조사한 자료이다. 변수는 종양의 위치와 유형으로 2개이고, 종양의 위치는 HN (Head and Neck), T (Trunk), E (Extremities)의 세 수준이며, 종양의 유형은 H (Hutchinson' s melanoma freckle), S (Superficial), N (Nodular), I (Indeterminate)의 네 수준을 갖는다. 이 자료의 분석 목적은 종양의 위치와 유형간에 어떤 연관성이 있는지를 알아보는 것이다.

[표 4.33] 악성 흑색종 환자 자료

종양의 유형	종양의 위치			합
	HN	T	E	
H	22명	2명	10명	34명
S	16명	54명	115명	185명
N	19명	33명	73명	125명
I	11명	17명	28명	56명
합	68명	106명	226명	400명

(출처: Roberts et al., 1981)

$I \times J$ 분할표에 대한 SAS 프로그램은 2×2 분할표 때와 같다. 이 데이터에 독립 로그-선형 모형을 적합하기 위한 SAS 프로그램은 [표 4.34]와 같으며 이의 결과가 [표 4.35]에 있다. 우도비 통계량의 값이 51.80이고 p-값이 <0.0001로 두 변수 사이의 상호작용이 존재한다는 증거를 보이므로, 포화모형을 적합시켰다. 앞서와 마찬가지로 LOGLIN 문에서 두 변수 type와 site 사이에 '|'로 연결해 주었다.

[표 4.34] 악성 흑색종 자료의 독립 로그-선형 모형 SAS 프로그램

```
DATA tumor;
INPUT type$ site$ count @@;
CARDS;
H  HN   22
H  T     2
H  E    10
S  HN   16
S  T    54
S  E   115
N  HN   19
N  T    33
N  E    73
I  HN   11
I  T    17
I  E    28
;
PROC CATMOD data=tumor;
WEIGHT count;
MODEL type*site=_response_/ NORESPONSE NOITER;
LOGLIN type site;
RUN;
```

[표 4.35] 악성 흑색종 자료의 독립 로그-선형모형 SAS 출력 결과

```
              Maximum Likelihood Analysis

        Maximum likelihood computations converged.

         Maximum Likelihood Analysis of Variance

Source               DF   Chi-Square    Pr > ChiSq
--------------------------------------------------
type                  3       121.48        <.0001
site                  2        93.30        <.0001

Likelihood Ratio      6        51.80        <.0001
```

포화모형의 적합 결과는 [표 4.36]에 있다. 먼저 주효과와 교호작용 효과 모두 통계적으로 유의한 것을 알 수 있다. 주효과의 추정치를 보면 종양의 유형에서 H와 I는 음의 모수추정치를 갖고 있는 반면, N은 양의 값을 갖는다. 이것은 종양의 유형인 S의 모수 추정치를 0.7616으로 놓았을 때의 값이므로 개체가 종양의 유형인 S보다 H, I와 N에 적게 할당되었다는 사실만을 알려준다. 우리의 주된 관심사는 두 변수간의 교호작용이다. 포화모형으로 적합시킨 두 변수의 교호작용에 대한 결과를 보면 종양의 유형 H와 종양의 위치 HN의 교호작용 모수가 1.3346으로 추정되었으며 이것의 p-값이 $<.0001$로 유형 H와 위치 HN이 양의 관련이 있다는 것을 알 수 있다. 또한 유형 N과 위치 HN는 음의 방향으로 유의한 연관이 있다.

[표 4.36] 악성 흑색종 자료에 대한 포화 로그-선형 모형 출력결과

Maximum Likelihood Analysis of Variance

Source	DF	Chi-Square	Pr > ChiSq
type	3	61.82	<.0001
site	2	36.96	<.0001
type*site	6	45.92	<.0001
Likelihood Ratio	0	.	.

Analysis of Maximum Likelihood Estimates

Parameter		Estimate	Standard Error	Chi-Square	Pr > ChiSq
type	H	-1.0451	0.2070	25.49	<.0001
	I	-0.2196	0.1318	2.78	0.0956
	N	0.5031	0.1115	20.37	<.0001
site	E	0.5935	0.1017	34.04	<.0001
	HN	-0.2725	0.1109	6.04	0.0140
type*site	H E	-0.3199	0.2506	1.63	0.2018
	H HN	1.3346	0.2359	32.00	<.0001
	I E	-0.1158	0.1631	0.50	0.4778
	I HN	-0.1840	0.1943	0.90	0.3435
	N E	0.1198	0.1342	0.80	0.3720
	N HN	-0.3602	0.1626	4.91	0.0267

4.2.2 3차원 분할표

2차원 분할표에서는 두 변수간 교호작용항을 넣기 위해서는 포화모형을 사용하였다. 3차원 이상의 고차원 분할표에서는 포화모형이 아니더라도 여러 교호작용항을 포함시킬 수 있다. 실제로는 독립모형의 사용은 그다지 의미가 없으며, 모든 가능한 효과를 포함하는 포화모형을 사용하는 것보다는 일부 효과를 포함하는 비포화모형이 실질적인 문제 해결에 유용하다. 이제 세 개의 범주형 변수들이 3차원 분할표로 요약된 경우에서의 로그-선형 모형 분석에 대해 알아보자.

반응변수가 3개 이상일 때에는 앞서 언급한 독립성의 개념이 한층 더 구체적이고 세

부적으로 나뉘게 되고 변수들 간의 독립성은 조건부 독립 (conditional independence), 주변 독립(marginal independence), 상호 독립(mutual independence), 결합 독립(joint independence) 이렇게 4가지 중의 하나가 될 수 있다. 각각의 독립성에 대해 우선 알아보자.

세 변수 X, Y, Z가 각각 I, J, K개의 수준을 갖는 명목형 변수이고 π_{ijk}를 각 변수의 i, j, k번째 범주에서의 셀 확률이라고 하자. 세 변수 X, Y, Z는 아래 식을 만족할 때 상호 독립 (mutual independence) 이라고 한다.

$$\pi_{ijk} = \pi_{i++}\pi_{+j+}\pi_{++k} \qquad (i = 1, \cdots, I; \quad j = 1, \cdots, J; \quad k = 1, \cdots, K)$$

변수 Y는 변수 X와 Z에 대해

$$\pi_{ijk} = \pi_{i+k}\pi_{+j+} \qquad (i = 1, \cdots, I; \quad j = 1, \cdots, J; \quad k = 1, \cdots, K)$$

을 만족할 때 결합 독립 (joint independence) 이라고 한다. 결합 독립은 변수 X와 Z를 IK개의 수준 조합으로 형성된 새로운 변수로 보고 이것과 변수 Y와의 독립성을 말한다. 한편 변수 X와 Y가 다음의 식을 만족하면 주변 독립 (marginal independence) 이라고 한다.

$$\pi_{ij+} = \pi_{i++}\pi_{+j+} \qquad (i = 1, \cdots, I; \quad j = 1, \cdots, J)$$

주변 독립은 Z의 모든 수준을 합쳐 만들어지는 변수 X와 Y의 독립성을 생각하는 것이다. 마지막으로 조건부 독립 (conditional independence) 은 어떤 한 변수의 수준을 고정시킨 상태에서 나머지 두 변수들의 독립성을 의미한다. 가령 변수 X와 Y가 변수 Z의 k번째 수준에서 독립이라고 한다면 이것은 변수 Z를 k번째 수준으로 고정시킨 상태에서 변수 X와 Y가 독립임을 뜻한다. 변수 Z의 k번째 수준에 대해 조건부 독립을 만족하는 변수 X와 Y는 다음 식을 만족한다.

$$\pi_{ij|k} = \pi_{i+k}\pi_{+jk}/\pi_{++k} \qquad (i = 1, \cdots, I; \quad j = 1, \cdots, J; \quad k = 1, \cdots, K)$$

이제 3차원 분할표에서의 포화 로그-선형 모형은 다음 식과 같다.

$$\log(m_{ijk}) = \mu + \lambda_i^X + \lambda_j^Y + \lambda_k^Z + \lambda_{ij}^{XY} + \lambda_{jk}^{YZ} + \lambda_{ik}^{XZ} + \lambda_{ijk}^{XYZ}$$

식의 우변에서 첨자가 하나인 부분의 모수들은 각 변수의 주효과에 해당하며, 두 개인 부분의 모수는 부분 (partial) 연관성을 나타내고, 세 개의 첨자로 나타나는 모수인 λ_{ijk}^{XYZ}는 세 변수의 교호작용을 나타낸다. 자료가 3차원 분할표인 경우에 대해서는 여러 로그-선형 모형을 생각할 수 있다. 즉 교호작용이 하나도 없는 모형에서부터 3요인의 교호작용이 모두 있는 모형까지 계층적으로 모형을 생각할 수 있다. 이러한 계층적 로그-선형 모형은 아래 [표 4.37]와 같이 나타난다.

[표 4.37] 계층적 로그-선형 모형

로그-선형 모형	표현
$\log(m_{ijk}) = \mu + \lambda_i^X + \lambda_j^Y + \lambda_k^Z$	(X, Y, Z)
$\log(m_{ijk}) = \mu + \lambda_i^X + \lambda_j^Y + \lambda_k^Z + \lambda_{ij}^{XY}$	(XY, Z)
$\log(m_{ijk}) = \mu + \lambda_i^X + \lambda_j^Y + \lambda_k^Z + \lambda_{ij}^{XY} + \lambda_{jk}^{YZ}$	(XY, YZ)
$\log(m_{ijk}) = \mu + \lambda_i^X + \lambda_j^Y + \lambda_k^Z + \lambda_{ij}^{XY} + \lambda_{jk}^{YZ} + \lambda_{ik}^{XZ}$	(XY, YZ, XZ)
$\log(m_{ijk}) = \mu + \lambda_i^X + \lambda_j^Y + \lambda_k^Z + \lambda_{ij}^{XY} + \lambda_{jk}^{YZ} + \lambda_{ik}^{XZ} + \lambda_{ijk}^{XYZ}$	(XYZ)

이 표에서 (X, Y, Z) 표현된 모형 $\log(m_{ijk}) = \mu + \lambda_i^X + \lambda_j^Y + \lambda_k^Z$는 세 변수가 상호 독립임을 나타낸다. (XY, Z)로 나타난 모형은 변수 Z가 변수 X와 Y에 대해 결합 독립임을 나타내는 선형 모형이다. (XY, YZ)로 표현되는 모형은 변수 Y를 조건으로 하는 변수 X와 Z의 조건부 독립을 나타낸다. 세 변수의 상호작용이 없는 (XY, YZ, XZ)로 표현되는 모형은 어느 두 변수도 조건부 독립이 아님을 나타낸다. 표의 맨 하단에 있는 모형이 바로 포화 모형이 되고 위에 있는 모든 효과를 포함한다. 모형에 보다 높은 차원의 교호작용이 포함되면 이 보다 낮은 차원의 교호작용과 주효과가 반드시 포함되어야 한다. 예를 들어 모형에 λ_{jk}^{YZ}이 포함되었다면 λ_j^Y, λ_k^Z도 포함되어야 한다.

이처럼 로그-선형 모형은 변수들 간의 독립성의 종류에 따라 여러 형태를 갖는다. 따라서 우리가 갖고 있는 데이터가 여러 로그-선형 모형 중에 어떤 모형으로 적합되는지 검정할 필요성이 있다. 모형의 적합성 검정을 위한 통계량은 2×2 분할표에서 소개한 바 있는 우도비 검정통계량인 G^2와 피어슨의 카이제곱통계량

$$Q_p = \sum_{i=1}^{I} \sum_{j=1}^{J} \sum_{k=1}^{K} (n_{ijk} - \hat{m}_{ijk})^2 / \hat{m}_{ijk}$$

이 있다. 이 중에서 우도비 검정통계량 G^2은 어느 한 모형이 다른 모형에 내포(nested) 되어있을 때 유용하게 사용할 수 있다. 가령 모형 M_1과 모형 M_2을 비교하는 데에 있어서 모형 M_2가 모형 M_1에 내포되어있는 더 간단한 형태라고 하자. 이 때 적합된 모형이 M_1일 때 내포된 모형 M_2 역시 적합이 되는지를 알아보기 위한 검정통계량은 다음과 같다.

$$G^2(M_2 | M_1) = G^2(M_2) - G^2(M_1)$$

여기서

$$G^2 = 2\sum_{i=1}^{I}\sum_{j=1}^{J}\sum_{k=1}^{K} n_{ij}\log\left(\frac{n_{ijk}}{\hat{m}_{ijk}}\right)$$

로 정의 된다. 식에서 n_{ij}과 $\hat{m}_{ij}$은 각각 셀에서의 관측빈도수와 기대빈도수를 나타낸다. $G^2(M_2)$가 자유도 v_2를 갖고 $G^2(M_1)$이 자유도 v_1를 가질 때, 두 모형을 비교하기위한 $G^2(M_2|M_1)$ 통계량은 귀무가설 하에서 자유도 $v_2 - v_1$을 갖는 근사 카이제곱분포를 갖는다. 따라서 이 통계량의 값이 크면 클수록 모형 M_2이 주어진 데이터에 잘 적합되지 않는다는 것을 의미하므로 다른 모형을 생각해야 한다. 모형 선택을 위한 과정은 적합된 모형을 M_1로 설정하고 [표 4.36]의 계층적 로그-선형 모형에서 아래에서부터 위로 올라가면서 M_2를 정한다. 이 때 $G^2(M_2|M_1)$ 값이 주어진 유의수준 하에서 귀무가설 즉 '모형 M_2가 적합된다'을 기각하지 않을 때까지 M_2를 바꾸어 최종 모형을 선택하면 된다.

예제 4-7 [표 4.38]는 총 702명의 두통 환자들에 대한 연령과 흡연 상태 그리고 두통 횟수를 나타낸 자료이다. 연령은 40세 이전과 40세에서 59세 사이의 두 집단으로 나누었고, 흡연 상태는 한 번도 흡연을 한 적이 없는 경우와 현재 흡연인 상태로 나누었다. 두통 횟수는 1주일에 1회 이상과 1회 미만으로 구분하였다. 연구자의 관심은 이 세 범주형 변수사이에 어떤 연관성이 존재하는가이다.

[표 4.38] 두통 횟수 자료

나이	흡연 여부	두통 횟수		합계
		1주일에 1회 이상	1주일에 1회 미만	
<40	비흡연	102	88	190
	흡연	34	39	73
40～59	비흡연	60	105	165
	흡연	73	201	274

이 데이터에 포화 로그-선형 모형을 적합 시키기 위한 SAS 프로그램은 아래 [표 4.39]와 같다. 포화모형으로 적합시킨 결과는 [표 4.40]에 있다. 세 변수에 대한 3요인 교호작용은 검정통계량이 0.23이고, p-값이 0.6284로 유의수준 5% 하에서 유의하지 않음을 알 수 있다. 따라서 3요인 교호작용을 제거하고, 변수들 간의 2요인 교호작용을 고려한 더 간단한 모형으로 적합해 보았다. SAS 프로그램에서는 LOGLIN 문을

```
LOGLIN age|smoking age|frequency smoking|frequency;
```

로 바꿔주면 된다. 그 결과는 [표 4.41]과 같다. 우도비 검정 통계량의 값이 0.23이고 p-

값이 0.6286으로, 유의수준 5% 하에서 3요인 교호작용을 제외한 2요인 교호작용만으로 이루어진 모형이 적합하다는 것을 알 수 있다.

[표 4.39] 두통 횟수 자료의 포화 로그-선형 모형 SAS 프로그램

```
DATA caucasians;
INPUT age $ smoking $ frequency $ count @@;
CARDS;
<40 never 1+ 102
<40 never 1- 88
<40 current 1+ 34
<40 current 1- 39
>40-59 never 1+ 60
>40-59 never 1- 105
>40-59 current 1+ 73
>40-59 current 1- 201
;
PROC CATMOD order=data;
WEIGHT count;
MODEL age*smoking*frequency=_response_/NOITER PRED=FREQ;
LOGLIN age|smoking|frequency;
RUN;
```

[표 4.40] 두통 횟수 자료의 로그-선형 모형 SAS 출력 결과

```
              Maximum Likelihood Analysis

       Maximum likelihood computations converged.

         Maximum Likelihood Analysis of Variance

Source                      DF    Chi-Square    Pr > ChiSq
----------------------------------------------------------
age                          1         34.70        <.0001
smoking                      1          9.40        0.0022
age*smoking                  1         62.81        <.0001
frequency                    1         20.15        <.0001
age*frequency                1         20.69        <.0001
smoking*frequency            1          4.50        0.0339
age*smoking*frequency        1          0.23        0.6284

Likelihood Ratio             0           .             .
```

[표 4.41] 두통 횟수 자료의 3요인 교호작용이 없는 로그-선형 모형 SAS 출력 결과

```
                 Maximum Likelihood Analysis

          Maximum likelihood computations converged.

           Maximum Likelihood Analysis of Variance

   Source                  DF   Chi-Square    Pr > ChiSq
   -----------------------------------------------------
   age                      1        35.10        <.0001
   smoking                  1         9.14        0.0025
   age*smoking              1        65.58        <.0001
   frequency                1        24.55        <.0001
   age*frequency            1        20.63        <.0001
   smoking*frequency        1         5.40        0.0202

   Likelihood Ratio         1         0.23        0.6286
```

모형의 간결성 측면에서 3개의 2요인 교호작용을 고려한 모형 (XY, YZ, XZ) 외에, 2요인 상호작용 중 2개의 교호작용만을 고려한 모형 $((XZ, XY), (XY, YZ), (XZ, YZ))$, 1개의 교호작용만을 고려한 모형 $((XY, Z), (YZ, X), (XZ, Y))$, 마지막으로 주효과만을 고려한 모형 $((X, Y, Z))$을 적합하여 보았다. 그 결과를 정리하면 아래 [표 4.42]와 같다. 이 때 표 안에 있는 설명변수 X, Y, Z를 각각 age, smoking, frequency를 나타낸다. 3개의 2요인 교호작용만을 고려한 모형을 M_1이라 하고, 축소된 나머지 모형들을 M_2라고 할 때 조건부 독립, 결합 독립, 그리고 상호 독립인 경우에 대해 각각의 우도비 검정 통계량 $G^2(M)$과 두 모형 비교를 위한 $G^2(M_2|M_1)$ 통계량 값이 표에 나와 있다. 예컨대 (XZ, XY) 모형에서 $G^2(M_2|M_1) = G^2(M_2) - G^2(M_1) = 5.62 - 0.23 = 5.39$로 계산된 것이며, 이때의 자유도 1은 M_2의 자유도 2에서 M_1의 자유도 1을 뺀 값이다. 마지막 열에 있는 $\chi^2_{0.05}(df)$은 해당 자유도에서 유의수준을 5%로 했을 때의 카이제곱 임계치이다. 이 값과 $G^2(M_2|M_1)$을 비교했을 때 모든 경우에서 $\chi^2_{0.05}(df)$이 작다는 것을 알 수 있다. 즉 축소된 모형이 모두 적합하지 않음을 알 수 있다. 따라서 최종 모형으로 2요인 교호작용만을 고려한 모형을 선택하였다.

[표 4.42] 두통 횟수 자료의 모형 적합 결과

로그-선형 모형	독립 유형	$G^2(M)(df)$	$G^2(M_2 \mid M_1)(df)$	$\chi^2_{0.05}(df)$
(XY, YZ, XZ)	부분연관 모형 (no three-factor interaction)	0.23(1)		
(XZ, XY) (XY, YZ) (XZ, YZ)	조건부 독립	5.62(2) 20.98(2) 70.45(2)	5.39(1) 20.75(1) 70.22(1)	3.841
(XY, Z) (YZ, X) (XZ, Y)	결합 독립	37.32(3) 102.15(3) 86.80(3)	37.09(2) 101.92(2) 86.57(2)	5.991
(X, Y, Z)	상호 독립	118.5(4)	118.27(3)	7.815

적합된 모형의 모수 추정치와 표준오차 결과는 아래 [표 4.43]와 같다. 모든 주효과와 2요인 교호작용은 유의수준 5%하에서 유의하게 나왔다는 것을 확인할 수 있다. 2요인 교호작용을 보면 age*smoking로부터 나이가 40세 이전인 사람들이 담배를 피우지 않는 경향이 있고, age*frequency로부터는 40세 이전의 사람들이 1주일에 두통횟수가 1회 이상인 경향이 있다는 것을 알 수 있다. 또한 smoking*frequency로부터 담배를 피우지 않는 사람들이 1주일에 두통횟수가 1회 이상인 경향이 있다.

[표 4.43] 두통 횟수 자료의 모수 추정 결과

```
                   Analysis of Maximum Likelihood Estimates

                                             Standard    Chi-
Parameter                        Estimate    Error       Square     Pr > ChiSq
------------------------------------------------------------------------------
 age               <40           -0.2576     0.0435      35.10        <.0001
smoking            never          0.1311     0.0434       9.14        0.0025
age*smoking        <40 never      0.3480     0.0430      65.58        <.0001
frequency          1+            -0.2025     0.0409      24.55        <.0001
age*frequency      <40 1+         0.1933     0.0426      20.63        <.0001
smoking*frequency  never 1+       0.0977     0.0421       5.40        0.0202
```

연습문제

1. 아래 자료는 어떤 도시의 강. 절도 사건으로 기소된 범죄자가 재판에서 구속판결을 받았는지 여부를 나타낸 것이다. 판결 결과와 관련된 변수로는 피의자가 해당 도시의 거주민인지의 여부와 이전에도 체포된 경험이 있는지의 여부이다.

거주	체포 경력	구속	
		예	아니오
아니오	예	42	109
	아니오	17	75
예	예	33	175
	아니오	53	359

(1) 거주와 체포 경력을 설명 변수로 하고 구속 여부를 반응변수로 하여 로짓 모형을 적합시키고 결과를 해석하여라.

(2) 절도피의자가 구속될 오즈가 거주민 여부와 체포 경력에 따라 어떻게 달라지는지를 구하여라.

2. 다음 자료는 대통령 선거에서 유권자의 인종과 정치적 견해에 따라 후보자 A에 투표했는지 아니면 후보자 B에 투표했는지를 나타낸 자료이다. 정치적 견해는 1 = 매우 자유주의적, ⋯, 7 = 매우 보수적인 것까지 7개의 수준으로 분류되었다. 정치적 견해와 인종에 따라서 투표결과가 어떻게 나타나는지 로짓분석을 통해 알아보아라.

인 종	정치적 견해	후보자	
		후보자 A	후보자 B
백인	1	1	12
	2	13	57
	3	44	71
	4	155	146
	5	92	61
	6	100	41
	7	18	8
흑인	1	0	6
	2	0	16
	3	2	23
	4	1	31
	5	0	8
	6	2	7
	7	0	4

3. 다음은 악어의 주요 먹이 선택에 관한 자료로, 악어의 길이($\leq$2.3미터, $>$2.3미터)와 악어를 잡은 플로리다주의 호수에 따라 분류한 것이다.

호수	길이	주요 먹이 선택				
		어류	연체류	파충류	조류	기타
Hancock	$\leq$2.3	23	4	2	2	8
	$>$2.3	7	0	1	3	5
Oklawaha	$\leq$2.3	5	11	1	0	3
	$>$2.3	13	8	6	1	0
Trafford	$\leq$2.3	5	11	2	1	5
	$>$2.3	8	7	6	3	5
George	$\leq$2.3	16	19	1	2	3
	$>$2.3	17	1	0	1	3

(1) 로짓 모형을 적합시켜 악어의 먹이 선택에 대한 서식 호수와 몸 길이의 효과를 설명하여라.

(2) 적합된 모형을 사용하여 서식 호수와 몸 길이의 여러 조합에 대하여 '연체류'를 주요 먹이로 선택할 확률을 추정하고 이를 해석하여라.

4. 다음 자료는 여성의 유방암에 대한 자가 진단횟수와 나이에 관한 조사결과이다. 비례오즈 모형을 적합하고 결과를 해석하여라.

나이	유방암 자가 진단 횟수		
	한 달에 한번	가끔	전혀 안한다
$<$45	91	90	51
45～59	150	200	155
60 +	109	198	172

5. 아래 자료는 정신장애의 정도와 사회 경제적 지위, 지난 3년 동안 경험한 중요한 사건(자녀출생, 이혼, 가족의 죽음, 새 직업 등)의 수를 조사한 자료이다. 여기서 정신장애의 정도(1 = 중증, 2 = 보통, 3 = 경증, 4 = 약간)를 순서형 반응변수로, 나머지 변수들을 설명변수로 하여 비례오즈 로짓 모형을 적합시키고 이를 해석하여라. (사건변수는 범주형 변수가 아닌 양적자료의 이산형 변수로 취급하여라.)

대상	정신장애 정도	사회경제적 지위	사건	대상	정신장애 정도	사회경제적 지위	사건
1	4	1	1	21	3	1	9
2	4	1	9	22	3	0	3
3	4	1	4	23	3	1	3
4	4	1	3	24	3	1	1
5	4	0	2	25	2	0	0
6	4	1	0	26	2	1	4
7	4	0	1	27	2	0	3
8	4	1	3	28	2	0	9
9	4	1	3	29	2	1	6
10	4	1	7	30	2	0	4
11	4	0	1	31	2	0	3
12	4	0	2	32	1	1	8
13	3	1	5	33	1	1	2
14	3	0	6	34	1	1	7
15	3	1	3	35	1	0	5
16	3	0	1	36	1	0	4
17	3	1	8	37	1	0	4
18	3	1	2	38	1	1	8
19	3	0	5	39	1	0	8
20	3	1	5	40	1	0	9

6. 다음 자료는 건강한 3128명의 사람들을 성격과 운동습관에 따라 분류한 자료이다. 여기서 성격은 조급하고 다혈질적인 사람(A형)과 온순하고 낙천적인 사람(B형)으로 분류되었고, 운동 습관은 정기적으로 운동을 하는 사람과 정기적인 운동을 하지 않는 사람으로 분류되었다. 두 변수의 독립성검정과 행과 열의 효과를 로그-선형 모형

		성격	
		A형	B형
운동 습관	장기적인 운동	483	477
	기타	1101	1121

을 통해 분석하여라.

7. 다음은 플로리다주의 고속도로 안전국과 자동차국에 의해 제공된 1988년도의 교통사고 자료이다. 변수들은 안전벨트 착용여부, 사고 당시 차에서 튕겨 나갔는지 여부와 사망여부로 분류되어 있다.

안전벨트 착용 여부	차에서 튕겨 나감	사망	
		예	아니오
예	예	659	270
	아니오	532	347
아니오	예	432	532
	아니오	269	552

(1) 이 자료를 잘 설명하는 로그-선형 모형을 찾고 변수들 간의 연관성을 해석하여라.
(2) 사망여부를 반응변수로 간주하고 로짓 모형을 적합시킨 후 설명변수들의 반응변수에 미치는 효과를 해석하여라.

8. 아래 표는 1980년대에 사회적 지위와 컴퓨터 보유 그리고 거주 주택이 자가인지 혹은 임대인지를 조사한 결과이다.

사회적 지위	임대/자가	컴퓨터 보유	
		예	아니오
I	임대	304	38
	자가	92	64
II	임대	665	85
	자가	174	113
III	임대	894	93
	자가	379	321
IV	임대	720	84
	자가	433	297

(1) 위의 자료를 바탕으로 다양한 로그-선형 모형을 검정하고 가장 적절한 모형을 제시하여라.
(2) 선택한 모형의 모수를 해석하여라.

9. 다음은 운동에 관한 서적을 읽는 시간을 성별과 고등학교 계열(인문계, 실업계)에 따라서 조사한 자료이다.

시간	성별	학교 계열	
		인문계	실업계
없다	남	34	64
	여	49	135
0∼30분	남	29	61
	여	31	118
30분∼1시간	남	40	81
	여	37	142
1∼2시간	남	37	65
	여	32	64
2∼4시간	남	24	40
	여	11	37
4∼6시간	남	6	15
	여	0	3
6시간 이상	남	3	7
	여	4	2

(1) 여러 가지 로그-선형 모형으로 자료를 적합시키고 가장 적절한 모형을 제시하여라.

(2) 7개의 범주로 나누어진 시간 변수를 3개의 범주로 나누어서 로그-선형 모형을 적합시키고 위의 (1)의 결과와 비교하여라.

제 5 장

공분산 분석

우리는 어떤 반응변수에 영향을 미치는 요인들에 대해 그 요인들이 얼마만큼 영향을 끼치고 또 각 요인들의 수준에 따라서는 반응치가 어떻게 변하는지에 대한 비교실험을 할 때가 있다. 이러한 비교실험을 할 때에는 반응변수에 영향을 주는 요인들이 어떠한 것인지를 잘 생각해야 한다. 처리 간에 반응변수의 모평균의 차이가 있는지를 검정할 때 흔히 분산분석을 한다. 그렇지만 만약 반응변수의 모평균에 영향을 끼칠 수 있는 또 다른 독립변수가 있다면 단순히 처리 간의 차이뿐만이 아니라 그 독립변수의 영향도 함께 고려해야 한다. 따라서 순수한 처리간의 차이를 보려면 독립변수를 보정(adjust)한 상태에서 처리간 반응변수의 보정된 모평균(adjusted mean)의 차이가 있는지를 보아야 한다.

이 장에서 다루게 될 공분산 분석은 이와 같이 2개 이상의 처리에서 반응변수의 평균을 비교할 때에 반응변수에 영향을 주는 연속형 독립변수를 함께 고려하는 경우에 주로 쓰인다. 공분산 분석에서는 이러한 연속형 독립변수를 공변량(covariate)이라고 하는데, 공분산 분석은 회귀분석과 분산분석이 결합된 것이라고 생각할 수 있다. 이는 각 처리 안에서 공변량을 설명변수로 하는 회귀분석을 시행하고 이로 얻어진 처리간 회귀식을 비교하기 때문이다. 공분산 분석은 처리간 반응변수의 모평균이 처리에 공통적으로 작용하는 어떠한 공변량에 의해 영향을 받을 때에 특히 유용하다. 이렇게 공변량을 함께 고려하면 이를 고려하지 않은 분산분석보다 추정의 정도(precision)를 높일 수 있다.

5.1 공변량이 하나인 경우

공분산 분석을 하기 위해서는 여러 가정들이 만족되어야 하는데 그 중에서도 가장 중요한 것이 각 처리 안에서 공변량 x가 반응 변수에 미치는 영향이 모든 처리에 대해 동일해야 한다는 것이다. 즉, 각 처리 안에서 공변량의 효과가 같아야 하며, 이 가정을 만족하지 않을 때에는 공분산 분석을 할 수 없게 된다. 이 절에서는 공변량의 효과가 같은 경우에 대한 공분산 모형에 대해서 설명할 것이다. 공변량의 효과가 다른 경우는 5.3절에서 논의하겠다.

공변량이 하나인 경우에 적용되는 가장 간단한 공분산 분석을 생각해 보자. I개의 처리가 있고 반응변수를 y, 공변량을 x라고 했을 때의 데이터 형태가 [표 5.1]와 같이 나타난다고 하자.

[표 5.1] 공변량이 하나인 경우의 데이터 형태

처리 1		처리 2		…	처리 I	
x_{11}	y_{11}	x_{21}	y_{21}	…	x_{I1}	y_{I1}
x_{12}	y_{12}	x_{22}	y_{22}	…	x_{I2}	y_{I2}
x_{13}	y_{13}	x_{23}	y_{23}	…	x_{I3}	y_{I3}
…	…	…	…	…	…	…
x_{1n_1}	y_{1n_1}	x_{2n_2}	y_{2n_2}	…	x_{In_I}	y_{In_I}

이 때 공분산 모형은 다음과 같은 식

$$
\begin{aligned}
y_{ij} &= \mu + \alpha_i + \beta(x_{ij} - \bar{x}..) + \varepsilon_{ij} \quad (i = 1\ , \cdots, I;\ \ j = 1, \cdots, n_i) \\
&= \beta_0 + \alpha_i + \beta x_{ij} + \varepsilon_{ij} \\
&= \beta_{0i} + \beta x_{ij} + \varepsilon_{ij}
\end{aligned}
$$

으로 나타낼 수 있다. 위 식에서 y_{ij}는 i번째 처리에서 j번째 개체의 반응값을 나타내고, x_{ij}는 그때의 공변량 값을 나타낸다. 여기서 $\beta_0 = \mu - \beta\bar{x}..$, $\bar{x}..$는 공변량 x의 전체평균이고 $\beta_{0i} = \beta_0 + \alpha_i$이다. μ는 반응변수의 전체 평균을 나타내는 모수이고, α_i는 처리의 효과를, 그리고 β는 모든 처리에 공통으로 작용하는 공변량의 효과를 나타낸다. 오차항 ε_{ij}는 등분산을 갖는 정규 분포를 따른다고 가정한다. 공분산 분석을 하기 위한 또 하나의 가정은 공변량의 효과 β가 0이 아니라는 것이다. 즉 귀무가설 $H_0: \beta = 0$을 기각할 수 있어야 한다. 왜냐하면 공변량의 효과가 0이라면 공변량이 모형에 존재할 필요가 없고, 따라서 공분산 분석을 하는 것이 의미가 없기 때문이다. 이는 단순히 분산분석만으로도 자료를 분석할 수 있다는 것을 의미한다.

5.1.1 각 모수의 추정

공분산 모형에서 모수들은 반응변수의 전체 평균을 나타내는 μ, 처리 효과 α_i 그리고 공변량의 효과 β이다. $\sum_i \hat{\alpha}_i = 0$이라는 제약식을 이용하여 이 모수들의 최소제곱추정치(LSE)를 구할 수 있다. 아래의 연립방정식

$$\frac{\partial}{\partial\mu}\sum_i\sum_j (y_{ij} - \mu - \alpha_i - \beta(x_{ij} - \bar{x}..))^2 = 0$$

$$\frac{\partial}{\partial\alpha_i}\sum_i\sum_j (y_{ij} - \mu - \alpha_i - \beta(x_{ij} - \bar{x}..))^2 = 0 \quad (i = 1, \cdots, I)$$

$$\frac{\partial}{\partial\beta}\sum_i\sum_j (y_{ij} - \mu - \alpha_i - \beta(x_{ij} - \bar{x}..))^2 = 0$$

을 풀어서 나온 각 모수들의 최소제곱추정치(LSE)는 다음과 같다.

$$\hat{\mu} = \bar{y}..$$

$$\hat{\alpha}_i = \bar{y}_i. - \bar{y}.. - \hat{\beta}(\bar{x}_i. - \bar{x}..)$$

$$\hat{\beta} = \frac{\sum_i\sum_j (x_{ij} - \bar{x}_i.)(y_{ij} - \bar{y}_i.)}{\sum_i\sum_j (x_{ij} - \bar{x}_i.)^2}$$

따라서 β_{0i}는 다음 식과 같이 추정된다.

$$\hat{\beta}_{0i} = \hat{\beta}_0 + \hat{\alpha}_i = \bar{y}_i. - \hat{\beta}\bar{x}_i.$$

5.1.2 각 모수의 검정

공분산 모형에서 우리는 다음과 같은 2개의 귀무가설을 검정할 수 있다.

$$H_{01}: \beta = 0$$
$$H_{02}: \alpha_1 = \alpha_2 = \cdots = \alpha_I$$

첫 번째 귀무가설은 처리 효과를 제어한 반응변수에 공변량이 미치는 효과를 검정하기 위한 것이다. 이 귀무가설이 기각되지 않으면 굳이 공분산 분석을 하지 않고 분산분석을 해야 한다. 두 번째 귀무가설은 공변량의 효과를 제어한 상태에서 처리간 반응변수의 차이가 있는지를 검정하기 위한 것이다. 위의 두 가지 귀무가설을 검정하기 위해 작성된 공분산 분석 모형의 분산분석표는 아래 [표 5.2]와 같다.

[표 5.2] 공분산 모형의 분산분석표

Source	df	SS	MS	F
X	1	SSX	MSX = SSX/1	F_1
Trt	I − 1	SSt	MSt = SSt/(I-1)	F_2
Error	N − I − 1	SSE	MSE = SSE/(N-I-1)	
Total	N − 1	SST		

이 때 각 요인의 제곱합(SS)은 다음과 같다.

$$SST = \sum_{i=1}^{I} \sum_{j=1}^{n_i} (y_{ij} - \bar{y})^2$$

$$SSt = \frac{(S_{xx})(S_{yy}) - (S_{xy})^2}{S_{xx}} - SSE$$

$$SSX = \sum_{i=1}^{I} S_{yy(i)} - SSE$$

$$SSE = \frac{(\sum_{i=1}^{I} S_{xx(i)})(\sum_{i=1}^{I} S_{yy(i)}) - (\sum_{i=1}^{I} S_{xy(i)})^2}{(\sum_{i=1}^{I} S_{xx(i)})}$$

위의 제곱합 식에서 $S_{xx(i)}=\sum_{j=1}^{n_i}(x_{ij}-\overline{x}_{i\cdot})^2$, $S_{yy(i)}=\sum_{j=1}^{r_i}(y_{ij}-\overline{y}_{i\cdot})^2$, 그리고 $S_{xy(i)}=\sum_{j=1}^{n_i}(x_{ij}-\overline{x}_{i\cdot})(y_{ij}-\overline{y}_{i\cdot})$ 으로, i번째 처리 안에서의 제곱합이다. 따라서 모든 처리에 대한 제곱합은

$$S_{xx}=\sum_{i=1}^{I}\sum_{j=1}^{n_i}(x_{ij}-\overline{x})^2,$$

$$S_{yy}=\sum_{i=1}^{I}\sum_{j=1}^{n_i}(y_{ij}-\overline{y})^2,$$

$$S_{xy}=\sum_{i=1}^{I}\sum_{j=1}^{n_i}(x_{ij}-\overline{x})\ (y_{ij}-\overline{y})$$

이 된다. 각 요인의 제곱합을 자유도로 나눈 평균제곱합을 오차항의 평균제곱합으로 나누어 각 요인의 효과를 검정할 수 있다.

처리의 효과를 제어한 후 공변량의 효과가 없다는 귀무가설 H_{01}을 검정하기 위한 F 검정은

$$F_1=\frac{SSX/1}{SSE/(N-I-1)}\ \sim F(1,\ N-I-1)$$

와 같고, 공변량의 효과를 제어한 후 처리간에 차이가 없다는 귀무가설 H_{02}을 검정하기 위한 F 검정은

$$F_2=\frac{SSt/(I-1)}{SSE/(N-I-1)}\sim F\ (I-1,\ N-I-1)$$

이다. 따라서 각각의 F 값이 해당하는 자유드를 갖는 F-분포에서의 기각치보다 크게 되면 귀무가설을 기각한다(F-분포표는 [부록 4]에 있다).

예제 5.1 한 연구자는 저혈당에 걸린 20명의 환자에 대해 혈당을 높이는 서로 다른 5개 치료법의 효능을 비교하고자, 환자 20명을 랜덤하게 5그룹으로 나누어 각각의 치료법을 적용하여 1달 후에 혈당량의 수치를 측정하였다. 그러나 1달 후 혈당량의 수치가 초기 혈당량의 수치에 영향을 받을 것으로 생각하여 초기 혈당량 수치도 함께 측정하였다. 이에 대한 자료는 아래 [표 5.3]과 같다. 이 자료에 대해 공분산 분석을 해보자.

[표 5.3] 저혈당 환자들의 혈당량 자료

관측번호	치료법 (trt)	x(초기수치)	y(1달 후 수치)
1	1	27.2	32.6
2	1	22.0	36.6
3	1	33.0	37.7
4	1	26.8	31.0
5	2	28.6	33.8
6	2	26.8	31.7
7	2	26.5	30.7
8	2	26.8	30.4
9	3	28.6	35.2
10	3	22.4	29.1
11	3	23.2	28.9
12	3	24.4	30.2
13	4	29.3	35.0
14	4	21.8	27.0
15	4	30.3	36.4
16	4	24.3	30.5
17	5	20.4	24.6
18	5	19.6	23.4
19	5	25.1	30.3
20	5	18.1	21.8

이 예제에서 공변량은 초기 혈당량 수치가 될 것이다. 이제 SAS 프로그램을 이용하여 공분산 분석을 해보자. 이를 위한 SAS 프로그램은 [표 5.4]와 같다.

[표 5.4] 혈당량 자료의 공분산 분석 SAS 프로그램

```
DATA medicine;
INPUT trt x y @@ ;
CARDS;
1 27.2 32.6 1 22.0 36.6
1 33.0 37.7 1 26.8 31.0
2 28.6 33.8 2 26.8 31.7
2 26.5 30.7 2 26.8 30.4
3 28.6 35.2 3 22.4 29.1
3 23.2 28.9 3 24.4 30.2
4 29.3 35.0 4 21.8 27.0
4 30.3 36.4 4 24.3 30.5
5 20.4 24.6 5 19.6 23.4
5 25.1 30.3 5 18.1 21.8
;
 PROC GLM;
 CLASS trt;
 MODEL y=trt x /SOLUTION;
 LSMEANS trt/TDIFF;
 RUN;
```

공분산 분석은 PROC GLM을 사용한다. CLASS 문에는 분류변수인 치료법(trt)을 입력한다. MODEL 문에서는 등식의 좌변에 반응변수인 1달 후 혈당량 수치(y)를 쓰고, 우변에는 치료법(trt)과 공변량에 해당하는 혈당량의 초기 수치(x)를 입력한다. 옵션에 SOLUTION을 첨가하면 계수 벡터들을 출력해준다. LSMEANS는 처리의 보정된 평균(adjusted mean)을 나타내는데 이에 대해서는 뒤에서 자세히 설명하겠다. 다음의 TDIFF은 모든 처리에 대한 다중비교를 했을 때 두 처리 간에 차이가 있는지를 검정해주는데 t-값과 p-값이 출력된다.

공분산 분석을 하기 전에 먼저 살펴보아야 할 가정 중에 하나가 바로 처리간 회귀계수 β의 동일성이었다. 즉 처리마다 공변량의 효과가 동일해야 함을 의미하는데 만약 처리와 공변량 사이에 교호작용이 존재하면 처리 간에 회귀계수가 동일하지 않다는 것을 의미하고 이러한 경우에는 공분산 분석을 하는 것은 바람직하지 않다. 따라서 우리는 먼저 둘 사이에 교호작용이 존재하는가의 여부를 살펴본 후 공분산 분석을 해야 할 것이다. 이러한 교호작용을 검정하기 위해서는 MODEL 문에 x*trt를 넣어주면 된다. 교호작용을 검정하기 위한 SAS 출력 결과는 아래 [표 5.5]와 같다. 그 결과 교호작용에 대한 F-값은 2.92로 나타났고 p-값은 0.0773으로 유의수준 5%하에서 유의하지 않다. 따라서 공변량과 처리 사이에 교호작용이 존재하지 않으므로 공분산 분석을 할 수 있다는 것을 알 수 있다.

[표 5.5] 혈당량 자료에서 회귀계수의 동등성 검정 SAS 출력결과

```
                          The GLM Procedure

Dependent Variable: y

                                     Sum of
        Source              DF      Squares     Mean Square    F Value    Pr > F

        Model                9   327.4111358     36.3790151      11.64    0.0003

        Error               10    31.2583642      3.1258364

        Corrected Total     19   358.6695000


                 R-Square     Coeff Var      Root MSE       y Mean

                 0.912849      5.731897      1.768004     30.84500


        Source              DF   Type III SS    Mean Square    F Value    Pr > F

        trt                  4   44.45642772    11.11410693       3.56    0.0472
         x                   1   51.98115809    51.98115809      16.63    0.0022
        x*trt                4   36.47564058     9.11891017       2.92    0.0773
```

[표 5.6]는 처리 간 공변량의 효과가 동일하다는 가정을 확인한 후 공분산 분석을 한 SAS 출력 결과이다. 표 안의 The GLM Procedure에는 3개의 제곱합(Model SS, Error SS, Corrected Total SS)이 나오는데 맨 상단의 Model에 대한 Sum of Squares은 우리가 앞에서 세운 공분산 분석 모형의 적합 결과를 보여주고 있다. 즉, Model제곱합을 보면 p-값이 0.0001이 되어 우리가 세운 모형이 자료에 적합하다는 것을 보여주고 있다. 하단의 출력 결과를 보면 모형 제곱합이 Type I SS와 Type III SS 이렇게 2개가 있고, 각각에 따라 결과가 다름을 알 수 있다. 이 두 가지 형태의 모형 제곱합에 관해서 알아보도록 하자.

[표 5.6] 혈당량 자료의 공분산 분석 SAS 출력 결과

```
                          The GLM Procedure

Dependent Variable: y

                                   Sum of
Source                DF          Squares     Mean Square    F Value    Pr > F

Model                  5      290.9354951      58.1870990      12.03    0.0001

Error                 14       67.7340049       4.8381432

Corrected Total               19      358.6695000

              R-Square      Coeff Var      Root MSE        y Mean
              0.811152       7.131068      2.199578      30.84500

Source                DF        Type I SS     Mean Square    F Value    Pr > F

trt                    4      198.4070000      49.6017500      10.25    0.0004
x                      1       92.5284951      92.5284951      19.12    0.0006

Source                DF      Type III SS     Mean Square    F Value    Pr > F

trt                    4      34.18810071      8.54702518       1.77    0.1917
x                      1      92.52849508     92.52849508      19.12    0.0006
```

분산 분석의 전체 제곱합은

$$\text{전체 제곱합 (Total SS)} = \text{모형 제곱합 (Model SS)} + \text{오차 제곱합 (Error SS)}$$

와 같이 나눈다. 여기서 모형 제곱합(Model SS)은 종류가 4가지가 있는데 여기서는 제 1종 제곱합(Type I SS)과 제 3종 제곱합(Type III SS)에 대해서 알아보자. 모형 제곱합은 치료법(trt)과 초기 수치(*x*)가 기여한 제곱합을 말하는데 먼저 모형의 **제 1종 제곱합 (Type I SS)** 은

$$\text{Model SS} = \text{SS(trt,x)} = \text{SS(trt)} + \text{SS(x|trt)}$$

으로 분할된다. 즉, 두 요인에 의한 기여분은 제 1요인이 기여한 부분과, 제 1요인이 기여한 후에 제 2요인이 추가로 기여한 부분으로 구성된다. 따라서 각 요인의 제 1종 제곱합은 요인들의 순서를 어떻게 두느냐에 따라서 그 값이 달라진다. 다음으로 모형의 **제 3 종 제곱합 (Type III SS)** 은

$$\text{SS(trt|x)} + \text{SS(x|trt)}$$

으로 분할되는데 요인의 최종적인 고유 기여분을 말한다. 따라서 치료법(trt)의 제 3종 제곱합은 SS(trt|x)가 되고, 초기 수치(x)의 제 3종 제곱합은 SS(x|trt)가 된다. 치료법(trt)의 제 1종 제곱합에 대해서는 F-값 과 *p*-값이 각각 10.25와 0.0004 로 유의하게 나오지만, 제 3종 제곱합에 대해서는 F-값 고 *p*-값이 각각 1.77과 0.1917로 유의하지 않음을 알 수 있다. 따라서 치료법(trt)의 효과는 초기 수치(*x*)를 보정했을 때보다 오히려 초기 수치(*x*)를 보정하지 않았을 때 유의하다는 것을 알 수 있다. 공분산 분석에서는 공변량의 효과를 제어했을 때 치료법(trt)에 따라 혈당량의 보정모평균이 차이가 나는가가 관심사이기 때문에 치료법(trt)의 유의성 결과는 제 3종 제곱합에 나타난 결과를 보아야 한다. 초기 수치(*x*)에 대해서는 제 1종 제곱합과 제 3종 제곱합이 같게 나오는데, 이는 제 1종 제곱합에서는 SS(x|trt)이고 고유 기여분을 나타내는 제 3종 제곱합에서도 SS(x|trt)이기 때문이다. 초기 수치의 효과에 대한 *p*-값은 0.0006으로 유의수준 5% 하에서 매우 유의함을 알 수 있다. 즉 초기 수치의 효과가 0이라는 귀무가설을 기각하게 되어 앞서 공분산 분석을 하기 위해 만족해야 하는 첫 번째 가정이 충족되는 것을 알 수 있다.

[표 5.7] 혈당량 자료의 각 모수 추정치 SAS 출력결과

```
                                          Standard
Parameter            Estimate                Error    t Value    Pr > |t|

Intercept         9.353378171 B         3.74853167       2.50      0.0257
trt         1     4.590290346 B         1.91153056       2.40      0.0308
trt         2     1.821798598 B         1.90404778       0.96      0.3549
trt         3     2.924243075 B         1.69087092       1.73      0.1057
trt         4     2.961881116 B         1.83255369       1.62      0.1283
trt         5     0.000000000 B          .                .          .
x                 0.753443357           0.17228688       4.37      0.0006
```

다음으로 [표 5.7]에는 각 요인들의 수준별 추정치가 나온다. 치료법(trt)의 각 수준별 추정치는 마지막 치료법(trt 5)을 0으로 놓았을 때의 값이다. 따라서 각 처리 수준마다 출력되는 t-값과 p-값은 처리 5(trt 5)와의 차이에 대한 유의성 검정 결과이다. 위의 각 추정 계수를 바탕으로 공분산 모형식을 쓰면 다음과 같다.

$$\hat{y}_{1j} = \hat{\beta}_0 + \hat{\alpha}_1 + \hat{\beta}x_{1j} = 9.353 + 4.59 + 0.7534x_{1j}$$
$$\hat{y}_{2j} = \hat{\beta}_0 + \hat{\alpha}_2 + \hat{\beta}x_{2j} = 9.353 + 1.82 + 0.7534x_{2j}$$
$$\hat{y}_{3j} = \hat{\beta}_0 + \hat{\alpha}_3 + \hat{\beta}x_{3j} = 9.353 + 2.92 + 0.7534x_{3j}$$
$$\hat{y}_{4j} = \hat{\beta}_0 + \hat{\alpha}_4 + \hat{\beta}x_{4j} = 9.353 + 2.961 + 0.7534x_{4j}$$
$$\hat{y}_{5j} = \hat{\beta}_0 + \hat{\alpha}_5 + \hat{\beta}x_{5j} = 9.353 + 0 + 0.7534x_{5j}$$

각 처리의 회귀식을 살펴보면 공변량의 회귀계수 0.7534는 모든 처리에 대해 공통이고 반응변수 y의 절편에서만 값이 차이가 난다는 것을 알 수 있다. 마지막 치료법(trt 5)의 처리 효과를 0으로 놓았기 때문에 [표 5.7]에서 'Intercept' 부분의 회귀계수 9.353은 치료법(trt 5)의 상수항임을 알 수 있다. 따라서 표에 나타난 치료법 1부터 치료법 4에 대한 추정치는 각각 마지막 치료법(trt 5)에 대한 추정치와의 차이가 된다.

이제 각 모수에 대한 검정을 해보자. 치료법 1(trt 1)과 치료법 5(trt 5)의 차이에 대한 p-값이 0.0308로 유의하게 나와 치료법 1(trt 1)이 치료법 5(trt 5)와 유의하게 차이가 난다는 것을 알 수 있다. 다음으로 혈당량의 초기 수치(x)의 모수 추정치는 0.753이고 t-값과 p-값이 각각 4.37과 0.0006으로 유의수준 5% 하에서 혈당량의 초기 수치(x)의 효과가 0이라는 귀무가설을 기각할 만한 증거가 충분하다. 초기 수치(x) 추정값의 t-값은 4.37인데 이 값은 앞의 [표 5.6]에서 나타난 초기 수치(x)의 검정통계량 $F = 19.12$에서 $t^2 = F$라는 관계식이 성립함을 알 수 있다. 이것은 초기수치(x)의 자유도가 1이기 때문이다.

[표 5.8] LSMEAN(Adjusted mean) SAS 출력결과

The GLM Procedure
Least Squares Means

Trt	y LSMEAN	LSMEAN Number
1	32.9756477	1
2	30.2071560	2
3	31.3096004	3
4	31.3472385	4
5	28.3853574	5

[표 5.8]에서는 최소제곱평균(Least Squares Means)이 나타나있는데 이는 앞의 SAS에서 치료법(trt)의 각 수준에 대해 LSMEANS를 지정해 준 결과이다. 보정평균은 각 처리마다 추정된 회귀식에서 공변량 값에 각 처리 평균 대신 공변량의 전체 평균을 사용하였을 때 기대되는 반응변수의 평균이다 즉 공변량의 효과를 보정(adjust)한 상태에서의 반응변수의 평균인데, 이는 모든 처리에서 공변량의 평균이 같다고 했을 때의 반응변수의 평균값이 된다. 공분산 분석에서는 이러한 공변량의 효과를 보정한 후 보정평균간에 차이가 있는지가 가장 큰 관심사이다. 앞에서 구한 각 처리의 회귀식에서 공변량에 공변량의 전체 평균값을 넣어서 처리별 보정된 평균을 다음과 같이 계산할 수 있다.

$$\overline{y_{ad1}} = \hat{\beta}_0 + \hat{\alpha}_1 + \hat{\beta}\bar{x}_{..} = 9.35 - 4.59 + 0.7534*25.26 = 32.975$$
$$\overline{y_{ad2}} = \hat{\beta}_0 + \hat{\alpha}_2 + \hat{\beta}\bar{x}_{..} = 9.35 + 1.82 + 0.7534*25.26 = 30.207$$
$$\overline{y_{ad3}} = \hat{\beta}_0 + \hat{\alpha}_3 + \hat{\beta}\bar{x}_{..} = 9.35 + 2.92 + 0.7534*25.26 = 31.309$$
$$\overline{y_{ad4}} = \hat{\beta}_0 + \hat{\alpha}_4 + \hat{\beta}\bar{x}_{..} = 9.35 + 2.96 + 0.7534*25.26 = 31.347$$
$$\overline{y_{ad5}} = \hat{\beta}_0 + \hat{\alpha}_5 + \hat{\beta}\bar{x}_{..} = 9.35 + 0 + 0.7534*25.26 = 28.385$$

각 처리마다 계산된 보정된 평균값의 차이는 공변량의 값이 전체 평균으로 같기 때문에 절편의 차이가 됨을 확인할 수 있다. 따라서 앞의 [표 5.7]에서 각 처리마다 추정된 회귀계수 값들은 마지막 처리(trt 5)의 추정치와의 차이인 동시에 마지막 처리(trt 5)와의 보정된 평균 차이이기도 하다. 만약 수정되지 않은 처리평균(unadjusted treatment mean)을 구하고자 할 때에는 LSMEANS 문의 옵션에 bylevel을 첨가해주면 된다.

[표 5.9] 처리간 다중 비교 SAS 출력 결과

Least Squares Means for Effect Trt
t for H0: LSMean(i)=LSMean(j) / Pr > |t|

Dependent Variable: y

i/j	1	2	3	4	5
1		1.779934	1.029341	1.042637	2.401369
		0.0968	0.3208	0.3148	0.0308
2	-1.77993		-0.58262	-0.7305	0.956803
	0.0968		0.5060	0.4771	0.3549
3	-1.02934	0.682616		-0.02374	1.72943
	0.3208	0.5060		0.9814	0.1057
4	-1.04264	0.730497	0.023745		1.616259
	0.3148	0.4771	0.9814		0.1283
5	-2.40137	-0.9568	-1.72943	-1.61626	
	0.0308	0.3549	0.1057	0.1283	

다음으로 [표 5.9]에는 모든 처리에 대한 LSMEANS의 다중비교 결과가 나타나있다. 앞의 모형 제곱합에서 주어지는 치료법(trt)의 추정치가 유의한 경우 어떤 수준이 치료법(trt)의 효과를 유의하게 만들었는지 알고자 할 때 각 치료법(trt)의 수준을 두 개씩 짝지어 보정된 평균을 비교해보면 된다. 이것은 SAS 프로그램의 TDIFF 옵션으로 볼 수 있는데 그 결과는 행렬의 형태로 표현되어있다. 각 행과 열의 값은 치료법(trt)의 각 수준이고, 각 수준의 조합에 해당하는 값을 보면 2개의 수치들이 나오는데 각각 귀무가설 $H_0 : LSMean(i) = LSMean(j)$에 대한 t-값과 이에 대한 p-값이다. 예로 처리 1과 3을 보면 t-값이 -1.02934이고 이에 대한 p-값이 0.3208로 유의수준 5%하에서 두 수준의 최소제곱평균이 같다는 귀무가설을 기각하지 못하게 되어 치료법에서 수준 1과 3은 유의한 차이를 보인다고 볼 수 없다. 이 다중비교 결과표에서 치료법 5와 나머지 치료법들을 비교했을 때의 t-값과 p-값은 앞의 [표 5.7]에서 각 치료법에서의 값들과 동일하다.

5.2 공변량이 두 개인 경우

앞 절에서는 공변량이 하나만 있는 경우에 대해 공분산 분석을 하였다. 그러나 처리에 영향을 줄 수 있는 공변량들이 여러 개가 있을 수 있다. 공변량이 2개 이상인 경우에는 공변량이 하나인 경우의 모형을 그대로 확장해서 각 모수의 추정과 검정을 할 수 있다.

예제 5.2 아래 자료는 어떤 약물에 대한 체내배출 연구에서 얻은 자료이다. 연구자는 약의 형태에 따라 체내로부터 배출되는 약물량이 달라지는지를 알고자 한다. 그런데 배출되는 약물량은 약의 형태뿐만이 아니라 약물의 배출 소요시간과 각 개체들의 항신진대사 점수에도 영향을 받을 것으로 생각한다. 소요시간과 항신진대사 점수를 2개의 공변량으로 하여 이들을 제어한 약의 형태에 대한 효과를 공분산 분석을 통해 알아보자.

이를 분석하기 위한 통계적 모형은 다음 식

$$\begin{aligned} y_{ij} &= \mu + \alpha_i + \beta_1(x_{1ij} - \bar{x}_{1}..) + \beta_2(x_{2ij} - \bar{x}_{2}..) + \varepsilon_{ij} \\ &= \beta_0 + \alpha_i + \beta_1 x_{1ij} + \beta_2 x_{2ij} + \varepsilon_{ij} \\ &= \beta_{0i} + \beta_1 x_{1ij} + \beta_2 x_{2ij} + \varepsilon_{ij} \end{aligned}$$

으로 나타낼 수 있다. 여기서 $\beta_0 = \mu - \beta_1 \bar{x}_{1}.. - \beta_2 \bar{x}_{2}..$이고 $\beta_{0i} = \beta_0 + \alpha_i$이다.

위의 모형에서 y_{ij}는 $i\,(i = 1, \cdots, 6)$번째 약의 형태에서 $j\,(j = 1, \cdots, 6)$번째 개체의 배

출된 약물량을 나타내고 공변량 x_1과 x_2는 각각 항신진대사 점수와 소요시간을 나타낸다. 모수 μ는 반응변수의 전체 평균을 나타내고, α_i는 약의 형태의 효과를, β_1는 모든 처리에 공통으로 작용하는 첫 번째 공변량인 항신진대사 점수의 효과를 그리고 β_2는 두 번째 공변량인 소요시간의 효과를 나타낸다. $\bar{x}_1..$와 $\bar{x}_2..$는 각각 두 공변량의 전체 평균을 나타낸다. 오차항 ε_{ij}는 등분산을 갖는 정규분포를 따른다고 가정한다. 또한 두 개의 공변량은 모든 약의 형태에 대해서 같은 효과를 가져야 한다. 즉 회귀계수가 모든

[표 5.10] 약물 배출량 자료

관측번호	약의 형태(type)	항신진대사 점수(x_1)	소요 시간(x_2)	약물량(y)
1	1	37	61	11.3208
2	2	37	37	12.9151
3	3	45	53	18.8947
4	4	41	41	14.6739
5	5	57	41	8.6493
6	6	49	33	9.5238
7	1	49	49	7.6923
8	2	53	53	0.0017
9	3	53	45	8.0477
10	4	53	53	6.7358
11	5	61	37	6.1441
12	6	49	65	21.7939
13	1	53	45	4.2553
14	2	57	57	0.0017
15	3	49	49	11.0196
16	4	53	53	6.2762
17	5	53	45	13.2316
18	6	53	53	5.0676
19	1	57	57	5.6235
20	2	49	49	14.9893
21	3	53	53	13.7233
22	4	53	45	6.0669
23	5	53	53	8.1602
24	6	61	37	1.4423
25	1	45	45	6.9971
26	2	53	45	5.2308
27	3	57	57	8.256
28	4	49	49	14.5
29	5	53	53	20.7627
30	6	53	45	3.6115
31	1	53	53	11.3475
32	2	53	45	9.465
33	3	53	53	22.6103
34	4	61	37	0.002
35	5	49	65	20.5997
36	6	37	37	28.1828

약의 형태에 대해서 동일해야 하는데, 그러기 위해서는 두 개의 공변량과 약의 형태 간에 교호작용이 없어야 한다.

이러한 회귀계수의 동일성 가정이 만족될 때에 연구자는 공분산 분석을 통해 약의 형태효과를 제어한 항신진대사 점수와 소요시간의 효과가 있는지를 검정할 수 있는데, 이를 위한 귀무가설은

$$H_0 : \beta_1 = 0 \quad \text{또는} \quad H_0 : \beta_2 = 0$$

이다. 항신진대사의 효과와 소요시간의 효과를 제어한 후 배출된 약물량의 모평균이 약의 형태에 따라 차이가 있는가도 검정할 수 있는데, 이를 검정하기 위한 귀무가설은

$$H_0 : \alpha_1 = \alpha_2 = \cdots = \alpha_6$$

와 같이 세울 수 있다.

공변량이 두개인 공분산 분석을 하기 위한 SAS 프로그램은 [표 5.11]과 같다.

[표 5.11] 약물 배출량 자료의 공분산 분석 SAS 출력 결과

```
DATA elimination;
INPUT type x1 x2 y @@ ;
CARDS;
 1   37    61   11.3208
 2   37    37   12.9151
 3   45    53   18.8947
 4   41    41   14.6739
 5   57    41    8.6493
 6   49    33    9.5238
           .
           .
           .
 1   53    53   11.3475
 2   53    45    9.4650
 3   53    53   22.6103
 4   61    37    0.0020
 5   49    65   20.5997
 6   37    37   28.1828
 ;
RUN;
PROC GLM;
CLASS type;
MODEL y=type x1 x2 /SOLUTION;
LSMEANS type/STDERR;
RUN;
```

SAS 프로그램은 앞의 공변량이 하나인 경우와 동일하고 단지 달라진 것은 이 자료

에서는 공변량이 2개(항신진대사 점수(x_1), 소요시간(x_2))이기 때문에 MODEL 문에 공변량 2개를 우변에 입력해주면 된다. 약의 형태에 따라 두 공변량의 회귀계수가 동일한지를 검정하기 위해 모형에 처리와 두 공변량의 교호작용을 나타내는 항을 추가하여 교호작용의 유의성을 검정해야 한다. 교호작용을 검정하기 위해서 MODEL 문에 type*x1, type*x2를 넣어주면 된다. SAS 출력 결과는 아래 [표 5.12]와 같다.

[표 5.12] 약의 형태에 따른 회귀계수의 동등성 검정에 대한 SAS 출력결과

The GLM Procedure

Dependent Variable: Y

Source	DF	Sum of Squares	Mean Square	F Value	Pr > F
Model	17	1204.578049	70.857532	2.97	0.0136
Error	18	429.097741	23.838763		
Corrected Total	35	1633.675790			

Source	DF	Type III SS	Mean Square	F Value	Pr > F
TYPE	5	99.2244578	19.8448916	0.83	0.5434
X1	1	135.1152440	135.1152440	5.67	0.0285
X2	1	19.9537201	19.9537201	0.84	0.3723
X1*TYPE	5	172.6899491	34.5379898	1.45	0.2550
X2*TYPE	5	42.3296596	8.4659319	0.36	0.8722

먼저 X1*TYPE로 나타난 항신진대사 점수와 약의 형태의 교호작용의 결과를 보면, 교호작용에 대한 F-값은 1.45로 나타났고 p-값은 0.2550으로 유의수준 5% 하에서 유의하지 않다. 마찬가지로 X2*TYPE로 나타난 소요시간과 약의 형태에 대한 교호작용에 대한 F-값과 p-값이 각각 0.36과 0.8722로 역시 유의하지 않다. 따라서 두 공변량과 약의 형태 사이에 교호작용이 존재하지 않으므로 공분산 분석을 할 수 있다는 것을 알 수 있다. 이제 이러한 교호작용을 빼고 공분산 분석을 한 [표 5.13]의 결과를 보자.

[표 5.13] 약물 배출량 자료의 공분산 분석 SAS 출력 결과

The GLM Procedure

Dependent Variable: Y

Source	DF	Sum of Squares	Mean Square	F Value	Pr > F
Model	7	1001.534875	143.076411	6.34	0.0002
Error	28	632.140915	22.576461		
Corrected Total	35	1633.675790			

R-Square	Coeff Var	Root MSE	Y Mean
0.613056	46.50502	4.751469	10.21711

Source	DF	Type I SS	Mean Square	F Value	Pr > F
TYPE	5	250.3972723	50.0794545	2.22	0.0805
X1	1	696.7332860	696.7332860	30.86	<.0001
X2	1	54.4043164	54.4043164	2.41	0.1318

Source	DF	Type III SS	Mean Square	F Value	Pr > F
TYPE	5	422.2165894	84.4433179	3.74	0.0102
X1	1	691.2448912	691.2448912	30.62	<.0001
X2	1	54.4043164	54.4043164	2.41	0.1318

우선 모형의 적합도 결과를 보면 Model의 F-값이 6.34 그리고 그에 해당하는 p-값이 0.0002로 유의수준 5% 하에서 매우 유의하며, 따라서 우리가 세운 모형이 자료에 적합하다는 것을 알 수 있다. 다음으로 각 요인의 유의성 결과를 보면 제 1종 제곱합과 제 3종 제곱합에 따라 그 결과가 다른데, 두 개의 공변량을 보정하지 않았을 때 약의 형태(TYPE)의 효과에 대한 F-값과 p-값은 각각 2.22와 0.0805로, 유의수준 5% 하에서 유의하지 않다. 그러나 두 공변량을 보정한 약의 형태(TYPE)의 효과에 대한 F-값과 p-값은 각각 3.74와 0.0102로, 유의수준 5% 하에서 유의하게 나타난다. 공분산 분석의 목적에 따라 이 두 공변량을 제어한 후에 배출된 약물량의 모평균이 약의 형태에 따라 차이가 있는지에 대한 유의성 결과는 제 3종 제곱합의 결과를 따라야 한다. 즉 각 개체의 항신진대사 점수와 소요시간을 제어했을 때, 약의 형태에 따라 약물 배출량의 모평균이 유의하게 다르다고 판단된다. 다음으로 공변량들의 효과를 보면 항신진대사 점수(X1)의

효과는 제 1종 제곱합과 제 3종 제곱합에서 모두 p-값이 $<.0001$로 유의수준 5% 하에서 매우 유의하나, 소요시간(X2)에 대한 p-값은 두 제곱합에서 모두 0.1318로 유의하지 않다.

[표 5.14] 약물 배출량 자료의 각 모수 추정치 SAS 출력결과

Parameter		Estimate	Standard Error	t Value	Pr > |t|
Intercept		42.48130557 B	8.68108395	4.89	<.0001
TYPE	1	-5.84339403 B	2.83830488	-2.06	0.0489
TYPE	2	-4.94232186 B	2.75781810	-1.79	0.0839
TYPE	3	2.07108475 B	2.83956405	0.73	0.4718
TYPE	4	-2.76650487 B	2.75314779	-1.00	0.3236
TYPE	5	3.70498538 B	2.83099062	1.31	0.2013
TYPE	6	0.00000000 B	.	.	.
X1		-0.76073579	0.13748199	-5.53	<.0001
X2		0.16472695	0.10611479	1.55	0.1318

이제 각 모수들의 수준별 추정치에 대한 결과를 살펴보자. 약의 형태(TYPE)의 수준별 추정치는 마지막 약의 형태(TYPE 6)의 추정치를 0으로 놓았을 때의 값이다. 따라서 각 추정치 값들은 마지막 약의 형태(TYPE 6)의 추정치와의 차이를 나타낸다. 첫 번째 약의 형태(TYPE 1)의 추정치 −5.84는 마지막 약의 형태(TYPE 6)와의 차이를 나타내는데 p-값이 0.0489로 유의수준 5% 하에서 유의하다. 다른 약의 형태들은 마지막 약의 형태(TYPE 6)와 유의한 차이를 보이고 있지 않다. 항신진대사 점수(X1)는 p-값이 $<.0001$로 유의수준 5% 하에서 매우 유의하지만 약의 배출 소요시간(X2)는 p-값이 0.1318로 유의수준 5% 하에서 유의하지 않은 것으로 나타났다. 위의 출력 결과를 바탕으로 약의 형태별 공분산 모형식을 쓰면 다음과 같다.

$$\hat{y}_{1j} = \hat{\beta}_0 + \hat{\alpha}_1 + \hat{\beta}_1 x_{11j} + \hat{\beta}_2 x_{21j} = 42.48 - 5.84 - 0.76x_{11j} + 0.164x_{21j}$$
$$\hat{y}_{2j} = \hat{\beta}_0 + \hat{\alpha}_2 + \hat{\beta}_1 x_{12}j + \hat{\beta}_2 x_{22j} = 42.48 - 4.94 - 0.76x_{12j} + 0.164x_{22j}$$
$$\hat{y}_{3j} = \hat{\beta}_0 + \hat{\alpha}_3 + \hat{\beta}_1 x_{13j} + \hat{\beta}_2 x_{23j} = 42.48 + 2.07 - 0.76x_{13j} + 0.164x_{23j}$$
$$\hat{y}_{4j} = \hat{\beta}_0 + \hat{\alpha}_4 + \hat{\beta}_1 x_{14j} + \hat{\beta}_2 x_{24j} = 42.48 - 2.76 - 0.76x_{14j} + 0.164x_{24j}$$
$$\hat{y}_{5j} = \hat{\beta}_0 + \hat{\alpha}_5 + \hat{\beta}_1 x_{15j} + \hat{\beta}_2 x_{25j} = 42.48 + 3.70 - 0.76x_{15j} + 0.164x_{25j}$$
$$\hat{y}_{6j} = \hat{\beta}_0 + \hat{\alpha}_6 + \hat{\beta}_1 x_{16j} + \hat{\beta}_2 x_{26j} = 42.48 + 0 - 0.76x_{16j} + 0.164x_{26j}$$

각 회귀식의 추정 결과 모든 약의 형태에 대해서 항신진대사 점수(X1)와 약의 배출 소요시간(X2)의 회귀계수는 동일하다. 약의 배출 소요시간을 제어한 항신진대사 점수의 효과를 보면 항신진대사 점수가 1단위 높아짐에 따라서 약의 배출량은 0.76만큼 감소하고, 항신진대사 점수를 제어한 후 약의 배출 소요시간이 1단위 증가할수록 약의 배출량도 0.164만큼 증가하지만 그 효과는 유의하지 않다.

[표 5.15] LSMEAN(Adjusted mean) SAS 출력결과

```
                The GLM Procedure
              Least Squares Means

                                 LSMEAN
TYPE            Y LSMEAN         Number

1              5.6697422              1
2              6.5708144              2
3             13.5842210              3
4              8.7466313              4
5             15.2181216              5
6             11.5131362              6
```

위의 [표 5.15]은 각 약의 형태(TYPE)에 대한 LSMEAN 값이 출력되어있다. 보정된 평균은 항신진대사 점수와 소요시간의 효과를 제어했을 때 반응변수인 배출되는 약물량의 평균값이다. 앞에서 구한 각 약의 형태(TYPE)에서 회귀식의 공변량들 값에 각각의 전체 평균값을 넣어서 약의 형태(TYPE)별 보정된 평균을 다음과 같이 계산할 수 있다.

$$\overline{y_{ad1}} = \hat{\beta}_0 + \hat{\alpha}_1 + \hat{\beta}_1 \bar{x}_{1..} + \hat{\beta}_2 \bar{x}_{2..} = 42.48 - 5.84 - 0.76*51.22 + 0.164*48.56 = 5.66$$

$$\overline{y_{ad2}} = \hat{\beta}_0 + \hat{\alpha}_2 + \hat{\beta}_1 \bar{x}_{1..} + \hat{\beta}_2 \bar{x}_{2..} = 42.48 - 4.94 - 0.76*51.22 + 0.164*48.56 = 6.57$$

$$\overline{y_{ad3}} = \hat{\beta}_0 + \hat{\alpha}_3 + \hat{\beta}_1 \bar{x}_{1..} + \hat{\beta}_2 \bar{x}_{2..} = 42.48 + 2.07 - 0.76*51.22 + 0.164*48.56 = 13.58$$

$$\overline{y_{ad4}} = \hat{\beta}_0 + \hat{\alpha}_4 + \hat{\beta}_1 \bar{x}_{1..} + \hat{\beta}_2 \bar{x}_{2..} = 42.48 - 2.76 - 0.76*51.22 + 0.164*48.56 = 8.74$$

$$\overline{y_{ad5}} = \hat{\beta}_0 + \hat{\alpha}_5 + \hat{\beta}_1 \bar{x}_{1..} + \hat{\beta}_2 \bar{x}_{2..} = 42.48 + 3.70 - 0.76*51.22 + 0.164*48.56 = 15.21$$

$$\overline{y_{ad6}} = \hat{\beta}_0 + \hat{\alpha}_6 + \hat{\beta}_1 \bar{x}_{1..} + \hat{\beta}_2 \bar{x}_{2..} = 42.48 + 0 - 0.76*51.22 + 0.164*48.56 = 11.51$$

보정된 평균값을 보면, 첫 번째와 두 번째 약의 형태에서의 보정된 평균값이 다소 작고 5번째와 6번째 약의 형태에서의 보정된 평균값이 크다는 것을 알 수 있다.

앞에서 구한 각 약의 형태(TYPE)에 따라 보정된 평균들 사이에 유의한 차이가 있는지를 다중비교한 결과가 아래 [표 5.16]에 나타나있다. 결과를 보면 약의 형태 1의 보정된 평균이 약의 형태 3, 5 그리고 6의 보정된 평균과 유의하게 차이가 나는 것을 볼 수 있다. 앞의 [표 5.14]에서는 각 약의 형태와 마지막 약의 형태(TYPE 6)와의 비교만이 가능했지만 이처럼 다중비교를 하면 모든 형태들 간에 보정된 평균값의 차이에 대한 검정을 할 수 있다.

[표 5.16] 처리간 다중 비교 SAS 출력 결과

```
                  Least Squares Means for Effect TYPE
            t for H0: LSMean(i)=LSMean(j) / Pr > |t|

                     Dependent Variable: Y

i/j          1           2           3           4           5           6

  1                -0.32394    -2.85964    -1.08958    -3.34722    -2.05876
                     0.7484      0.0079      0.2852      0.0023      0.0489
  2   0.323944                 -2.52069    -0.79038    -3.08634    -1.79211
        0.7484                   0.0177      0.4360      0.0045      0.0839
  3   2.859637    2.520689                 1.727074     -0.5874    0.729367
        0.0079      0.0177                   0.0952      0.5616      0.4718
  4   1.089584    0.790376    -1.72707                 -2.3257    -1.00485
        0.2852      0.4360      0.0952                   0.0275      0.3236
  5   3.347224    3.086342    0.587403    2.325704                 1.308724
        0.0023      0.0045      0.5615      0.0275                   0.2013
  6   2.058762    1.792113    -0.72937    1.004852    -1.30872
        0.0489      0.0839      0.4718      0.3236      0.2013
```

5.3 공변량의 효과가 다른 경우

지금까지는 공분산 분석을 하기 위한 가정 중 처리마다 공변량의 효과가 동일하다는 가정이 만족되었다. 그러나 경우에 따라서는 공변량의 효과가 처리마다 동일하지 않은 경우가 있다. 이러한 경우에는 각 처리마다 서로 다른 회귀식을 이용하여 분석을 해야 한다. 이 절에서는 이처럼 공분산 분석의 가정을 만족하지 않는 경우의 자료에 대한 분석 방법을 설명한다.

처리마다 공변량의 효과 β가 다를 때 앞의 공분산 분석 모형은 다음과 같은 식

$$y_{ij} = \beta_0 + \alpha_i + \beta_{1i}x_{ij} + \varepsilon_{ij}$$

으로 나타난다. 여기서 다음과 같은 귀무가설

$$H_0:\ \beta_{1i} = \beta_{1i'} \quad (i \neq i')$$

이 기각되면 공분산 분석을 할 수 없다. 위의 식에서 $\beta_{1i} = \beta_1 + \delta_i$로 다시 표현하면 동일한 식을 다음과 같이 쓸 수 있다.

$$y_{ij} = \beta_0 + \alpha_i + \beta_1 x_{ij} + \delta_i x_{ij} + \varepsilon_{ij} \qquad (i = 1\ ,\ \cdots,\ I)$$

따라서 처리마다 공변량의 효과가 동일한지에 대한 귀무가설은

$$H_0 : \delta_i = 0 \qquad (i = 1, \cdots, I)$$

와 같게 된다. 이는 공변량과 처리간에 교호작용이 존재하지 않는다는 의미이다.

예제 5.3 아래 자료는 흡연자를 대상으로 산소운반 능력을 개선하는 3개의 서로 다른 치료법을 적용하여 산소운반 능력을 조사한 것이다. 연구자의 관심은 각 치료법에 따라 산소운반 능력이 다른가를 보는 것이다. 그런데 산소운반 능력에 영향을 끼치는 중요한 변수로 1인당 담배 소비량이 고려되어 이를 공변량으로 하는 공분산 분석을 하려고 한다.

[표 5.17] 산소운반 능력 자료

관측번호	치료법 (trt)	1인당 담배 소비량 (x)	산소운반 능력 (y)
1	1	40	165
2	1	54	85
3	1	85	9
4	1	95	43
5	1	81	94
6	1	26	226
7	1	90	7
8	1	95	9
9	1	83	12
10	1	83	145
11	2	85	11
12	2	83	6
13	2	65	51
14	2	98	18
15	2	47	189
16	2	74	90
17	2	75	10
18	2	97	12
19	2	79	35
20	2	91	27
21	3	65	89
22	3	25	64
23	3	34	87
24	3	20	45
25	3	30	56
26	3	29	87
27	3	100	59
28	3	85	39
29	3	24	87
30	3	26	67

먼저 1인당 담배 소비량과 치료법간의 교호작용이 있는지를 검정해보아야 한다. SAS 프로그램을 이용하여 교호작용을 검정하기 위해서는 PROC GLM에서 MODEL 문에 두 변수의 교호작용을 나타내는 trt*x를 추가하면 된다는 것을 앞장에서 설명하였다. 위의 산소운반 능력 자료에서 처리 간 공변량 효과의 동등성 검정을 위한 SAS 프로그램은 아래 [표 5.18]과 같다.

[표 5.18] 산소운반 능력 자료의 처리 간 공변량 효과의 동등성 검정결과

```
DATA oxygen;
INPUT trt x y @@;
CARDS;
1 40 165 1 54 85
1 85 9 1 95 43
1 81 94 1 26 226
1 90 7 1 95 9
1 83 12 1 83 145
2 85 11 2 83 6
2 65 51 2 98 18
2 47 189 2 74 90
2 75 10 2 97 12
2 79 35 2 91 27
3 65 89 3 25 64
3 34 87 3 20 45
3 30 56 3 29 87
3 100 59 3 85 39
3 24 87  3 26 67
;
RUN;
PROC GLM data=oxygen;
CLASS trt;
MODEL y=trt x trt*x/SOLUTION ;
RUN;
```

다음 [표 5.19]의 출력결과를 보면 1인당 담배 소비량(x)과 치료법(trt)의 교호작용에 대한 F-값과 *p*-값이 각각 10.35 와 0.0006으로 유의수준 5%하에서 매우 유의하다. 따라서 치료법마다 1인당 담배소비량이 유의하게 다르다는 것을 알 수 있다. 이렇게 두 변수 간에 교호작용이 존재할 때에는 각 치료법마다 서로 다른 담배 소비량의 효과를 추정해야 한다. 즉 추정해야 하는 모수는 $\beta_{1i} = \beta_1 + \delta_i (i = 1, 2, 3)$가 된다. 각 모수들의 출력결과가 아래 [표 5.20]에 나타나있다.

[표 5.19] 처리 간 공변량 효과의 동등성 검정에 대한 SAS 출력결과

The GLM Procedure

Dependent Variable: y

Source	DF	Sum of Squares	Mean Square	F Value	Pr > F
Model	5	63529.20505	12705.84101	10.46	<.0001
Error	24	29146.26161	1214.42757		
Corrected Total	29	92675.46667			

R-Square	Coeff Var	Root MSE	y Mean
0.685502	54.33779	34.84864	64.13333

Source	DF	Type I SS	Mean Square	F Value	Pr > F
trt	2	6210.06667	3105.03333	2.56	0.0985
x	1	32182.57873	32182.57873	26.50	<.0001
x*trt	2	25136.55966	12568.27983	10.35	0.0006

Source	DF	Type III SS	Mean Square	F Value	Pr > F
trt	2	34647.77546	17323.88773	14.27	<.0001
x	1	43339.41912	43339.41912	35.69	<.0001
x*trt	2	25136.55966	12568.27983	10.35	0.0006

[표 5.20] 산소 운반 능력 자료의 각 모수 추정치 SAS 출력결과

Parameter		Estimate	Standard Error	t Value	Pr > |t|
Intercept		75.6124254 B	20.84719688	3.63	0.0013
trt	1	198.4239034 B	42.17082013	4.71	<.0001
trt	2	208.9120560 B	64.28870812	3.25	0.0034
trt	3	0.0000000 B	.	.	.
x		-0.1737997 B	0.40402758	-0.43	0.6709
x*trt	1	-2.4838005 B	0.62558755	-3.97	0.0006
x*trt	2	-2.8441409 B	0.85476415	-3.33	0.0028
x*trt	3	0.0000000 B	.	.	.

치료법(trt)과 담배 소비량(x)의 교호작용을 고려하여 추정된 모수들의 결과를 바탕으로 각 치료법별로 추정된 모형식을 쓰면 다음과 같다.

$$\widehat{y_{1j}} = \widehat{\beta_0} + \widehat{\alpha_1} + \widehat{\beta_1}x_{1j} + \widehat{\delta_1}x_{1j} = 75.61 + 198.42 - 0.17x_{1j} - 2.48x_{1j} = 274.03 - 2.65x_{1j}$$

$$\widehat{y_{2j}} = \widehat{\beta_0} + \widehat{\alpha_2} + \widehat{\beta_1}x_{2j} + \widehat{\delta_2}x_{2j} = 75.61 + 208.91 - 0.17x_{2j} - 2.84x_{2j} = 284.52 - 3.01x_{2j}$$

$$\widehat{y_{3j}} = \widehat{\beta_0} + \widehat{\alpha_3} + \widehat{\beta_1}x_{3j} + \widehat{\delta_3}x_{3j} = 75.61 + 0 - 0.17x_{3j} + 0x_{3j} = 75.61 - 0.17x_{3j}$$

위의 추정된 회귀식을 보면 각 치료법마다 공변량인 담배 소비량의 회귀계수가 각각 −2.65, −3.01, −0.17로 다르다는 것을 알 스 있다. 치료법 1과 치료법 3에서 담배 소비량의 회귀계수의 차이에 대한 유의성을 보면 *t*-값이 −3.97이고 이에 해당하는 *p*-값은 0.0006으로 유의수준 5%하에서 매우 유의하고, 치료법 2와 치료법 3에서 담배 소비량의 회귀계수의 차이 또한 *p*-값이 0.0028로 유의하다.

치료법간 담배 소비량의 회귀계수는 MODEL문 뒤에 다음과 같은 ESTIMATE 문을 사용하면 직접 구할 수 있다.

```
ESTIMATE 'x:trt 1' x 1 x*trt 1 0 0;
ESTIMATE 'x:trt 2' x 1 x*trt 0 1 0;
ESTIMATE 'x:trt 3' x 1 x*trt 0 0 1;
```

ESTIMATE 문을 사용한 출력 결과는 아래 [표 5.21]과 같다.

[표 5.21] 치료법과 담배 소비량의 교호작용에 대한 SAS 출력결과

The GLM Procedure

Dependent Variable: y

Parameter	Estimate	Standard Error	t Value	Pr > |t|
x:trt 1	-2.65760012	0.47762066	-5.56	<.0001
x:trt 2	-3.01794057	0.75324861	-4.01	0.0005
x:trt 3	-0.17379967	0.40402758	-0.43	0.6709

출력 결과를 보면 치료법 3에서 1인당 담배 소비량의 회귀계수는 −0.173인데 이 회귀계수에 대한 *t*-값은 −0.43이고 *p*-값은 0.6709로 회귀계수가 0이라는 귀무가설을 기각하지 못하게 된다. 반면에 첫 번째 치료법과 두 번째 치료법에서의 1인당 담배 소비량의 회귀계수들은 *p*-값들이 모두 유의수준 5%하에서 매우 유의하다는 것을 알 수 있다. 또한 회귀계수들의 부호가 모두 음수이므로 각 치료법 안에서 1인당 담배 소비량이 증가할수록 산소운반 능력이 감소한다는 것을 알 수 있다.

연습문제

1. 한 심리 연구자는 2가지 최면 유도법(A, B)의 효과를 비교하고자 20명의 지원자를 랜덤하게 2개의 그룹으로 나누어 각각 서로 다른 최면 유도법을 시행하여 최면의 효과 지수(Y)를 측정하였다. 최면 유도법을 시행하기 전 각 지원자들이 암시적인 언사나 행위를 무비판적으로 받아들이는 '피암시성(primary suggestibility)'의 정도(X)가 최면의 효과 지수와 연관성이 있을 것으로 사료되어 이를 측정하였다. 아래 자료를 바탕으로 공분산 분석을 시행하고 결과를 해석하여라.

최면 유도법 A		최면유도법 B	
X	Y	X	Y
5	20	7	19
10	23	12	26
12	30	27	33
9	25	24	35
23	34	18	30
21	40	22	31
14	27	26	34
18	38	21	28
6	24	14	23
13	31	9	22

2. 9명의 학생을 랜덤하게 세 그룹으로 나누어 각 그룹마다 동일한 시험을 치르게 하고 시험성적을 X라 하였다. 세 가지 서로 다른 교육 방법으로 동일한 내용을 가르친 후 다시 시험을 치르게 하고 그 시험성적을 Y라고 했을 때의 자료가 다음과 같다.

교육 방법 1		교육 방법 2		교육 방법 3	
X	Y	X	Y	X	Y
29	39	17	35	1	38
4	34	35	38	15	43
18	36	3	32	32	44

(1) 교육 방법과 시험성적 X 사이에 교호작용이 있는지 검정하여라.

(2) 교호작용이 없다고 가정하고 교육 방법을 하기 전의 시험성적 X를 공변량으로 보정한 후에, 교육 방법 간에 시험성적 Y의 차이가 있는지를 공분산 모형으로 분석하여라.

3. 다음은 나병치료에 대한 연구 자료이다. 서로 발견된 2가지 약과 기존의 약을 비교하고자 각 치료약에 10명의 나병환자를 랜덤하게 배정하였다. 각 환자는 치료약을 투입하기 전에 먼저 몸 안에 있는 나병균의 실제 수를 측정하고, 치료 후에 다시 나병균수를 측정하였다. 이 때 X는 실험하기 전의 나병균의 수, Y는 실험 후의 나병균의 수라고 하고 각각의 치료약을 A, B, C 라고 하자.

A		B		C	
X	Y	X	Y	X	Y
11	6	6	0	16	13
8	0	6	2	13	10
5	2	7	3	11	18
14	8	8	1	9	5
19	11	18	18	21	23
6	4	8	4	16	12
10	13	19	14	12	5
6	1	8	9	12	16
11	8	5	1	7	1
3	0	15	9	12	20

(1) 나병 치료약 간에 효능의 차이가 있는지를 실험하기 전의 나병균수를 제어하고 검정하여라.

(2) 각 치료법의 보정된 평균을 구하여라.

4. 15개의 병원을 랜덤하게 3개의 그룹으로 나누어 어떤 약에 대해 각각 서로 다른 판촉이 이루어졌다. 약의 가격과 광고는 모든 병원에 대해 동일하다고 가정한다. 아래의 표는 판촉기간 동안 약의 판매량을 Y라 하고 작년의 판매량을 X라 했을 때의 자료이다.

관찰개체	자료					
	판촉 1		판촉 2		판촉 3	
	X	Y	X	Y	X	Y
1	38	21	43	34	24	23
2	39	26	38	26	32	29
3	36	22	38	29	31	30
4	45	28	27	18	21	16
5	33	19	34	25	28	29

(1) 공분산 분석을 SAS를 이용해 실행하고 그 결과를 분석하여라.

(2) 각 판촉 방법별로 회귀식을 나타내어라.

5. 한 연구자는 온도에 따라 박하의 성장속도가 차이가 나는지에 주된 관심이 있다. 그런데 박하의 성장속도는 물의 양과 비료의 양에 따라 영향을 받을 것으로 판단된다.

10℃			15℃			20℃		
물의 양	비료의 양	성장속도	물의 양	비료의 양	성장속도	물의 양	비료의 양	성장속도
23.5	15.0	5.0	28.5	16.0	7.0	25.6	12.0	6.6
24.0	15.5	4.5	26.0	15.5	9.0	23.1	11.6	9.2
23.0	14.0	5.0	28.5	17.0	8.5	20.8	18.2	5.6
24.5	13.5	4.5	26.5	16.0	8.5	19.2	11.9	4.2
22.5	13.5	5.5	27.0	18.5	6.0	21.3	20.2	4.6
24.5	13.5	3.0	28.0	14.5	8.0	26.6	13.1	4.5
25.5	13.0	5.0	26.5	17.5	7.0	25.5	16.2	4.5
25.0	14.0	5.0	29.0	13.5	7.0	18.9	11.9	6.1
23.0	14.5	5.5	27.0	16.5	7.0	29.3	10.5	6.3
23.0	14.0	4.5	27.0	16.5	11.0	30.2	11.3	8.1
22.5	14.0	6.5	27.0	17.5	9.0	18.9	10.9	4.9
23.0	15.0	5.5	27.0	18.5	8.0	25.3	12.2	6.2

(1) 물의 양과 비료의 양을 공변량으로 하는 공분산 분석을 하여라.

(2) 온도의 두 수준에 따라서 성장속도가 차이가 있는지를 다중비교를 통해 살펴보아라.

6. 연구자는 식물의 종류(PLANT) 따라 사용가능한 천의 무게(lint)를 알고자 한다. 그런데 사용가능한 천의 무게에 영향을 끼칠 수 있는 요인으로 솜의 무게(bollwt)를 고려하고 있다.

(1) 다음의 자료를 갖고 SAS를 이용하여 공분산 분석을 실시하여라.

(2) 식물의 종류에 따라 사용가능한 천의 무게의 보정평균의 차이가 있는지를 다중비교를 통해 살펴보아라.

(3) 식물의 종류와 솜의 무게 사이에 교호작용이 있을 경우에 적절한 분석방법을 제시하여라.

[표 5.3] 당뇨병 환자들의 혈당량 자료

관찰개체(obs)	식물의 종류(plant)	솜의 무게(bollwt)	사용 가능한 천무게(lint)
1	A	3	12.9
2	A	2.8	12.5
3	A	3.6	12.7
4	A	6.7	13.1
5	A	7.4	12.1
6	A	4.9	12.7
7	A	5.7	12.5
8	A	3	11.3
9	A	4.7	12.5
10	A	4.2	11.3
11	A	5.3	13.1
12	A	7	13.1
13	B	8	2.3
14	B	7.2	2.2
15	B	7.6	2.5
16	B	9	3
17	B	2.3	0.6
18	B	8.7	3
19	B	8	2.6
20	B	7.2	2.5
21	B	4.6	1.7
22	B	6.8	1.7
23	B	3.5	1.3
24	B	2.4	1
25	C	8.4	1
26	C	8	0.5
27	C	7.4	0.9
28	C	8.9	1.9
29	C	5.6	2.1
30	C	8	1
31	C	7.6	1
32	C	5.4	0.7
33	C	6.9	1.5
34	C	4.5	1.2
35	C	9.1	1.2
36	C	9	1.7

7. 아래 자료는 수업 방법에 따라 수업 성취도에 차이가 나는지를 조사한 자료이다. 수업 성취도에 영향을 끼칠 수 있는 공변량으로 지능과 동기를 고려하여 이들을 포함한 공분산 분석을 하고자 한다.

전통적 수업 방법			수준별 수업 방법			혼합형 수업 방법		
지능	동기	성취	지능	동기	성취	지능	동기	성취
99	12	58	95	12	58	94	12	59
95	11	55	97	12	55	95	12	56
99	13	59	100	13	60	99	13	62
99	13	55	100	13	55	99	11	57
102	12	60	102	13	60	99	14	61
101	12	57	105	12	58	102	12	60
102	12	57	102	13	57	99	13	58
103	13	61	102	14	62	101	13	63
102	13	58	105	12	58	104	13	60
103	14	59	105	13	61	101	14	63
102	14	62	106	14	63	104	15	65
104	13	59	109	13	59	107	13	61
106	15	60	107	14	61	107	13	62
106	13	62	108	14	64	106	14	64
107	13	60	111	14	61	109	14	61
108	12	62	108	13	63	107	14	65
109	13	64	111	13	65	109	14	63
111	13	63	113	14	64	111	14	66
110	13	59	114	13	62	111	14	62
113	13	63	114	14	60	112	13	64

(1) 수업 방법과 두 개의 공변량(지능, 동기) 사이에 교호작용이 있는지 검정하여라.

(2) (1)의 교호작용 검정결과를 바탕으로, 교호작용이 없는 경우 공분산 분석으로, 교호작용이 있는 경우에는 회귀식으로 적합시키고 변수들의 유의성을 유의수준 5% 하에서 검정하여라.

(3) 각 수업 방법별로 모형식을 제시하여라.

제 6 장 반복측정 자료분석

반복측정 (repeated measurements) 이란 말 그대로 동일한 실험 단위에 대해 여러 번의 측정을 하는 경우를 말한다. 반복측정은 주로 임상시험에서 동일한 환자가 병원을 여러 차례 반복적으로 방문하여 매 방문 때마다 반응치를 측정하는 경우에 일어난다. 이렇게 얻어진 자료에서의 주요 목적은 실험군에서의 평균반응 프로파일이 대조군에서와 동일한지 여부에 있을 것이다. 이러한 비교는 **반복측정 분산분석 (repeated measures ANOVA)** 에 의해 구해질 수 있다. 이 장에서는 반복측정이 되는 요인이 각각 하나일 때와 둘 이상인 경우에서의 반복측정 분산분석법에 대해 설명하겠다.

6.1 반복요인이 하나인 경우

임상시험에서 동일한 환자가 병원을 여러 차례 반복적으로 방문할 때 마다 반응치를 측정하는 경우에는 반복측정이 되는 요인이 '시간' 이 되지만, 약의 농도를 증가시켜 가면서 한 개체에 대해 반응값을 여러 번 측정하는 경우에는 약의 농도인 '처리' 가 하나의 반복요인이 된다. 이처럼 자료에 따라 시간, 처리, 공간 등이 반복측정이 되는 요인 (또는 반복요인) 이 될 수 있다. 이 절에서는 먼저 반복요인이 하나인 경우에 대해서 알아보기로 하자. 다음의 예를 보자.

예제 6-1 고혈압 환자 66명을 대상으로 32명에게는 기존의 혈압 강하제 (C) 를 투여하고 나머지 34명에게는 새로운 혈압 강하제 (E) 를 투여하여, 각각 3회에 걸쳐 혈압을 측정하였다. 즉, 첫 방문시 약을 투여 받기 전의 혈압과 4주 후, 8주 후의 혈압을 측정하였다. 이 결과를 정리한 것이 [표 6.1]이다. 이 반복측정 자료 분석에 대한 목표는 다음과 같이 3가지로 요약할 수 있다.

첫째, 기존약과 새로운 혈압 강하제 간의 유의한 차이가 있는가?
둘째, 방문 시간에 따라 혈압에 차이가 있는가?
셋째, 약과 방문 시간 간에 교호작용이 있는가?

[표 6.1] 고혈압 자료

		시간					시간		
처리	개체	0주	4주	8주	처리	개체	0주	4주	8주
	1	95	88	88		1	100	85	90
	2	100	95	90		2	105	90	90
	3	98	90	91		3	98	100	100
	4	114	98	98		4	105	92	105
	5	110	81	86		5	108	93	89
	6	100	98	98		6	98	80	80
	7	100	92	86		7	107	100	100
	8	100	79	82		8	111	90	88
	9	107	81	85		9	100	88	88
	10	101	85	85		10	97	81	93
	11	100	79	80		11	101	80	83
	12	110	90	88		12	106	83	87
	13	97	87	87		13	109	81	89
	14	103	81	89		14	100	86	86
	15	98	96	97		15	100	93	87
	16	104	85	93		16	97	71	77
C	17	111	107	98	E	17	98	104	101
	18	114	90	98		18	106	104	104
	19	98	97	90		19	97	85	91
	20	105	81	81		20	99	103	90
	21	100	80	80		21	107	120	120
	22	102	96	98		22	108	97	97
	23	100	91	97		23	103	90	100
	24	99	83	74		24	100	108	110
	25	106	90	99		25	99	98	91
	26	112	91	93		26	100	93	96
	27	98	81	80		27	100	90	90
	28	98	89	93		28	101	84	101
	29	102	81	80		29	100	97	90
	30	103	87	90		30	100	90	94
	31	110	99	101		31	96	91	93
	32	110	95	100		32	100	80	80
						33	109	91	97
						34	101	100	109

처리의 수가 I개이고, 각 처리에 할당된 개체수가 각각 $n_1, \cdots, n_I$라고 하고 i번째 처리에서 매 k 시점마다 측정한 j번째 개체의 반응측정치를 y_{ijk}라고 하자. 첨자 i는 처리를 나타내고 첨자 j는 개체를, 그리고 첨자 k는 시간을 나타낸다. 자료의 형태는 [표 6.2]와 같다. 이 자료에 대한 통계적 모형은 다음과 같다.

$$y_{ijk} = \mu + \alpha_i + \beta_{ij} + \gamma_k + \delta_{ik} + \varepsilon_{ijk}$$
$$(i = 1, \cdots, I;\ j = 1, \cdots, n_i;\ k = 1, \cdots, K)$$

여기서 μ는 반응측정치 y_{ijk}의 전체평균을 나타내는 모수이고, α_i는 i번째 처리의 효과(treatment effect), β_{ij}는 i번째 처리 내에서의 개체 j의 효과(subject effect), γ_k는 시간 k의 효과, δ_{ik}는 처리 i와 k번째 시간의 교호작용효과(interaction effect)이며 오차항 $\boldsymbol{\varepsilon}_{ij} = (\varepsilon_{ij1}, \cdots, \varepsilon_{ijK})'$는 평균이 $\mathbf{0}$인 독립적인 정규분포를 따른다고 가정한다.

[표 6.2] 반복요인이 하나인 반복측정 자료의 형태

처리	개체	시간			
		1	2	⋯	K
1	1 ⋮ n_1	y_{111} ⋮ y_{1n_11}	y_{112} ⋮ y_{1n_12}	⋯ ⋮ ⋯	y_{11K} ⋮ y_{1n_1K}
2	1 ⋮ n_2	y_{211} ⋮ y_{2n_21}	y_{212} ⋮ y_{2n_22}	⋯ ⋮ ⋯	y_{21K} ⋮ y_{2n_2K}
⋮	⋮	⋮	⋮	⋮	⋮
I	1 ⋮ n_I	y_{I11} ⋮ y_{In_I1}	y_{I12} ⋮ y_{In_I2}	⋯ ⋮ ⋯	y_{I1K} ⋮ y_{In_IK}

여기에 추가하여 오차항의 공분산 행렬에 대한 **복합대칭성(compound symmetry)** 또는 **구형성(sphericity)**의 가정이 필요하다. 엄밀히 말하면 복합대칭성은 구형성의 특수한 경우인데, 이 장에서는 이 둘을 같은 것으로 보고 설명할 것이다. 반복측정 자료에서 개체들은 일정한 시점마다 측정되기 때문에 각 반복측정치들 간에는 어느 정도 상관관계가 존재한다. 복합대칭성이란 이러한 상관관계가 모두 동일하다는 것으로, K개의 시점에 대한 오차항이 복합대칭성을 만족할 때 공분산 행렬의 형태는 아래 식

$$\mathrm{COV}(\varepsilon)_{K\times K} = \sigma^2 \begin{bmatrix} 1 & \rho & \cdots & \rho \\ \rho & 1 & \cdots & \rho \\ \vdots & & & \vdots \\ \rho & \cdots & \rho & 1 \end{bmatrix}$$

과 같이 나타낼 수 있다. 즉, 모든 시간($k = 1, \cdots, K$)에서의 분산은 σ^2로 같고 공분산도 모든 시간에 대해 $\sigma^2\rho$로 같다는 것이다. 이러한 복합대칭성은 반복측정 자료를 일변량으로 분석하기 위한 조건이 된다. 실제 자료에서 이러한 오차항의 복합대칭성 또는 구형성을 만족하기는 그리 쉽지 않다. 특히 시간의 간격이 일정하지 않은 경우 이러한 가정이 깨지는 예가 많은데 구형성 가정이 깨졌을 때에는 일변량 분석을 그대로 적용하는 것은 잘못된 결과를 유도할 수 있다. 이를 피할 수 있는 방법으로 다변량 접근방법을 사용할 수 있다. 다변량 방법은 반복된 측정치들을 다변량 반응벡터로 취급하며, 일변량 분석보다 구형성 가정에 대해 로버스트(robust) 하다.

오차항의 구형성은 처리들을 대비(contrast) 또는 직교다항(orthogonal polynomials)을 만족하도록 변환시킨 후 대비행렬 또는 직교다항행렬의 오차항에 대한 검정을 통해서 체크할 수 있다. SAS 출력 결과에서는 처리 간의 대비를 어떻게 두느냐에 따라 오차항의 구형성 결과 값이 조금 달라진다. 가령 대비를 연속적인 두 시점간의 차이로 두느냐 또는 마지막 시점과 다른 시점간의 차이로 두느냐에 따라서 오차항의 구형성 검정통계량 값이 약간 달라지지만, 그렇다고 구형성 검정 결과 자체가 달라지지는 않는다. 처리의 대비행렬과 직교다항행렬에 대한 보다 자세한 설명은 박용규, 송혜향(1997)을 참조하기 바란다. 실제 자료에서는 이러한 오차항의 구형성을 만족하는 경우가 그리 많지 않기 때문에 반복측정 자료를 분석할 때에는 다변량 분석방법을 통해 구형성 조건을 확인하고 만약 구형성 조건이 만족되지 않을 경우에는 다변량 분석의 결과를 쓰는 것이 좋다. 그러나 만약 구형성 조건이 만족되는 경우에는 일변량 분석 결과를 쓰는 것이 검정력을 더 높일 수 있다. 구형성 조건이 만족되는 경우에 다변량 방법을 썼을 때는 그 결과가 지나치게 보수적이 된다고 알려져 있다.

처리의 수가 하나가 아닌 여러 개가 존재하면 처리의 효과와 함께 시간과 처리의 교호작용 효과에 대한 검정이 연구 가설에 추가된다. 이 실험에서는 다음과 같이 3개의 연구가설을 세워 검정할 수 있다.

- H_{01} : $\alpha_1 = \alpha_2 = \cdots = \alpha_I = 0$ (처리 간의 반응측정치의 차이가 없다)
- H_{02} : $\gamma_1 = \gamma_2 = \cdots = \gamma_K = 0$ (시간 간의 반응측정치의 차이가 없다)
- H_{03} : $\delta_{11} = \delta_{12} = \cdots = \delta_{IK} = 0$ (처리와 시간 간의 교호작용이 존재하지 않는다)

이 3가지 가설을 검정하기 위해 전체 제곱합(SST)을 다음과 같이 분할하여 보자.

$$SST = SSI + SSJ + SSK + SS_{I \times K} + SSE$$

구형성을 만족하는 경우 일변량 분석에 대한 분산분석표는 아래 [표 6.3]와 같다(표에서 $N = \sum_{i=1}^{I} n_i$이다).

[표 6.3] 구형성을 만족하는 자료의 분산분석표

요인	자유도	제곱합	평균제곱합	F
처리	$I-1$	$SSI = K\sum_{i=1}^{I} n_i(\bar{y}_{i..} - \bar{y}_{...})^2$	$SSI/(I-1)$	F_1
개체(처리)	$N-I$	$SSJ = K\sum_{i=1}^{I}\sum_{j=1}^{n_i}(\bar{y}_{ij.} - \bar{y}_{i..})^2$	$SSJ/(N-I)$	
시간	$K-1$	$SSK = N\sum_{k=1}^{K}(\bar{y}_{..k} - \bar{y}_{...})^2$	$SSK/(K-1)$	F_2
처리×시간	$(I-1)(K-1)$	$SS_{I\times K} = \sum_{k=1}^{K}\sum_{i=1}^{I} n_i(\bar{y}_{i.k} - \bar{y}_{i..} - \bar{y}_{..k} + \bar{y}_{...})^2$	$SS_{I\times K}/(I-1)(K-1)$	F_3
오차	$(N-I)(K-1)$	$SSE = \sum_{k=1}^{K}\sum_{i=1}^{I}\sum_{j=1}^{n_i}(y_{ijk} - \bar{y}_{ij.} - \bar{y}_{i.k} + \bar{y}_{i..})^2$	$SSE/(N-I)(K-1)$	
계	$NK-1$	$SST = \sum_{k=1}^{K}\sum_{i=1}^{I}\sum_{j=1}^{n_i}(y_{ijk} - \bar{y}_{...})^2$		

여기서 주의할 것은 처리에 대한 F-값은 처리에 대한 평균제곱합(MSI)을 처리 내 개체의 평균제곱합으로 나눈다는 것이다. 따라서 처리내 개체의 효과는 하나의 오차제곱합으로 볼 수 있다. 각 가설들을 검정하기 위한 F 값은 다음의 F_1, F_2, F_3과 같다. 처리 간 차이가 없다는 귀무가설 H_{01}을 검정하기 위한 F 검정은

$$F_1 = \frac{SSI/(I-1)}{SSJ/(N-I)} \sim F(I-1, N-I)$$

임을 이용하고, 시간의 효과가 없다는 귀무가설 H_{02}을 검정하기 위한 F 검정은

$$F_2 = \frac{SSK/(K-1)}{SSE/(N-I)(K-1)} \sim F(K-1, (N-I)(K-1))$$

임을 이용한다. 처리와 시간의 교호작용이 없다는 H_{03}을 검정하기 위한 F 검정은

$$F_3 = \frac{SS_{I\times K}/(I-1)(K-1)}{SSE/(N-I)(K-1)} \sim F((I-1)(K-1), (N-I)(K-1))$$

에서 구해진다. 각각의 F 값이 해당하는 자유도를 갖는 F 분포에서의 기각치보다 크게 되면 귀무가설을 주어진 유의수준 하에서 기각한다.

이제 [예제 6.1]에 있는 고혈압 자료에 대해 먼저 시간에 따라 평균 혈압이 어떤 모습을 보이는지 그래프를 살펴보자.

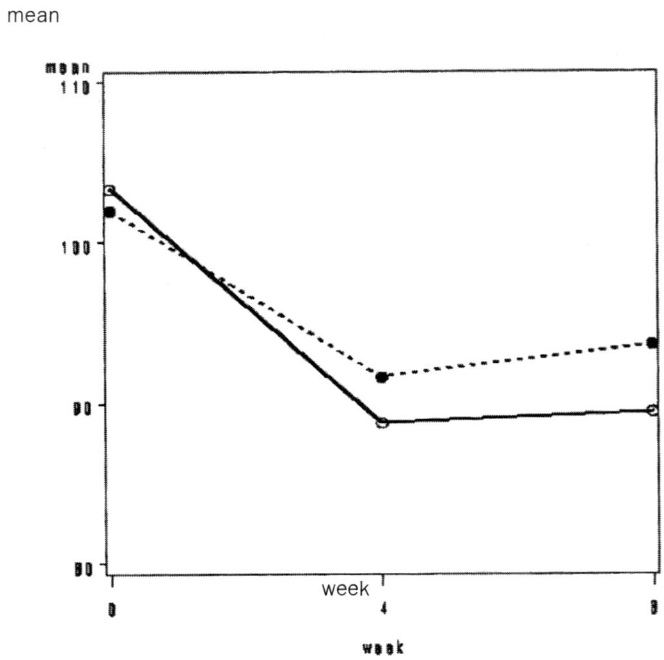

[그림 6.1] 고혈압 자료의 시간에 따른 혈압변화 그래프

위의 [그림 6.1]에서 점선으로 표시된 것이 새로운 약(E)을 투여 받은 집단의 평균 혈압이고 실선으로 표시된 것이 기존약(C)을 투여 받은 집단의 평균 혈압이다. 두 약 간의 효과의 차이가 시점에 따라 달라진다는 것을 알 수 있다. 따라서 이 그림으로부터 방문 시간(week)과 혈압약(trt) 간에는 교호작용이 존재한다는 것을 알 수 있다. 이러한 교호작용이 과연 유의한지 분석해보자.

이를 위한 SAS 프로그램은 [표 6.4]와 같다. 자료의 입력 형태는 한 개체에 대한 자료를 한 행에 입력한다. 앞의 예제에서 첫 번째 방문했을 때의 혈압을 week0, 4주 후의 혈압을 week4, 8주 후의 혈압을 week8로 표기했고 혈압 약의 종류인 처리는 trt로 표기하였다. 반복측정 자료는 처리마다 개체수가 같으면 PROC ANOVA를 사용해도 되지만 그렇지 않은 경우에는 PROC GLM을 사용해야한다. CLASS문을 사용하여 처리에 해당하는 변수 trt를 입력하고, MODEL 문에서는 반복 요인의 모형을 입력하게 되는데, 등식의 좌변에는 시간(week0, week4, week8)을 입력하고 등식의 우변에는 처리 효과를 나타내는 trt를 입력한다. MODEL 문에서의 옵션 중 하나인 NOUNI는 No Univariate를 의미하는 것으로 이 부분을 첨가하면 각 시간에 대해 처리마다 반응치가 다른지를 검정해주는 분산분석표가 출력되지 않는다. 또한 MODEL문의 옵션에 있는 SS3은 분산분석 결과 출력되는 제곱합 중 제 3종 제곱합(Type III SS)을 출력하라는 뜻이다.

REPEATED 문에서는 시간의 수준 수 '3'과 그의 개별적인 값 '0, 4, 8'을 괄호 안에 입력한다. 방문 8주 후(week8)를 기준으로 첫 번째 방문했을 때의 혈압(week0), 방문 4주 후의 혈압(week4)과의 차이가 있는지를 검정하기 위해 CONTRAST(3)을 입력하였다. 만약 방문 시 혈압과 나머지 시점에서의 혈압을 비교하고자 할 때에는 CONTRAST(1)로 입력하면 된다.

만약 바로 앞 시점과의 비교, 즉 0주와 4주, 4주와 8주의 혈압을 비교하고 싶다면 PROFILE를 옵션으로 사용한다. 또한 시간(week0, week4, week8)에 따른 혈압의 변화가 어떤 형태를 갖는지 보기 위해서는 옵션에 POLYNOMIAL를 추가하여 선형적인 추세, 2차 곡선의 추세, 3차 곡선의 추세가 있는지를 검정할 수 있다. 여기서 주의해야 할 것은 CONTRAST, PROFILE 그리고 POLYNOMIAL 중 하나만 옵션에 추가할 수 있다는 것이다. 왜냐하면 뒤에 따라 나오는 SUMMARY는 앞에서 입력한 옵션에 대한 분산분석표를 출력하기 때문이다. 위의 예에서는 옵션에 CONTRAST(3)를 입력하였기 때문에 SUMMARY는 CONTRAST(3)에 대한 출력 결과를 보여주게 된다. REPEATED 문은 일변량 분석과 다변량 분석을 함께 제시해주는데 옵션에 있는 PRINTE는 오차항의 구형성 검정 결과를 출력해준다. 다변량 분석결과를 생략하고자 할 때에는 옵션에 No Multivariate를 뜻하는 NOM을 추가하면 된다. 이 예제에서는 다변량 분석과 일변량 분석을 모두 하여 그 결과를 순서대로 볼 것이다.

[표 6.4] 고혈압 자료의 SAS 프로그램

```
DATA blood_pressure;
INPUT  week0 week4 week8 trt  @@;
CARDS;
 95 88 88  C  100 95 90   C
 98 90 81  C  114 98 98   C
 . . .
 96 91 93  E  100 80 80   E
 109 91 97 E  101 100 109 E
 ;
PROC GLM data=blood_pressure;
CLASS trt;
MODEL week0 week4 week8=trt/NOUNI SS3;
REPEATED week 3(0 4 8) CONTRAST(3)/SUMMARY PRINTE;
RUN;
```

먼저 아래의 [표 6.5]에서 시간의 부분상관행렬을 보면, week0과 week4의 부분상관계수 값이 0.223으로 나오고 week0과 week8의 부분상관계수 값은 0.337, 그리고 week4와 week8의 부분 상관계수는 0.783으로 시간에 따라서 부분상관계수가 다르다는 것을 알 수 있다. 이러한 부분상관행렬로부터 시간에 대한 오차항의 구형성 조건이 만족되지 않을 것이라는 것을 예측할 수 있다. 구형성 검정(Sphericity Tests)은 Mauchly's Criterion이라고 불리는 카이제곱 검정에 기초하는데 Transformed Variates와 Orthogonal Components에 따라 카이제곱 통계량과 그에 해당하는 *p*-값이 다르다는 것을 알 수 있다. Transformed Variates는 대비행렬의 형태에 따라 달라진다. 앞의 SAS 프로그램에서 대비를 CONTRAST(3)로 입력했기 때문에 마지막 시간(week8)을 기준으로 한 대비에 대한 오차항의 공분산 행렬에 대한 구형성 검정을 해준다. 대비를 PROFILE로 입력했으면 Transformed Variates은 연속적인 두 시간의 대비에 대한 구형성 검정을 해줄 것이다. 구형성 검정 결과 Transformed Variates와 Orthogonal Components 모두 *p*-값이 유의수준 5% 하에서 유의하다는 것을 알 수 있다. 따라서 반복요인인 시간(week)에 대한 오차항에 대해서는 구형성 가정을 만족하지 않기 때문에 일변량 분석보다는 다변량 분석을 해야 한다.

[표 6.5] 고혈압 자료의 다변량 분석 SAS 출력 결과1

Partial Correlation Coefficients from the Error SSCP Matrix / Prob > |r|

DF = 64	week0	week4	week8
week0	1.000000	0.223615 0.0734	0.337480 0.0060
week4	0.223615 0.0734	1.000000	0.783986 <.0001
week8	0.337480 0.0060	0.783986 <.0001	1.000000

Sphericity Tests

Variables	DF	Mauchly's Criterion	Chi-Square	Pr > ChiSq
Transformed Variates	2	0.8329977	11.511634	0.0032
Orthogonal Components	2	0.7656244	16.825002	0.0002

SAS의 다변량 분석 결과에는 각 처리와 반복요인에 대해서 Wilks' Lambda, Pillai's Trace, Hotelling-Lawley Trace, Roy's Greatest Root의 4가지 검정통계량을 제시해준다. [표 6.6]의 결과를 보자. 먼저 시간(week)에 대한 다변량 분석결과를 보면 4가지 통계량의 F-값과 *p*-값이 모두 같은 것을 볼 수 있다. F-값은 68.19이고 *p*-값은 <.0001로 유의수준 5% 하에서 매우 유의하다. 따라서 방문하는 시간에 따라서 혈압에 차이가 난다는 것을 알 수 있다. 다음으로 시간과 처리의 교호작용(week*trt)의 효과에 대한 다변량 분석결과 *p*-값이 0.0279로 유의수준 5% 하에서 유의하다. 따라서 방문 시간에 따라 약

의 처리에 대한 혈압 차이가 나타난다고 볼 수 있다. 마지막으로 처리(trt)에 대한 효과를 보면 *p*-값이 0.2056으로 유의하지 않아, 처리에 따라 혈압의 차이가 없다는 귀무가설을 기각할 만한 충분한 증거가 없다.

[표 6.6] 고혈압 자료의 다변량 분석 SAS 출력결과 2

```
Manova Test Criteria and Exact F Statistics for the Hypothesis of no week Effect

                    H = Type III SSCP Matrix for week
                    E = Error SSCP Matrix

                                          S=1     M=0     N=30.5

   Statistic                     Value       F Value    Num DF    Den DF    Pr > F

   Wilks' Lambda              0.31597723      68.19         2        63    <.0001
   Pillai's Trace             0.68402277      68.19         2        63    <.0001
   Hotelling-Lawley Trace     2.16478503      68.19         2        63    <.0001
   Roy's Greatest Root        2.16478503      68.19         2        63    <.0001

Manova Test Criteria and Exact F Statistics for the Hypothesis of no week*trt Effect

                    H = Type III SSCP Matrix for week*trt
                    E = Error SSCP Matrix

                                          S=1     M=0     N=30.5

   Statistic                     Value       F Value    Num DF    Den DF    Pr > F

   Wilks' Lambda              0.89261216       3.79         2        63    0.0279
   Pillai's Trace             0.10738784       3.79         2        63    0.0279
   Hotelling-Lawley Trace     0.12030740       3.79         2        63    0.0279
   Roy's Greatest Root        0.12030740       3.79         2        63    0.0279

                 Repeated Measures Analysis of Variance
               Tests of Hypotheses for Between Subjects Effects

      Source        DF     Type III SS     Mean Square    F Value    Pr > F

      trt            1      178.323697      178.323697       1.64    0.2056
      Error         64     6978.994485      109.046789
```

다변량 분석 결과를 보면 반복이 되는 요인 즉 시간(week)에 대해서는 시간(week)의 주효과와 시간과 관련된 교호작용(week*trt)에 대해서는 출력 결과에 'Manova Test' 라는 제목과 함께 검정 결과를 나타내주는데, 반복요인이 아닌 처리(trt)에 대해서는 뒤의 [표 6.7]에 나오는 일변량 출력 결과와 동일하다는 것을 알 수 있다. 이것은 다변량 분석이 반복요인에 대한 오차항의 구형성 조건이 만족되지 않을 때 실시하는 분석 방법이기 때문에, 반복요인이 아닌 처리(trt)에 대해서는 오차항의 구형성 조건을 검정할 필요가 없고 따라서 굳이 다변량 분석을 하지 않아도 되기 때문이다.

앞에서는 반복요인인 시간(week)의 오차항에 대한 구형성 조건이 만족되지 않아 다변량 분석을 했다. 그러나 구형성이 깨진 경우에도 이를 보정한 후 일변량 분석을 사용할 수 있는 방법이 있다. 반복측정의 분산과 공분산의 함수인 Greenhouse-Geiser Epsilon (ε)이라는 보정항을 계산할 수 있는데, 이 보정은 분산분석에서의 자유도에 ε을 곱하여 수정된 자유도를 제공한다. 이 밖에 Huynh-Feldt Epsilon 값을 이용한 보정방법을 쓰기도 한다. 이 값들이 모두 1근처의 값을 갖고 있으면 구형성 조건을 만족한다고 볼 수 있다. 그러나 구형성검정이 매우 유의한 경우에는 일변량 분석에서 보정을 한 결과와 다변량 분석에 의한 결과가 달라질 수 있고, 이 때에는 다변량 분석에 의한 결과를 쓰는 것이 좋다.

[표 6.7] 고혈압 자료의 일변량 분석 SAS 출력 결과 1

The GLM Procedure

Repeated Measures Analysis of Variance

Tests of Hypotheses for Between Subjects Effects

Source	DF	Type III SS	Mean Square	F Value	Pr > F
trt	1	178.323697	178.323697	1.64	0.2056
Error	64	6978.994485	109.046789		

Repeated Measures Analysis of Variance

Univariate Tests of Hypotheses for Within Subject Effects

Source	DF	Type III SS	Mean Square	F Value	Pr > F	Adj Pr > F G - G	Adj Pr > F H - F
week	2	6040.722074	3020.361037	102.67	<.0001	<.0001	<.0001
week*trt	2	273.610963	136.805481	4.65	0.0112	0.0173	0.0161
Error(week)	128	3765.661765	29.419233				

Greenhouse-Geisser Epsilon	0.8101
Huynh-Feldt Epsilon	0.8411

일변량 분석방법의 설명을 위하여 고혈압 자료를 일변량 방법으로 분석해보자. [표 6.7]에는 일변량 분석 결과가 있다. 처리(trt)에 대한 출력 결과는 앞의 다변량 분석 결과와 같고 처리간 혈압의 차이가 없다는 귀무가설을 기각할 만한 충분한 증거가 없다. 시간(week), 혈압약과 시간의 교호작용(week*trt)에 대해서는 자유도를 수정하지 않았

을 때의 F-값과 p-값이 나오고, Greenhouse-Geisser (이하 G—G) Epsilon, 그리고 Huynh-Feldt (이하 H—F) Epsilon 값이 출력된다. 이들 방법으로 자유도를 수정한 p-값 (Adj Pr>F) 을 보면 자유도를 수정하기 전이나 후나 모두 p-값이 유의수준 0.05 보다 작으므로 시간에 따라 혈압의 차이가 없다는 귀무가설과 시간과 혈압약의 교호작용이 없다는 귀무가설을 모두 기각할 만한 충분한 증거가 있다. 자유도를 수정해도 수정된 p-값이 유의하게 나온 것은 자유도를 수정하지 않은 시간 (week), 혈압약과 시간의 교호작용 (week*trt) 의 F-값들이 워낙 컸기 때문이다. 고혈압 자료에 대해 다변량과 일변량 분석을 모두 해보았는데 이들 분석결과는 동일하게 나타났다.

방문 8주 후의 혈압을 기준으로 첫 방문 시 혈압과의 차이 그리고 방문 후 4주 후의 혈압과의 차이가 처리 (혈압약) 에 따라 어떻게 나타나는지를 추가로 보기 위해 SAS 프로그램의 옵션에 CONTRAST (3) 문을 입력하였다. [표 6.8]에 이에 대한 결과가 있다. 'Contrast Variable: week_1' 은 8주 후 혈압 (week8)과 첫 방문 시 혈압(week0)의 혈압약 (trt)에 대한 비교인데 trt의 해당 F-값은 7.55 이고 p-값은 0.0078 로 유의수준 5% 하에서 매우 유의하다. 다음으로 8주 후 혈압 (week8) 과 4주 후 혈압(week4)의 차이가 혈압약 (trt)에 따라 유의한가는 'Contrast Variable: week_2' 에서 볼 수 있는데 변수 trt의 F-값은 0.91 이고 p-값은 0.3441 로 유의하지 않음을 볼 수 있다. 따라서 방문 후 8주째의 혈압은 방문 시에 측정한 혈압과 혈압약에 따라 서로 다른 결과를 보여준다고 볼 수 있다.

[표 6.8] 고혈압 자료의 일변량 분석 SAS 출력 결과 2

```
                    The GLM Procedure
           Repeated Measures Analysis of Variance
         Analysis of Variance of Contrast Variables

week_N represents the contrast between the nth level of week and the 3rd

Contrast Variable: week_1

        Source      DF     Type III SS    Mean Square    F Value    Pr > F

        Mean         1     7968.003565    7968.003565     119.93    <.0001
        trt          1      501.336898     501.336898       7.55    0.0078
        Error       64     4252.117647      66.439338

Contrast Variable: week_2

        Source      DF     Type III SS    Mean Square    F Value    Pr > F

        Mean         1      119.064394     119.064394       3.81    0.0554
        trt          1       28.397727      28.397727       0.91    0.3441
        Error       64     2000.875000      31.263672
```

6.2 반복요인이 2개 이상인 경우

앞 절의 고혈압 자료 예에서는 시간이 유일한 반복요인이었다. 그러나 반복측정 자료를 다루다 보면 반복이 되는 요인이 둘 이상인 경우도 많다. 반복 요인이 2개인 자료는 반복요인이 하나인 반복측정 모형을 그대로 확장하여 생각할 수 있다. 다음의 예를 들어 보자.

예제 6-2 남, 여 심부전증 환자 각각 12명을 대상으로 한 임상시험에서 새로 나온 약에 대한 효과를 알고자 약의 농도를 1주일 간격으로 $2\,mg$, $3\,mg$, $4\,mg$ 3번 투여한 후 3시간 마다 8번을 반복하여 심전도를 측정하였다. 이 실험에서 얻은 자료는 [표 6.9]과 같다. 따라서 이 자료는 처리가 성별이 되고 약의 농도와 시간이 2개의 반복요인이 되는 반복측정 자료가 된다. 이 실험에서 알고자 하는 것은 다음과 같다.

첫째, 성별에 따라 심전도의 차이가 있는가?
둘째, 각 반복요인(농도와 시간)들에 따라 심전도의 차이가 있는가?
셋째, 성별과 반복요인들(농도와 시간)간의 교호작용이 있는가?

[표 6.9] 심부전증 환자 자료

성별		남								여							
농도	시간	1	2	3	4	5	6	7	8	1	2	3	4	5	6	7	8
$2\,mg$	1	2.68	2.76	2.50	2.30	2.14	2.4	2.33	2.20	3.36	3.42	3.28	3.30	3.31	2.99	3.01	3.08
	2	3.95	3.36	2.93	2.53	3.04	3.37	3.14	2.62	4.31	4.02	3.38	3.31	3.46	3.49	3.38	3.35
	3	2.28	2.34	2.29	2.43	2.06	2.18	2.28	2.29	3.88	3.92	3.71	3.59	3.57	3.48	3.42	3.63
	4	4.08	3.87	3.79	3.30	3.80	3.24	2.98	2.91	1.97	1.90	1.45	1.45	1.24	1.24	1.17	1.27
	5	4.09	3.90	3.54	3.35	3.15	3.23	3.46	3.27	2.91	2.99	2.87	2.88	2.84	2.67	2.69	2.77
	6	3.79	3.97	3.78	3.69	3.31	2.83	2.72	3.00	3.59	3.54	3.17	2.92	3.48	3.05	3.27	2.96
	7	3.82	3.44	3.46	3.02	2.98	3.10	2.79	2.88	2.88	3.06	2.75	2.71	2.83	2.58	2.68	2.42
	8	3.67	3.47	3.19	2.19	2.85	2.68	2.60	2.73	4.04	3.94	3.84	3.99	3.90	3.89	3.89	2.98
	9	4.12	3.71	3.57	3.49	3.64	3.38	2.28	3.72	3.38	3.42	3.28	2.94	2.96	3.12	2.98	2.99
	10	2.77	2.77	2.75	2.75	2.71	2.75	2.52	2.60	4.49	4.35	4.38	4.36	3.77	4.23	3.83	3.89
	11	3.77	3.73	3.67	3.56	3.59	3.35	3.32	3.18	4.17	4.30	4.16	4.07	3.87	3.87	3.85	3.82
	12	2.00	1.91	1.88	2.09	2.08	1.98	1.70	1.40	3.73	3.51	3.16	3.26	3.07	2.77	2.92	3.00

[표 6.9] 심부전증 환자 자료 (계속)

성별		남								여							
농도	시간	1	2	3	4	5	6	7	8	1	2	3	4	5	6	7	8
3 *mg*	1	3.41	3.48	3.41	3.49	3.33	3.20	3.07	3.15	3.18	3.13	3.11	2.97	3.06	3.27	3.24	3.33
	2	3.92	4.02	4.04	3.64	3.29	3.10	2.70	2.69	4.39	4.63	4.19	4.00	4.01	3.66	3.47	3.22
	3	2.52	2.44	2.27	2.23	2.01	2.26	2.34	2.44	3.90	3.98	4.09	4.03	4.07	3.56	3.83	3.75
	4	4.43	4.30	4.08	4.01	3.62	3.23	2.46	2.97	2.31	2.19	2.21	2.09	1.75	1.72	1.80	1.36
	5	4.55	4.58	4.44	4.04	4.33	3.87	3.75	3.81	3.19	3.18	3.15	3.14	3.08	2.96	2.97	2.85
	6	4.25	4.37	4.10	4.20	3.84	3.43	3.79	3.74	3.54	3.45	3.25	3.01	3.07	2.65	2.47	2.55
	7	3.00	2.80	2.59	2.42	1.61	1.83	1.21	1.50	2.99	3.02	3.02	2.94	2.69	2.66	2.68	2.70
	8	4.06	3.98	4.06	3.93	3.61	2.91	2.07	2.67	4.37	4.20	4.17	4.19	4.07	3.86	3.89	3.89
	9	4.37	4.06	3.68	3.64	3.17	3.37	3.20	3.25	3.26	3.39	3.27	3.20	3.32	3.09	3.25	3.15
	10	2.83	2.79	2.82	2.79	2.80	2.76	2.64	2.69	4.72	4.97	4.99	4.96	4.95	4.82	4.56	4.49
	11	4.06	3.68	3.59	3.27	2.60	2.72	2.22	2.68	4.27	4.50	4.34	4.00	4.11	3.93	3.68	3.77
	12	2.82	1.90	2.57	2.30	1.67	1.90	2.07	1.76	4.10	3.85	4.27	4.01	3.78	3.14	3.94	3.69
4 *mg*	1	2.36	2.36	2.28	2.35	2.31	2.62	2.12	2.42	2.57	3.08	2.62	2.91	2.71	2.39	2.42	2.73
	2	3.03	3.02	3.19	2.98	3.01	2.75	2.70	2.84	2.90	2.80	3.17	2.39	3.01	3.33	2.75	3.14
	3	1.99	1.62	1.65	1.68	1.65	1.85	1.96	1.30	3.02	3.21	3.17	3.13	3.38	3.25	3.29	3.35
	4	3.24	3.37	3.54	3.31	2.81	3.58	3.76	3.05	1.35	1.15	1.24	1.32	0.95	1.24	1.04	1.16
	5	3.35	3.92	3.69	3.97	3.94	3.63	2.92	3.31	2.61	2.59	2.77	2.73	2.70	2.72	2.71	2.75
	6	3.04	3.28	3.17	2.99	3.31	3.21	2.98	2.82	2.91	2.89	3.01	2.74	2.71	2.86	2.95	2.66
	7	2.46	3.22	2.65	3.02	2.25	1.50	2.37	1.94	2.78	2.89	2.77	2.77	2.69	2.65	2.84	2.80
	8	2.85	2.81	2.96	2.69	2.18	1.91	2.21	1.71	3.81	3.77	3.78	3.90	3.80	3.78	3.70	3.61
	9	3.45	3.48	3.80	3.60	2.83	3.17	3.22	3.13	3.06	2.95	3.07	3.10	2.67	2.68	2.94	2.89
	10	2.56	2.52	2.67	2.60	2.68	2.64	2.65	2.61	2.87	3.08	3.02	2.14	3.67	3.84	3.55	3.75
	11	2.19	2.44	2.41	2.55	2.93	3.08	3.11	3.06	3.98	3.77	3.65	3.81	3.77	3.89	3.63	3.74
	12	2.14	1.92	1.75	1.58	1.51	1.94	1.84	1.76	3.04	3.00	3.24	3.37	2.69	2.89	2.89	2.76

성별에 따라 시간(Hr)과 약의 농도(Trt)에 대한 평균 프로파일 그림을 그려보자. 다음의 [그림 6.2]에서 동그라미, 점, 다이아몬드로 표시된 평균 혈압은 약의 농도가 각각 2*mg*, 3*mg* 그리고 4*mg* 일 때의 평균 혈압을 나타낸다. 남성의 평균 프로파일 그림을 보면, 약의 농도(Trt)와 시간(Hr) 사이에는 교호작용이 다소 존재하지만 남성과 여성의 그림을 함께 살펴보면 남성과 여성 모두 각 3개의 약의 농도에 대해 평균 혈압이 거의 같은 추세를 보이고 있다는 것을 알 수 있다. 즉 위의 그림에서 성별(Gender)과 약의 농도(Trt) 사이에는 교호작용이 존재하지 않는 것으로 보인다. 더 자세한 결과를 얻기 위해 SAS 프로그램을 이용하여 반복측정 자료분석을 해보자. 이를 위한 SAS 프로그램은 아래 [표 6.10]과 같다.

자료의 입력형태는 반복 요인이 2개 있기 때문에 주의해야 한다. 성별은 Gender로 입력하였고, 약의 농도는 Trt로 2*mg*은 Trt_1, 3*mg*는 Trt_2 그리고 4*mg*은 Trt_3로 표기하였다. 시간(Hr)에 대해서도 마찬가지로 8시간 간격마다의 값을 Hr_1부터 Hr_8로 표기하였다. 자료 입력 단계에서는 반복 요인 각각의 수준에서의 조합에 대한 자료를 입력한다. CLASS 문에 처리를 나타내는 성별 Gender를 입력하고, MODEL문의 좌변에는 두 반복요인의 각 수준을 조합하여 입력하고 우변에는 처리인 성별(Gender)을 입력한다. REPEATED 문에서는 2개의 반복 요인(약의 농도(Trt), 시간(Hr))을 입력하고, 각 요인의 수준 수와 구체적인 수준 값들을 괄호 안에 입력한다. REPEATED 문은 일변량 분석과 다변량 분석을 함께 제시해주는데, 옵션에 있는 PRINTE는 오차항의 구형성 검정 결과를 출력해준다. PROC GLM에서의 선언문들은 앞의 6.1절에서 다룬 반복 요인이 하나인 경우와 같고, 단지 달라진 점은 REPEATED 문에서 추가된 반복 요인(Hr)을 다른 반복 요인과 함께 쓸 때에 반드시 쉼표로 연결해 주어야한다는 것이다.

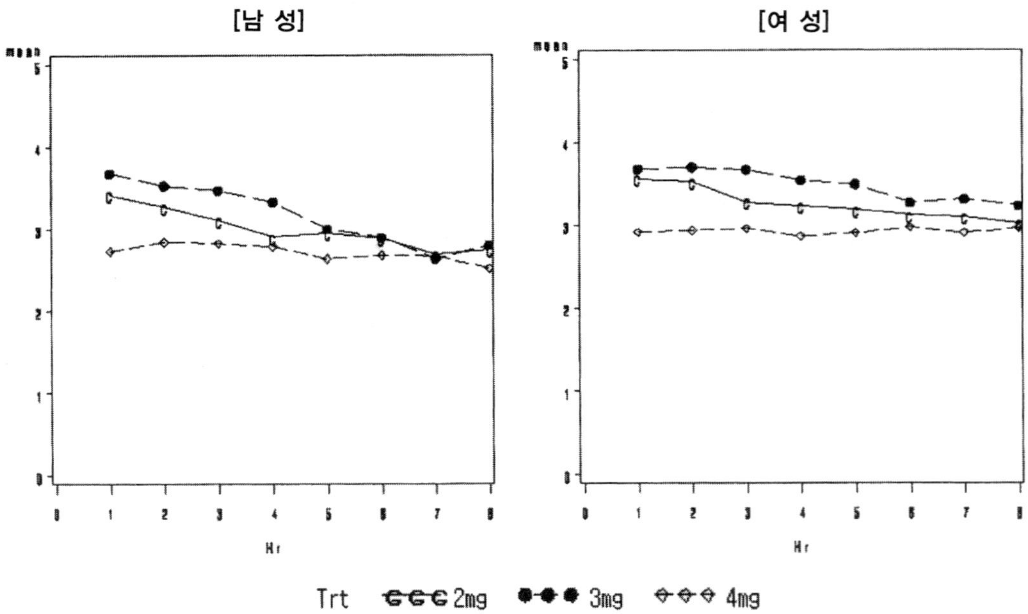

[그림 6.2] 남성과 여성의 시간별 약의 농도에 따른 혈압의 평균 프로파일

[표 6.10] 심부전증 환자 자료의 다변량 분석 SAS 프로그램

```
Data Three;
Input Gender Trt1_Hr_1   Trt1_Hr_2   Trt1_Hr_3   Trt1_Hr_4
             Trt1_Hr_5   Trt1_Hr_6   Trt1_Hr_7   Trt1_Hr_8
             Trt2_Hr_1   Trt2_Hr_2   Trt2_Hr_3   Trt2_Hr_4
             Trt2_Hr_5   Trt2_Hr_6   Trt2_Hr_7   Trt2_Hr_8
             Trt3_Hr_1   Trt3_Hr_2   Trt3_Hr_3   Trt3_Hr_4
             Trt3_Hr_5   Trt3_Hr_6   Trt3_Hr_7   Trt3_Hr_8 @@;

CARDS;
 1 2.68 2.76 2.50 2.30 2.14 2.40 2.33 2.20
   3.41 3.48 3.41 3.49 3.33 3.20 3.07 3.15
   2.36 2.36 2.28 2.35 2.31 2.62 2.12 2.42
 1 3.95 3.36 2.93 2.53 3.04 3.37 3.14 2.62
   3.92 4.02 4.04 3.64 3.29 3.10 2.70 2.69
   . . .
 2 3.73 3.51 3.16 3.26 3.07 2.77 2.92 3.00
   4.10 3.85 4.27 4.01 3.78 3.14 3.94 3.69
   3.04 3.00 3.24 3.37 2.69 2.89 2.89 2.76
  ;
PROC GLM;
CLASS GENDER;
MODEL Trt1_Hr_1-- Trt3_Hr_8 =GENDER/NOUNI SS3;
REPEATED Trt 3(1 2 3), Hr 8(1 2 3 4 5 6 7 8 )/PRINTE;
RUN;
```

위의 심부전증 환자 자료는 반복요인이 약의 농도(Trt)와 시간(Hr)이다. 따라서 구형성 조건을 만족하는지에 대한 검정은 농도(Trt)와 시간(Hr) 각각의 오차항에 대해서, 그리고 이 둘의 교호작용인 농도(Trt)*시간(Hr)의 오차항에 대해서 모두 3번의 구형성 검정이 필요하다. 이에 대해 약의 농도, 시간, 농도*시간 순서대로 분석결과를 살펴보도록 하자. 먼저 약의 농도(Trt)에 대한 분석결과를 살펴보자. [표 6.11]의 구형성 검정 결과를 보면 Transformed Variates와 Orthogonal Components에 대해서 카이제곱통계량과 p-값이 모두 유의수준 5% 하에서 유의하지 않음을 알 수 있다. 따라서 첫 번째 반복요인인 약의 농도(Trt)의 오차항에 대해서는 구형성 가정을 만족한다고 볼 수 있다. 이처럼 구형성 가정을 만족할 때에는 다변량 분석보다는 일변량 분석 결과가 검정력이 높지만 다변량 분석 결과를 일단 살펴보자.

[표 6.11] 심부전증 환자 자료의 다변량 분석 SAS 출력결과 1 (농도)

Sphericity Tests

Variables	DF	Mauchly's Criterion	Chi-Square	Pr > ChiSq
Transformed Variates	2	0.8106913	4.4072265	0.1104
Orthogonal Components	2	0.8190378	4.1921261	0.1229

[표 6.12]의 다변량 분석결과에서 약의 농도(Trt), 약의 농도(Trt)와 성별(Gender) 간의 교호작용에 대한 유의성 검정은 4개의 다변량 통계량 값으로 나타나는데, 약의 농도(Trt)의 경우에는 p-값이 <.0001로 매우 유의하게 나타나는 반면, 약의 농도(Trt)와 성별(Gender)의 교호작용에 대한 p-값은 0.8118로 유의하지 않게 나타났다. 즉 다변량 분석 결과 약의 농도(Trt)에 따라 심전도 차이는 있지만 성별(Gender)에 따른 약의 농도(Trt)의 심전도 차이는 없는 것으로 나타났다.

[표 6.12] 심부전증 환자 자료의 다변량 분석 SAS 출력결과 2

The GLM Procedure
Repeated Measures Analysis of Variance

Manova Test Criteria and Exact F Statistics for the Hypothesis of no Trt Effect
H = Type III SSCP Matrix for Trt
E = Error SSCP Matrix

S=1 M=0 N=9.5

Statistic	Value	F Value	Num DF	Den DF	Pr > F
Wilks' Lambda	0.28720201	26.06	2	21	<.0001
Pillai's Trace	0.71279799	26.06	2	21	<.0001
Hotelling-Lawley Trace	2.48186972	26.06	2	21	<.0001
Roy's Greatest Root	2.48186972	26.06	2	21	<.0001

Manova Test Criteria and Exact F Statistics for the Hypothesis of no Trt*Gender Effect
H = Type III SSCP Matrix for Trt*Gender
E = Error SSCP Matrix

S=1 M=0 N=9.5

Statistic	Value	F Value	Num DF	Den DF	Pr > F
Wilks' Lambda	0.98033909	0.21	2	21	0.8118
Pillai's Trace	0.01966091	0.21	2	21	0.8118
Hotelling-Lawley Trace	0.02005521	0.21	2	21	0.8118
Roy's Greatest Root	0.02005521	0.21	2	21	0.8118

다음으로 시간(Hr)에 대한 분석 결과를 보자. [표 6.13]의 시간(Hr)의 구형성 검정 결과를 보면 시간의 수준들을 직교다항(Orthogonal Components)으로 변환한 후의 카이제곱 통계량 값이 100.85이고 p-값이 <.0001로 시간(Hr)의 오차항은 구형성 조건을 만족하지 않음을 알 수 있다. 따라서 시간(Hr), 시간(Hr)과 성별(Gender) 사이의 교호작용에 대한 검정은 일변량 분석보다는 다변량 분석방법을 사용하는 것이 바람직하다는 것을 알 수 있다.

[표 6.13] 심부전증 환자 자료의 다변량 분석 SAS 출력결과 3 (시간)

Sphericity Tests

Variables	DF	Mauchly's Criterion	Chi-Square	Pr > ChiSq
Transformed Variates	27	0.0001736	168.4369	<.0001
Orthogonal Components	27	0.0056023	100.85239	<.0001

[표 6.14]의 시간 및 시간과 성별의 교호작용에 대한 분석결과를 보면 시간(Hr)은 모든 통계량에 대해서 p-값이 0.0005로 매우 유의하게 나온 반면 시간(Hr)과 성별(Gender)의 교호작용은 p-값이 0.1787로 유의하지 않게 나왔다. 즉 시간(Hr)에 따라서 심전도의 차이는 유의한 반면 성별에 따른 시간(Hr)의 심전도 차이는 없는 것으로 나타났다.

[표 6.14] 심부전증 환자 자료으 다변량 분석 SAS 출력결과 4

Manova Test Criteria and Exact F Statistics for the Hypothesis of no Hr Effect
H = Type III SSCP Matrix for Hr
E = Error SSCP Matrix

S=1 M=2.5 N=7

Statistic	Value	F Value	Num DF	Den DF	Pr > F
Wilks' Lambda	0.23731807	7.35	7	16	0.0005
Pillai's Trace	0.76268193	7.35	7	16	0.0005
Hotelling-Lawley Trace	3.21375406	7.35	7	16	0.0005
Roy's Greatest Root	3.21375406	7.35	7	16	0.0005

Manova Test Criteria and Exact F Statistics for the Hypothesis of no Hr*Gender Effect
H = Type III SSCP Matrix for Hr*Gender
E = Error SSCP Matrix

S=1 M=2.5 N=7

Statistic	Value	F Value	Num DF	Den DF	Pr > F
Wilks' Lambda	0.57310453	1.70	7	16	0.1787
Pillai's Trace	0.42689547	1.70	7	16	0.1787
Hotelling-Lawley Trace	0.74488238	1.70	7	16	0.1787
Roy's Greatest Root	0.74488238	1.70	7	16	0.1787

마지막으로 약의 농도(Trt)와 시간(Hr)의 교호작용에 대한 분석 결과를 보자. [표 6.15]에는 두 반복요인의 교호작용의 구형성 검정 결과가 나와 있는데 p-값이 <.0001로 매우 유의하게 나타난다. 따라서 약의 농도와 시간의 교호작용(Trt*Hr) 그리고 약의 농도, 시간, 성별의 교호작용(Trt*Hr*Gender)에 대한 유의성 검정은 다변량 분석으로 해야 함을 알 수 있다.

[표 6.15] 심부전증 환자 자료의 다변량 분석 SAS 출력결과 5 (농도*시간)

Sphericity Tests

Variables	DF	Mauchly's Criterion	Chi-Square	Pr > ChiSq
Transformed Variates	104	1.04E-9	354.58291	<.0001
Orthogonal Components	104	5.033E-6	209.13435	<.0001

[표 6.16]에 있는 시간과 농도의 교호작용 및 시간, 농도, 성별의 3요인 교호작용 결과를 보면, 약의 농도(Trt)와 시간(Hr)의 교호작용은 유의했으나(p-값$=0.0218$), 성별(Gender)까지 포함한 3요인의 교호작용은 유의하지 않게 나타났다(p-값$=0.3151$).

[표 6.16] 심부전증 환자 자료의 다변량 분석 SAS 출력결과 6

Manova Test Criteria and Exact F Statistics for the Hypothesis of no Trt*Hr Effect
H = Type III SSCP Matrix for Trt*Hr
E = Error SSCP Matrix

S=1 M=6 N=3.5

Statistic	Value	F Value	Num DF	Den DF	Pr > F
Wilks' Lambda	0.13958411	3.96	14	9	0.0218
Pillai's Trace	0.86041589	3.96	14	9	0.0218
Hotelling-Lawley Trace	6.16413903	3.96	14	9	0.0218
Roy's Greatest Root	6.16413903	3.96	14	9	0.0218

Manova Test Criteria and Exact F Statistics for the Hypothesis of no Trt*Hr*Gender Effect
H = Type III SSCP Matrix for Trt*Hr*Gender
E = Error SSCP Matrix

S=1 M=6 N=3.5

Statistic	Value	F Value	Num DF	Den DF	Pr > F
Wilks' Lambda	0.31622508	1.39	14	9	0.3151
Pillai's Trace	0.68377492	1.39	14	9	0.3151
Hotelling-Lawley Trace	2.16230448	1.39	14	9	0.3151

성별(Gender)은 반복요인이 아니기 때문에 오차항에 대한 구형성 검정이 필요없다.

따라서 다변량 분석과 일변량 분석 결과가 같은데 [표 6.17]의 결과를 보면 성별(Gender)의 F-값은 1.10이고 *p*-값은 0.3048로 유의수준 5%하에서 유의하지 않음을 알 수 있다. 즉 성별에 따라서 심전도의 차이가 없다.

[표 6.17] 심부전증 환자 자료의 다변량 분석 SAS 출력결과 7

```
                        The GLM Procedure
               Repeated Measures Analysis of Variance
           Tests of Hypotheses for Between Subjects Effects

Source             DF     Type III SS     Mean Square    F Value    Pr > F

Gender              1      10.6058778      10.6058778       1.10    0.3048
Error              22     211.3963389       9.6089245
```

이제까지 심부전증 자료에 대한 다변량 분석 결과에 대해 살펴보았다. 다변량 분석 결과 구형성을 만족하는 반복요인은 약의 농도(Trt)로 나타났다. 따라서 약의 농도(Trt), 약의 농도(Trt)와 성별(Gender)의 교호작용에 대한 유의성 검정은 일변량 분석 결과를 보는 것이 타당하고, 그 이외의 요인들에 대해서는 다변량 분석 결과를 살펴보는 것이 바람직하다. 다음의 [표 6.18]부터는 일변량 분석결과들이 나타나는데 구형성 조건을 만족하지 않은 요인들에 대해서도 일변량 결과를 살펴보고 다변량 분석 방법과 어떤 차이를 나타내는지 알아보자.

[표 6.18]의 일변량 분석 결과는 성별(Gender), 약의 농도(Trt) 그리고 둘의 교호작용(Trt*Gender)에 대한 유의성 검정 결과를 나타내주는데, 앞의 다변량 분석에서 구형성 가정을 만족하므로 일변량 분석을 하는 것이 바람직한 요인들이다. 오차항의 공분산 행렬의 구형성 만족은 Greenhouse-Geisser Epsilon과 Huynh-Feldt Epsilon 값들이 모두 1 근처의 값을 갖고 있는 것으로도 확인할 수 있다. 일변량 분석결과를 보면 성별(Gender)의 차이에 대한 검정으로 F-값이 1.10 그리고 *p*-값이 0.3048로 성별(Gender)에 따라 심전도에 유의할 만한 차이가 있다고 볼 수 없다. 이러한 성별의 결과는 위의 [표 6.17]의 다변량 분석결과와 동일함을 확인할 수 있다. 다음으로 약의 농도(Trt)에 따른 F-값은 23.90이고 *p*-값은 <0.0001로 유의수준 5%하에서 약의 농도에 따라 심전도의 차이가 없다는 귀무가설을 기각할 만한 충분한 증거가 있으므로, 약의 농도에 따라서 심전도가 달라지는 것을 알 수 있다. 또한 Trt*Gender로 표기된 부분은 약의 농도(Trt)와 성별(Gender)의 교호작용을 검정한 것인데, F-값과 *p*-값을 보면 각각 0.25와 0.7811로 유의수준 5%하에서 약의 농도와 성별간의 교호작용이 존재하지 않는다는 귀무가설을 기각할 수 없어 성별 간에는 약의 농도에 따라 심전도가 유의할 만한 차이를 보인다고 볼 수 없다. 둘 사이에 교호작용이 없다는 결과는 앞의 [그림 6.2]에서의 결과와 동일하다.

[표 6.18] 심부전증 환자 자료의 일변량 SAS 출력 결과 1

```
                          The GLM Procedure
                 Repeated Measures Analysis of Variance
           Tests of Hypotheses for Between Subjects Effects

Source          DF     Type III SS     Mean Square    F Value    Pr > F

Gender           1      10.6058778      10.6058778       1.10    0.3048
Error           22     211.3963389       9.6089245


                          The GLM Procedure
                 Repeated Measures Analysis of Variance
        Univariate Tests of Hypotheses for Within Subject Effects

                                                                  Adj Pr > F
Source        DF   Type III SS   Mean Square  F Value  Pr > F    G - G    H - F

Trt            2   26.25371667   13.12685833    23.90  <.0001   <.0001   <.0001
Trt*Gender     2    0.27293889    0.13646944     0.25  0.7811   0.7446   0.7704
Error(Trt)    44   24.17000278    0.54931824


                 Greenhouse-Geisser Epsilon     0.8468
                 Huynh-Feldt Epsilon            0.9515
```

다음으로 [표 6.19]에는 구형성 조건을 만족하지 않는 요인들에 대한 일변량 분석 결과가 나와 있다. 먼저 시간(Hr)에 대한 검정 결과와 시간과 성별의 교호작용(Hr*Gender)에 대한 검정 결과를 살펴보면, *p*-값이 모두 유의수준 0.05 보다 작으므로 시간에 따라서 심전도에 차이를 보이고 또한 시간과 성별 사이에는 교호작용이 존재한다고 볼 수 있다. 시간 (Hr)의 유의성 결과는 다변량 분석결과와 같지만 시간과 성별의 교호작용 (Hr*Gender)에 대한 유의성은 다변량 분석 결과에서는 유의하게 나오지 않았다. 이렇게 결과가 상반되는 이유는 반복요인인 시간 (Hr)의 오차항의 공분산 행렬이 구형성을 만족하지 않기 때문이다. 일변량자료 분석결과에서 구형성을 만족하지 않는다는 것은 Greenhouse-Geisser Epsilon와 Huynh-Feldt Epsilon의 값이 모두 1에서 멀리 떨어져 있는 것으로 확인할 수 있다. 따라서 시간과 성별의 교호작용 (Hr*Gender)에 대한 유의성은 다변량 분석의 결과처럼 유의하지 않은 것으로 판단해야 한다.

마지막으로 약의 농도와 시간의 교호작용 (Trt*Hr) 그리고 농도, 시간, 성별의 교호작용 (Trt*Hr*Gender)에 대한 검정 결과가 나와 있는데, 약의 농도와 시간의 교호작용 (Trt*Hr)은 유의하지만 세 요인의 교호작용 (Trt*Hr*Gender)은 유의하지 않다.

[표 6.19] 심부전증 환자의 일변량 분석 SAS 출력 결과 2

```
                                                                         Adj Pr > F
Source         DF   Type III SS   Mean Square  F Value  Pr > F    G - G   H - F

Hr              7   16.96391389    2.42341627    35.16  <.0001   <.0001  <.0001
Hr*Gender       7    1.81036944    0.25862421     3.75  0.0009   0.0220  0.0157
Error(Hr)     154   10.61436667    0.06892446

                          Greenhouse-Geisser Epsilon     0.3533
                          Huynh-Feldt Epsilon            0.4196

                                                                          Adj Pr > F
Source            DF   Type III SS   Mean Square  F Value  Pr > F    G - G   H - F

Trt*Hr            14    6.26274444    0.44733889     7.53  <.0001   <.0001  <.0001
Trt*Hr*Gender     14    1.17042222    0.08360159     1.41  0.1482   0.2189  0.1923
Error(Trt*Hr)    308   18.30570833    0.05943412

                          Greenhouse-Geisser Epsilon     0.4138
                          Huynh-Feldt Epsilon            0.6039
```

[표 6.20]은 심부전증 자료에 대한 다변량 분석과 일변량 분석의 결과를 정리해 놓은 것이다. 비교 결과 구형성을 만족하는 경우에는 다변량 분석과 일변량 분석이 모두 같은 결과를 나타낸 반면에 구형성을 만족하지 않은 경우에는 서로 상반된 결론을 보이는 요인이 있다. 또한 구형성 검정을 필요로 하지 않는 성별(Gender)의 경우에 대해서는 두 분석 모두에서 같은 통계량값과 p-값이 나타났다. 이처럼 반복측정 자료분석은 다변량 또는 일변량에 따라 서로 다른 결과를 낼 수 있기 때문에 분석을 할 때에는 먼저 구형성 검정을 통해 다변량 분석을 할지 또는 일변량 분석을 할지를 결정한 후 이에 맞는 결과를 선택해야 한다.

[표 6.20] 심부전증 환자 자료의 일변량 분석과 다변량 분석의 결과 비교

구형성 조건	요인	다변량 분석	일변량 분석
만족	Trt Trt*Gender	유의 유의하지 않음	유의 유의하지 않음
불만족	Hr Hr*Gender	유의 유의하지 않음	유의 유의
불만족	Trt*Hr Trt*Hr*Gender	유의 유의하지 않음	유의 유의하지 않음
	Gender	유의하지 않음	유의하지 않음

반복측정 자료는 여러 시간 혹은 공간에 걸쳐 반복적으로 측정되는 실험에 대해서 아주 유용한 통계 분석 방법 중의 하나이다. 그렇지만 자료에 결측치가 많이 존재하는 경우에는 사용하지 않는 것이 좋다. 즉, 측정치가 모든 시간에 대해서 측정된 것이 아니라 어떤 시간에 대해서는 결측치로 남아있고 이러한 결측치가 존재하는 시간이 많은 경우에는 각 개체의 변동성을 제대로 설명할 수가 없다. 그렇다고 결측치가 하나라도 존재하면 반복측정 자료분석을 할 수 없다는 것은 아니다. 자료가 비교적 크고 그 안에서 결측치가 한 두 개 정도 존재하는 것은 무리가 아니다. 일반적으로 이러한 결측치를 대체할 수 있는 방법은 여러 가지가 있는데 가장 간단한 방법은 결측치가 있는 시간 바로 이전의 시간에서의 값으로 결측치를 대체하는 것이다. 또 다른 방법으로는 인접한 값들의 평균을 사용하는 것이다. SAS에서 다변량 분석을 할 경우에는 이러한 결측치들을 갖고 있는 개체들을 제거하는 방법을 사용한다. 그런데 결측치가 있는 개체들이 많아서 이러한 개체들을 모두 제거해 나간다면 처리간 평균 비교가 어려워지므로 이러한 경우에는 각 시점마다 분산분석을 따로 하는 것이 바람직하다.

연습문제

1. 반복측정 자료분석을 하기 위해 만족되어야 하는 가정들을 서술하여라.

2. 아래 자료는 5명의 우울증 환자에게 새로운 치료법에 대해 1달 간격을 두고 우울증의 호전도를 점수로 매긴 것이다. 시간에 따라 우울증이 호전되었는지를 SAS 로 실행하여 그 결과를 해석하여라.

개체	1달	2달	3달	4달
1	30	28	16	34
2	14	18	10	22
3	24	20	18	30
4	38	34	20	44
5	26	28	14	30

3. 다음은 남,여 각각 5명씩 1달 간격으로 2가지의 운동방법 (A, B) 을 적용하여 운동을 하게 한 후 10분 간격으로 증가된 폐활량 지수를 측정한 자료이다.

성별	운동방법	개체	시간 (단위: 분)			
			10	20	30	40
남	A	1	21.3	21.1	22.6	24.2
		2	22.1	22.6	25.2	26.8
		3	21.6	25.2	25.7	28.2
		4	24.7	25.7	26.2	27.9
		5	22.6	24.1	23.8	24.5
	B	1	21.1	22.1	31.3	25.2
		2	22.6	26.2	30.5	26.2
		3	34.1	31.9	27.9	25.9
		4	28.2	35.6	26.5	30.2
		5	29.2	29.6	30.5	33.1
여	A	1	27.3	20.1	20.1	24.1
		2	22.6	26.5	30.4	26.8
		3	24.2	23.6	24.2	27.2
		4	26.7	23.7	25.2	27.5
		5	22.3	28.2	28.1	24.7
	B	1	28.9	29.5	26.3	23.7
		2	29.2	28.5	25.9	26.2
		3	30.2	30.1	33.2	25.2
		4	27.6	26.5	31.0	22.6
		5	25.6	29.3	29.9	32.9

(1) 성별에 따라 증가된 폐활량 지수에 차이가 있는가?

(2) 운동방법에 따라 증가된 폐활량 지수에 차이가 있는가?

(3) 시간에 따라 증가된 폐활량 지수에 차이가 있는가?

(4) 성별과 운동 방법 간에 교호작용이 존재하는가? (일변량 분석과 다변량 분석 결과를 비교하여라.)

(5) 성별과 시간간에 교호작용이 존재하는가?

(6) 운동방법과 시간에 교호작용이 존재하는가?

4. 8명의 관절염 환자를 대상으로 신약의 효과를 검증하고자 4명은 신약을 처리 받고 나머지 4명은 기존약을 처리 받아 1달 간격으로 병원을 방문하여 불편도(discomfort) 점수를 측정하였다. 불편도 점수는 0점에서부터 최고 10점의 점수를 갖는다.

백 신	번호	방문(단위: 월)		
		1	2	3
신 약	1	6	3	0
	2	7	3	1
	3	4	1	2
	4	8	4	3
기존약	5	6	5	5
	6	9	4	6
	7	5	3	4
	8	6	2	3

(1) 신약과 기존약 사이에 호전도의 점수 차이가 있는가?

(2) 마지막 달과 첫 번째 달간의 호전도 점수의 차이가 존재하는가?
(일변량 분석과 다변량 분석 결과를 비교하여라.)

5. 아래 자료는 두 가지 반복 요인(A, B)에 대해 3명의 환자가 두 요인들 수준의 모든 조합에 할당을 받아 반응치를 측정한 것이다. 반복측정 자료분석을 SAS로 실행하여 각 반복 요인들의 효과와 요인들 간의 교호작용이 있는지 살펴보고 그 결과를 해석하여라.

요인 A	개체	요인 B			
		1	2	3	4
1	1	0	0	5	3
	2	3	1	5	4
	3	4	4	6	2
2	1	4	2	7	8
	2	5	4	6	6
	3	7	5	8	9

6. 한 연구자는 간헐성 파행증 (intermittent claudication) 을 완화시키는 새로운 약인 노바플린 (Novafylline) 의 효과를 검정하고자 38명의 환자들을 랜덤하게 두 개의 그룹으로 나눈 후 첫 번째 그룹에는 노바플린약을, 두 번째 그룹에는 위약을 1달 간격으로 5번을 할당하고 런닝 머신에서 걷게 하였다. 그런 다음 간헐성 파행증의 고통 때문에 걷기를 멈추기까지의 거리를 측정하였다. 이에 대한 자료는 아래와 같다.

번호	노바플린 (Novafylline)					플라시보 (Placebo)				
	0	1	2	3	4	0	1	2	3	4
1	190	212	213	195	248	187	177	200	190	206
2	98	137	185	215	225	205	230	172	196	232
3	155	145	196	189	176	165	142	195	185	170
4	245	228	280	274	260	256	232	252	326	292
5	182	205	218	194	193	197	182	160	210	185
6	140	138	187	195	205	134	115	150	165	170
7	196	185	185	227	180	196	166	166	188	205
8	162	176	192	230	215	167	144	176	155	185
9	195	232	199	185	200	98	102	89	128	130
10	167	187	228	192	210	167	175	122	162	125
11	123	165	145	185	215	123	136	147	130	135
12	105	144	119	168	165	95	102	154	105	112
13	161	177	162	185	192	181	177	140	212	230
14	255	242	330	284	319	237	232	245	193	245
15	144	195	180	184	213	144	172	163	158	188
16	180	218	224	165	200	182	202	254	185	173
17	126	145	173	175	140	165	140	153	180	155
18	175	155	154	164	154	196	195	204	188	178
19	227	218	245	235	257	175	197	195	182	193

(1) 노바플린약을 처리받은 집단과 위약을 처리받은 집단간에 운동거리의 차이가 있는가?

(2) 측정한 시간에 따라 운동거리의 차이가 있는가?

(3) 처리받은 약과 측정한 시간사이에 교호작용이 존재하는가?
(일변량 분석과 다변량 분석 결과를 비교하여라.)

제 7 장 생존분석

이 장에서는 임상시험에서 얻어질 수 있는 **생존시간 (survival time)** 자료를 분석하는 통계적 방법에 관하여 알아보기로 한다. 넓은 의미에서 볼 때 생존시간이란 어떤 정의된 시점부터 특정한 사건 (event) 이 관측될 때까지의 시간을 의미한다. 여기에서 사건이란 환자의 사망뿐 아니라 어떤 처리에 대한 반응이나 질병의 재발 등이 될 수 있다. 따라서 환자가 수술시부터 사망할 때까지의 시간, 어떤 처리를 받은 후 특정 반응을 나타낼 때까지 걸린 시간, 처치 후 재발할 때까지의 시간 등이 모두 생존시간으로 정의될 수 있다. 이러한 생존자료에 대해 연구자는 생존시간의 분포에 관한 정보, 예를 들면 1년 생존율, 3년 생존율이나 환자의 절반 정도가 생존하는 시간 등에 관하여 알고 싶어할 것이다. 또한 실험군과 대조군이 있는 경우 두 처리군의 생존분포를 비교하거나, 생존에 영향을 미칠 수 있는 여러 예후인자 (prognostic factor) 들 가운데 유의한 영향을 미친 것은 어느 것들인지 파악하는 것도 관심사가 될 것이다. 여기에서는 이러한 문제에 대한 통계적 방법들을 차례로 소개하기로 한다.

7.1 생존분석의 기초개념

생존시간 데이터가 다른 데이터와 구별되는 이유 중 하나는 중도절단자료(censored

data) 를 다루어야 한다는 데 있다. 예를 들어 암환자의 생존시간을 관측하는 임상시험에서 몇몇 환자들이 도중에 외국으로 가서 연락이 두절된 경우를 생각해보자. 이 경우에 우리는 그 환자가 최소한 마지막 진료시간까지 살아있었음을 알 뿐이며 사망시간을 알 수 없으므로 정확한 생존시간을 알 수 없게 된다. 또한 환자가 연구대상인 질병이 아닌 교통사고 등의 다른 원인으로 사망하게 된 경우에도 이 데이터는 불완전한 데이터가 된다. 이러한 자료를 중도절단자료라고 한다. 이제 중도절단의 원인과 형태에 관하여 알아보자.

중도절단(censoring) 은 크게 세 가지 형태로 구분된다. 제 1 형태 (Type I censoring) 는 연구자에 의해 중도절단시간이 고정되는 것이다. 예를 들어 임상시험에서 연구종료시점을 미리 정해 놓았을 때 환자들은 각기 다른 시간에 시험에 들어오게 되므로 연구종료시점까지 사망이 관측되지 않는 환자의 경우 중도절단이 된다. 제 2 형태 (Type II censoring) 는 사전에 관측할 사망자수를 정해 놓는 경우에 발생하는데, 예컨대 100 마리의 동물 중 90 마리가 사망하는 시점까지만 관측하는 경우가 이에 해당한다. 임상시험에서 발생하게 되는 중도절단은 주로 **임의중도절단 (random censoring)** 의 형태로서 연구자가 제어하지 못하는 이유로 중도절단되는 경우이다. 여러 이유가 있을 수 있는데, 제 1 형태와 같이 연구종료가 중도절단의 원인이 될 수도 있고, 거주지 변경 등의 원인으로 추적이 불가능하거나 (loss to follow up), 환자의 치료거부 또는 기타 사유로 치료를 중단해야 하는 경우 (drop out) 에도 임의중도절단이 발생하게 된다. [그림 7.1]은 임의중도절단자료의 예이다. 여기서 환자 1은 연구의 시작부터 연구에 참여하여 생존시간이 t_1 인 것으로 관측되며 중도절단은 발생하지 않았다. 환자 2는 도중에 연구에 참여하여 연구의 종료시간까지 t_2 시간동안 생존해 있고 그 이후는 관측되지 않았으므로, 이 환자의 생존시간은 중도절단된 시간보다는 길지만 정확하게 알 수는 없다. 이를 t_2+로 기록할 수 있다. 환자 3은 역시 연구의 도중에 참여하여 t_3 만큼의 시간동안 생존한 것으로 관측되었으나 연구종료 이전에 중도절단되었고, 이때의 생존시간은 중도절단된 시간 t_3+로 기록된다. 한편 환자 4의 생존시간은 t_4로 기록된다.

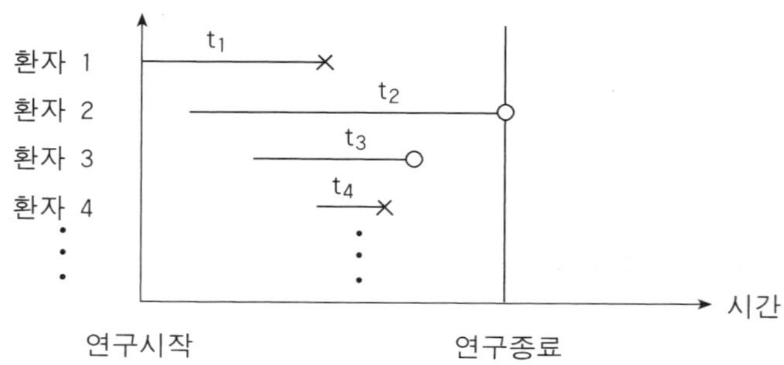

[그림 7.1] 임의중도절단자료의 예 (×는 사망, 0는 중도절단)

이제 임의중도절단된 모형을 확률변수로 나타내어 보자. 생존시간 $T_1, T_2, \cdots, T_n$은 서로 독립이고 동일한 분포 F를 갖는 확률변수이며, 중도절단시간 $C_1, C_2, \cdots, C_n$은 역시 서로 독립이고 동일한 분포 G를 갖는다고 하자. 우리는 $T_1, T_2, \cdots, T_n$을 모두 관측하지 못하고, 대신

$$X_i = \min(T_i, C_i),$$
$$\delta_i = \begin{cases} 1, & T_i\text{가 중도절단되지 않은 경우} \\ 0, & T_i\text{가 중도절단된 경우} \end{cases}$$

로 정의되는 $(X_1, \delta_1), (X_2, \delta_2), \cdots, (X_n, \delta_n)$을 관측하게 된다. 이러한 임의중도절단의 경우 일반적으로 생존시간 T_i와 중도절단시간 C_i가 서로 독립이라는 가정을 해야 한다.

생존분석에서 필요한 기초적인 함수들을 정의하여 보기로 한다. 생존시간을 $T(\geq 0)$라 하고 T가 확률밀도함수 $f(t)$와 분포함수 $F(t)$를 갖는다고 하자. T의 **생존함수 (survival function)** $S(t)$와 **위험함수 (hazard function)** $h(t)$는 각각

$$\begin{aligned} S(t) &= P(T > t) = 1 - F(t), \\ h(t) &= \lim_{dt \to 0} P(t < T \leq t + dt \mid T \geq t) / dt \\ &= f(t) / S(t) \end{aligned}$$

로 정의된다. 즉, 생존함수는 환자가 t시간 이상 생존할 확률이며, 위험함수란 어떤 환자가 t시점까지는 생존했다가 t시점 바로 직후에 사망하게 되는 순간위험률을 의미한다.

7.2 비모수적 방법을 이용한 생존함수의 추정

이제 특정 분포를 가정하지 않는 비모수적 방법 (nonparametric method)에 의한 생존함수의 추정에 관하여 알아보자. 이를 위하여 먼저 중도절단이 없는 경우를 생각해보자. 생존시간 $x_1, \cdots, x_n$을 순서대로 배열한 것을 $t_1 < t_2 < \cdots < t_n$이라고 했을 때 생존시간에 대해 다음과 같은 경험적 분포함수 (empirical distribution function)를 생각할 수 있다.

$$\begin{aligned} S(t_i) &= P(T > t_i) \\ &= (\text{생존시간이 } t_i \text{ 이상인 관측치수}) / \text{총 관측치수} \\ &= 1 - (t_i\text{까지의 사망자수}) / n \end{aligned}$$

한 집단의 생존시간에 대한 분포상황을 파악하는 방법으로 생명표(life table)를 이용한 방법과 누적한계추정법(product-limit method)이 있다. 이 두 방법은 모두 경험적 분포함수를 중도절단자료가 있는 경우로 확장한 것이라고 할 수 있다. 두 방법의 가장 큰 차이점은 누적한계추정법이 환자 개개인의 생존(또는 중도절단) 시간을 관측하여 각 시점에서의 생존함수를 추정하는데 비해, 생명표는 이들 자료를 시간의 단위로 묶어서 생존함수를 추정한다는 데 있다. 이제 이들 방법에 대해 구체적으로 알아보자.

7.2.1 생명표방법

환자의 수가 상당히 많을 때에는 그들 개개의 생존시간을 고려하는 대신 생존시간을 몇 개의 구간으로 나누어 생존자료를 요약하는 방법이 필요하다. 또한 보험통계와 같이 데이터의 수집단계에서부터 생존시간이 1년 단위의 구간별로 나뉘어서 주어지는 경우에도 **생명표방법(life-table method)**이 주로 사용된다.

생존시간을 다음과 같이 $k+1$개의 구간 $(t_{i-1}, t_i]$, $i = 1, \cdots, k+1$ 으로 나누었다고 하자. 이 때 $t_0 = 0$이고 $t_{k+1} = \infty$이다.

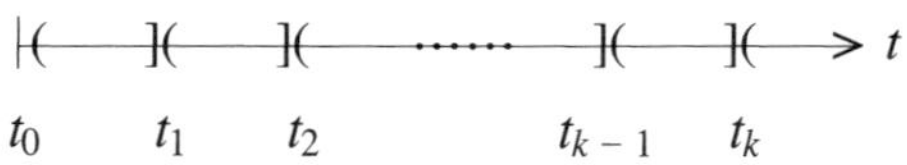

i번째 구간의 시작시점에서의 생존자수를 n_i, i번째 구간에서의 사망자수를 d_i라고 하고, c_i를 i번째 구간에서 중도절단된 인원수라고 정의하자. 또 구간 내에서의 생존율을 $p_i = P(i$번째 구간에서 내내 생존 $| i$번째 구간의 시작점에서 생존$) = P(T > t_i \mid T > t_{i-1})$이라 하고, 구간 내 사망률을 $q_i = 1 - p_i$로 놓자.

생명표는 대체로 [표 7.1]과 같은 형식을 갖는다.

[표 7.1] 생명표의 형태

구간	사망자수	중도절단수	위험그룹 인원수	유효인원수	사망률	생존율	생존함수
$(t_0, t_1]$	d_1	c_1	n_1	n_1'	$\hat{q}_1$	$\hat{p}_1$	$\hat{S}(t_1)$
$(t_1, t_2]$	d_2	c_2	n_2	n_2'	$\hat{q}_2$	$\hat{p}_2$	$\hat{S}(t_2)$
⋮	⋮	⋮	⋮	⋮	⋮	⋮	⋮
$(t_{i-1}, t_i]$	d_i	c_i	n_i	n_i'	$\hat{q}_i$	$\hat{p}_i$	$\hat{S}(t_i)$
⋮	⋮	⋮	⋮	⋮	⋮	⋮	⋮

여기서 i번째 구간의 시작시점에서의 인원수(위험그룹인원수) n_i는 $n_i = n_{i-1} - d_{i-1} - c_{i-1}$이며, **유효인원수(effective sample size)** n_i'는 구간에서의 위험그룹인원수에서 중도절단된 인원수의 1/2을 뺀 $n_i' = n_i - c_i/2$를 말한다. 중도절단사례가 발생한 경우에는 그들이 구간내내 위험에 노출된 것이 아니라 절반가량 노출되었다고 생각하여 이와 같이 인원수를 조정하는 것이다.

따라서 i번째 구간에서의 사망률 q_i의 추정치는 $\hat{q}_i = d_i / n_i'$이 되고, 생존율 p_i의 추정치는 $\hat{p}_i = 1 - \hat{q}_i = 1 - d_i / n_i'$으로 계산된다. 이제 생존함수의 추정치를 구하는 문제를 생각해보자. 생존함수 $S(t_i)$는

$$
\begin{aligned}
S(t_i) &= P(T > t_i) \\
&= P(T > t_1)\,P(T > t_2 \mid T > t_1) \cdots P(T > t_i \mid T > t_{i-1}) \\
&= p_1 p_2 \cdots p_i
\end{aligned}
$$

로 표현될 수 있으므로 생존함수의 추정치는

$$
\hat{S}(t_i) = \prod_{k=1}^{i} \hat{p}_k = \prod_{k=1}^{i} (1 - d_k / n_k')
$$

으로 구해진다. 이 때 $\hat{S}(0) = 1$로 놓는다. 이와 같이 추정된 생존함수의 분산은

$$
\widehat{Var}(\hat{S}(t_i)) = \hat{S}^2(t_i) \sum_{k=1}^{i} \frac{d_k}{n_k'(n_k' - d_k)}
$$

와 같이 유도되는데, 이것을 **그린우드의 공식(Greenwood formula)**이라고 부른다(cf. Greenwood, 1926).

예제 7-1 다음의 [표 7.2]는 협심증(angina pectoris)이 있는 2418명의 남성들에 대한 생존자료이다. 진단시점부터 사망할 때까지의 시간이 생존시간으로 계산되었으며, 1년 간격으로 표가 작성되었다. 이 생명표에서 경과기간에 따른 생존확률을 구해보자.

[표 7.2] 협심증 환자의 생존자료

진단후 경과기간 (단위: 년)	사망자수	중도절단수
(0 - 1]	456	0
(1 - 2]	226	39
(2 - 3]	152	22
(3 - 4]	171	23
(4 - 5]	135	24
(5 - 6]	125	107
(6 - 7]	83	133
(7 - 8]	74	102
(8 - 9]	51	68
(9 - 10]	42	64
(10 - 11]	43	45
(11 - 12]	34	53
(12 - 13]	18	33
(13 - 14]	9	27
(14 - 15]	6	23
(15 -]	0	30

(출처 : Lee, 1992)

처음 2년간의 생존확률을 계산해보자. 처음 1년 동안의 위험그룹인원수와 유효인원수는 2418명이므로 이때의 생존율은 1 − 456/2418 = 0.8114이다. 1년에서 2년 사이의 위험 그룹 인원수는 2418 − 456 = 1962이고 유효인원수는 1962 − 39/2 = 1942.5가 된다. 이 구간에서의 사망률은 226/1942.5 = 0.1163이므로 생존율은 1 − 0.1163 = 0.8837이다. 앞 구간에서의 생존율이 0.8114이므로 환자가 2년 이상 생존할 확률은 0.8114 × 0.8836 = 0.7170이다.

SAS의 PROC LIFETEST에서는 METHOD = LIFE (또는 LT, LIFETABLE)로 지정하면 이러한 생명표를 얻을 수 있다. PROC LIFETEST는 생존함수의 비모수적추정치를 제공하며 둘 이상의 그룹의 생존분포를 비교하는 검정통계량도 제공하여 준다. 이 자료의 생명표를 구하기 위한 프로그램은 [표 7.3]에 있다. 간단히 프로그램을 설명하기로 한다. 대문자로 쓰인 것은 SAS에서 지정되는 명령이고 소문자로 쓴 것은 우리가 임의로 명명할 수 있는 것들을 가리킨다. 여기서 생존시간을 time이라는 변수명으로 사용하였고, 중도절단여부를 나타내는 변수로 censor를 썼다. 이 때 중도절단이 되었으면 0, 사망하였으면 1로 지정하였다. freq는 도수를 나타내기 위해 사용되었다. option중 INTERVALS에는 구간의 끝점을 쓰면 된다. PLOTS에서는 여러 가지 그래프를 제공하여 주는데 S를 쓰면 생존함수의 추정치, H는 위험함수의 추정치, P는 확률밀도함수의 추정치를 제공하며 LS는 시간에 대한 로그변환된 생존함수 $-\log(S(t))$, LLS는 시간에 대한 $\log(-\log(S(t)))$의 그래프를 제공한다. 이번 예에서는 생존함수와 위험함수의 그래프만을 그리도록 하였다. TIME 문은 반드시 필요한 것으로 사망시간과 중도절단을 나타내는 변수를 지정하는데

TIME 생존시간변수명*중도절단변수명(중도절단을 나타내는 변수값)

형태를 취하게 된다. 이 예에서는 중도절단인 경우에 censor를 0으로 코딩했기 때문에 괄호 안에 0을 넣었다. FREQ문에는 관측치의 도수를 나타내는 변수명을 쓴다. 생존분석을 위한 SAS 프로그램의 구체적인 용법에 대해서는 Allison (1995)을 참조하기 바란다.

[표 7.4]는 이 프로그램의 결과를 인쇄한 것이다. 표의 좌측으로부터 차례로 구간(Interval), 사망자수 (Number Failed), 중도절단수 (Number Censored), 유효인원수(Effective Sample Size), 구간에서의 사망률 (Conditional Probability of Failure), 사망률에 대한 표준오차 (Conditional Probability Standard Error) 와 생존함수 (Survival), 사망확률 (Failure), 생존함수의 표준오차 (Survival Standard Error) 등이 인쇄된다. 단, SAS에서는 위에서 정의한 것과 달리 $(t_i, t_{i+1}]$이 아닌 $[t_i, t_{i+1})$로 구간을 정의하므로 첫째줄은 0년 이상 살 확률이 되어 첫 구간의 생존확률은 1이 된다는 점에 주의한다. 1년 이상 생존할 확률이 두 번째 줄에 가서 인쇄된다. 처음 몇 년간의 결과를 보면 위에서 계산한 바대로 협심증환자의 약 19%가 1년 이내에, 약 28%가 2년 이내에 사망하는 것으로 추정된다. 따라서 협심증환자가 2년 이상 생존할 확률은 약 72%가 된다는 것을 알 수 있다. 또한 5년이상 생존할 확률은 약 52%이다.

[표 7.3] 협심증자료의 생명표 SAS 프로그램

```
DATA angina;
INPUT  time censor freq @@;
CARDS;
 0.5  1 456    0.5 0   0    1.5  1  226   1.5 0  39
 2.5  1 152    2.5 0  22    3.5  1  171   3.5 0  23
 4.5  1 135    4.5 0  24    5.5  1  125   5.5 0 107
 6.5  1  83    6.5 0 133    7.5  1   74   7.5 0 102
 8.5  1  51    8.5 0  68    9.5  1   42   9.5 0  64
10.5  1  43   10.5 0  45   11.5  1   34  11.5 0  53
12.5  1  18   12.5 0  33   13.5  1    9  13.5 0  27
14.5  1   6   14.5 0  23   15.5  1    0  15.5 0  30
;

PROC LIFETEST METHOD=LIFE
       INTERVALS= 1 2 3 4 5 6 7 8 9 10 11 12 13 14 15
       PLOTS=(S, H)
       GRAPHICS;
       TIME time*censor(0);
       FREQ freq ;
RUN;
```

[표 7.4] 협심증자료의 생명표 SAS 출력결과

Life Table Survival Estimates

Interval [Lower,	Upper)	Number Failed	Number Censored	Effective Sample Size	Conditional Probability of Failure	Conditional Probability Standard Error	Survival	Failure
0	1	456	0	2418.0	0.1886	0.00796	1.0000	0
1	2	226	39	1942.5	0.1163	0.00728	0.8114	0.1886
2	3	152	22	1686.0	0.0902	0.00698	0.7170	0.2830
3	4	171	23	1511.5	0.1131	0.00815	0.6524	0.3476
4	5	135	24	1317.0	0.1025	0.00836	0.5786	0.4214
5	6	125	107	1116.5	0.1120	0.00944	0.5193	0.4807
6	7	83	133	871.5	0.0952	0.00994	0.4611	0.5389
7	8	74	102	671.0	0.1103	0.0121	0.4172	0.5828
8	9	51	68	512.0	0.0996	0.0132	0.3712	0.6288
9	10	42	64	395.0	0.1063	0.0155	0.3342	0.6658
10	11	43	45	298.5	0.1441	0.0203	0.2987	0.7013
11	12	34	53	206.5	0.1646	0.0258	0.2557	0.7443
12	13	18	33	129.5	0.1390	0.0304	0.2136	0.7864
13	14	9	27	81.5	0.1104	0.0347	0.1839	0.8161
14	15	6	23	47.5	0.1263	0.0482	0.1636	0.8364
15	.	0	30	15.0	0	0	0.1429	0.8571

Interval [Lower,	Upper)	Survival Standard Error	Median Residual Lifetime	Median Standard Error	PDF	PDF Standard Error	Hazard	Hazard Standard Error
0	1	0	5.3313	0.1749	0.1886	0.00796	0.208219	0.009698
1	2	0.00796	6.2499	0.2001	0.0944	0.00598	0.123531	0.008201
2	3	0.00918	6.3432	0.2361	0.0646	0.00507	0.09441	0.007649
3	4	0.00973	6.2262	0.2361	0.0738	0.00543	0.119916	0.009154
4	5	0.0101	6.2185	0.1853	0.0593	0.00495	0.108043	0.009285
5	6	0.0103	5.9077	0.1806	0.0581	0.00503	0.118596	0.010589
6	7	0.0104	5.5962	0.1855	0.0439	0.00469	0.1	0.010963
7	8	0.0105	5.1671	0.2713	0.0460	0.00518	0.116719	0.013545
8	9	0.0106	4.9421	0.2763	0.0370	0.00502	0.10483	0.014659
9	10	0.0107	4.8258	0.4141	0.0355	0.00531	0.112299	0.017301
10	11	0.0109	4.6888	0.4183	0.0430	0.00627	0.155235	0.023602
11	12	0.0111	.	.	0.0421	0.00685	0.17942	0.030646
12	13	0.0114	.	.	0.0297	0.00668	0.149378	0.03511
13	14	0.0118	.	.	0.0203	0.00651	0.116883	0.038894
14	15	0.0123	.	.	0.0207	0.00804	0.134831	0.054919
15	.	0.0133	.	.	.	.	.	.

Summary of the Number of Censored and Uncensored Values

Total	Failed	Censored	Percent Censored
2418	1625	793	32.80

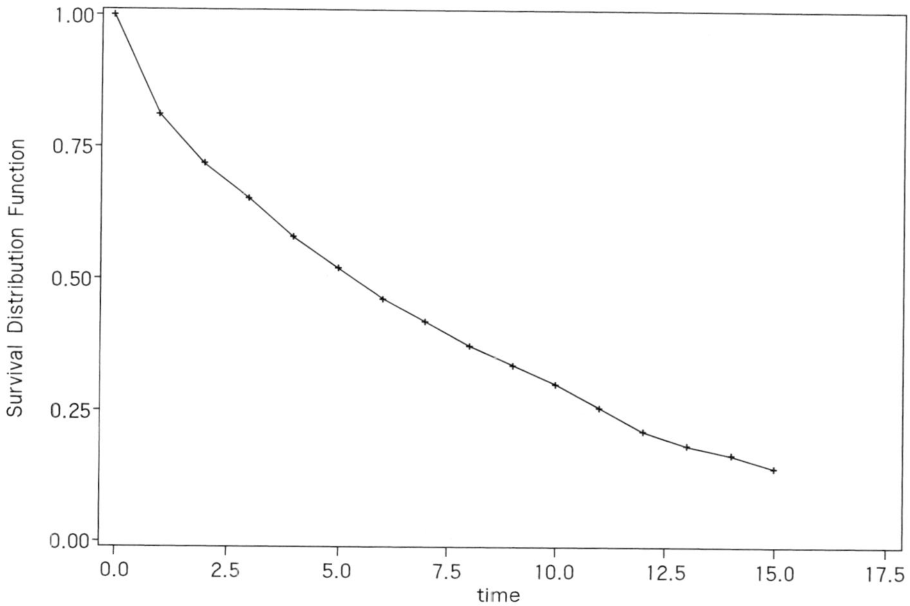

[그림 7.2] 협심증자료의 생존함수 추정치

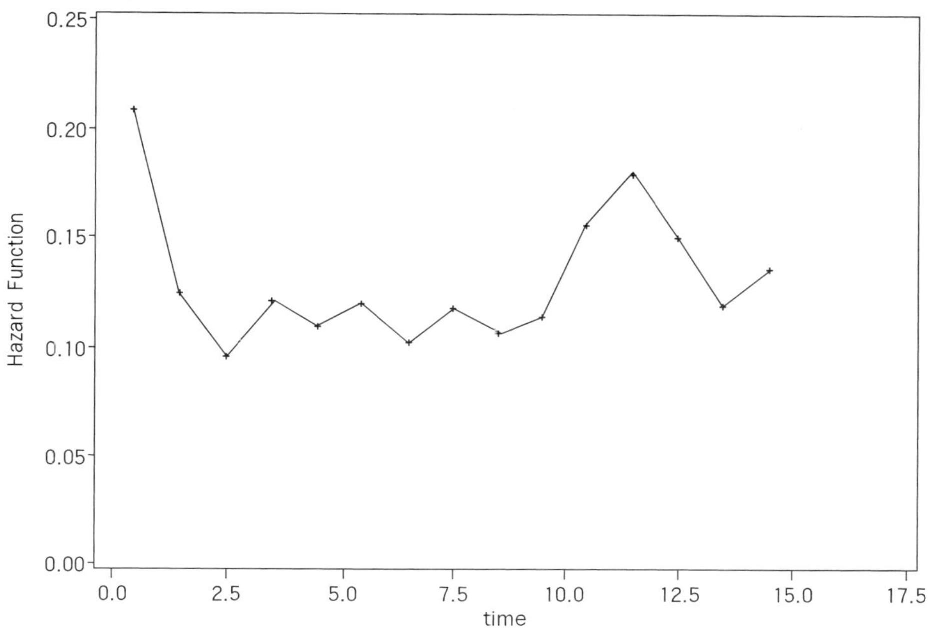

[그림 7.3] 협심증자료의 위험함수 추정치

7.2.2 누적한계추정법

누적한계추정법 (product-limit method) 은 생존함수를 추정하는 대표적인 방법 중 하나로 연구자의 이름을 따서 **카플란-마이어 (Kaplan-Meier) 추정법**이라고도 불린다. 모든 환자의 생존시간 또는 중도절단시간이 각각 관찰되었다고 하자. 모든 자료의 생존시간 또는 중도절단 $x_1, \cdots, x_n$을 순서대로 배열한 것을 $t_1 < t_2 < \cdots < t_n$이라고 하고 δ_i를 생존시간 t_i의 중도절단여부를 나타내는 것이라고 하자. 중도절단인 경우 $\delta_i = 0$, 그렇지 않은 경우 $\delta_i = 1$로 정의한다. 다음과 같은 예를 보자.

예제 7-2 다음의 [표 7.5]는 신장이식수술을 받은 15명 환자들의 호전기간(remission duration)이다. 여기서 +로 표시된 것은 중도절단된 자료를 가리킨다.

[표 7.5] 신장이식환자들의 호전기간 (단위: 일)

3.0	4.0+	4.5	4.5	5.5	6.0	6.4	6.5	7.0	7.5
8.4+	10.0	10.0+	12.0	15.0					

우선 가장 짧은 시간인 3.0에서의 생존확률, 즉 $S(3.0) = P(t > 3.0) = p_1$의 추정치를 생각해보자. 이 시점에서 위험그룹의 인원수는 15명이고 1명이 이 때 사망하였으므로 $\hat{p}_1 = 1 - 1/15 = 0.933$이다. 다음 데이터는 4.0에서 중도절단 되었으므로 이 환자의 생존시간은 4.0보다는 크다. 따라서 이 시점에서의 사망자수는 0명이 되어 $\hat{S}(4.0) = 0.933$으로 변함없다. 4.5에서는 이때까지 생존했던 13명중 두 명이 사망하였으므로 조건부 생존확률은 $1 - 2/13 = 0.846$이 되고 이때의 생존함수의 추정치 $\hat{S}(4.5) = 0.933 \times 0.846 = 0.789$가 된다. 이 결과는 이후의 SAS 출력결과를 통해 다시 보기로 하고, 이제 이러한 과정을 정식화하여보자. 시점 t_i에서 위험에 노출된 인원수, 즉 t_i 바로 직전까지 중도절단되지 않고 생존해 있던 인원수를 n_i라고 하고 사망한 사람의 수를 d_i라고 했을 때 생존함수 $S(t)$의 누적한계추정치는

$$\hat{S}(t) = \prod_{t_i \le t} \left(1 - \frac{d_i}{n_i}\right)^{\delta_i}$$

와 같다. 누적한계추정치는 중도절단시간에서는 변하지 않고 사망이 관측되는 시점 x_i에서 $(n_i - d_i)/n_i$를 곱해준 만큼씩 감소하는 단계함수이다. 중도절단의 효과는 각 단계에서의 크기 n_i의 값에서 나타나게 된다. 사망시간과 중도절단시간이 동일한 경우에는 사망이 중도절단보다 먼저 관측되었다고 보고, 마지막 생존시간 t_n이 중도절단된 경우에는 t_n이상의 기간에 대해서는 누적한계추정치를 정의하지 않는다. 한편 $\hat{S}(t)$의 분산의 추정치는

$$\widehat{Var}(\hat{S}(t)) = \hat{S}(t)^2 \sum_{i: t_i \leq t} \frac{d_i}{n_i(n_i - d_i)}$$

로 구해진다. 누적한계추정치는 일치성 (consistency) 과 근사적 정규성 (asymptotic normality) 을 만족하는 등 표본이 클 때 통계적 성질이 우수한 것으로 알려져 있다.

SAS를 이용하여 누적한계추정치를 구하기 위해서는 PROC LIFETEST에서 METHOD = KM을 사용하면 된다. [표 7.6]는 [표 7.5]의 자료를 분석하기 위한 SAS프로그램이다. 다른 명령어들은 생명표를 구하기 위한 프로그램에서 설명한 바와 같다.

[표 7.6] 신장이식환자자료의 누적한계추정법 SAS 프로그램

```
DATA rem;
INPUT time censor @@;
CARDS;
 3.0  1     4.0  0     4.5  1     4.5  1
 5.5  1     6.0  1     6.4  1     6.5  1
 7.0  1     7.5  1     8.4  0    10.0  1
10.0  0    12.0  1    15.0  1
;
PROC LIFETEST METHOD=KM PLOTS=(S) GRAPHICS;
     TIME  time*censor(0);
RUN;
```

생존분석 결과는 [표 7.7]에 실려 있다. 좌측으로부터 시점 (time), 생존분포의 추정치 (Survival), 사망률 (Failure), 생존함수에 대한 표준오차 (Survival Standard Error), 누적 사망자수 (Number Failed) 와 남은 인원수 (Number Left) 가 인쇄되어 있다. 앞에서 계산한 생존함수의 추정치를 확인할 수 있다. 다음으로 환자의 75%, 50%, 25% 가 사망하는 시점에 대한 추정값과 그의 95% 신뢰구간을 보여준다. 이 자료에서 환자의 50% 가 생존하는 시간 (median survival time) 은 7일임을 알 수 있다. 다음 줄의 mean 과 standard error는 평균생존시간의 추정치와 그것의 표준오차이다. 그러나 이 값은 중도절단이 많거나 최종 생존자가 중도절단된 경우에는 편차가 커서 좋지 않은 추정값이 되며, 중도절단이 있을 때는 중심의 척도로서 **50% 생존시간 (median survival time)** 을 사용하는 것이 좋다. 다음 줄에 15개의 데이터중 3개가 중도절단되어 20% 의 데이터가 중도절단된 것으로 보고되었다. [그림 7.4]는 이 자료의 생존함수 추정치의 그래프이다. 중도절단된 시점이 동그라미로 표시되어 있다.

각 시점에서의 생존함수에 대한 신뢰구간을 얻기 위해서는 OUTSURV = datasetname 을 쓰면 되는데 예컨대 이 예에서

```
PROC LIFETEST METHOD=KM PLOTS=(S) GRAPHICS OUTSURV=a;
     TIME  time*censor(0);
PROC PRINT DATA=a;
RUN;
```

로 쓰면 95% 신뢰구간의 하한과 상한이 각각 SDF_LCL, SDF_UCL이라는 이름으로 출력된다. 이 결과는 생략하기로 한다.

[표 7.7] 신장이식환자자료의 누적한계추정법 SAS 출력결과

The LIFETEST Procedure

Product-Limit Survival Estimates

time	Survival	Failure	Survival Standard Error	Number Failed	Number Left
0.0000	1.0000	0	0	0	15
3.0000	0.9333	0.0667	0.0644	1	14
4.0000*	.	.	.	1	13
4.5000	.	.	.	2	12
4.5000	0.7897	0.2103	0.1081	3	11
5.5000	0.7179	0.2821	0.1198	4	10
6.0000	0.6462	0.3538	0.1275	5	9
6.4000	0.5744	0.4256	0.1320	6	8
6.5000	0.5026	0.4974	0.1336	7	7
7.0000	0.4308	0.5692	0.1324	8	6
7.5000	0.3590	0.6410	0.1283	9	5
8.4000*	.	.	.	9	4
10.0000	0.2692	0.7308	0.1237	10	3
10.0000*	.	.	.	10	2
12.0000	0.1346	0.8654	0.1135	11	1
15.0000	0	1.0000	0	12	0

노트: The marked survival times are censored observations.

Summary Statistics for Time Variable time

Quartile Estimates

Percent	Point Estimate	95% Confidence Interval [Lower	Upper)
75	12.0000	6.5000	15.0000
50	7.0000	5.5000	12.0000
25	5.5000	4.5000	7.0000

Mean	Standard Error
8.1710	1.0574

Summary of the Number of Censored and Uncensored Values

Total	Failed	Censored	Percent Censored
15	12	3	20.00

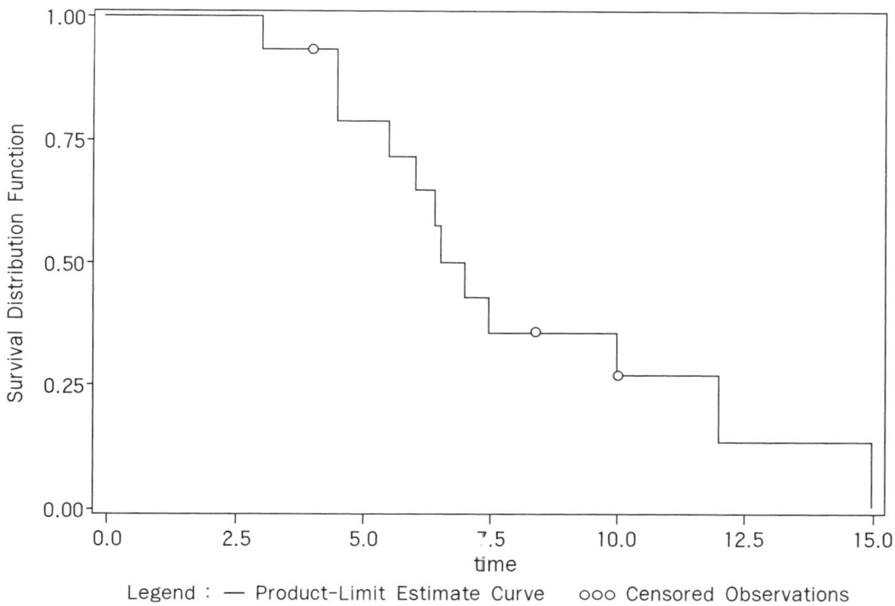

[그림 7.4] 신장이식환자자료의 누적한계추정치 그래프

7.3 비모수적 방법을 이용한 생존함수의 비교

다음의 예와 같이 중도절단이 포함되어 있는 경우에 두 그룹의 생존분포를 비교하기 위한 비모수적인 방법을 알아보자.

예제 7-3 다음의 [표 7.8]은 30명의 2기-4기 사이의 흑색종(melanoma) 환자들에 대한 연구로서 BCG와 CP(coryne-bacterium parvum) 면역법의 생존시간 연장효과를 비교하기 위해 얻은 자료이다. 환자들 중 11명은 BCG처리를 받았으며 나머지 19명은 CP처리를 받았다. 두 그룹의 환자에 대한 생존시간을 조사하여 중도절단된 자료는 +로 표시하였다. 두 그룹 간에 생존분포의 차이가 있는지 알아보자.

[표 7.8] 흑색종환자들의 생존시간 자료(단위: 월)

BCG 처리 그룹	33.7 +	3.9	10.5	5.4	19.5	23.8 +	7.9
	16.9 +	16.6 +	33.7 +	17.1 +			
CP 처리그룹	8.0	26.9 +	21.4 +	18.1 +	16.0 +	6.9	11.0 +
	24.8 +	23.0 +	8.3	10.8 +	12.2 +	12.5 +	24.4
	7.7	14.8 +	8.2 +	8.2 +	7.8 +		

(출처 : Lee, 1992)

우선 다음과 같은 가정이 필요하다. 첫 번째 그룹의 생존시간 $T_{11}, T_{12}, \cdots, T_{1n_1}$은 서로 독립이며 동일한 생존함수 S_1을 갖고, 중도절단시간 $C_{11}, C_{12}, \cdots, C_{1n_1}$도 서로 독립이며 동일한 분포함수 G_1을 갖는다고 하자. 마찬가지로 두 번째 그룹의 생존시간 $T_{21}, T_{22}, \cdots, T_{2n_2}$은 서로 독립이며 동일한 생존함수 S_2를 갖고, 중도절단시간 $C_{21}, C_{22}, \cdots, C_{2n_2}$은 서로 독립이며 동일한 분포함수 G_2를 갖는다고 하자. 우리가 관측하게 되는 것은

$$\text{그룹 1}: (x_{11}, \delta_{11}), (x_{12}, \delta_{12}), \cdots, (x_{1n_1}, \delta_{1n_1})$$
$$\text{그룹 2}: (x_{21}, \delta_{21}), (x_{22}, \delta_{22}), \cdots, (x_{2n_2}, \delta_{2n_2})$$

이다. 여기서 $x_{ij} = \min(T_{ij}, C_{ij})$이고 δ_{ij}는 중도절단을 나타내는 가변수(dummy variable)로 중도절단일 때 $\delta_{ij} = 0$, 그렇지 않을 때 $\delta_{ij} = 1$이다.

우리의 목적이 전체적인 생존곡선의 비교가 아니고 관심 있는 어느 시점 t_k에서의 생존율을 비교하는 데에 있다면 두 그룹의 누적한계추정치들의 차가 근사적으로 정규분포를 따른다는 것을 이용하여 이 문제를 해결할 수 있다. 이 때에는 귀무가설과 대립가설이 각각

$$H_0: S_1(t_k) = S_2(t_k) \quad \text{vs.} \quad H_1: S_1(t_k) \neq S_2(t_k)$$

와 같이 된다. $\hat{S}_1(t_k)$와 $\hat{S}_2(t_k)$가 특정시점 t_k에서의 첫 번째 그룹과 두 번째 그룹의 생존함수추정치라고 하면, 다음의 통계량

$$Z = \frac{\hat{S}_1(t_k) - \hat{S}_2(t_k)}{\sqrt{\widehat{Var}(\hat{S}_1(t_k)) + \widehat{Var}(\hat{S}_2(t_k))}}$$

는 귀무가설 하에서 근사적으로 표준정규분포를 따르게 된다. 여기서 $\widehat{Var}(\hat{S}_1(t_k))$와 $\widehat{Var}(\hat{S}_2(t_k))$는 각각 두 생존함수 추정치의 분산의 추정치이다. 따라서 우리는 이의 절대값 $|Z|$가 주어진 유의수준 하에서 표준정규분포의 양측검정 임계치 (예컨대 5% 유의수준 하에서는 1.96) 보다 크게 나타나는 경우에 그 시점에서 두 그룹의 생존함수가 같다는 가설을 기각하면 될 것이다. $\hat{S}_1(t_k)$, $\hat{S}_2(t_k)$, $\widehat{Var}(\hat{S}_1(t_k))$와 $\widehat{Var}(\hat{S}_2(t_k))$는 모두 앞서 소개한 누적한계추정치를 구하는 SAS 프로그램의 결과로 인쇄되므로 이를 이용할 수 있을 것이다. $\widehat{Var}(\hat{S}_1(t_k))$와 $\widehat{Var}(\hat{S}_2(t_k))$를 구하기 위해서는 출력결과에서 생존함수의 표준오차(Survival Standard Error로 인쇄)를 제곱하면 된다. 이 방법 외에도 누적한계추정치에 근거한 검정방법들이 많이 개발되어 있다 (cf. Fleming et al.,1980; Reid, 1981; Schumacher, 1984).

이제 두 그룹의 생존함수를 총괄적으로 비교하기 위한 방법을 알아보자. 이 때 귀무가설과 대립가설은

$$H_0: S_1 = S_2 \quad \text{vs.} \quad H_1: S_1 \neq S_2$$

이 된다. 두 생존분포의 비교에 있어 주로 사용되는 기법 중의 하나는 **로그-순위 검정법 (log-rank test)** 이다. 여러 가지 형태가 있지만 여기서는 Mantel-Haenszel 의 로그-순위 검정법을 설명하기로 하겠다.

먼저 $t_1 < t_2 < \cdots < t_k$를 두 그룹의 자료를 섞었을 때 관측된 사망시간을 순서대로 놓은 것이라고 하자. 모든 t_i에서 (즉 사망이 관측된 시점마다) 다음과 같은 2차원 분할표를 작성한다. 이 때 n_{qi} ($q = 1, 2$; $i = 1, \cdots, k$)는 사망시간 t_i에서 위험에 노출된 사람 중 그룹 q에 속해있는 인원수를 의미하며 d_{qi}는 시점 i에서 사망한 사람 중 그룹 q에 속해있는 인원수를 의미한다.

	사망	생존	계
그룹 1	d_{1i}	$n_{1i} - d_{1i}$	n_{1i}
그룹 2	d_{2i}	$n_{2i} - d_{2i}$	n_{2i}
계	d_i	$n_i - d_i$	n_i

n_{1i}, n_{2i}, d_i가 고정되었다고 하면 귀무가설 하에서 d_{1i}의 조건부분포는 초기하분포 (hypergeometric distribution)를 따르게 된다. 이의 평균과 분산은 각각

$$E(d_{1i}) = E_{1i} = n_{1i}\, d_i / n_i \,,$$

$$Var(d_{1i}) = V_{1i} = \frac{n_{1i}\, n_{2i}}{n_i - 1} \frac{d_i (n_i - d_i)}{n_i^2}$$

와 같다. 이제 다음과 같은 검정통계량

$$T = \frac{\left\{\sum_{i=1}^{k} (d_{1i} - E_{1i})\right\}^2}{\sum_{i=1}^{k} V_{1i}}$$

의 값이 크면 귀무가설을 기각하게 된다(cf. Mantel and Haenszel, 1959). 귀무가설 하에서 T는 근사적으로 자유도 1인 χ^2-분포를 따르게 되므로 이 값이 χ^2-분포의 임계치보다 큰 경우에 두 그룹의 생존함수가 같다는 가설을 기각하게 된다. 단측검정 (H_1 : $S_1 > S_2$)을 하고자 할 때에는 $\sqrt{T}$가 근사적으로 표준정규분포를 따른다는 것을 이용하면 된다. 사실상 생존시간 데이터에 있어서 n_{1i}, n_{2i}, d_i가 고정된 값으로 주어진다는 가정은 적절하지 않지만, 이 문제가 분포의 사용에 큰 영향을 미치지는 않는 것으로 알려져 있다.

로그-순위 통계량은 각 시점에서 동일한 비중을 갖게 된다. 우리는 다른 대안으로서 각 시점의 가중치를 다르게 한 다음과 같은 통계량

$$T = \frac{\left\{\sum_{i=1}^{k} w_i(d_{1i} - E_{1i})\right\}^2}{\sum_{i=1}^{k} w_i^2 V_{1i}}$$

를 생각할 수 있다. 여기서 w_i는 시점 t_i에서의 가중치이다. 귀무가설 하에서 이 통계량 역시 자유도 1인 χ^2-분포를 따른다. $w_i = 1$일 때 이는 로그-순위 통계량과 같다. $w_i = n_i / (N+1)$일 때 이는 **Gehan의 검정통계량**이 되는데, 이 가중치는 각 시점에서 위험에 처해 있는 인원수에 비례하도록 된 것이다(cf. Gehan, 1965). 즉, 연구의 초반에서의 차이에 보다 많은 비중을 둔 것이다. 이 밖에 가중치를 어떻게 두느냐에 따라 여러 가지 다른 검정통계량들이 있다(cf. Prentice, 1978; Tarone and Ware, 1977; Harrington and Fleming, 1982). 두 그룹의 위험률의 비가 상수일 때 로그-순위 검정법이 선호되며, 그렇지 않은 경우에는 다른 가중치를 주는 방법이 선호된다. 이들 검정법을 사용하는 데 있어 한 가지 유의해야 할 점은 두 생존분포가 중간에 서로 교차하는 경우에 있어서는 로그-순위 검정법은 적합하지 않게 된다는 사실이다. 이런 문제를 피하기 위해서는 먼저 추정된 생존함수의 그래프를 검토해 보아야 할 것이다.

$k(\geq 3)$개의 처리의 효과가 모두 동일한지, 다시 말해서 k개의 그룹이 모두 동일한 생존분포를 가지는가를 알아내기 위한 검정법은 이제까지 설명한 방법들을 표본이 k개인 경우로 확장시켜서 얻어지는 검정통계량을 이용한다. k개의 표본을 비교하는 대표적인 비모수적 방법인 크루스칼-왈리스 검정법을 중도절단자료의 경우로 확장시킨 형태의 일종이라고 할 수 있다. 이들 검정통계량에 대한 구체적인 형태는 Lee(1992, 5장)를 참고하기 바란다.

이제 SAS를 이용하여 이들 통계량을 구해보기로 하자. 다음의 [표 7.9]는 흑색종환자

[표 7.9] 흑색종환자들의 생존함수비교 SAS 프로그램

```
DATA M1;
INPUT time censor group @@ ;
CARDS;
33.7 0 1  3.9 1 1 10.5 1 1  5.4 1 1 19.5 1 1
23.8 0 1  7.9 1 1 16.9 0 1 16.6 0 1 33.7 0 1
17.1 0 1
 8.0 1 2 26.9 0 2 21.4 0 2 18.1 0 2 16.0 0 2
 6.9 1 2 11.0 0 2 24.8 0 2 23.0 0 2  8.3 1 2
10.8 0 2 12.2 0 2 12.5 0 2 24.4 1 2  7.7 1 2
14.8 0 2  8.2 0 2  8.2 0 2  7.8 0 2
;
PROC LIFETEST PLOTS=(S) GRAPHICS;
     TIME  time*censor(0);
     STRATA group;
     SYMBOL1 V=NONE COLOR=BLACK LINE=1;
     SYMBOL2 V=NONE COLOR=BLACK LINE=2;
RUN;
```

들의 생존함수를 비교하기 위한 프로그램이다. 생존함수의 추정치를 구하기 위한 프로그램과 다른 점은 그룹을 표시해주는

STRATA group;

문이 추가 되었다는 것이다. STRATA 문에 위와 같이 그룹을 표시하는 변수명을 지정해주면 생존함수의 추정과 함께 로그-순위 통계량과 Gehan의 통계량을 제공하여 준다. 그룹이 셋 이상일 경우에도 STRATA 문에 그룹변수를 지정하기만 하면 필요한 통계량들을 계산해준다. 두개의 문장

```
SYMBOL1 V=NONE COLOR=BLACK LINE=1;
SYMBOL2 V=NONE COLOR=BLACK LINE=2;
```

은 반드시 써 줄 필요는 없다. SAS에서는 디폴트로 두 그룹의 선을 색상으로 구분하여 그려지는데, 이렇게 써주면 흑백으로 인쇄할 때에도 각 그룹의 그래프를 선모양으로

[표 7.10] 흑색종환자들의 생존함수비교 SAS 출력결과

```
                         The LIFETEST Procedure

          Testing Homogeneity of Survival Curves for time over Strata


                            Rank Statistics

                  group         Log-Rank     Wilcoxon

                  1               1.3150       35.000
                  2              -1.3150      -35.000


           Covariance Matrix for the Log-Rank Statistics

                  group                1              2

                  1              2.31384       -2.31384
                  2             -2.31384        2.31384


           Covariance Matrix for the Wilcoxon Statistics

                  group                1              2

                  1              1230.00       -1230.00
                  2             -1230.00        1230.00


                      Test of Equality over Strata

                                                  Pr >
             Test        Chi-Square      DF    Chi-Square

             Log-Rank        0.7474       1        0.3873
             Wilcoxon        0.9959       1        0.3183
             -2Log(LR)       0.3229       1        0.5699
```

구분할 수 있게 된다.

[표 7.10]은 이 결과를 보여 준다(각 그룹에 대한 생존함수의 누적한계추정치가 출력되지만 이는 생략한다). 각 그룹의 동질성 가설에 대한 로그-순위 검정통계량이 0.7474이며 이의 *p*-값은 0.3873이므로 귀무가설은 기각되지 않는다. 따라서 두 그룹간의 생존함수는 유의한 차이를 보이지 않는다. Gehan의 검정통계량은 Wilcoxon으로 인쇄되는데 이의 통계량은 0.9959이고 *p*-값이 0.3183으로 역시 마찬가지 결과를 보여준다. [그림 7.5]에서 보듯이 두 그룹의 누적한계추정치의 그래프도 교차되지 않고 나란한 형태를 보이므로 로그-순위 검정법이 타당한 것이었음을 알 수 있다.

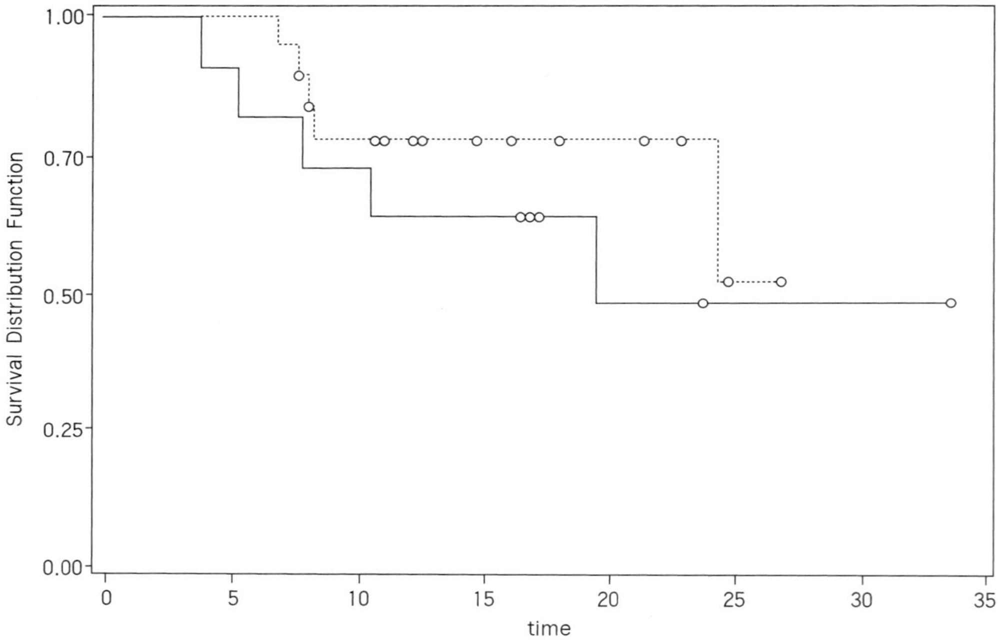

[그림 7.5] 흑색종환자들의 추정된 생존함수그래프

7.4 모수적 방법을 이용한 생존함수의 추정과 비교

7.4.1 모수적 모형

생존시간의 분포형태가 알려져 있을 경우에는 비모수적인 방법보다 모수적인 방법을 이용하는 것이 더 효율적이다. 여러 모형이 있을 수 있는데 먼저 위험함수로부터 직접 도출하는 방법을 알아보자. 모수적 위험함수의 가장 단순한 형태로서 위험률이 시간에 대해 일정한 경우, 즉 $h(t) = \lambda$(또는 $\log h(t) = \mu$ 형태)인 경우를 생각할 수 있다. 이 경우에 생존함수 $S(t) = e^{-\lambda t}$이 되며 확률밀도함수 $f(t) = \lambda e^{-\lambda t}$이 된다. 이것은 잘 알려진 **지수분포 (exponential distribution)** 의 확률밀도함수이다. 또한 만약 로그위험함수를 시간에 대한 선형함수로 생각한다면 $\log h(t) = \mu + \alpha t$(또는 $h(t) = \lambda\gamma^t$ 형태)를 생각할 수 있다. 이 위험함수는 생존시간이 **곰페르츠분포 (Gompertz distribution)** 를 따른다는 것을 의미한다. 반면 $\log h(t) = \mu + \alpha \log t$(또는 $h(t) = \lambda t^{\alpha}$ 형태)를 고려하면 생존시간은 **와이블분포 (Weibull distribution)** 를 따르게 된다. 곰페르츠분포와 와이블분포는 $\alpha = 0$일 때 지수분포로 되며, $\alpha \neq 0$일 때 두 분포의 위험함수는 시간이 증가함에 따라 단조증가 또는 단조감소하는 형태를 갖는다. 이를 확장하여 생존시간에 영향을 미치는 요인(공변량)들 $x_1, \cdots, x_k$가 있을 때 이들의 위험함수는 각각

$$
\begin{aligned}
&\text{지수분포} &&: \log h(t) = \alpha_0 + \alpha_1 x_1 + \alpha_2 x_2 + \cdots + \alpha_k x_k\,, \\
&\text{곰페르츠분포} &&: \log h(t) = \alpha t + \alpha_0 + \alpha_1 x_1 + \alpha_2 x_2 + \cdots + \alpha_k x_k\,, \\
&\text{와이블분포} &&: \log h(t) = \alpha \log t + \alpha_0 + \alpha_1 x_1 + \alpha_2 x_2 + \cdots + \alpha_k x_k
\end{aligned}
$$

와 같은 형태로 쓸 수 있다.

다음으로 **가속수명모형 (accelerated lifetime model)** 에 근거하여 유추하는 방법에 관하여 알아보자. 가속수명모형은 공변량의 영향으로 사망시간이 가속화된다는 의미로, 생존시간에 영향을 주는 k개의 공변량 $x_1, \cdots, x_k$가 있을 때의 생존시간을 T로 하고 이들 공변량의 값이 0인 경우의 생존시간을 T_0로 했을 때 이들 간에

$$T = \exp(\beta_1 x_1 + \cdots + \beta_k x_k)\ T_0^{\sigma}$$

의 관계가 성립한다고 생각하는 것이다. 위의 식의 양변에 로그를 취하여 다음과 같은 모형

$$\log T = \beta_0 + \beta_1 x_1 + \cdots + \beta_k x_k + \sigma e$$

를 만들 수 있다. 여기서 e는 오차항이며, σ는 척도모수(scale parameter)이고, β_0는 위치모수(location parameter)이다. 우리는 $\beta_0, \beta_1, \cdots, \beta_k$와 σ를 추정하게 된다.

위의 모형에서 오차항이 각 관측치에 대해 동일한 평균과 분산을 갖는 정규분포를 따르며 서로 독립이라고 가정하면, 생존시간 T의 분포는 **로그-정규 (log-normal) 분포**가 된다. 오차항에 대한 평균과 분산이 일정하고 독립성도 유지되나 정규분포를 따르지 않는 경우에는 오차항의 분포에 따라 생존시간의 분포가 [표 7.11]과 같이 다양하다. 이 중에서 생존시간의 분포로서 가장 흔히 쓰이는 것은 지수분포와 와이블분포이다. 와이블분포의 경우 생존시간에 대한 선형모형에서의 계수(β_j)와 위험함수에 근거한 선형모형에서의 계수(α_j) 간에는

$$\alpha_j = \beta_j \sigma, \quad \alpha = 1/\sigma - 1 \quad (j = 0, \cdots, k)$$

의 관계가 성립된다. 지수분포는 와이블분포의 특수한 경우로 $\sigma = 1$인 경우이다. 이들 여러 분포에 관한 자세한 내용은 Lawless (1982, 3, 4, 5장)으로 미루고 여기서는 다루지 않겠다.

[표 7.11] 오차항의 분포에 따른 생존시간의 분포

오차항의 분포	생존시간의 분포
극한분포 (extreme value -2 para)	와이블 (Weibull)
극한분포 (extreme value -1 para)	지수 (exponential)
로그-감마 (log-gamma)	감마 (gamma)
로지스틱 (logistic)	로그-로지스틱 (log-logistic)
정규분포 (normal)	로그-정규 (log-normal)

7.4.2 모수적 모형에 근거한 생존시간의 분석

이제 이러한 모형들에 대한 추정과 검정, 그리고 여러 그룹이 있을 때 이들을 비교하는 방법에 대해 알아보자. 여기서는 수리적인 접근 대신 실제 예를 가지고 SAS를 이용하여 분석하는 방법을 설명하기로 한다.

예제 7-4 [표 7.12]의 데이터는 40명의 폐암환자들의 생존시간을 조사한 것이다. 40명의 환자 중 20명은 처리 1 (standard)에, 나머지 20명은 처리 2 (test)에 할당되었으며, 생존시간에 영향을 미칠 것으로 생각되는 공변량들은 다음과 같다.

x_1 : 진단시의 환자상태 (Performance Status: 0점-100점)

x_2 : 환자의 나이 (단위: 년)

x_3 : 진단 후 연구참여시까지의 시간 (단위: 월)

TYPE : 종양의 유형 (squamous = 1, small = 2, adeno = 3, large = 4)

[표 7.12] 폐암환자의 생존자료

처리	생존시간	진단시 상태	나이	진단 후 시간	종양유형
1 (Standard)	411	70	64	5	1
	126	60	63	9	1
	118	70	65	11	1
	82	40	69	10	1
	8	40	63	58	1
	25 +	70	48	9	1
	11	70	48	11	1
	54	80	63	4	2
	153	60	63	14	2
	16	30	53	4	2
	56	80	43	12	2
	21	40	55	2	2
	287	60	66	25	2
	10	40	67	23	2
	8	20	61	19	3
	12	50	63	4	3
	177	50	66	16	4
	12	40	68	12	4
	200	80	41	12	4
	250	70	53	8	4
2 (Test)	999	90	54	12	1
	231 +	50	52	8	1
	991	70	50	7	1
	1	20	65	21	1
	201	80	52	28	1
	44	60	70	13	1
	15	50	40	13	1
	103 +	70	36	22	2
	2	40	44	36	2
	20	30	54	9	2
	51	30	59	87	2
	18	40	69	5	3
	90	60	50	22	3
	84	80	62	4	3
	164	70	68	15	4
	19	30	39	4	4
	43	60	49	11	4
	340	80	64	10	4
	231	70	67	18	4
	100	60	37	13	4

(출처: Prentice, 1973)

생존시간이 와이블 분포를 따른다고 가정하고, 처리에 따라 생존시간의 차이가 있는지 또한 이들 공변량들이 생존시간에 어떠한 영향을 미치는가를 알아보자. SAS에서는 PROC LIFEREG에서 이와 같은 작업을 수행하여 준다. [표 7.13]의 프로그램을 간단히 설명하자. 환자의 생존시간은 time이라는 변수명으로 지정하였고 censor는 중도절단되었을 경우는 0, 그렇지 않은 경우는 1로 지정하였다. CLASS문은 수치변수가 아닌 분류변수로 취급되는 변수를 지정해 주는 것으로, 여기서는 종양의 형태(type)와 처리(trt)가 분류변수에 속하므로 이들을 지정하였다. MODEL문의 형태는

MODEL 생존시간변수명*중도절단변수(수치) = 공변량

의 형태로 쓰면 되고 뒤에 option으로

/ DIST = 분포명

을 써주면 되는데 분포로 지정할 수 있는 것은 WEIBULL(와이블 분포), EXPONENTIAL(지수분포), LNORMAL(로그-정규분포), GAMMA(감마분포), LLOGISTIC(로그-로지스틱분포)이 있다. 공변량을 고려하지 않는 경우에는,

MODEL time*censor(0) = / DIST = WEIBULL;

와 같은 식으로 자리를 비우고 쓰면 된다.

[표 7.13] 폐암환자의 모수적 모형적합 SAS 프로그램

```
DATA lung;
INPUT time censor x1 x2 x3 trt type @@;
CARDS;
411 1 70 64  5 1 1   126 1 60 63  9 1 1   118 1 70 65 11 1 1    82 1 40 69 10 1 1
  8 1 40 63 58 1 1    25 0 70 48  9 1 1    11 1 70 48 11 1 1    54 1 80 63  4 1 2
153 1 60 63 14 1 2    16 1 30 53  4 1 2    56 1 80 43 12 1 2    21 1 40 55  2 1 2
287 1 60 66 25 1 2    10 1 40 67 23 1 2     8 1 20 61 19 1 3    12 1 50 63  4 1 3
177 1 50 66 16 1 4    12 1 40 68 12 1 4   200 1 80 41 12 1 4   250 1 70 53  8 1 4
100 1 60 37 13 2 4   999 1 90 54 12 2 1   231 0 50 52  8 2 1   991 1 70 50  7 2 1
  1 1 20 65 21 2 1   201 1 80 52 28 2 1    44 1 60 70 13 2 1    15 1 50 40 13 2 1
103 0 70 36 22 2 2     2 1 40 44 36 2 2    20 1 30 54  9 2 2    51 1 30 59 87 2 2
 18 1 40 69  5 2 3    90 1 60 50 22 2 3    84 1 80 62  4 2 3   164 1 70 68 15 2 4
 19 1 30 39  4 2 4    43 1 60 49 11 2 4   340 1 80 64 10 2 4   231 1 70 67 18 2 4
;
PROC LIFEREG DATA=lung;
       CLASS trt type;
       MODEL time*censor(0) = x1 x2 x3 trt type/ DIST=WEIBULL;

RUN;
```

이제 [표 7.14]에 수록되어 있는 출력결과를 해석하여 보자. 각 변수에 대한 자유도 (DF), 계수의 추정치 (Estimate), 이의 표준오차 (Std Err), 카이제곱통계량 (ChiSquare)과 이에 대한 p-값 (Pr>Chi) 이 주어진다. 이를 앞에서 설명한 것과 같은 모형식으로 표현하면

$$\begin{aligned}\log T = 1.097 + 0.054x_1 + 0.009x_2 + 0.004x_3 \\ + 0.381x_4 - 0.126x_5 - 0.876x_6 - 0.265x_7 + 0.872e\end{aligned}$$

와 같다. 여기서 x_4, x_5, x_6은 종양의 유형을 가리키는 가변수 (dummy variable) 로서 squamous 인 경우에는 $x_4 = 1$이고, 다른 유형일 때에는 0이다. 종양의 유형이 small 일 때에는 $x_5 = 1$, 다른 유형일 때 $x_5 = 0$이고, adeno 일 때는 $x_6 = 1$, 다른 유형일 때 $x_6 = 0$임을 의미한다. 마지막으로 종양의 유형이 large 인 경우는 $x_4 = x_5 = x_6 = 0$인 경우가 된다. x_7는 처리그룹을 나타내는 가변수로서 처리가 standard 일 때 1, test 일 때 0의 값을 갖는다. 진단시의 환자상태 (x_1) 에 대한 회귀계수가 0.054로, 점수가 높을수록 환자의 생존시간이 길게 되며 이는 5% 유의수준 하에서 유의하다 (p-값 <0.0001). 반면 환자의 나이 (x_2) 나 진단 후 연구참여시까지의 시간 (x_3) 은 유의한 영향을 미치지 않는다 (p-값은 각각 0.6008과 0.6920이다). 두 처리의 비교를 보면 처리(trt)에 대한 p-값이 0.4434로 유의하지 않으므로, 두 처리 (test, standard) 는 생존시간의 차이를 보이지 않는다고 할 수 있다. 다음으로 종양의 유형에 관한 회귀계수가 모두 0이라는 귀무가설에 대한 통계량을 보여주고 있으며 (음영표시부분), 다음의 세 줄은 squamous, small, adeno 의 회귀계수가 각각 0이라는 가설에 대한 통계량들이다. 종양의 유형은 5% 유의수준 하에서 유의한 차이를 보이지는 않는다 (p-값 = 0.0934). 그러나 squamous, samll 이 large 와 차이를 보이지 않는데 비해 (p-값은 각각 0.3342, 0.7676), adeno 의 경우에는 어느 정도 차이를 보인다고 할 수 있다 (p-값 = 0.0880). adeno 의 회귀계수가 −0.8759이므로 이 유형을 가진 사람들은 상대적으로 생존시간이 짧다는 것을 알 수 있다.

통상적인 선형모형에서 모형에 대한 F-검정을 하는 것과 같이 여기서도 모든 공변량의 회귀계수가 0이라는 가설에 대한 **우도비 검정 (likelihood-ratio test)** 을 할 수 있다. 우리가 고려한 모형에서의 로그-우도 (log-likelihood) 를 $\log L$, 공변량이 전혀 없는 귀무모형에서의 로그-우도를 $\log L_0$라고 했을 때 $2(\log L - \log L_0)$이 귀무가설 하에서 근사적으로 χ^2-분포를 따르게 되므로 이를 이용하여 검정할 수 있다. 이 때 자유도는 귀무모형에서 제외되는 공변량의 수와 같게 되며, 위의 예에서는 7이 된다. [표 7.14]의 출력결과 중 Log Likelihood for WEIBULL −56.35은 이 모형에 대한 로그-우도이다. 귀무모형에 대한 로그-우도를 구하기 위해서는 프로그램을

```
MODEL time*censor(0) = / DIST = WEIBULL;
```

로 고치면 되는데, 이를 수행하면 Log Likelihood for WEIBULL = − 72.62712548을 얻게 된다. 따라서 $2(\log L - \log L_0) = 32.56$이 카이제곱분포의 임계치인 $x^2_{0.95}(7) = 14.07$ 보다 크므로, 5% 유의수준 하에서 모든 공변량의 회귀계수가 0이라는 귀무가설을 기각하게 된다.

[표 7.14] 폐암환자의 모수적 모형적합 SAS 출력결과

Analysis of Parameter Estimates

Variable	DF	Estimate	Standard Error	Chi-Square	Pr > ChiSq	Label
Intercept	1	1.09683	1.16196	0.8910	0.3452	Intercept
x1	1	0.05420	0.00960	31.8279	<.0001	
x2	1	0.00920	0.01758	0.2739	0.6008	
x3	1	0.00412	0.01040	0.1569	0.6920	
trt	1			0.5875	0.4434	
	1	-0.26547	0.34633	0.5875	0.4434	1
	0	0	0	.	.	2
type	3			6.4074	0.0934	
	1	0.38117	0.39469	0.9327	0.3342	1
	1	-0.12558	0.42493	0.0873	0.7676	2
	1	-0.87593	0.51349	2.9098	0.0880	3
	0	0	0	.	.	4
Scale	1	0.87236	0.11485	6.4074		Extreme value scale

Log Likelihood for Weibull -56.35

7.4.3 모수적 모형의 적합성 검토

이제 우리가 고려한 모형이 과연 타당한 것인가를 검토하는 방법을 알아보자. 여러 가지 모수모형 중 가장 적합한 것을 찾기 위한 방법 중의 하나는 각 모형에서의 로그-우도를 비교하는 것이다. SAS를 이용하여 각 모형에 대한 로그-우도를 출력한 다음 이들을 비교하여 절대값이 가장 큰 모형을 택할 수 있겠다.

또 다른 방법은 그래프를 이용하는 것으로 생존시간이 지수분포를 따른다면 시간 t에 대한 $-\log \hat{S}(t)$를 그렸을때 그래프가 0을 통과하는 직선형태가 되어야 한다. 와이블분포의 경우에는 시간에 log를 씌운 $\log t$에 대한 $\log(-\log \hat{S}(t))$의 그래프가 직선이 되는가를 검토하면 된다. SAS의 PROC LIFETEST에서 option으로 PLOT =(LS, LLS)를 쓰면 이 그래프를 얻을 수 있다는 것을 앞 절에서 설명한 바 있다. 다음의 [표 7.15]는 이를 위한 프로그램이고 [그림 7.6]은 폐암환자의 자료에서 $\log t$에 대한 $\log(-\log \hat{S}(t))$를 그린 것이다. 직선 형태를 보이므로 와이블모형을 가정한 것이 타당하다는 것을 알 수 있다.

[표 7.15] 지수분포, 와이블분포의 적합성 검토 SAS 프로그램

```
PROC LIFETEST  PLOTS=(LS, LLS) GRAPHICS;
     TIME  time*censor(0);
RUN;
```

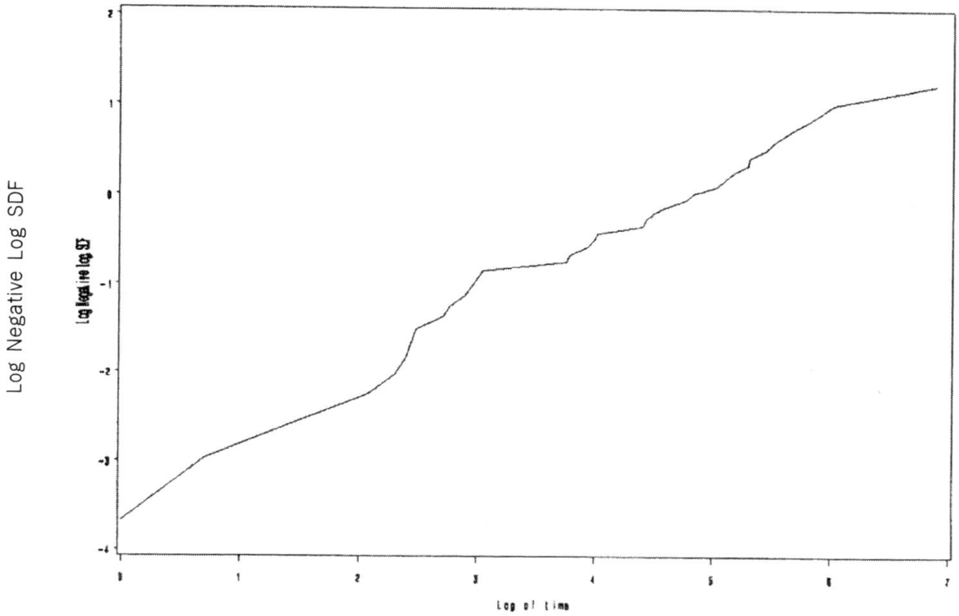

[그림 7.6] 폐암환자자료의 $\log(-\log\hat{S}(t))$ 그래프

로그-정규분포의 경우에는 $\log t$ 에 대한 $\Phi^{-1}(1-\hat{S}(t))$ 의 그래프가 직선을 보인다. 여기서 $\Phi^{-1}(\cdot)$는 표준정규분포의 누적분포함수의 역함수를 말한다. 로그-로지스틱분포에 대해서는 $\log t$ 에 대한 $\log[(1-\hat{S}(t))/\hat{S}(t)]$ 가 선형이 된다. SAS에서 직접 주어지지는 않으나 PROC LIFETEST에서 계산된 누적한계추정치를 새로운 dataset로 받아서 그릴 수는 있다. 예를 들어 폐암환자의 자료에 대해 로그-정규분포와 로그-로지스틱분포에 대한 그래프를 그리기 위해서는 [표 7.16]과 같은 방법이 있다. 독자들은 이 프로그램에서 PROC LIFETEST부분만 자신의 데이터에 맞게 쓰면 된다. 이 결과는 생략한다.

[표 7.16] 로그-정규분포, 로그-로지스틱분포 검토 SAS 프로그램

```
PROC LIFETEST DATA=lung OUTSURV=a;
      TIME time*censor(0);
DATA b; SET a;
         S=SURVIVAL;
         LOGIT=LOG((1-S)/S);
         LNORM=PROBIT(1-S);
         LTIME=LOG(time);
PROC GPLOT;
       SYMBOL1 VALUE=NONE I=JOIN;
       PLOT LOGIT*LTIME LNORM*LTIME;
RUN;
```

7.5 준모수적 방법을 이용한 생존함수의 추정과 비교

7.5.1 Cox의 비례위험모형

앞 절에서 생존시간에 영향을 미치는 공변량들이 있을 때 모수적 모형을 이용하여 분석하는 방법에 관하여 설명하였다. 모수적인 모형은 가정이 타당할 때는 상당히 효율적이지만 어떤 모형이 적당한가에 대한 지식이 없다면 함부로 사용하기 곤란하다. 이에 반해 이 절에서 설명할 Cox (1972)의 **비례위험모형 (proportional hazards model)**은 준모수적 (semi-parametric) 방법으로서 생존시간의 분포에 대한 가정을 필요로 하지 않는다. 또한 시간에 따라 바뀌는 공변량 (time-dependent variable)의 경우에도 분석할 수 있다는 장점도 있어, 비례위험모형은 생존자료의 분석에서 매우 자주 사용되는 모형이다. 이 분석방법을 **Cox 회귀분석 (Cox regression)**이라고도 한다.

생존시간을 T라 하고 이에 영향을 주는 k개의 공변량 $x_1, \cdots, x_k$가 있을 때, Cox의 비례위험모형은

$$h(t) = h_0(t)\ \exp(\beta_1 x_1 + \cdots + \beta_k x_k)$$

와 같이 표현된다. 여기서 $h(t)$는 공변량들을 고려했을 때의 위험함수 (hazard function)이고 $h_0(t)$는 **기저위험함수 (baseline hazard function)**로 이를테면 공변량의 값들이 모두 0일 때의 위험함수의 값이다. 이 식의 양변에 로그를 취하고 $\alpha(t) = \log h_0(t)$로 놓으면

$$\log h(t) = \alpha(t) + \beta_1 x_1 + \cdots + \beta_k x_k$$

가 된다. 우리가 만일 $\alpha(t) = \alpha_0$로 놓으면 이는 지수분포의 모형으로 되고, $\alpha(t) = \alpha_0 + \alpha \cdot t$일 때는 곰페르츠분포, $\alpha(t) = \alpha_0 + \alpha \log t$일 때는 와이블분포가 된다는 것을 알 수

있다. 여기에서는 물론 분포의 선택이 필요하지 않으며 $\alpha(t)$의 형태가 어떤 것이든 무관하다.

"비례위험모형"이라는 말은 어느 환자의 위험률과 다른 환자의 위험률의 비가 시간에 대해 일정하다는 것을 의미하는데, 예를 들어 i번째 환자와 j번째 환자의 위험함수의 비는

$$h_i(t)/h_j(t) = \exp\{\beta_1(x_{i1} - x_{j1}) + \cdots + \beta_k(x_{ik} - x_{jk})\}$$

가 되어 기저위험함수는 서로 상쇄되어 없어지고 위험함수의 비는 시간에 대해서 상수로 된다는 것을 알 수 있다. 따라서 비례위험의 가정이 맞는다면 두 환자에 대해 시간에 따른 $\log \hat{h}(t)$ (또는 $\log(-\log \hat{S}(t))$)의 그래프를 그렸을 때 평행하게 되어야 한다.

7.5.2 비례위험모형에 의한 생존시간의 분석

위에서 설명한 바와 같이 Cox의 비례위험모형은 위험함수들간의 비례관계만을 명시하였을 뿐 완전한 확률모형이 아니기 때문에, 모수 $\beta_1, \cdots, \beta_k$의 추정에 있어 완전한 우도함수를 유도할 수 없고 대신에 편우도(partial likelihood)를 이용하여야 한다(cf. Cox, 1972). 편우도 함수는 사실상 자료의 수치가 아닌 순위(rank)에만 의존하는 비모수적방법으로서, 기저분포에 의존하지 않는다는 장점을 가지고 있으면서도 완전한 우도함수에 비해 효율성은 별로 떨어지지 않는 것으로 알려져 있다(cf. Efron, 1977). 여기서는 구체적인 설명대신 SAS를 이용하여 추정, 검정하는 방법을 사례를 들어 설명하기로 한다. 이론적인 것은 Kalbfleisch and Prentice (1980, 4장) 나 Miller (1981, 6장) 를 참고하기 바란다.

예제 7-5 HSV-2 (genital herpes) 를 가진 48명의 환자들이 gD2 (antigen glycoprotein) 를 기초로 하는 새로운 백신 연구에 참여했다. 환자들은 12개월 동안 최소한 6회의 HSV-2 에피소드를 일으킨 병력을 가진 자로 구성되었다. 환자들은 gD2 백신과 플라시보의 두 그룹으로 랜덤하게 할당되고 1년간 관찰되었다. [표 7.17]는 처음 재발할 때까지 걸린 시간(time)과 연구참여 전 발생한 에피소드의 횟수(x)를 조사한 것이다. 각 그룹간 재발시간에 차이가 있는지, 참여 전 에피소드의 횟수는 재발시간에 영향을 미치는지 알아보자.

[표 7.17] HSV-2 환자의 재발시간자료

gD2 Vaccine 그룹		Placebo 그룹	
에피소드횟수	재발시간	에피소드횟수	재발시간
12	8	9	15
10	12 +	10	44 +
7	52 +	12	2 +
10	28	7	8
6	44	7	12
8	14	7	52 +
8	3	7	21
9	52 +	11	19
11	35	16	6
13	6	16	10
7	12	6	15 +
13	7 +	15	4
9	52 +	9	9 +
12	52 +	10	27
13	36	17	1
8	52 +	8	12
10	9	8	20
16	11 +	8	32 +
6	52 +	8	15
14	15	14	5
13	13	13	35
13	21	9	28
16	24 +	15	6
13	52 +		
9	28		

(출처: Walker, 1996)

[표 7.18]은 이의 분석을 위한 SAS 프로그램이다. PROC PHREG에서 비례위험모형에 대한 분석을 할 수 있다. PHREG에서는 CLASS문이 사용되지 않으므로, 분류변수를 나타내고자 할 때는 가변수를 만들어 주어야 한다. 여기서는 그룹이 “gD2”와 “PBO”로 코딩되었으므로 이를 처리하기위해 gD2일 때 1, 플라시보일 때 0의 값을 갖는 trt라는 변수를 만들었다. PROC 단계에서의 명령어에 관한 것은 PROC LIFEREG에서와 같다.

[표 7.18] HSV-2 자료의 비례위험모형분석 SAS 프로그램

```
DATA hsv2;
INPUT grp $ x time censor @@;
IF grp="gd2" THEN trt=1;
ELSE IF grp="pbo" THEN trt=0;
CARDS;
 gd2 12   8 1  gd2 10  12 0  gd2  7  52 0  gd2 10  28 1
 gd2  6  44 1  gd2  8  14 1  gd2  8   3 1  gd2  9  52 0
 gd2 11  35 1  gd2 13   6 1  gd2  7  12 1  gd2 13   7 0
 gd2  9  52 0  gd2 12  52 0  gd2 13  36 1  gd2  8  52 0
 gd2 10   9 1  gd2 16  11 0  gd2  6  52 0  gd2 14  15 1
 gd2 13  13 1  gd2 13  21 1  gd2 16  24 0  gd2 13  52 0
 gd2  9  28 1  pbo  9  15 1  pbo 10  44 0  pbo 12   2 0
 pbo  7   8 1  pbo  7  12 1  pbo  7  52 0  pbo  7  21 1
 pbo 11  19 1  pbo 16   6 1  pbo 16  10 1  pbo  6  15 0
 pbo 15   4 1  pbo  9   9 0  pbo 10  27 1  pbo 17   1 1
 pbo  8  12 1  pbo  8  20 1  pbo  8  32 0  pbo  8  15 1
 pbo 14   5 1  pbo 13  35 1  pbo  9  28 1  pbo 15   6 1
;
PROC PHREG DATA=hsv2;
     MODEL time*censor(0) = x  trt;
     RUN;
```

이 결과는 [표 7.19]에 실려 있다. 먼저 -2Log L 과 AIC등 모형적합 통계량이 나와 있고 그 아래에는 모든 회귀계수가 0이라는 가설에 대한 검정통계량이 주어져 있는데 차례로 우도비 검정(Likelihood Ratio로 인쇄), Score 검정, Wald 검정통계량이 주어져 있다. 세 통계량 모두 가설을 기각하게 되므로(p-값 <0.05), 적어도 하나의 공변량은 의미가 있다는 것을 알 수 있다. 회귀계수에 대한 출력결과를 보면 참여 전 에피소드의 횟수(x)에 대한 회귀계수의 추정치가 0.1729로 유의하다(p값 $=0.0083$). 즉, 이전의 에피소드가 재발시간에 큰 영향을 미친다는 것이다. 또한 그룹에 따른 효과(trt)도 유의하여 (p값 $=0.0188$) 공변량 x로 조정된 후 두 그룹간의 재발시간에 차이가 있음을 보여준다. 위험비(Hazard Ratio로 인쇄)를 보면 에피소드가 1회 더 많아질수록 1.189 $(=\exp(0.1729))$배 더 위험률이 높아짐을 알 수 있다. trt의 경우에는 에피소드의 횟수가 동일할 때 gD2 백신그룹(trt = 1)인 경우가 플라시보그룹의 경우보다 0.415 $(=\exp(-0.8792))$배 위험하다. 즉, 백신그룹의 위험률이 낮다.

예제 7-6 앞 절에서 와이블모형으로 적합시킨 바 있는 [예제 7.4]의 폐암자료를 비례위험모형 분석으로 분석해 보자.

[표 7.19] HSV-2 자료의 비례위험모형분석 SAS 출력결과

Convergence Status

Convergence criterion (GCONV=1E-8) satisfied.

Model Fit Statistics

Criterion	Without Covariates	With Covariates
-2 LOG L	203.360	192.917
AIC	203.360	196.917
SBC	203.360	199.785

Testing Global Null Hypothesis: BETA=0

Test	Chi-Square	DF	Pr > ChiSq
Likelihood Ratio	10.4437	2	0.0054
Score	10.6468	2	0.0049
Wald	10.3819	2	0.0056

Analysis of Maximum Likelihood Estimates

Variable	DF	Parameter Estimate	Standard Error	Chi-Square	Pr > ChiSq	Hazard Ratio
x	1	0.17293	0.06554	6.9627	0.0083	1.189
trt	1	-0.87922	0.37410	5.5235	0.0188	0.415

[표 7.20] 폐암자료의 비례위험모형분석 SAS 프로그램

```
DATA lung;
INPUT time censor x1 x2 x3 trt type @@;
IF trt=1 then trt1=1;  ELSE trt1=0;
IF type=1 then type1=1; ELSE type1=0;
IF type=2 then type2=1; ELSE type2=0;
IF type=3 then type3=1; ELSE type3=0;
CARDS;
411 1 70 64  5 1 1   126 1 60 63  9 1 1   118 1 70 65 11 1 1    82 1 40 69 10 1 1
  8 1 40 63 58 1 1    25 0 70 48  9 1 1    11 1 70 48 11 1 1    54 1 80 63  4 1 2
153 1 60 63 14 1 2    16 1 30 53  4 1 2    56 1 80 43 12 1 2    21 1 40 55  2 1 2
287 1 60 66 25 1 2    10 1 40 67 23 1 2     8 1 20 61 19 1 3    12 1 50 63  4 1 3
177 1 50 66 16 1 4    12 1 40 68 12 1 4   200 1 80 41 12 1 4   250 1 70 53  8 1 4
100 1 60 37 13 1 4   999 1 90 54 12 2 1   231 0 50 52  8 2 1   991 1 70 50  7 2 1
  1 1 20 65 21 2 1   201 1 80 52 28 2 1    44 1 60 70 13 2 1    15 1 50 40 13 2 1
103 0 70 36 22 2 2     2 1 40 44 36 2 2    20 1 30 54  9 2 2    51 1 30 59 87 2 2
 18 1 40 69  5 2 3    90 1 60 50 22 2 3    84 1 80 62  4 2 3   164 1 70 68 15 2 4
 19 1 30 39  4 2 4    43 1 60 49 11 2 4   340 1 80 64 10 2 4   231 1 70 67 18 2 4
;
PROC PHREG DATA=lung;
     MODEL time*censor(0) =x1 x2 x3 trt1 type1 type2 type3 ;
RUN;
```

프로그램은 [표 7.20]와 같다. IF 문을 써서 처리에 대한 가변수 trt1과 종양의 유형에 대한 가변수 type1, type2, type3를 만들어 준 것이다. 이 결과는 [표 7.21]에 실려 있다. 역시 모든 회귀계수가 0이라는 가설을 기각하게 되므로(p-값 <0.05), 적어도 하나의 공변량은 의미가 있다는 것을 알 수 있다. 회귀계수에 대한 출력결과를 보면, 진단시의 환자상태(x_1)에 대한 회귀계수가 -0.0597르 유의하다(p-값 <0.0001). 위험비(Hazard Ratio로 인쇄)를 보면 진단시의 환자상태에 대한 점수가 1점 더 높은 환자는 다른 조건이 동일한 환자와 비교할 때 0.942($=\exp(-0.0597)$)배 위험하다는 것을 알 수 있다. 모수적 모형을 적합시켰을 때의 결과와 마찬가지로 환자의 나이(x_2)나 진단 후 연구 참여시까지의 시간(x_3), 처리(trt)는 유의한 영향을 미치지 않는다(p-값은 각각 0.5782, 0.9628, 0.3263이다). 종양의 유형은 5% 유의수준 하에서 유의한 차이를 보이지는 않지만, adeno의 경우 large와 어느 정도 차이를 보인다고 할 수 있다(p-값 $=0.0960$). adeno의 유형을 가진 사람들은 large유형의 환자들에 비해 2.844($=\exp(1.0453)$)배 위험하다.

[표 7.21] 폐암자료의 비례위험모형분석 SAS 출력결과

Model Fit Statistics

Criterion	Without Covariates	With Covariates
-2 LOG L	204.801	175.598
AIC	204.801	189.598
SBC	204.801	200.874

Testing Global Null Hypothesis: BETA=0

Test	Chi-Square	DF	Pr > ChiSq
Likelihood Ratio	29.2033	7	0.0001
Score	30.1197	7	<.0001
Wald	25.7312	7	0.0006

Analysis of Maximum Likelihood Estimates

Variable	DF	Parameter Estimate	Standard Error	Chi-Square	Pr > ChiSq	Hazard Ratio
x1	1	-0.05972	0.01383	18.6347	<.0001	0.942
x2	1	-0.01151	0.02071	0.3091	0.5782	0.989
x3	1	0.0005503	0.01180	0.0022	0.9628	1.001
trt1	1	0.39895	0.40639	0.9637	0.3263	1.490
type1	1	-0.33276	0.48439	0.4719	0.4921	0.717
type2	1	-0.02529	0.50583	0.0025	0.9601	0.975
type3	1	1.04526	0.62789	2.7713	0.0960	2.844

생존시간에 영향을 미칠 수 있는 예후인자들이 많을 때, 이들 중에서 유의한 영향을 주는 변수들을 가려내어 최종모형을 구할 수 있다. 보통의 다중회귀분석에서와 마찬가지로 forward 방법, backward 방법, stepwise 방법 등의 단계적 변수선택법을 사용할 수 있다. Forward 방법은 상수항만 포함된 모형에서부터 유의한 변수들을 단계적으로 모형에 추가해 나가는 방식이고. backward 방법은 모든 변수를 다 포함한 전체모형에서부터 단계적으로 유의하지 않은 변수를 제거해나가는 방식이다. stepwise 방법은 forward 처럼 하나씩 변수를 추가해 나가면서 한편 backward 방식으로 삭제할 변수를 다시 검토하는 방식이다. SAS 에서는 MODEL 문에서 옵션으로 방식을 지정해주면 된다. 예컨대 앞의 프로그램에서 stepwise 방식으로 변수선택을 하기 위해서는 [표 7.22]와 같이 옵션으로 /SELECTION=STEPWISE;을 추가하면 된다.

[표 7.22] 변수선택절차를 이용한 비례위험모형 SAS 프로그램

```
PROC PHREG DATA=lung;
      MODEL time*censor(0) =x1 x2 x3 trt1 type1 type2 type3
            /SELECTION=STEPWISE;
RUN;
```

이의 결과를 출력하면 각 단계별 절차를 보여준다. 이 예에서는 step1 에서 모형에 x1 이 포함되었으며, step2 에서 type3 가 선택되어 모형에 들어왔다가 step3 에서 type3 가 제거되어 최종적으로 x1 만 모형에 남게 되었다. 각 단계별로 적합한 추정치 등이 같이 출력되는데 여기서는 생략하였다. 마지막 단계의 결과가 최종 선택된 모형에 관한 결과이며, 이를 [표 7.23]에 실었다. 맨 끝의 Summary of Stepwise Selection 부분에서는 변수가 포함되고 제거된 단계를 요약해서 보여주고 있다.

Cox 의 비례위험모형에서는

$$S(t) = [S_0(t)]^{\exp(\beta_1 x_1 + \cdots + \beta_k x_k)}$$

과 같은 관계가 성립한다. 여기서 $S(t)$는 공변량들이 있을 때의 생존함수이고, $S_0(t)$는 공변량이 모두 0일 때의 기저생존함수(baseline survival function)이다. 일단 계수들이 추정되고 난 후에는 비모수적 최대우도 방법을 통하여 $S_0(t)$를 추정할 수 있으며, 따라서 공변량 값에 따른 생존함수도 추정할 수 있게 된다(cf. Kalbfleisch and Prentice, 1980, 4장). SAS PHREG 에서는 BASELINE 문장을 써 주면 각 공변량들의 평균값에 대한 생존함수의 추정치를 제공한다. [표 7.24]에 있는 프로그램의 BASELINE 부분 중 OUT = a는 결과를 a라는 dataset에 보관하라는 것이고, SURVIVAL = s는 생존함수의 추정치를 s라는 이름으로 받으라는 의미이다. 또한 LOGSURVIVAL = ls와 LOGLOGS = lls는 각각

[표 7.23] 변수선택절차를 이용한 비례위험모형 SAS 출력결과

```
                    Convergence Status

          Convergence criterion (GCONV=1E-8) satisfied.


                   Model Fit Statistics

                          Without          With
          Criterion    Covariates    Covariates

          -2 LOG L        204.801       180.712
          AIC             204.801       182.712
          SBC             204.801       184.323


          Testing Global Null Hypothesis: BETA=0

  Test                   Chi-Square      DF     Pr > ChiSq

  Likelihood Ratio          24.0891       1         <.0001
  Score                     25.0506       1         <.0001
  Wald                      21.8617       1         <.0001

노트: Model building terminates because the variable to be entered is the variable that was
      removed in the last step.


                   The PHREG Procedure

          Analysis of Maximum Likelihood Estimates

                  Parameter     Standard                                Hazard
Variable    DF     Estimate        Error    Chi-Square    Pr > ChiSq     Ratio

x1           1     -0.05942      0.01271       21.8617        <.0001     0.942

               Summary of Stepwise Selection

          Variable           Number       Score         Wald
  Step  Entered   Removed      In    Chi-Square   Chi-Square     Pr > ChiSq

     1  x1                      1       25.0506        .             <.0001
     2  type3                   2        3.9140        .             0.0479
     3            type3         1         .
```

$\log(S(t))$와 $\log(-\log S(t))$를 ls, lls라는 이름으로 받으라는 의미이다. 이 결과를 출력하려면 뒤에 PROC PRINT절차가 필요하다. 다음의 PROC GPLOT 단계는 누적위험함수(cumulative hazard function)의 추정치인 $\hat{\Lambda}(t) = -\log(\hat{S}(t))$를 그리기 위한 것인데 이 그래프를 통해 위험함수의 형태를 짐작할 수 있다. 예를 들어, 단조증가하는 직선형태는 위험함수가 시간에 대해 일정하다는 것을 의미하며, 위쪽으로 휘는 모양이면 시간이 지남에 따라 위험함수가 증가하고, 아래방향으로 휘면 감소한다는 것을 의미한다. 출력결과의 일부를 [표 7.25]에 실었고 그래프는 생략한다. 표의 좌측의 X1에서 TYPE3까

[표 7.24] 비례위험모형에서 생존함수의 추정을 위한 SAS 프로그램

```
PROC PHREG DATA=lung;
     MODEL time*censor(0) =x1 x2 x3 trt1 type1 type2 type3;
     BASELINE OUT=a SURVIVAL=s LOGSURVIVAL=ls LOGLOGS=lls;
PROC PRINT DATA=a;
DATA b; SET a; ls=-ls;
PROC GPLOT DATA=b;
     PLOT ls*time;
     SYMBOL1 VALUE=NONE INTERPOL=JOIN;
RUN;
```

[표 7.25] 비례위험모형에서 생존함수의 추정을 위한 SAS 출력결과 (부분)

OBS	X1	X2	X3	TRT1	TYPE1	TYPE2	TYPE3	TIME	S	LS	LLS
1	56.5	56.575	15.65	0.525	0.35	0.275	0.125	0	1.00000	0.0000	.
2	56.5	56.575	15.65	0.525	0.35	0.275	0.125	1	0.98900	-0.0111	-4.50432
3	56.5	56.575	15.65	0.525	0.35	0.275	0.125	2	0.97768	-0.0226	-3.79101
4	56.5	56.575	15.65	0.525	0.35	0.275	0.125	8	0.94942	-0.0519	-2.95828
5	56.5	56.575	15.65	0.525	0.35	0.275	0.125	10	0.93177	-0.0707	-2.64980
		⋮				⋮			⋮		
31	56.5	56.575	15.65	0.525	0.35	0.275	0.125	250	0.04263	-3.1551	1.14902
32	56.5	56.575	15.65	0.525	0.35	0.275	0.125	287	0.01939	-3.9431	1.37197
33	56.5	56.575	15.65	0.525	0.35	0.275	0.125	340	0.00551	-5.2013	1.64891
34	56.5	56.575	15.65	0.525	0.35	0.275	0.125	411	0.00078	-7.1526	1.96748
35	56.5	56.575	15.65	0.525	0.35	0.275	0.125	991	0.00000	-12.5453	2.52935
36	56.5	56.575	15.65	0.525	0.35	0.275	0.125	999	0.00000	.	.

지의 값은 각 공변량의 평균값이며, S는 이 평균값에서 구한 생존함수의 추정치를 나타낸다.

이제 비례성의 가정이 타당한 것인지 검토하는 방법을 설명하기로 한다. 앞서 소개한 대로 그래프를 그려보는 방법이 있는데, 예를 들어 폐암자료에서 두 처리그룹별로 시간에 따른 $\log(-\log \hat{S}(t))$의 그래프를 그렸을 때 평행하게 되는가를 볼 수 있다. SAS에서 이 그래프를 구하기 위해서는 두 번의 단계가 필요하다. [표 7.26]은 이를 위한 프

[표 7.26] 비례성 검토를 위한 SAS 프로그램

```
PROC PHREG DATA=lung;
       MODEL time*censor(0) =x1 x2 x3 type1 type2 type3 ;
       STRATA trt;
       BASELINE OUT=c SURVIVAL=s LOGLOGS=lls;
PROC GPLOT DATA=c;
      PLOT lls*time=trt;
      SYMBOL1 INTERPOL=JOIN COLOR=BLACK LINE=1;
      SYMBOL2 INTERPOL=JOIN COLOR=BLACK LINE=2;
RUN;
```

로그램으로 먼저 처리(trt)를 포함하지 않은 모형의 PROC PHREG에서 STRATA로 처리를 지정하여 수행한 다음, 이 결과를 새로운 dataset로 받아 PROC GPLOT을 이용하여 그리면 된다. 그래프 결과는 생략한다.

7.5.3 시간에 따라 변화하는 공변량이 있을 경우의 분석

지금까지 공변량(covariate)이 시간에 의존하지 않고 일정한 경우에 대한 모형을 설명하였다. 그러나 환자의 혈압이나 백혈구의 수, 혈청표지의 수준 같이 중요한 요인이지만 연구의 도중에 변화하는 공변량들이 있을 수 있다. 이분된 변수도 시간에 따라 변할 수 있는데, 예를 들어서 심장이식 후보에 들어 있는 환자들을 생각해보자. 이 환자들은 심장이식이 결정된 순간부터 생존시간을 계산하게 되지만 결정된 순간부터 실제로 이식되는 시점까지는 간격이 생기게 된다. 어떤 이는 심장이식수술을 하기 전에 사망하기도 할 것이다. 심장이식이 생존시간에 영향을 미치는지 알기 위해서 공변량으로 '이식상태'를 생각할 수 있다. 환자가 시점 t_0에서 이식수술을 받았다면 $t < t_0$일 때 0, $t \geq t_0$일 때 1인 공변량을 고려하여 분석해야 할 것이다. 이 때 이식상태라는 변수는 시간에 따라 변하는 공변량이 된다. 일반적으로 고정된 공변량과 시간에 따라 변하는 공변량이 하나씩 있다고 하면 모형은 다음과 같이 수정된다.

$$log\ h_i(t) = \alpha(t) + \beta_1 x_{i1} + \beta_2 x_{i2}(t)$$

이는 시간 t에서의 위험이 x_1의 값과 시간 t에서의 x_2의 값에 의존한다는 것을 의미한다. SAS의 PHREG에서는 이러한 **시간의존 공변량 (time-dependent covariate)** 도 다룰 수 있다.

앞의 심장이식의 예를 생각해보자. 데이터는 생존시간(TIME), 중도절단여부(CENSOR), 이식이 이루어질 때 까지 기다린 시간(TRANSTIME)이 있을 것이다. 만약 심장이식을 끝내 받지 못했다면 이 변수는 결측치가 될 것이다. 또 다른 공변량으로 시간에 영향을 받지 않는 공변량인 초진시의 나이(X1)를 고려한다면 [표 7.27]과 같은 SAS 프로그램을 쓸 수 있다.

[표 7.27] 시간에 따라 변하는 공변량이 있을 때의 SAS 프로그램

```
PROC PHREG;
      MODEL TIME*CENSOR(0) = X1 TRANS;
      IF TRANSTIME>TIME OR TRANSTIME=. THEN TRANS=0;ELSE TRANS=1;
RUN;
```

이 때 새로운 공변량 TRANS가 IF 문에 나오기 전에 MODEL 문에 쓰여져 있음에 유의한다. 만약 MODEL문에 쓰지 않고, DATA 문에서 TRANS를 지정하여 사용하게 되면 시간에 따라 변하는 공변량으로 간주하는 것이 아니라 단순히 이식을 받았느냐의 여부를 모형에 포함하는 것이 되는데, 일찍 사망한 사람은 이식을 받지 못했을 가능성이 높으므로 이는 왜곡된 결과를 낳을 수 있다. 분석결과 TRANS 변수의 계수가 양수이면 TRANS가 증가할 때 위험이 높아진다는 의미이므로 계수가 양수이면 이식이 해로운 것이었으며, 반대로 계수가 음수이면 이식이 도움이 된 것으로 해석할 수 있다.

시간에 따라 변하는 공변량이 연속적인 값을 가질 때 문제는 더 복잡해지는데, 실제로는 환자를 연속해서 모니터링할 수도 없을 뿐더러 이를 프로그래밍할 수도 없으므로 그보다는 여러 시점에서 기록된 값을 분석하게 된다. 이에 대해 보다 관심 있는 독자는 Kalbfleisch and Prentice (1980, 5장)와 Allison (1995, 5장), Cantor (1997, 4장)을 참고하면 될 것이다.

연습문제

1. 중도절단의 세 가지 형태를 간단히 비교하여 기술하여라.

2. 다음은 폐암 환자들의 생존 자료이다. 이 자료를 바탕으로 각 구간별 유효인원수, 사망률, 생존율, 생존함수를 추정하고 생존함수 그래프를 그려보아라.

구간	사망자수	중도절단수	위험그룹인원수
(0 – 1]	82	0	555
(1 – 2]	30	8	473
(2 – 3]	27	8	435
(3 – 4]	22	7	400
(4 – 5]	26	7	371
(5 – 6]	25	28	338
(6 – 7]	20	31	285
(7 – 8]	11	32	234
(8 – 9]	14	24	191
(9 – 10]	13	27	153
(10 – 11]	5	22	113
(11 – 12]	5	23	86
(12 – 13]	5	18	58
(13 – 14]	2	9	35
(14 – 15]	3	7	24
(15 –	3	11	14

3. 다음은 직장암 환자들의 생존시간에 관한 자료이다. (단위: 일)

2	4	5	10	10 +	12	12 +	14	14	15
16	18	19	23	25	26 +	27	30 +	31	34
35	37 +	38	39	42 +	43 +	46	47 +	49	50
53 +	54 +								

(1) SAS를 이용하여 누적한계추정치의 방법으로 생존함수와 각 시점에서의 분산을 추정하고 생존함수를 그래프로 나타내어라.

(2) 환자의 50%가 생존하는 시간은 언제인가?

4. 다음 자료는 악성 림프종의 하나인 호즈킨병(Hodgkin's disease) 환자들을 새로운 치료법과 기존 치료법으로 나누어 생존시간을 조사한 것이다. (단위: 월) 로그-순위 검

정법을 이용하여 두 그룹 사이에 생존함수의 차이가 있는지를 검정하여라.

그룹 A	1 2 5 5 5 7 9 11 11 13 13 16 20 21 22 + 22 31 + 33 + 37 + 43
그룹 B	1 3 4 4 5 7 7 9 9 14 + 17 19 + 27 + 30 + 41 +

5. 다음 자료는 28명의 당뇨병 환자들을 대상으로 생존시간에 영향을 끼칠 것으로 생각되는 4개의 공변량을 조사한 자료이다. 중도절단여부는 중도절단시에 0, 아닌 경우 1로 코딩되었으며 흡연상태는 흡연경력이 없을 때 0, 있을 때 1로 코딩되었다.

환자번호	중도절단 여부	생존시간	나이	BMI	진단시 나이	흡연상태
1	1	3.6	63	25.1	46	1
2	1	15.4	71	26.0	59	0
3	1	11.3	51	32.0	49	1
4	1	10.3	59	28.1	57	1
5	1	5.8	50	26.1	49	1
6	0	8.0	66	45.3	49	0
7	1	14.6	42	30.0	41	1
8	1	11.4	40	35.7	36	1
9	1	7.2	67	28.1	61	0
10	1	5.5	86	32.9	61	0
11	1	11.1	52	37.6	46	1
12	1	16.5	42	43.4	37	0
13	1	10.9	60	25.4	60	0
14	1	2.5	75	49.7	57	1
15	0	10.8	81	35.2	81	0
16	1	4.7	60	37.3	39	0
17	0	5.5	60	26.0	42	0
18	1	4.5	63	21.8	60	1
19	1	9.0	62	18.2	43	0
20	1	6.8	57	34.1	41	1
21	0	3.6	71	25.6	54	1
22	1	12.1	58	35.1	45	0
23	1	8.1	42	32.5	28	1
24	1	11.1	45	44.1	40	0
25	0	7.0	66	29.7	59	1
26	1	1.5	61	29.2	54	0
27	1	11.7	48	25.2	30	1
28	1	0.3	82	25.3	50	0

(1) 생존시간이 어떤 분포를 따르는지에 대한 적합성 검토를 그래프를 이용하여 살펴보아라.

(2) (1)에서 구해진 분포로 생존시간을 분석하고 각 회귀계수의 유의성을 검정하여라.

6. 다음 자료는 급성골수성백혈병(Acute Myeloid Leukemia) 환자들의 생존시간을 나타낸다. 생존시간에 영향을 줄 수 있는 변수들로는 나이와 골수 응고가 100%인지의 여부이다. 나이는 50세 미만인 경우 0, 50세 이상인 경우 1로 나타냈으며, 골수 응고여부는 0일 때 골수 응고가 100%가 아님을 의미하고, 1일 때 골수 응고가 100%임을 의미한다. 비례위험 모형을 이용하여 자료를 분석하고 각 설명변수들의 유의성을 검정해보아라.

[표 7.12] 폐암환자의 생존자료

생존 시간	나이	골수 응고여부	생존 시간	나이	골수 응고여부
18	0	0	8	1	0
9	0	1	2	1	1
28 +	0	0	26 +	1	0
31	0	1	10	1	1
39 +	0	1	4	1	0
19 +	0	1	3	1	0
45 +	0	1	4	1	0
6	0	1	18	1	1
8	0	1	8	1	1
15	0	1	3	1	1
23	0	0	14	1	1
28 +	0	0	3	1	0
7	0	1	13	1	1
12	1	0	13	1	1
9	1	0	35 +	1	0

7. 다음은 7.5.3 절에 예로 든 심장이식 수술에 대한 데이터의 일부이다. 이식 전까지 기다린 시간이 생존시간보다 크거나 또는 이식을 받지 못하는 경우의 '이식 상태 = 0' 그 외의 경우는 '이식 상태 = 1' 인 시간의존-공변량으로 간주하고 나머지 변수들인 나이, 심장수술 경험 유무(0 = 무, 1 = 유)를 공변량으로 하여 비례위험모형을 적합시키고 각 설명변수들의 유의성 검정을 유의수준 5%하에서 하여라.

환자번호	중도절단여부	생존시간	나이(단위:일)	이식 전까지 기다린 시간	심장 수술 경험 유무
1	1	28	20191	18	0
2	1	1032	15831	8	0
3	1	51	15627	12	0
4	1	733	21315	3	0
5	1	219	18920	83	0
6	0	1800	12135	25	0
7	0	1401	11153		0
8	1	263	3209		0

환자번호	중도절단여부	생존시간	나이(단위:일)	이식 전까지 기다린 시간	심장 수술 경험 유무
9	1	100	17870	46	0
10	1	66	22463	19	0
11	1	0	15147	5	5
12	1	0	18452	53	2
13	0	1408	17708	41	1
14	0	1322	16547	58	1
15	1	3	13310		0
16	1	2	15849		1
17	1	40	15552		1
18	1	45	13216	1	0
19	1	996	17755	2	1
20	1	72	17203	21	0
21	1	9	20467		0
22	0	1142	13388	36	1
23	1	980	16760	831	
24	1	285	17800	32	0
25	1	102	15066		0
26	1	188	17292	41	0
27	1	3	174560		
28	1	61	19159	10	0
29	0	942	14151	67	0
30	1	149	15072		0
31	1	343	17538	21	1
32	0	916	15115	78	1
33	1	68	17917	3	0
34	1	2	19199		0
35	1	69	14374		0
36	0	842	11929	27	0
37	1	584	17830	33	1
38	1	78	18735	12	0
39	1	32	19436		0
40	1	285	7141	57	0
41	0	370	19856	31	0
42	1	207	18645	139	0
43	1	340	17384		0
44	0	340	16430	310	0
45	0	265	17441	28	0
46	1	165	16013	4	1
47	1	16	14713	2	0
48	0	180	9734	13	0
49	0	131	8626	21	0

제 8 장

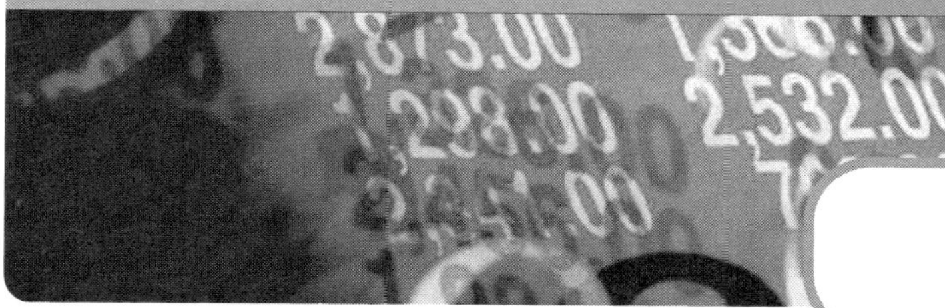

메타분석

메타분석 (META analysis) 이란, 여러 독립적인 연구의 결과를 종합해서 전반적인 치료효과를 평가하거나 새로운 연구를 계획하는데 필요한 결론을 얻는 통계적 분석방법이다. 메타분석은 원래 교육학, 심리학 등의 사회과학분야에서 보다 많이 발전되어 왔으나, 근래에는 의약학 분야에서도 활발히 연구되고 있다. 동일한 치료효과를 평가하기 위해 비슷한 임상시험계획서 (protocol) 를 가진 수많은 임상연구들이 진행되고 있는데, 각각의 연구는 표본의 크기 또는 대상자의 범위가 한정되어 있는 등 여러 가지 제약조건을 가지게 된다. 따라서 같은 목적을 가지고 시행된 여러 연구들의 결과를 합리적이고 체계적으로 종합하는 것은 큰 의미가 있다고 하겠다. 메타분석의 대표적인 사례로 Chalmers (1977) 와 Baum (1981) 의 연구가 있다. Chalmers 는 급성심근경색 (myocardial infarction) 의 치료에서 응고억제제의 효과를 평가하는 32 개의 연구를 종합하였으며, Baum 은 대장수술 (colon surgery) 직후에 생기는 상처감염을 억제하는 항생제의 효과를 평가하는 26 개의 연구를 종합하여 메타분석을 실시하였다. [표 8.1]은 1977 년부터 1990 년까지 미국의 Medline 이라는 의학논문 데이터베이스에서 찾아낸 메타분석에 관한 논문수를 보여준다. 물론 이러한 논문수의 증가는 의학저널수의 증가에도 일부 기인하고 있지만, 메타분석이 의약학연구에서 얼마나 중요한 위치를 확보해가고 있는가를 잘 보여주고 있다.

[표 8.1] Medline에서 메타분석 논문수의 증가표

연도	77	78	79	80	81	82	83	84	85	86	87	88	89	90
논문수	1	0	1	4	3	8	11	6	15	16	31	61	85	81

같은 치료효과를 평가하는 연구라 하더라도 각 연구마다 연구의 설계 및 분석방법, 표본의 크기와 연구대상자들의 차이가 있을 수 있기 때문에, 여러 연구를 종합하는 메타분석을 시행하는 데에는 여러 가지 어려운 문제들이 많이 남아있다. 이 장에서는 여러 연구로부터 p-값 또는 검정통계량이 주어졌을 때 이들을 결합하고 가정을 검정하는 통계적 기법들에 대해서 논의해 보기로 하겠다.

8.1 메타분석의 기초개념

메타분석은 각 연구결과를 유의확률 p-값으로 요약했을 때 이들을 결합하여 종합적인 결론을 내리는 것과 직접적으로 관련되어 있다. 다음의 예를 보자.

예제 8.1 다음의 [표 8.2]는 어떤 치료의 효과가 실험군과 대조군의 두 그룹에서 동일한지의 여부를 알아보기 위한 10개의 연구결과들이다. 각 연구에서 치료효과의 차이가 없다는 귀무가설에 대하여 실험군의 치료효과가 대조군의 치료효과보다 좋다는 대립가설을 설정하여 단측검정을 실시하였다고 하자. 이 중 연구 1, 연구 5, 연구 6, 연구 7, 연구 8에서는 5% 유의수준 하에서 귀무가설이 기각되어 실험군의 치료효과가 좋은 것으로 결론을 내렸으며 (p-값 < 0.05), 나머지 연구들에서는 귀무가설이 기각되지 않았음을 알 수 있다. 이와 같이 서로 다른 결론을 내리고 있으며 표본의 크기도 제각각인 연구들로부터 종합적인 결론을 내리기 위해서는 어떤 방법을 써야 할까?

[표 8.2] 두 집단의 치료효과에 대한 10개 연구의 p-값

연구(i)	표본의 크기		p-값(p_i)
	대조군(n_i^C)	실험군(n_i^E)	
1	118	136	0.0029
2	40	40	0.0510
3	61	64	0.6310
4	77	114	0.3783
5	32	32	0.0034
6	45	45	0.0305
7	30	30	0.0341
8	10	10	0.0367
9	70	71	0.5740
10	60	59	0.3517

우리의 관심은 우선 이들 p-값을 결합하는 통계적 기법을 알아보는데 있다. 그런데 연구결과들이 서로 판이하게 다른 것들을 무조건 결합하게 되면 결과를 왜곡할 수도 있으므로, 이들 p-값들이 서로 동질적 (homogeneous) 인가를 검토할 필요가 있다. 각 연구에서 p-값 외에 검정통계량등과 같은 보다 많은 정보를 알고 있을 때에는 유효크기 (effect size) 를 정의하여 이를 결합할 수가 있다. 만약 치료효과의 크기가 각 연구에서 서로 다른 척도로 표현되어 있다면 이를 비교가능한 척도로 통일시켜 줄 필요가 있게 되는데, 이와 같이 비교 가능한 효과의 크기를 유효크기라고 한다. 예컨대 연속형 자료일 경우에는 유효크기를 표준화된 평균차이로 정의할 수 있을 것이다. 유의확률과 마찬가지로 유효크기를 결합하기 위해서도 우선 이의 동질성을 검토해 보아야 한다. 이제 여러 독립적인 연구들로부터 얻어진 유의확률을 결합하는 방법과 그의 동질성을 검정하는 방법, 그리고 유효크기의 추정과 결합방법, 그리고 유효크기의 동질성검정에 관한 통계적 기법들을 차례로 소개하기로 한다.

8.2 유의확률의 결합

이제 각 연구에 대한 유의확률이 주어졌을 때 이들을 결합하는 방법에 대하여 알아보기로 하자. 여기에는 **순서통계량 (order statistic)** 에 근거한 방법과 **역카이제곱법 (inverse chi-square method)**, **역정규법 (inverse normal method)**, 그리고 **로짓방법 (logit method)** 등이 있다.

이 방법들을 설명하기 위해서 우선 다음과 같은 정의가 필요하다. k개의 독립적인 연구가 있었다고 하고 각 연구에서의 치료효과를 $\theta_1, \cdots, \theta_k$라고 하자. 일반적으로 θ_i는 i번째 연구에서의 평균이나 평균치 차이, 또는 상관계수 등이 될 수 있다. 이 때 i번째 연구에서의 귀무가설은

$$H_{0i}: \theta_i = 0 \quad (i = 1, \cdots, k)$$

로 표현된다. 이로부터 k개의 단측 p-값 $p_1, \cdots, p_k$가 구해진다. 양측 p-값이 주어졌을 때에는 보정이 필요한데 일반적으로 2로 나눈 값을 사용한다. 귀무가설 H_{0i}하에서 관측된 p-값인 p_i는 [0,1] 사이의 균일분포 (uniform distribution) 를 따르게 되는데, 다음에 설명할 검정법들은 이에 근거하여 도출된 것들이다. 이에 대해 결합된 결과에 대한 복합귀무가설은 모든 연구에서 치료효과의 차이가 없다는 것이 된다. 즉,

$$H_0: \theta_1 = \theta_2 = \cdots = \theta_k = 0$$

이다. 각 연구에서의 귀무가설이 모두 성립할 때에 한하여 복합귀무가설이 성립하게 된다. 이제 이 4가지 방법을 차례로 소개하겠다.

8.2.1 순서통계량 (order statistic) 에 근거한 방법

각 연구에서 구해진 p_i가 귀무가설 하에서 균일분포를 따른다는 것을 이용하면 k개의 p-값 중 최소치 $p_{(1)}$의 분포를 구할 수 있다. Tippett (1931) 은 이를 이용하여 유의수준을 α라고 했을 때 $p_{(1)}$과 $1-(1-\alpha)^{1/k}$을 비교하여 복합귀무가설 H_0을 검정하는 방법을 제시하였다. 즉,

$$p_{(1)} < 1-(1-\alpha)^{1/k}$$

일 때 복합귀무가설 H_0을 기각하게 된다.

[예제 8.1]에서 10개 연구 중 최소의 p-값 $p_{(1)} = 0.0029$이다. α를 0.05로 했을 때 $1-(1-0.05)^{1/10} = 0.005$이므로 5% 유의수준 하에서 모든 연구에서 치료효과의 차이가 없다는 가설은 기각되며 실험군의 치료효과가 대조군의 치료효과보다 좋다고 할 수 있다. 이의 일반적 형태로 γ번째로 작은 p-값 $p_{(\gamma)}$이 베타분포 (beta distribution) 를 따른다는 것을 이용한 방법이 Wilkinson (1951) 에 의해 제안된 바 있다. 이 방법은 Tippett의 방법에 비해 극단치에 영향을 받지 않는다는 장점이 있다. [표 8.3]은 SAS에서 이를 수행할 수 있도록 프로그래밍한 것이다. 여기서 앞 쪽은 원래의 p-값을 입력하도록 되어 있으며, /* ORDER STATISTICS */ 의 뒷부분이 순서통계량을 계산해주는 프로그램이다. 독자들이 이 방법을 사용하기 위해서는 음영 처리된 부분을 각자의 데이터로 고치면 된다. 이의 출력결과는 [표 8.4]에 있다. 입력된 p-값이 P로 인쇄되었고, 최소값 $p_{(1)}$이 $P_{(1)}$, 유의수준이 ALPHA, $1-(1-\alpha)^{1/k}$이 CRITICAL VALUE로 인쇄되어 있다.

[표 8.3] 유의확률의 결합을 위한 SAS 프로그램 (I)

- 순서통계량에 근거한 방법 -

```
DATA ppp;
INPUT p;
CARDS;
0.0029 0.0510 0.6310 0.3783 0.0034
0.0305 0.0341 0.0367 0.5740 0.3517
;

/* OREDER STATISTICS */
PROC RANK DATA=ppp OUT=ord; VAR p; RANKS ORDER;
DATA order; SET ord;
     k=10; alpha=0.05;
     if order ^= 1 then delete;
     signi=1-(1-alpha)**(1/k);
     keep alpha order p signi;
     label signi='CRITICAL VALUE';
     label p='P(1)';
     title "METHOD BASED ON ORDER STATISTIC";
PROC PRINT label noobs; RUN;
```

[표 8.4] 유의확률의 결합을 위한 SAS 출력결과 (I)
- 순서통계량에 근거한 방법 -

```
METHOD BASED ON ORDER STATISTIC

              RANK FOR
              VARIABLE                CRITICAL
   P(1)          P         ALPHA       VALUE

  .0029          1          0.05     .0051162
```

8.2.2 역카이제곱법 (inverse chi-square method)

Fisher (1932) 의 역카이제곱법은 결합된 결과의 유의성검정을 위한 방법 중 가장 많이 쓰이는 것으로 균일분포 (uniform distribution) 와 카이제곱분포와의 관계를 이용한 것이다. 귀무가설 H_{0i} 하에서 p_i가 균일분포를 따르므로 $-2\log p_i$는 자유도 2의 카이제곱분포를 따르고, 복합귀무가설 H_0 하에서

$$-2\log(p_1 p_2 \cdots p_k) = -2\sum_{i=1}^{k}\log p_i$$

는 자유도 $2k$인 카이제곱분포를 따르게 된다. 따라서 이 값이 $100(1-\alpha)\%$ 임계치 (critical value) $\chi^2_\alpha(2k)$ 보다 클 때 $100\alpha\%$ 유의수준 하에서 H_0가 기각된다.

[예제 8.1]에서,

$$-2\sum_{i=1}^{10}\log p_i = 55.42 > \chi^2_{0.05}(20) = 31.41$$

이므로 여기서도 5% 유의수준 하에서 H_0은 기각되고 실험군의 치료효과가 대조군의 치료효과보다 좋았다고 할 수 있다.

[표 8.5]는 이를 수행하기 위한 SAS 프로그램이다. 독자들이 이 방법을 사용하기 위해서는 음영 처리된 부분만을 각자의 데이터로 고치면 된다. 출력결과는 [표 8.6]에 있다. 입력된 p-값이 P로, 각 연구에서의 $-2\log p_i$값이 -2 LOG(P)로 나와 있다. 계산된 $-2\sum_{i=1}^{10}\log p_i$은 CHI-SQUARE로 인쇄되어 있다. 복합귀무가설에 대한 단측 p-값이 ONE-SIDED P-VALUE로 인쇄되어 있으므로, 독자들은 이 값이 유의수준 (예컨대 0.05) 보다 작은 경우에 모든 연구에서 치료효과의 차이가 없다는 가설을 기각하면 된다.

각 연구에 대해 동일한 비중을 두는 대신, 보다 중요한 연구에 가중치를 크게 주는 방법을 생각할 수 있다 (cf. Good, 1955). 즉, p_i 대신 $p_i^{\nu_i}\,(\nu_i > 0)$ 를 고려하는 것이다.

Zelen (1957), Zelen and Joel(1959) 그리고 Pape (1972) 등이 가중치 v_i의 최적값을 제안한 바 있다. 그러나 이에 근거한 분포를 구하기는 어렵다는 단점이 있다.

[표 8.5] 유의확률의 결합을 위한 SAS 프로그램 (II)

- 역 카이제곱법 -

```
DATA ppp;
INPUT p @@;
  logp=-2*log(p);
  label logp='-2LOG(P)';
  CARDS;
  0.0029 0.0510 0.6310 0.3783 0.0034
  0.0305 0.0341 0.0367 0.5740 0.3517
;
title;
PROC PRINT label; RUN;

   /* INVERSE CHI-SQUARE METHOD */
   PROC MEANS DATA=ppp noprint;
        OUTPUT OUT=i_chi SUM=sum;
        VAR logp;
   DATA inv_chi; SET i_chi;
        chi=sum;
        chi_p=1-probchi(chi, 2*_freq_, 0);
        Keep chi chi_p;
        label chi_p='ONE-SIDED P-VALUE' chi='CHI-SQUARE';
   title 'INVERSE CHI-SQUARE METHOD';
   PROC PRINT label noobs DATA=inv_chi;
   RUN;
```

[표 8.6] 유의확률의 결합을 위한 SAS 출력결과 (II)

- 역 카이제곱법 -

OBS	P	-2LOG(P)
1	0.0029	11.6861
2	0.0510	5.9519
3	0.6310	0.9209
4	0.3783	1.9441
5	0.0034	11.3680
6	0.0305	6.9801
7	0.0341	6.7569
8	0.0367	6.6100
9	0.5740	1.1103
10	0.3517	2.0900

INVERSE CHI-SQUARE METHOD

CHI-SQUARE	ONE-SIDED P-VALUE
55.4181	.000035552

8.2.3 역정규법 (inverse normal method)

역정규법은 각각의 p_i값을 해당하는 정규점수 z_i로 치환한 후 이를 평균화하여 얻은 통계량을 이용하여 검정하는 방법이다 (cf. Stouffer et al., 1949; Liptak, 1958). $\Phi(x)$가 표준정규분포의 누적분포함수일때 H_{0i}하에서 $z_i = \Phi^{-1}(p_i)$는 표준정규분포를 따르며, 이를 평균화한 값

$$Z = \frac{\sum_{i=1}^{k} z_i}{\sqrt{k}}$$

도 H_0하에서 역시 표준정규분포를 따르게 된다. 따라서 이 값이 정규분포에서의 임계치를 벗어날 때 복합귀무가설을 기각하게 된다. [표 8.7]은 이를 계산하기 위한 프로그램이다. 위의 두 프로그램과 마찬가지로 독자들이 자신의 분석에 이용하려면 음영부분의 입력자료만 바꾸면 된다.

[표 8.7] 유의확률의 결합을 위한 SAS 프로그램 (III)

\- 역정규법 -

```
DATA ppp;
     input p @@;
     z_i= probit(p);
CARDS;
0.0029 0.0510 0.6310 0.3783 0.0034
0.0305 0.0341 0.0367 0.5740 0.3517
;
title;
PROC PRINT label; RUN;

/* INVERSE NORMAL METHOD */
PROC MEANS DATA=ppp noprint;
     OUTPUT OUT=i_nor SUM=sum;
     VAR z_i;
DATA inv_nor; SET i_nor;
     nor=sum/sqrt(_freq_);
     if nor>0 then nor_p=1-probnorm(nor);
     else nor_p=probnorm(nor);
     nor_p2=2*nor_p;
     keep nor nor_p nor_p2;
     label nor_p='ONE-SIDED P-VALUE'
           nor_p2='TWO-SIDED P-VALUE'
           nor='NORMAL';
title 'INVERSE NORMAL METHOD';
PROC PRINT label noobs; RUN;
```

[표 8.8]은 이의 결과로서 먼저 입력된 자료 p_i와 해당하는 정규점수 z_i의 값이 각각 P와 Z_I로 출력된다. 평균화된 값 Z는 NORMAL로 인쇄되며, 단측검정에 관한 p-값이 ONE-SIDED P-VALUE로, 양측검정에 대한 p-값은 TWO-SIDED P-VALUE로 출력되도록 프로그래밍하였다. [예제 8.1]에서는 $Z = -4.03435$이며 단측검정에 대한 p-값이 0.000027이므로, H_0은 기각되고 실험군의 치료효과가 대조군의 치료효과보다 좋다는 결론을 내릴 수 있다.

[표 8.8] 유의확률의 결합을 위한 SAS 출력결과 (III)

- 역정규법 -

OBS	P	Z_I
1	0.0029	-2.75888
2	0.0510	-1.63523
3	0.6310	0.33450
4	0.3783	-0.30995
5	0.0034	-2.70648
6	0.0305	-1.87350
7	0.0341	-1.82368
8	0.0367	-1.79034
9	0.5740	0.18657
10	0.3517	-0.38073

INVERSE NORMAL METHOD

NORMAL	ONE-SIDED P-VALUE	TWO-SIDED P-VALUE
-4.03435	.000027377	.000054754

역카이제곱법에서와 마찬가지로 역정규법에서도 각 연구에 서로 다른 가중치를 주는 방법을 생각할 수 있는데, Mosteller and Bush (1954)는 다음과 같은 통계량

$$Z_w = \frac{\sum_{i=1}^{k} v_i Z_i}{\sqrt{\sum_{i=1}^{k} v_i^2}}$$

을 제안하였다. 귀무가설 하에서 Z_w는 표준정규분포를 따르게 된다. 그러나 이 방법에서도 적절한 가중치 v_i를 찾는 문제는 남게 된다.

8.2.4 로짓방법 (logit method)

결합된 결과의 유의성검정을 위한 또 다른 방법으로 George (1977)는 다음과 같은 통계량

$$L = \sum_{i=1}^{k} \log \left[\frac{p_i}{(1 - p_i)} \right]$$

을 제안하였다. 복합귀무가설 H_0가 사실일 때

$$L^* = L \sqrt{\frac{3(5k + 4)}{\pi^2 k(5k + 2)}}$$

가 근사적으로 자유도 $5k + 4$인 t-분포를 따르게 되므로, 이를 이용하여 가설검정을 할 수 있게 된다 (cf. George and Mudholkar, 1977). [표 8.9]은 이를 계산하기 위한 프로그램이다. 이때에도 입력 자료만 바꾸면 로짓방법에 의한 검정을 할 수 있다.

[표 8.9] 유의확률의 결합을 위한 SAS 프로그램 (IV)

– 로짓방법 –

```
DATA ppp;
     input p @@;
     logit=log(p/(1-p));
CARDS;
0.0029 0.0510 0.6310 0.3783 0.0034
0.0305 0.0341 0.0367 0.5740 0.3517
;
title;
PROC PRINT label; RUN;

/* Logit Method */
PROC MEANS DATA=ppp noprint;
     OUTPUT OUT=prelogit SUM=sum;
     VAR logit;
DATA logit; SET prelogit;
     pi=3.141592154;
     l=sum*sqrt((3*(5*_freq_+4))/((pi**2)*_freq_*(5*_freq_+2)));
     if l>0 then log_p=1-probt(l, 5*_freq_+4, 0);
     else log_p=probt(l,5*_freq_+4,0);
     log_p2=2*log_p;
     Keep l log_p log_p2;
     label log_p='ONE-SIDED P-VALUE'
           log_p2='TWO-SIDED P-VALUE'
           l='L*';

title 'LOGIT METHOD';
PROC PRINT label noobs; RUN;
```

[표 8.10]은 로짓방법에 대한 SAS 출력결과이다. 먼저 입력된 자료 p_i와 해당하는 $\log[p_i/(1-p_i)]$의 값이 P와 LOGIT으로 출력된다. 계산된 L^*값이 인쇄되며, 단측검정과 양측검정에 대한 p-값이 각각 ONE-SIDED P-VALUE, TWO-SIDED P-VALUE로 출력된다. [예제 8.1]에서

$$L^* = \left[\sum_{i=1}^{10} \log \frac{p_i}{(1-p_i)}\right] \sqrt{\frac{3(50+4)}{\pi^2 10(50+2)}} = -4.40406$$

이며, 이 값은 자유도 54의 t-분포의 95% 임계치 -1.67보다 작으므로 (단측 p-값 = 0.000025), 이 방법에 의해서도 5% 유의수준 하에서 H_0은 기각되고 실험군의 치료효과가 대조군의 치료효과보다 더 좋다고 할 수 있다.

[표 8.10] 유의확률의 결합을 위한 SAS 출력결과 (IV)

-로짓방법-

OBS	P	LOGIT
1	0.0029	-5.84014
2	0.0510	-2.92358
3	0.6310	0.53651
4	0.3783	-0.49677
5	0.0034	-5.68057
6	0.0305	-3.45905
7	0.0341	-3.34376
8	0.0367	-3.26759
9	0.5740	0.29819
10	0.3517	-0.61158

LOGIT METHOD

L*	ONE-SIDED P-VALUE	TWO-SIDED P-VALUE
-4.40406	.000025335	.000050671

이 방법의 일반화로 k개 연구에 각각 가중치 $v_1, \cdots, v_k$를 준

$$L_w = \sum_{i=1}^{k} v_i \log\left[\frac{p_i}{(1-p_i)}\right]$$

를 생각할 수 있다. 이 값은 근사적으로 t-분포를 따르므로 이를 이용하여 가설검정을 할 수 있게 된다.

8.3 유의확률의 동질성검정

앞 절에서 각각의 연구로부터 얻어진 유의확률 p-값들을 결합하는 방법에 관하여 알아보았다. 그러나 만일 각각의 p-값들이 서로 유의하게 다르다면, 이들을 결합하여 어떤 결론을 내린다는 것이 바람직하지 못할 수도 있다. 따라서 유의확률을 결합하기에 앞서 먼저 주어진 p-값들의 동질성 (homogeneity) 여부를 검토해보아야 할 필요성이 있다.

각각의 유의확률 p-값들이 모두 동일하다는 가설

$$H_0 : p_1 = p_2 = \cdots = p_k$$

을 검정하기 위해서는 먼저 각각의 단측 p-값을 앞서 소개한 역정규법에 의해 $z_i = \Phi^{-1}(p_i)$로 변환시킨다. 실험군과 대조군의 표본크기가 클 때에는 귀무가설 하에서 z_i가 근사적으로 표준정규분포를 따르므로, 다음과 같은 통계량

$$Q = \sum_{i=1}^{k} (z_i - \bar{z})^2$$

는 근사적으로 자유도 $(k-1)$인 카이제곱분포를 따르게 된다. 따라서 이 값이 $100(1-\alpha)\%$ 임계치 $\chi^2_\alpha(k-1)$보다 클 때 $100\alpha\%$ 유의수준 하에서 H_0은 기각되며, 각 p-값들 중에서 최소한 하나는 다른 값들과 다르다는 결론을 내릴 수 있게 된다. [예제 8.1]에서

$$Q = \sum_{i=1}^{10} (z_i - \bar{z})^2 = 11.763$$

으로 $\chi^2_{0.05}(9) = 16.92$보다 작으므로, 5% 유의수준 하에서 10개 연구의 p-값들이 모두 같다는 귀무가설은 기각되지 않는다.

8.4 유효크기의 추정

동일한 치료의 효과에 대한 여러 연구가 있다고 하자. 각각의 연구에서 사용된 척도들이 서로 일치하지 않는다면, 그 결과들을 종합하기 위해서 효과의 크기를 같은 척도로 바꾸어주는 과정이 필요하게 된다. 이렇게 표준화의 과정을 거친 효과의 크기를 **유효크기 (effect size)** 라고 한다. 반응값이 연속형인 경우 표준화된 평균차이로 유효크기를 정의하며, 이산형 자료에 알맞는 유효크기를 정의할 수도 있고 척도무관한 유효크기로

서 상관계수를 사용하기도 한다(cf. 송혜향, 1992). 여기에서는 반응값이 연속형인 경우에 대하여 모수적인 방법들을 중심으로 설명하겠다. 이제 단일연구에서 유효크기를 추정하는 방법과 추정된 유효크기의 신뢰구간을 구하는 방법에 대하여 알아보기로 하자.

8.4.1 유효크기의 추정치

먼저 단일 연구에서의 유효크기에 대한 정의를 알아보자. 실험군과 처리군의 어떤 연속적인 반응값(예컨대 최고혈압이나 종양의 크기 등)을 비교하고자 하는 연구가 있다고 하고, 관측치들은 각 그룹 내에서 독립이며 동일한 정규분포를 따른다고 가정하자. 실험군에서 n^E개의 관측치 $Y_1^E, \cdots, Y_{n^E}^E$가 평균 μ^E, 분산 σ^2인 정규분포를 따르며, 대조군에서의 n^C개의 관측치 $Y_1^C, \cdots, Y_{n^C}^C$는 평균 μ^C, 분산은 실험군과 동일하게 σ^2을 가진다고 하자. 즉,

$$Y_i^E \sim N(\mu^E, \sigma^2) \quad (i = 1, \cdots, n^E),$$
$$Y_j^C \sim N(\mu^C, \sigma^2) \quad (j = 1, \cdots, n^C)$$

라고 가정하자. 이 때 유효크기(δ)란 이들의 표준화된 평균의 차이

$$\delta = \frac{\mu^E - \mu^C}{\sigma}$$

로 정의될 수 있다. 이의 추정량으로서 다음과 같은 통계량

$$\hat{\delta}_1 = \frac{\overline{Y^E} - \overline{Y^C}}{S}$$

을 생각하는 것이 자연스러울 것이다. 여기서 $\overline{Y^E}$와 $\overline{Y^C}$는 각각 실험군과 대조군에서의 반응값에 대한 평균이며, S로는 다음과 같은 합동(pooled) 표본표준편차

$$S = \sqrt{\frac{(n^E - 1)(S^E)^2 + (n^C - 1)(S^C)^2}{n^E + n^C - 2}}$$

를 생각할 수 있다. 여기서, n^E와 n^C는 각각 실험군과 대조군의 표본크기이며, S^E 와 S^C는 각각 실험군과 대조군에서의 표본표준편차를 가리킨다. 이 통계량은 사실 두 그룹의 평균비교를 위한 t-통계량과 같다. $\tilde{n} = n^E n^C/[n^E + n^C]$로 정의할 때, $\sqrt{\tilde{n}}\,\hat{\delta}_1$는 비중심모수(noncentrality parameter)가 $\sqrt{\tilde{n}}\,\delta$, 자유도가 $n^E + n^C - 2$인 비중심(noncentral) t-분포를 따른다고 알려져 있다. Glass (1976)는 각 연구에서 실험군의 표준편차가 각각 다를 수

도 있다는 가정 하에서 합동표준편차대신 S^C를 사용할 것을 제안한 바 있으나, 많은 연구에서 모분산이 같다는 가정이 성립되므로 이보다는 합동표본표준편차를 사용하는 것이 타당하리라고 본다.

한편 δ에 대한 불편추정량(unbiased estimator)은 근사적으로

$$\hat{\delta}_2 = d = \frac{4(N-3)}{(4N-9)}\hat{\delta}_1$$

와 같이 구해진다. 여기서 $N = n^E + n^C$이며, $4(N-3)/(4N-9)$는 $\hat{\delta}_1$의 편차를 수정하기 위한 값이다. d는 최소분산불편추정량(MVUE: minimum variance unbiased estimator)이 된다고 알려져 있다(cf. Hedge, 1981). N이 커질 때 두 추정량은 근사적으로 동일한 정규분포를 따르게 된다.

δ의 최우추정량(maximum likelihood estimator)은

$$\hat{\delta}_3 = \sqrt{\frac{N}{N-2}}\,\hat{\delta}_1$$

으로, 이 추정치는 일치추정량이면서 근사적으로 유효하다.

이외에 Stein(1964)의 수축통계량(shrinkage estimator)은

$$\hat{\delta}_4 = \left(\frac{N-4}{N-2}\right)\frac{4(N-3)}{(4N-9)}\hat{\delta}_1$$

와 같으며, 이의 평균제곱오차(MSE :mean squared error)는 d의 평균제곱오차보다 작게 된다. 위의 식으로부터 $Var(\hat{\delta}_3) \geq Var(\hat{\delta}_1) \geq Var(d) \geq \mathrm{Var}(\hat{\delta}_4)$의 관계가 항상 성립되지만, 평균제곱오차의 크기순서는 다를 수도 있다.

위에서 설명한 4가지 추정량은 사실상 표본크기(N)가 커지면 모두 같은 통계량으로 된다는 것을 쉽게 알 수 있다. 따라서 유효크기의 신뢰구간을 구하는 문제에서는 편의상 불편추정량 d에 대해서만 고려하기로 하자.

8.4.2 유효크기의 신뢰구간

앞에서 설명한 4가지 모수적 추정량은 모두 동일한 대표본(large sample) 분포를 가지고 있다. 이제 이에 근거하여 유효크기의 신뢰구간을 구하는 문제를 생각하여 보자. n^E와 n^C가 같은 비율로 증가해 n^E/N와 n^C/N가 고정된다고 가정할 때, d는 근사적으로

$$d \sim N(\delta, \sigma_\infty^2(d))$$

와 같은 정규분포를 하게 된다. 여기서,

$$\sigma_{\infty}^2(d) = \frac{n^E + n^C}{n^E n^C} + \frac{\delta^2}{2(n^E + n^C)}$$

이며, 이의 추정치 $\hat{\sigma}^2(d)$은

$$\hat{\sigma}^2(d) = \frac{n^E + n^C}{n^E n^C} + \frac{d^2}{2(n^E + n^C)}$$

로 된다. 따라서 δ에 대한 $100(1-\alpha)\%$ 신뢰구간은

$$(\delta_L,\ \delta_U) = (d - Z_{\alpha/2}\hat{\sigma}(d),\ d + Z_{\alpha/2}\hat{\sigma}(d))$$

로 나타낼 수 있다. 여기서, $Z_{\alpha/2}$는 표본정규분포의 양측기각치이다.

예제 8.2 두 식이요법에 대한 혈액응고효과를 비교하기 위해서 각 그룹 당 10마리의 실험동물을 대상으로 식이요법을 실시하였다. 그 결과 첫 번째 그룹에서 관측된 평균 혈액응고시간은 65.00초이며 표준편차는 5.00이고, 두 번째 그룹에서의 평균 혈액응고시간은 62.53초이며 표준편차는 3.00 이다. 유효크기를 추정하고 신뢰구간을 구해 보자.

$$n^E = n^C = 10 \text{이고 } S = \sqrt{\frac{(9 \times 5.0^2 + 9 \times 3.0^2)}{18}} = 4.12$$

이므로, 유효크기는

$$\hat{\delta}_1 = \frac{(65.00 - 62.53)}{4.12} = 0.60,\ \ \hat{\delta}_2 = d = \left(\frac{68}{71}\right) \times 0.60 = 0.57$$

으로 계산된다. 이의 분산의 추정치는

$$\hat{\sigma}^2(d) = \frac{10 + 10}{10 \times 10} + \frac{(0.57)^2}{2(10 + 10)} = 0.208$$

이므로, 유효크기 δ의 95% 신뢰구간은

$$0.57 \pm 1.96\sqrt{0.228} = (-0.32,\ 1.46)$$

이 된다.

d의 분산이 미지의 모수 δ에 의존하므로 **분산안정화변환 (variance-stabilizing transformation)** 을 통해서 보다 간단한 분포를 얻을 수 있다. 이 분포에 근거하여 먼저 변수변환된 모수의 신뢰구간을 얻은 뒤에, 다시 δ의 신뢰구간을 구할 수 있다. 여기서는 두 가지의 변환을 소개하겠다. 먼저 다음과 같은 분산안정화 변환

$$h(d) = \sqrt{2}\,\sinh^{-1}\frac{d}{a} = \sqrt{2}\,\log\left(\frac{d}{a} + \sqrt{\frac{d^2}{a^2}+1}\right)$$

을 생각해보자. 여기서, $\sinh^{-1}$는 역쌍곡사인함수 (inverse hyperbolic sine function) 이고, $a = \sqrt{4 + 2(n^E/n^C) + 2(n^C/n^E)}$이다. 근사적으로

$$\sqrt{N}\,(h(d) - h(\delta)) \sim \mathrm{N}(0,1)$$

이 성립한다. 따라서 $\eta = h(\delta)$의 $100(1-\alpha)\%$ 신뢰구간은

$$(\eta_L, \eta_U) = (h_L(\delta), h_U(\delta)) = \left(h(d) - \frac{Z_{\alpha/2}}{\sqrt{N}},\ h(d) + \frac{Z_{\alpha/2}}{\sqrt{N}}\right)$$

으로 나타낼 수 있다. 여기서, $Z_{\alpha/2}$는 표준정규분포의 양측검정기각치이다. δ의 신뢰구간을 구하기 위해서는 $h^{-1}(\eta) = a\,\sinh(\eta/\sqrt{2})$를 이용한다. 즉, 유효크기 δ의 $100(1-\alpha)\%$ 신뢰구간은 $(\delta_L, \delta_U) = (h^{-1}(\eta_L), h^{-1}(\eta_U))$이다.

[예제 8.2]에서 역쌍곡사인함수의 변수변환을 이용한 유효크기의 95% 신뢰구간을 구해보자. 각각의 표본크기가 10인 두 그룹의 비교에서 유효크기의 불편추정치 $d = 0.57$로 주어졌다면 $a = \sqrt{4 + 2(10/10) + 2(10/10)} = \sqrt{8}$, $h = h(d) = \sqrt{2}\,\sinh^{-1}(0.57/\sqrt{8}) = 0.283$로 구해진다. 이 때, η의 신뢰한계 (η, η_U)는

$$\eta_L = 0.283 - 1.96\sqrt{\frac{1}{(10+10)}} = -0.155,$$

$$\eta_U = 0.283 + 1.96\sqrt{\frac{1}{(10+10)}} = 0.721$$

이 된다. $h^{-1}(x) = \sqrt{8}\,\sinh(x/\sqrt{2})$를 이용한 δ의 신뢰한계 (δ_L, δ_U)는

$$\delta_L = \sqrt{8}\,\sinh\left(\frac{-0.155}{\sqrt{2}}\right) = -0.31,$$

$$\delta_U = \sqrt{8}\,\sinh\left(\frac{0.721}{\sqrt{2}}\right) = 1.50$$

이 되고, 따라서 δ의 95% 신뢰구간은 $(-0.31, 1.50)$이 된다.

또 다른 형태의 변수변환은 Kraemer (1983)에 의해 제안되었는데, 이것은 유효크기 δ와 상관계수 ρ의 분포가 관련되어있다는 사실을 이용한 것이다. 즉,

$$\rho = \frac{\delta}{\sqrt{\delta^2 + \nu}}$$

이고, 표본상관계수

$$r = \frac{d}{\sqrt{d^2 + \nu}}$$

이 성립한다. 여기서 $\nu = N(N-2)/n^E n^C$이다. $u = \dfrac{\rho - r}{1 - \rho r}$라고 했을 때, $\dfrac{\sqrt{N-2}\,u}{\sqrt{1-u^2}}$은 근사적으로 자유도가 $(N-2)$인 t-분포를 따르게 된다 (cf. Kraemer and Paik, 1979). 이로부터 u의 $100(1-\alpha)\%$ 신뢰구간 (U_L, U_U)을 구할 수 있다. 차례대로 ρ의 $100(1-\alpha)\%$ 신뢰구간

$$(\rho_L, \rho_U) = \left(\frac{u_U - r}{ru_U - 1}, \frac{u_L - r}{ru_L - 1}\right)$$

을 구하고, 다음에 δ의 $100(1-\alpha)\%$ 신뢰구간

$$(\delta_L, \delta_U) = \left(\frac{\rho_L\sqrt{\nu}}{\sqrt{1-\rho_L^2}}, \frac{\rho_U\sqrt{\nu}}{\sqrt{1-\rho_U^2}}\right)$$

을 구한다.

[예제 8.2]에서 Kraemer 방법에 의해 δ의 신뢰구간을 구해보자. 먼저,

$$\nu = \frac{(18 \times 20)}{(10 \times 10)} = 3.6, \qquad r = \frac{0.57}{\sqrt{0.57^2 + 3.6}} = 0.288$$

을 계산하였다. $\dfrac{\sqrt{N-2}\,u}{(1-u^2)^{1/2}}$의 분포로부터 각각 $U_L = -0.444$, $U_U = 0.444$ 이 계산된다. 따라서

$$\rho_L = \frac{(0.444 - 0.288)}{[(0.444)(0.288) - 1]} = -0.179, \qquad \rho_U = \frac{(-0.444 - 0.288)}{[(-0.444)(0.288) - 1]} = 0.649$$

이고,

$$\delta_L = \frac{-0.179\sqrt{3.6}}{[1-(0.179)^2]^{1/2}} = -0.34, \qquad \delta_U = \frac{0.649\sqrt{3.6}}{[1-(0.649)^2]^{1/2}} = 1.62$$

가 구해진다. 따라서 이 방법을 이용한 δ의 95% 신뢰구간은 $(-0.34, 1.62)$이다.

8.5 유효크기의 결합

서로 독립적으로 수행된 k개의 연구로부터 자료가 관측되었다고 가정하고, 각 연구에서 실험군(experimental group)과 대조군(control group)이 아래와 같이 비교되었다고 하자. 이 때 자료의 구조와 모수(parameter)를 [표 8.11]에서와 같이 정의하자. i번째 $(i=1, \cdots, k)$ 연구에서, 실험군과 대조군에서의 관측치 Y_{ij}^E, Y_{ij}^C가 각각 다음과 같은 정규분포

$$Y_{ij}^E \sim N(\mu_i^E, \sigma_i^2) \quad (j=1, \cdots, n_i^E),$$
$$Y_{ij}^C \sim N(\mu_i^C, \sigma_i^2) \quad (j=1, \cdots, n_i^C)$$

를 따른다고 가정하자.

[표 8.11] k개의 연구로부터 관측된 자료의 구조와 모수

연구	관측치	
	실험군	대조군
1	$Y_{11}^E, \cdots, Y_{1n_1^E}^E$	$Y_{11}^C, \cdots, Y_{1n_1^C}^C$
⋮	⋮	⋮
k	$Y_{k1}^E, \cdots, Y_{kn_k^E}^E$	$Y_{k1}^C, \cdots, Y_{kn_k^C}^C$

〈모수〉

연구	실험군		대조군		유효크기
	평균	분산	평균	분산	
1	μ_1^E	σ_1^2	μ_1^C	σ_1^2	$\delta_1 = (\mu_1^E - \mu_1^C)/\sigma_1$
⋮	⋮	⋮	⋮	⋮	⋮
k	μ_k^E	σ_k^2	μ_k^C	σ_k^2	$\delta_k = (\mu_k^E - \mu_k^C)/\sigma_k$

i번째 연구에서의 유효크기는 $\delta_i = (\mu_i^E - \mu_i^C)/\sigma_i$로 정의된다. 이 절에서는 각각의 연구가 척도나 표본의 크기만이 다를 뿐 동일한 효과를 측정하고 있다고 가정한다. 즉, 각 연구에서의 유효크기가 동일하다는 가정 $\delta_1 = \delta_2 = \cdots = \delta_k = \delta^*$을 한다(이 가정에 대한 검정은 8.6절에서 설명하게 될 것이다). 이제 각 연구에서의 유효크기를 결합하기 위한 두 가지 방법을 차례로 소개하기로 하겠다.

8.5.1 유효크기의 가중선형결합

k개의 독립적인 연구에서 유효크기 δ가 동일하다면 각 연구로부터의 추정치를 결합함으로써 δ를 추정할 수 있다. 만일 표본의 크기가 각 연구마다 차이가 있다면, 이를 결합하는 데 있어서 표본크기가 큰 연구에 많은 가중치를 부여하는 것이 타당할 것이다. 결합된 유효크기의 추정치로서 각 유효크기 추정치 $d_i\,(i = 1, \cdots, k)$의 가중선형결합

$$\delta_w = w_1 d_1 + \cdots + w_k d_k$$

를 사용할 수 있다. 여기서, w_i는 i번째 연구에 부여되는 가중치로 $\sum_{i=1}^{k} w_i = 1$을 만족한다.

이제 가중치 w_i를 추정하는 문제를 생각해보자. d_w의 분산을 최소화하기 위해서는 추정된 유효크기의 분산이 작은 연구에 큰 가중치를 주게 된다. 결과적으로, $\sigma^2(d_i)$가 d_i의 분산이라 할 때,

$$w_i = \frac{1/\sigma^2(d_i)}{\sum_{i=1}^{k}(1/\sigma^2(d_i))}$$

이 된다. 대표본이론을 적용하면

$$w_i = \frac{1/\sigma_\infty^2(d_i)}{\sum_{i=1}^{k}(1/\sigma_\infty^2(d_i))}$$

이 성립된다. 여기서, $\sigma_\infty^2(d_i) = \dfrac{(n_i^E + n_i^C)}{n_i^E n_i^C} + \dfrac{\delta^{*2}}{2(n_i^E + n_i^C)}$ 이 된다. 따라서 이러한 가중치를 사용하였을 때의 가중선형결합추정치 d_+는

$$d_+ = \frac{\sum_{i=1}^{k} d_i/\hat{\sigma}^2(d_i)}{\sum_{i=1}^{k}\{1/\hat{\sigma}^2(d_i)\}}$$

가 된다. 여기서, $\hat{\sigma}^2(d_i) = \dfrac{n_i^E + n_i^C}{n_i^E n_i^C} + \dfrac{d_i^2}{2(n_i^E + n_i^C)}$ 이다.

d_+는 근사적으로 다음과 같은 정규분포

$$d_+ \sim N(\delta^*, \sigma_\infty^2(d_+))$$

를 따르게 된다. 여기서 $\sigma_\infty^2(d_+) = \left(\sum_{i=1}^{k}[1/\sigma_\infty^2(d_i)]\right)^{-1}$ 이다. 따라서 $\sigma_\infty^2(d_+)$의 추정량을 $\hat{\sigma}^2(d_+) = \left(\sum_{i=1}^{k}[1/\hat{\sigma}^2(d_i)]\right)^{-1}$로 할 때, δ^*에 대한 $100(1-\alpha)\%$ 신뢰구간은

$$(\delta_L, \delta_U) = (d_+ - Z_{\alpha/2}\,\hat{\sigma}(d_+),\ d_+ + Z_{\alpha/2}\,\hat{\sigma}(d_+))$$

이 된다. 만일 신뢰구간 (δ_L, δ_U)가 0을 포함하지 않으면, 결합된 유효크기가 0이라는 가설 $H_0: \delta^* = 0$을 유의수준 α에서 기각한다.

예제 8.3 새로운 치료법과 기존의 치료법이 환자의 폐활량에 미치는 영향을 조사한 18개의 연구에서, 실험군과 대조군 각각의 표본의 크기 (n^E, n^C)와 유효크기 (d)가 [표 8.12]와 같다. 표의 우측에 각 연구에 대한 유효크기의 분산의 추정치 $\hat{\sigma}^2(d)$를 계산하였다. 이 자료를 바탕으로 가중선형결합된 유효크기가 0인지를 검정해보자.

[표 8.12] 18개 연구에서의 유효크기

연구	n^E	n^C	d	$\hat{\sigma}^2(d)$
1	100	180	0.100	0.0156
2	131	138	− 0.162	0.0149
3	40	40	− 0.090	0.0501
4	40	40	− 0.049	0.0500
5	97	47	− 0.046	0.0316
6	28	61	− 0.010	0.0521
7	60	55	− 0.431	0.0357
8	72	102	− 0.261	0.0239
9	87	45	0.134	0.0338
10	80	49	0.019	0.0329
11	79	55	0.175	0.0309
12	40	109	0.056	0.0342
13	36	93	0.045	0.0385
14	9	18	0.103	0.1669
15	14	16	0.121	0.1342
16	21	22	− 0.482	0.0958
17	133	124	− 0.290	0.0157
18	82	45	0.342	0.0347

우선 d_+를 찾기 위해서 각각의 연구에 대해 $1/\hat{\sigma}^2(d_i)$, $d_i/\hat{\sigma}^2(d_i)$ 를 계산한다. 이제 가중평균은

$$d_+ = \frac{-30.991}{555.476} = -0.056$$

이고, 추정된 분산은

$$\sigma^2(d_+) = \frac{1}{555.476} = 0.00180$$

이 된다. 18개의 연구가 만약에 같은 유효크기를 가진다면 δ^*의 95% 신뢰구간은

$$\delta_L = -0.056 - 1.96\sqrt{0.00180} = -0.139,\ \delta_U = -0.056 + 1.96\sqrt{0.00180} = 0.027$$

이 된다. 신뢰구간이 0을 포함하고 있으므로 유의수준 5% 하에서 가설 H_0: $\delta^* = 0$를 기각할 수 없다.

[표 8.13]은 SAS로 이를 계산하기 위한 프로그램을 작성한 것이다. 독자들은 첫 번째 Data단계에서 자신의 자료를 입력하고, 두 번째 Data단계에서 유의수준을 지정해주면 된다(음영으로 표시된 부분 참조). 먼저 입력형태를 보면, 실험군에서의 표본의 크기, 대조군에서의 표본의 크기, 그리고 유효크기를 순서대로 입력하였음을 알 수 있다. 이 예에서는 유의수준을 5%로 지정하기 위해 $\alpha = 0.05$를 써주었다.

이의 출력결과는 [표 8.14]에 있다. 먼저 입력된 자료인 표본의 크기 n^E, n^C가 각각 N_E, N_C로 인쇄되고, 유효크기 d가 D로, $\hat{\sigma}^2(d)$는 SIG2_D로 인쇄된다. 다음에 인쇄된 부분 중 _FREQ_는 연구의 수, ALPHA는 유의수준이고, 결합된 유효크기 d_+는 DPLUS로 인쇄되어 있다. 추정된 분산 $\hat{\sigma}^2(d_+)$가 SIG2_DP로 인쇄되어 있다. δ^*의 신뢰구간에 대한 하한이 DELTA_L, 상한이 DELTA_U로 인쇄되어 있다. 이 예에서는 95% 신뢰구간이 구해진다. 결과를 보면 앞에서 계산한 것을 확인할 수 있다.

[표 8.13] 유효크기의 결합을 위한 SAS 프로그램

```
DATA meta1;
    INPUT n_e n_c d @@;
     sig2_d=(n_e + n_c)/(n_e*n_c) + d**2/(2*(n_e+n_c));
     dplus_l= 1/sig2_d; dplus_u=d*dplus_l;
CARDS;
100 180  0.100     131 138 -0.162      40  40 -0.090
 40  40 -0.049      97  47 -0.046      28  61 -0.010
 60  55 -0.431      72 102 -0.261      87  45  0.134
 80  49  0.019      79  55  0.175      40 109  0.056
 36  93  0.045       9  18  0.103      14  16  0.121
 21  22 -0.482     133 124 -0.290      82  45  0.342
;
 RUN;
 PROC PRINT; VAR n_e n_c d sig2_d; RUN;
 PROC MEANS noprint; OUTPUT OUT=m_1 SUM=sum1 sum2;
      VAR dplus_l dplus_u; RUN;

 DATA meta2; SET m_1;
      alpha=0.05;
      dplus=sum2/sum1;
      sig2_dp=1/sum1;
      delta_l=dplus-probit(1-alpha/2)*sqrt(sig2_dp);
      delta_u=dplus+probit(1-alpha/2)*sqrt(sig2_dp);
 RUN;
 PROC PRINT noobs;
      VAR _freq_ alpha dplus sig2_dp delta_l delta_u;
 RUN;
```

[표 8.14] 유효크기의 결합을 위한 SAS 출력결과

SAS

OBS	N_E	N_C	D	SIG2_D
1	100	180	0.100	0.01557
2	131	138	-0.162	0.01493
3	40	40	-0.090	0.05005
4	40	40	-0.049	0.05002
5	97	47	-0.046	0.03159
6	28	61	-0.010	0.05211
7	60	55	-0.431	0.03566
8	72	102	-0.261	0.02389
9	87	45	0.134	0.03378
10	80	49	0.019	0.03291
11	79	55	0.175	0.03095
12	40	109	0.056	0.03418
13	36	93	0.045	0.03854
14	9	18	0.103	0.16686
15	14	16	0.121	0.13417
16	21	22	-0.482	0.09578
17	133	124	0.290	0.01575
18	82	45	0.342	0.03488

SAS

FREQ	ALPHA	DPLUS	SIG2_DP	DELTA_L	DELTA_U
18	0.05	-0.055791	0.0018003	-0.13895	0.027369

8.5.2 변수변환에 근거한 결합

k개의 연구로부터 유효크기의 추정치를 결합하는 데 있어서의 문제점 중 하나는 최적선형결합가중치가 각 유효크기의 분산에 의존한다는 데에 있다. 8.4절에서 단일연구로부터 유효크기를 추정하는 데 있어서 분산을 안정시키는 두 가지 형태의 변수변환을 논의한 바 있다. 여러 연구로부터 유효크기의 추정치를 결합하는데 있어서 위의 두 가지 변수변환을 사용하기 위해서는, 각 연구에서 실험군과 대조군의 표본크기가 같다는 조건 $n_i^E = n_i^C = n_i\ (i = 1, \cdots, k)$이 필요하다.

먼저, 변수변환 $h(d_i) = \sqrt{2}\ \sinh^{-1}(d_i/2\sqrt{2}\,)$를 이용하는 방법을 알아보기로 하겠다. 앞서 살펴본 바와 같이 $h(d_i)$는 근사적으로 평균이 $\eta = h(\delta^*)$이고 분산이 $1/2n_i$인 정규분포를 따른다. 따라서 표본의 총크기가 $N = 2\sum_{i=1}^{k} n_i$라 할 때 최소분산을 갖는 가중선형결합추정량 h_+는

$$h_+ = \sum_{i=1}^{k} \frac{2n_i h(d_i)}{N}$$

가 된다. $h(\delta^*)$의 추정량 h_+를 구한 뒤에 역함수를 취해서 δ^*의 추정량을 구한다. 즉, 결합된 유효크기의 추정량은

$$\delta^* = 2\sqrt{2}\ \sinh\left(\frac{h_+}{\sqrt{2}}\right)$$

가 된다. h_+ 자체도 근사적으로 분산이 $\sigma_\infty^2(h_+) = 1/(2\sum_{i=1}^{k} n_i)$인 정규분포를 따르므로, $\eta = h(\delta^*)$에 대한 $100(1-\alpha)\%$ 신뢰구간은

$$(\eta_L,\ \eta_U) = \left(h_+ - Z_{\frac{\alpha}{2}} \frac{1}{\sqrt{N}},\ \ h_+ + Z_{\frac{\alpha}{2}} \frac{1}{\sqrt{N}}\right)$$

이 된다. 따라서 δ^*에 대한 $100(1-\alpha)\%$ 신뢰구간은

$$(\delta_L,\ \delta_U) = \left(2\sqrt{2}\ \sinh\left(\frac{\eta_L}{\sqrt{2}}\right),\ \ 2\sqrt{2}\ \sinh\left(\frac{\eta_U}{\sqrt{2}}\right)\right)$$

이 된다.

예제 8.4 [표 8.15]는 두 가지 혈압강하제가 혈압에 미치는 영향을 알아보는 6개의 연구로부터 얻은 결과이다. 변수변환을 이용하여 유효크기의 95% 신뢰구간을 구해보자.

[표 8.15] 6개 연구에서의 유효크기와 변수변환에 의한 결합 (I)

연구	$n_i^E = n_i^C = n_i$	d_i	$h(d_i)$	$2n_ih(d_i)$
1	22	0.563	0.280	12.306
2	10	0.308	0.1547	3.074
3	10	0.081	0.040	0.810
4	10	0.598	0.297	5.936
5	39	− 0.178	− 0.089	− 6.937
6	50	− 0.234	− 0.117	− 11.687
합계	141			3.502

각 연구에서 두 집단의 표본의 크기는 $n_i^E = n_i^C = n_i$로 같으며, 이들로부터 유효크기 추정치 d_i를 얻었다. 변환된 추정치 $h(d_i) = \sqrt{2}\sinh^{-1}(d_i/2\sqrt{2})$가 계산되어 있다. 이 때 $h(d_i)$의 가중평균은

$$h_+ = \frac{3.502}{(2\times 141)} = 0.012$$

이 되고,

$$\hat{\delta}^* = 2\sqrt{2}\sinh(h_+/\sqrt{2}) = 0.024$$

이다. 이 때 η의 95% 신뢰구간은 $0.012 \pm 1.96/\sqrt{282}$으로 $\eta_L = -0.105$, $\eta_U = 0.129$이다. 따라서 δ^*의 95% 신뢰구간은 $(-0.210, 0.258)$이 된다.

또 다른 변수변환은 유효크기와 상관계수의 관계를 이용한 것으로서 단일연구의 경우에서와 같이 Kraemer(1983)가 제안하였다. $n_i^E = n_i^C = n_i\ (i = 1, \cdots, k)$라는 가정을 만족시킬 때, 각 연구에서의 유효크기 d_i로부터 다음과 같은 관계

$$r_i \cong \frac{d_i}{\sqrt{d_i^2 + 4}}$$

를 이용해서 r_i로 변환시킨다. 다음에 $r_1, \cdots, r_k$를 Fisher의 Z-변환

$$z_i = \frac{1}{2}\log\frac{1+r_i}{1-r_i}$$

를 이용하여 $z_1, \cdots, z_k$로 변환시킨다. z_i가 근사적으로 평균이 $\xi = \dfrac{1}{2}\log\dfrac{1+\rho}{1-\rho}$이고 분산이 $1/(2n_i - 3)$인 정규분포를 따르므로, ξ의 결합추정량을

$$z_{+} = \sum_{i=1}^{k} \frac{(2n_i - 3)z_i}{N - 3k}$$

와 같이 구할 수 있다. ξ의 추정량 z_+을 구한 뒤에 해당되는 역함수를 취해 ρ의 추정량과 δ^*의 추정량을 차례로 구한다. 즉,

$$r_{+} = \frac{\exp(2z_{+}) - 1}{\exp(2z_{+}) + 1},$$

$$\hat{\delta}^* = \frac{2r_{+}}{\sqrt{1 - {r_{+}}^2}}$$

가 된다. z_+ 역시 근사적으로 평균이 ξ이고 분산이 $\sigma_\infty^2(z_+) = 1/(N - 3k)$인 정규분포를 따르므로, ξ에 대한 $100(1 - \alpha)\%$ 신뢰구간은

$$(\xi_L, \xi_U) = \left(z_{+} - \frac{Z_{\alpha/2}}{\sqrt{N - 3k}},\ z_{+} + \frac{Z_{\alpha/2}}{\sqrt{N - 3k}}\right)$$

이 된다. 역함수를 차례로 취해 ρ의 신뢰구간

$$(\rho_L, \rho_U) = \left(\frac{\exp(2\xi_L) - 1}{\exp(2\xi_L) + 1},\ \frac{\exp(2\xi_U) - 1}{\exp(2\xi_U) + 1}\right)$$

과 δ^*의 신뢰구간

$$(\delta_L, \delta_U) = \left(\frac{2\rho_L}{\sqrt{1 - {\rho_L}^2}},\ \frac{2\rho_U}{\sqrt{1 - {\rho_U}^2}}\right)$$

을 구한다.

[예제 8.4]에서 유효크기와 상관계수의 관계를 이용해 신뢰구간을 구해보자. 유효크기의 추정치 d_i는 r_i로 또다시 z_i로 변수변환 되었는데 이 값들이 [표 8.16]에 주어졌다. ξ의 결합추정치는 $z_+ = 1.711/(282 - 18) = 0.006$이고, 따라서 $r_+ = 0.006$, $\hat{\delta}^* = 0.012$가 된다. ξ의 95% 신뢰구간은 $(\xi_L, \xi_U) = 0.006 \pm 1.96/\sqrt{264} = (-0.115, 0.127)$이 되고, $(\rho_L, \rho_U) = (-0.115, 0.127)$이 된다. 마지막으로

$$\delta_L = \frac{2 \times (-0.115)}{\sqrt{1 - 0.013}} = -0.232, \quad \delta_U = \frac{2 \times (0.127)}{\sqrt{1 - 0.016}} = 0.256$$

가 구해져서 δ^*의 95% 신뢰구간은 $(-0.232, 0.256)$이 된다.

[표 8.16] 6개 연구에서의 유효크기와 변수변환에 의한 결합 (II)

연구	$n_i^C = n_i^E = n_i$	d_i	r_i	z_i	$(2n_i - 3)z$
1	22	0.563	0.271	0.278	11.394
2	10	0.308	0.151	0.153	2.608
3	10	0.081	0.041	0.041	0.688
4	10	0.598	0.287	0.295	5.010
5	39	− 0.178	− 0.089	− 0.089	− 6.666
6	50	− 0.234	− 0.116	− 0.117	− 11.323
합계	141				1.711

8.6 유효크기의 동질성검정

앞 절에서 k개의 연구로부터 얻어진 유효크기를 결합하는 방법들에 대하여 논의하였다. 유효크기의 결합은 각 연구들의 유효크기가 동일하다는 가정 하에서만 의미가 있을 것이다. 따라서 결합하기에 앞서 각 연구에서의 유효크기의 **동질성 (homogeneity)** 여부를 검정해보는 것이 필요하다. 여기서는 먼저 대표본 근사에 의한 검정방법을 설명하고 다음에 7.4절과 7.5절에서 소개한 바 있는 변수변환에 근거한 검정법에 대하여 설명하기로 한다.

8.6.1 대표본 근사를 이용한 검정

각 연구에서의 유효크기가 동일하다는 귀무가설

$$H_0 : \delta_1 = \cdots = \delta_k$$

하에서, 다음의 통계량

$$Q = \sum_{i=1}^{k} \left(\frac{(d_i - d_+)^2}{\hat{\sigma}^2(d_i)} \right)$$

는 각 연구의 표본이 클 때, 근사적으로 자유도가 $(k-1)$인 카이제곱분포를 따른다고 알려져 있다 (cf. Hedges, 1982). 여기서, d_i, d_+, $\hat{\sigma}^2(d_i)$는 7.5절에서 정의된 바와 같다. 따라서 Q값이 $100(1-\alpha)\%$ 임계치인 $\chi^2_\alpha(k-1)$ 보다 클 때 $100\alpha\%$ 유의수준에서 귀무가설이 기각된다.

귀무가설이 기각된다면 최소한 하나의 유효크기가 다른 것들과 다르다고 할 수 있으므로, 유효크기들을 결합하지 않아야 하는 것이 원칙이다. 그러나 각 연구에서의 표본 크기가 매우 커서 유효크기의 분산이 매우 작아지면 d_i 값이 조금만 차이가 나도 Q값이 기각치보다 커질 가능성이 있다. 결론적으로 말해서, 귀무가설이 기각되면 각 유효크기들의 변화를 세심하게 관찰한 후 결합할 것인지의 여부를 결정해야 할 것이다. 소표본의 경우에는 알려진 정확한 방법들이 없으나, Hedges(1982)는 모의실험을 통해서 Q에 근거한 동질성 검정이 $n^E = n^C = 10$ 정도의 작은 표본크기에서도 상당히 정확하다는 결론을 내린 바 있다.

예제 8.5 8.5절의 [표 8.12]에 있는 18개 연구에서의 유효크기에 대한 동질성검정을 해보자.

표본의 크기 (n^E, n^C)와 유효크기추정량 (d), 유효크기추정량의 분산추정치 $(\hat{\sigma}^2(d))$ 가 이미 계산되어 있다. Q를 계산하면,

$$Q = \frac{[0.100-(-0.055791)]^2}{0.01557} + \cdots + \frac{[0.342-(-0.055791)]^2}{0.03488} = 21.980$$

이 된다. 이 값은 χ^2-분포의 임계치인 $\chi^2_{0.05}(17) = 27.59$ 보다 작으므로, 유효크기의 동질성에 대한 가설인 $H_0: \delta_1 = \delta_2 = \cdots = \delta_{18}$을 기각할 수 없다. 따라서 18개의 연구로부터 구해진 유효크기들을 결합하는 것이 타당하다고 하겠다.

8.6.2 변수변환에 근거한 검정

각각의 연구에서 실험군과 대조군의 표본크기가 같을 때에는 8.5절에서 논의된 두 가지 형태의 변수변환이 고려될 수 있을 것이다. 이들 변수변환에 근거한 검정방법을 차례로 설명하기로 하자.

먼저, $h(d_i) = \sqrt{2}\,\sinh^{-1}(d_i/2\sqrt{2})$를 사용하는 방법에 대하여 알아보자. 이 때 각 연구에서의 유효크기가 동일하다는 가설 $H_0: \delta_1 = \cdots = \delta_k$ 는 변환된 값이 동일하다는 가설 $H_0: h(\delta_1) = \cdots = h(\delta_k)$와 같게 된다. 가설 하에서 다음과 같은 통계량

$$Q_1 = 2\sum_{i=1}^{k} n_i(h(d_i) - h_+)^2 = 2\sum_{i=1}^{k} n_i h(d_i)^2 - N\,h_+^{\,2}$$

은 근사적으로 자유도가 $(k-1)$인 카이제곱분포를 따른다. 여기서 n_i와 h_+는 7.5절에서 정의한 바와 같다. 따라서 Q_1값이 $\chi^2_\alpha(k-1)$ 보다 크면 귀무가설이 기각된다.

예제 8.6 8.5절의 [표 8.15]에 있는 혈압강하제 효과에 대한 6가지 연구결과를 예로 들어보자. 각 연구에 대한 $2n_i(h(d_i) - h_+)^2$값이 [표 8.17]에 있다. 각 연구에서 추정된 유효크기와 중간계산 과정은 [표 8.15]를 참고하기 바란다. 이 자료를 바탕으로 변수변환에 의한 동질성 검정을 해보자.

[표 8.17] 6개 연구에서 변수변환에 의한 동질성 검정

연구	$n_i^E = n_i^C = n_i$	d_i	$h(d_i)$	$2n_ih(d_i)-h_+)^2$
1	22	0.563	0.280	3.160
2	10	0.308	0.1547	0.403
3	10	0.081	0.040	0.016
4	10	0.598	0.297	1.624
5	39	− 0.178	− 0.089	0.796
6	50	− 0.234	− 0.117	1.664
합계	141			7.663

Q_1은 이들의 합이므로, $Q_1 = 7.663$으로 계산된다. 이 값은 자유도가 5일 때의 χ^2-분포의 임계치보다 작으므로 $H_0: \delta_1 = \cdots = \delta_6$이라는 가설을 기각할 수 없으며, 유효크기의 결합이 타당하다는 결론을 내릴 수 있다.

한편, 유효크기와 상관계수의 관계를 이용한 변환에서는 가설 $H_0: \delta_1 = \cdots = \delta_k$ 하에서 다음과 같은 통계량

$$Q_2 = \sum_{i=1}^{k} (2n_i - 3)(z_i - z_+)^2$$

이 자유도 $(k-1)$인 카이제곱분포를 따른다는 사실을 이용한다. 여기서 n_i와 z_+는 8.5절에서 정의한 바와 같다. 따라서 Q_2값이 $\chi^2_\alpha(k-1)$보다 클 때 귀무가설을 기각하게 된다.

8.7 이산형 자료연구에서의 유효크기의 결합 및 동질성검정

각 연구로부터 얻은 결과가 사건비율(event rate)과 같은 이산형 자료일 경우에도 많은 메타분석방법들이 제안되었다. 가장 많이 알려진 방법으로는 Peto 방법(cf. Yusuf et al., 1985)과 DerSimonian-Laird 방법(cf. DerSimonian and Laird, 1986)이 있다. Peto 방법은 각 분할표의 자료를 합하는 Mantel-Haenzel 방법을 확장해서 각 연구로부터 얻은 오즈비(odds ratio)의 추정치와 그 추정치의 표준오차를 결합하는 것이고, DerSimonian-Laird

방법은 각 연구의 처리군과 대조군의 사건비율의 차이에 근거하고 있다. 두 방법의 가장 큰 차이는, 각 연구의 결과에 할당하는 비중을 구할 때 Peto 방법에서는 연구내 변동 (within-study variation) 만을 고려하지만 DerSimonian-Laird 방법에서는 연구간 변동 (among-study variation) 까지도 고려한다는 것이다. Berlin et al.(1989)은 두 가지 방법을 자세하게 논의하였고, 22개의 실제의 메타분석결과에 적용해 봄으로써 객관적인 비교를 하였다. 여기에서는 위의 두 가지 방법을 차례대로 알아보도록 하겠다.

8.7.1 Peto 방법

이 방법은 여러 개의 분할표로부터 데이터를 결합하기 위한 Mantel-Haenzel 방법을 수정한 것이다. i 번째 연구에서 $(i = 1, \cdots, K)$ N_i명의 환자가 있고, 각 연구에는 처리그룹과 대조그룹이 있다고 가정하자. 또한 처리그룹에 n_i명이 있고 (따라서 대조그룹에 $N_i - n_i$명이 있고) 두 그룹 전체에서 d_i개의 사건 (event) 이 발생하고 처리그룹으로부터 O_i개의 사건이 (따라서 대조그룹에서는 $d_i - O_i$개의 사건이) 발생한다고 가정하자. 처리효과가 없다고 가정하였을 때 처리그룹에서 발생하는 사건수의 기대치는 $E_i = (n_i/N_i)d_i$으로 표현될 수 있다. N_i, n_i, d_i가 주어지면 O_i가 초기하 (hypergeometric) 분포를 따른다는 것을 이용하여, 처리효과가 없다는 귀무가설 하에서 $O_i - E_i$은 평균이 0이고 분산이 $V_i = E_i [(N_i - n_i)/N_i][(N_i - d_i)/(N_i - 1)]$을 가진다는 것을 유도할 수 있다. 따라서 검정통계량인

$$\frac{[\sum_{i=1}^{K} (O_i - E_i)]^2}{(\sum_{i=1}^{K} V_i)}$$

이 근사적으로 자유도가 1인 χ^2분포를 따른다. K개의 연구로부터 풀링된 (pooled) 오즈비 (odds ratio) 의 추정치는

$$\hat{OR} = \exp\left[\frac{\sum_{i=1}^{K} (O_i - E_i)}{\sum_{i=1}^{K} V_i}\right]$$

이고, $\ln(\hat{OR})$ 의 표준오차는 $SE(\ln \hat{OR}) = (\sum_{i=1}^{K} V_i)^{-1/2}$으로 추정될 수 있다. $\ln(\hat{OR})$ 을 그의 표준오차로 나누면 위의 χ^2-통계량의 제곱근에 부호를 더한 것과 같게 되며 표준정규분포를 따르게 된다. 따라서 OR에 대한 $100(1 - \alpha)\%$ 신뢰구간은

$$\exp\left[\sum_{i=1}^{K}(O_i - E_i)/\sum_{i=1}^{K}V_i \pm Z_{\alpha/2}/\sqrt{\sum_{i=1}^{K}V_i}\,\right]$$

으로 구할 수 있다. 각 연구로부터 구한 오즈비들이 동질적인가에 관한 검정은 검정통계량인

$$Q = \sum_{i=1}^{K}[(O_i - E_i)^2/V_i\,] - [\sum_{i=1}^{K}(O_i - E_i)]^2/\sum_{i=1}^{K}V_i$$

이 근사적으로 자유도가 $K-1$인 χ^2분포를 다른다는 것을 이용한다. 다시 말해서, 검정통계량의 값이 $\chi^2_{\alpha}(K-1)$ 보다 크면 각 연구로부터 구한 오즈비들이 동질적이라는 귀무가설을 기각하게 된다.

예제 8.7 어떤 실험군과 대조군을 비교하는 4개의 연구에 대한 자료가 아래 [표 8.18]과 같다. 이에 대한 메타분석을 실시해보자.

[표 8.18] 4 개의 이산형 연구자료

연구번호	실험군	대조군	O	E	O − E	VAR(O − E)
1	32/100	20/100	32	26	6	9.7
2	28/100	17/100	28	22.5	5.5	8.8
3	52/250	78/250	52	65	− 13.0	24.1
4	48/250	83/250	48	65.5	− 17.5	24.2
합계					− 19.0	66.8

Peto의 방법을 이용하여 계산하기 위해 각각의 연구에서 사건수에 대한 기대치를 구하면

$$E_1 = \frac{100}{200}\times(32+20) = 26, \qquad E_2 = \frac{100}{200}\times 45 = 22.5$$

$$E_3 = \frac{250}{500}\times 130 = 65, \qquad E_4 = \frac{250}{500}\times 131 = 65.5$$

이고, $O_i - E_i$의 분산은

$$Var(O_1 - E_1) = 26\times\frac{100}{200}\times\frac{200-52}{199} = 9.7$$

$$Var(O_2 - E_2) = 8.8,\ Var(O_3 - E_3) = 24.1,\ Var(O_4 - E_4) = 24.2$$

로 계산할 수 있다. 처리효과가 없다는 귀무가설 하에서 검정통계량

$$\frac{[\sum_{i=1}^{K}(O_i - E_i)]^2}{(\sum_{i=1}^{K} V_i)} = \frac{[(32 - 26) + \cdots + (48 - 65.5)]^2}{(9.7 + \cdots + 24.2)} = 5.40$$

이 기각치인 $\chi^2_{0.05}(1) = 3.84$보다 크므로 처리효과가 있다고 할 수 있다. 오즈비에 대한 95% 신뢰구간을 구해보면

$$\exp\left[\frac{(32 - 26) + \cdots + (48 - 65.5)}{(66.8)} \pm \frac{1.96}{\sqrt{66.8}}\right]$$

$$\Rightarrow \exp(-0.284 \pm 0.24)$$

으로, 이를 정리하면 (0.592, 0.957)이 되고 1을 포함하고 있지 않다. 동질성 검정을 하기 위하여 검정통계량을 계산하여 보면

$$Q = \sum_{i=1}^{K}\left[\frac{(O_i - E_i)^2}{V_i}\right] - \frac{[\sum_{i=1}^{K}(O_i - E_i)]^2}{\sum_{i=1}^{K} V_i}$$

$$= \left[\frac{(32 - 26)^2}{9.7} + \cdots + \frac{(48 - 65.5)^2}{24.2}\right] - 5.40$$

$$= 26.816 - 5.40 = 21.416$$

으로 계산되고, $Q = 21.416 > \chi^2_{0.05}(3) = 7.81$이므로 각 연구들은 동질적이라고 할 수 없다.

8.7.2 DerSimonian-Laird 방법

이 방법은 처리그룹과 대조그룹의 사건비율(event rate)의 차이에 근거한 것이다. i번째 $(i = 1, \cdots, k)$ 연구에서 d_{t_i}와 d_{c_i}를 각각 크기가 n_{t_i}인 처리그룹과 n_{c_i}인 대조그룹에서 발생하는 사건의 수라고 한다면, 사건비율의 차는

$$\hat{\theta}_i = \hat{p}_{t_i} - \hat{p}_{c_i} = d_{t_i}/n_{t_i} - d_{c_i}/n_{c_i}$$

이 되고, 그의 분산은 이항분포에 근거하여

$$S_i = [\hat{p}_{t_i}(1 - \hat{p}_{t_i})/n_{t_i} + \hat{p}_{c_i}(1 - \hat{p}_{c_i})/n_{c_i}]$$

로 추정되어진다. 동질성을 검정하기 위한 검정통계량

$$Q = \sum_{i=1}^{K} w_i (\hat{\theta}_i - \overline{\theta}_w)^2$$

이 된다. 여기서 $w_i = S_i^{-1}$이고 $\overline{\theta}_w = \dfrac{\sum w_i \hat{\theta}_i}{\sum w_i}$이다. n_{t_i}와 n_{c_i}가 크면, 각 연구에서의 사건

비율의 차가 동질적이라는 귀무가설 하에서 Q는 근사적으로 자유도가 $K-1$인 χ^2분포를 따른다.

이제 각 연구로부터 구한 사건비율의 차이를 결합하는 방법을 논의하여 보자. i-번째 연구에서의 처리효과를 θ_i라고 가정하고, θ_i들의 평균과 분산을 각각 μ와 τ^2으로 나타내자. 연구간의 분산의 추정치는

$$\hat{\tau}^2 = \max \left[0, \frac{Q - (K-1)}{\sum w_i - (\sum w_i^2 / \sum w_i)} \right]$$

으로 되고, $w_i^* = (S_i + \hat{\tau}^2)^{-1}$으로 정의하였을 때 결합된 처리효과는

$$\hat{\mu} = \frac{(\sum w_i^* \hat{\theta}_i)}{\sum w_i^*}$$

이고 이의 표준오차는 $SE(\hat{\mu}) = (\sum w_i^*)^{-1/2}$이 된다.

예제 8.8 이제 [예제 8.7]과 같은 자료를 DerSimonian-Laird 방법에 의해 계산하여 보자.

각 연구에 따라 두 그룹간 사건비율의 차와 그 분산은

$$\hat{\theta}_1 = \frac{32}{100} - \frac{20}{100} = 0.12 \qquad S_1 = \frac{0.32 \times 0.68}{100} + \frac{0.2 \times 0.8}{100} = 0.003776$$

$$\hat{\theta}_2 = \frac{28}{100} - \frac{17}{100} = 0.11 \qquad S_2 = \frac{0.28 \times 0.72}{100} + \frac{0.17 \times 0.83}{100} = 0.003427$$

$$\hat{\theta}_3 = \frac{52}{250} - \frac{78}{250} = -0.104 \qquad S_3 = \frac{0.208 \times 0.792}{250} + \frac{0.312 \times 0.688}{250} = 0.001518$$

$$\hat{\theta}_4 = \frac{48}{250} - \frac{83}{250} = -0.14 \qquad S_4 = \frac{0.192 \times 0.808}{250} + \frac{0.332 \times 0.668}{250} = 0.001508$$

으로 계산되고, 동질성 검정하기 위한 검정통계량 Q를 구하기 위해 $\overline{\theta_\omega}$를 구하면

으로 계산되고, 동질성 검정하기 위한 검정통계량 Q를 구하기 위해 $\overline{\theta_\omega}$를 구하면

$$\overline{\theta_\omega} = \frac{\left[\frac{0.12}{0.003776} + \cdots + \frac{(-0.14)}{0.001508}\right]}{\left[\frac{1}{0.003776} + \cdots + \frac{1}{0.001508}\right]}$$

$$= \frac{-97.5129}{1878.8648} = -0.0519$$

이고, 이에 따라 동질성 검정을 위한 검정통계량은

$$Q = \frac{(0.12 - (-0.0519))^2}{0.003776} + \cdots + \frac{(-0.14 - (-0.0519))^2}{0.001508} = 22.4110$$

이고, $Q = 22.4110 > \chi^2_{0.05}(3) = 7.81$ 이므로 유의수준 0.05에서 각 연구들이 동질적이라는 귀무가설을 기각하게 된다.

연구간의 분산추정치는

$$\hat{\tau}^2 = \max\left[0, \frac{Q-(K-1)}{\sum w_i - (\sum w_i^2 / \sum w_i)}\right]$$

$$= \max\left[0, \frac{22.4110 - 3}{1878.8648 - \left(\frac{1029443.3090}{1878.8648}\right)}\right]$$

$$= \max[0, 0.0146] = 0.0146$$

이고, 각 연구별 w_i*을 구하면

$$w_1^* = (0.003776 + 0.0146)^{-1} = 54.4188$$
$$w_2^* = 55.4723,\ w_3^* = 62.0424,\ w_4^* = 62.0810$$

이 된다. 결합된 처리효과는

$$\hat{\mu} = \frac{(\sum w_i^* \hat{\theta}_i)}{\sum w_i^*}$$

$$= \frac{(54.4188 \times 0.12 + \cdots + 62.0810 \times (-0.14))}{234.0145}$$

$$= \frac{-2.5115}{234.0145} = -0.0107$$

이고, 그 표준오차는

$$SE(\hat{\mu}) = (\sum \omega_i^*)^{-1/2} = 0.0654$$

이 된다. 따라서 μ에 대한 95%신뢰구간은 (−0.1389, 0.1175)이 되고 0을 포함하고 있으므로 결합된 처리 효과가 없다는 귀무가설을 기각하지 못하게 된다.

8.8 토의

위에서 살펴본 바와 같이 메타분석은 연구에 참여하는 환자수가 적거나 또는 어느 특정한 환자집단에 제한되어 있는 개별적인 임상시험의 결과들을 합리적으로 종합함으로써, 전반적인 치료효과를 평가하거나 새로운 연구를 계획하는 데 필요한 객관적인 정보를 제공해주는 매우 유용한 통계적 방법이다. 미국 등지에서는 이미 제약회사가 신약청구(New Drug Application; NDA)를 식품의약국(Food and Drug Administration; FDA)에 제출할 때에 새로운 약의 효율을 높이고자 하는 시도에서 메타분석을 사용하는 것이 보편화되어 있다.

여러 독립적인 연구를 종합하는 데 있어서 가장 어려운 점은 각각의 연구에서 사용되었던 실험설계나 연구의 운용, 분석방법에 차이가 난다는 것이다. 어떤 연구들은 주의깊게 관리된 반면에 다른 연구들은 제대로 관리되지 못한 경우가 있을 수 있으며, 환자의 수나 연구대상집단의 차이로 인하여 각각의 연구로부터 얻은 표본오차도 다를 수가 있다. 따라서 여러 연구의 결과를 종합하는 데 있어서 각 연구에 적절한 비중(weight)을 배정하는 것은 매우 중요한 일이다. 8.5절과 8.7절에서는 각각 연속형 자료와 이산형 자료인 경우에 각 연구로부터 구한 유효크기를 결합하는 방법을 논의하였는데, 최근에는 모수효과모형(fixed effects model)이나 변량효과모형(random effects model)을 이용한 방법들이 개발되는 등 여러 가지 형태의 모형에 대해서 많은 방법들이 제안되었다. 이에 대한 자세한 논의는 Hedges and Olkin (1985, 8-9장)을 참조하기 바란다.

메타분석에서는 인용된 연구마다 처리효과나 유의확률 (p-값)이 비슷하다는 (homogeneous) 것을 가정하고 있다. 따라서 처리효과나 유의확률을 결합하기에 앞서 그것들의 동질성 (homogeneity) 여부를 반드시 검정해야 한다. 만일 각 연구결과들이 서로 유의하게 다르다면, 각 연구에 참여한 환자군 또는 사용한 실험설계나 분석방법을 검토하는 등의 조치를 취해야 한다. 이와 같이 메타분석의 결과를 해석하는 데 있어서 세심한 주의가 필요하다. 메타분석이 객관적이고 기술적인 (descriptive) 정보를 제공할 수 있는 매우 유용한 통계적 방법이라는 것은 분명한 사실이지만, 어떠한 확정적인 결론을 도출하기보다는 앞으로 요구되는 연구방향을 제시하는 데 있어서 도움을 주는 방법으로서 고려되는 것이 바람직하다고 하겠다.

연습문제

1. 다음은 7개의 연구로부터 처리 효과가 없다는 귀무가설 하에서 얻은 단측검정 p-값이다. 이 자료로부터 모든 연구에서 처리 효과가 없는지를 (1) 순서통계량, (2) 역카이제곱법, (3) 역정규법, (4) 로짓방법을 이용하여 검정하라.

연구	단측 p_i
1	0.025
2	0.31
3	0.009
4	0.28
5	0.345
6	0.42
7	0.06

2. 위의 1번 자료에 대해 유의확률의 동질성을 검정하여라.

3. 16명의 생물통계학 수강 학생들을 랜덤하게 두 그룹으로 나누어서 한 집단에는 새로운 강의방식을, 다른 집단에는 기존의 강의방식을 적용한 후 시험 성적을 조사하였다. 그 결과 첫 번째 그룹에서는 평균이 75.38, 표준편차는 4.09로 나타났고, 두 번째 그룹에서는 평균이 69.12, 표준편차는 4.09로 나타났다.

(1) 유효크기의 95% 신뢰구간을 구하여라.

(2) 역쌍곡사인함수의 변수 변환을 이용하여 유효크기의 95% 신뢰구간을 구하여라.

4. 다음 자료는 10개의 연구에서의 유효크기를 나타낸다. 각 연구에서의 유효크기의 분산의 추정치와 가중선형결합 추정치 $(d+)$ 를 구하여라.

연구	n_i^E	n_i^C	d_i
1	70	71	− 0.33
2	60	59	0.07
3	77	114	− 0.30
4	118	136	0.35
5	32	62	0.70
6	10	10	0.85
7	45	45	0.40
8	30	30	0.48
9	40	40	0.37
10	61	64	− 0.06

5. 다음은 10개의 연구에서 표본 수가 같을 때의 유효크기를 나타낸다. 변수변환 $h(d_i)=\sqrt{2}\,\sinh^{-1}(d_i/2\sqrt{2})$를 이용하여 유효크기를 결합하고 95% 신뢰구간을 구하여라.

연구	$n_i^C = n_i^E = n_i$	d_i
1	90	− 0.581
2	40	0.263
3	36	0.381
4	20	0.505
5	22	0.275
6	10	0.147
7	10	0.039
8	10	0.284
9	39	− 0.088
10	50	− 0.116

6. 위의 5번 자료에 대해 변수 변환을 이용하여 유효크기의 동질성 검정을 하여라.

7. 아래 표는 대조군과 실험군의 크기가 같은 10개의 연구로부터 얻은 상관관계 (r_i) 자료이다. 이 자료에 대하여 변수 변환을 통하여 유효크기에 대한 95% 신뢰구간을 구하여라.

연구	$n_i^C = n_i^E = n_i$	r_i
1	20	0.41
2	30	0.53
3	27	0.51
4	42	0.43
5	49	0.37
6	12	0.39
7	17	0.45
8	35	0.40
9	38	0.36
10	40	0.52

PART II

임상시험연구에서의 통계적 방법

제 9 장

임상시험연구의 개념 및 설계

의약학연구에서의 최대의 관심은 어떠한 처리가 환자의 질병치료에 가장 효율적인가 하는 문제일 것이다. 이를테면, 암 전문의는 유방암환자에게 약물만을 투여하는 치료방법이 효과적인지 아니면 방사선치료를 병행하는 것이 효과적인지에 관심이 있을 것이다. 또한 새로운 항암치료제를 개발한 제약회사에서는 이 새로운 치료약이 과연 기존에 판매되고 있던 항암치료제에 비해서 치료율이 높은가를 알고 싶어할 것이다. 이러한 문제는 사전에 과학적으로 계획되고 올바르게 수행된 임상시험 (clinical trials) 연구를 통하여 결론을 얻을 수 있다. 그렇다면 과연 '과학적'인 연구방법이란 어떠한 것일까? 통계적인 측면에서 이러한 문제를 살펴보기로 하자. 이 장에서는 먼저 임상시험연구의 개념과 필요성을 설명하고, 실제 임상시험을 설계하는 방법들을 설명하겠다. 또한 임상시험계획서 (study protocol) 를 작성하는 방법에 대해서도 구체적으로 다루어 보겠다.

9.1 연구의 유형

의약학분야에서의 연구의 유형을 분류하는 방법은 여러 가지가 있다. 여기서는 설계방법에 따라 관측연구 (observational study) 와 실험연구 (experimental study) 로 크게 분류하기로 한다. 관측연구란 한 집단 또는 여러 집단의 환자들의 상태와 특성을 단순히 관찰하여 분석하는 것을 말하고, 실험연구는 연구자가 관심있는 약물이나 또는 수술방법 등의 처리(treatment)를 연구대상자에게 실시한 후에 그에 따른 효과를 측정함으로써 주어진 처리와 그에 따른 반응간의 인과관계를 규명하고자 하는 것이다. 실험연구는 의학연구에 있어서 관측연구보다 일반적으로 사용되는 방법으로 연구대상자가 사람인 경우에 임상시험이라고 불리워진다.

9.1.1 관측연구

관측연구(observational study)에는 **사례-대조 연구(case-control study)**, **코호트 연구(cohort study)**, **현황연구(cross-sectional study)** 등이 있다. 사례-대조 연구는 조사대상자들을 결과에 따라 사례군(case)과 대조군(control)으로 구분하고 각 집단에 대하여 과거에 특정한 위험인자(risk factor)를 가지고 있었는지 조사하는 방법이다. 즉 이 연구는 "과거에 무슨 일이 있었는가?"를 보는 것이다. 예를 들면, 심장발작을 일으킨 사람들(사례군)과 심장발작을 일으키지 않은 사람들(대조군)을 대상으로 그들이 약물남용을 하였는지의 여부를 조사하여 심장발작과 약물남용간의 인과관계에 대한 추론을 이끌어내는 방법이다. [그림 9.1]은 사례-대조 연구의 흐름을 보여준다. 이 방법은 연구시점에서 과거를 향해 조사해가는 방법이므로 **후향연구(retrospective study)**이며, 희귀질병이나 경과기간이 긴 연구에서 효율적으로 쓰일 수 있다. 이 연구에서의 관건은 어떠한 집단을 대조군으로 설정할 것인가 하는 것이다. 대조군의 선정이 적절하지 않으면 결론을 잘못 내리게 될 위험이 있다. 예를 들어 커피가 췌장암의 위험인자로 작용하는지를 알아보기 위하여 사례군은 췌장암진단을 받은 환자들로 하고, 대조군으로는 사례군과 같은 시기에 같은 병원에서 같은 의료진에게 진료를 받는 환자들을 선정하였다고 하자. 연구결과 췌장암환자들이 대조군에 비해 커피를 더 많이 마셔왔다는 결론이 나

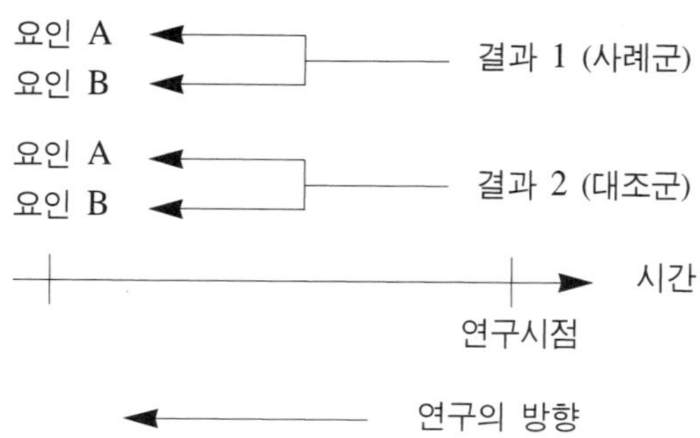

[그림 9.1] 사례-대조 연구의 구조

왔다고 하자. 만약 대조군에는 위염이나 장염 등의 진단을 받은 환자들이 많이 포함되어 있다면, 이들은 자신의 증상 때문에 커피를 삼가해왔을 것이므로 이것이 결과에 영향을 미쳤을 수가 있다. 이러한 문제에 대한 대안으로 일부 통계학자들은 사례군과 여러 여건이 유사한 집단과 건강한 집단의 두 대조군을 사용하는 방법을 추천하기도 한다.

코호트 연구는 연구방향이 앞으로 진행되는 **전향연구 (prospective study)** 로 연구대상이 되는 집단을 일정기간 추적하여 조사하는 방법이다. [그림 9.2]는 코호트 연구의 흐름을 보여준다. 코호트 (cohort) 라는 것은 같은 특성을 가진 사람들의 집단을 의미하는 말이다. 이 때의 관심은 "앞으로 어떤 일이 있을 것인가?" 하는 것이다. 예를 들면, 비흡연자 집단과 흡연자 집단을 각각 20년간 추적하여 그들의 폐암발생여부를 조사함으로써 흡연이 폐암에 영향을 미치는지 알아보려는 연구가 이에 속한다. 이 연구방법은 환자의 선정방법이나 관측치의 기록방법 등을 연구자가 제어할 수 있으므로 인과관계를 추론하는 데 있어서는 관측연구 중에서 가장 이상적인 방법이라고 할 수 있겠다. 그러나 추적 중간에 사망이나 협조거부 등의 여러 가지 이유로 중도탈락하는 사람들이 발생하게 되어 연구의 관리가 어렵다는 단점이 있다. 특히 희귀한 질병의 연구에는 발병률과 중도탈락률을 고려했을 때 필요한 연구대상자 수의 규모가 커지고 연구기간도 길어지게 되므로 비용의 소모가 크게 된다.

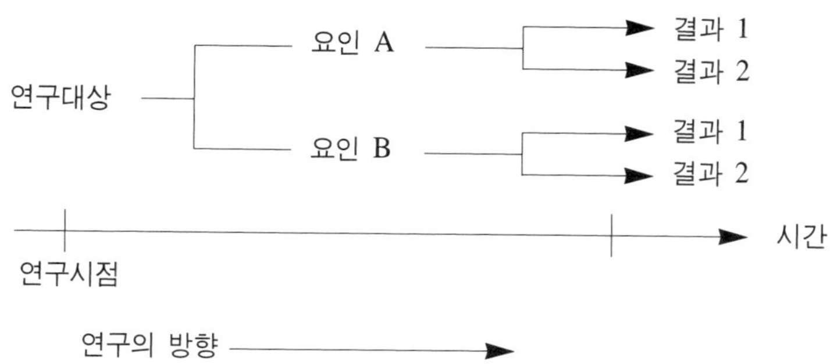

[그림 9.2] 코호트연구의 구조

사례-대조 연구와 코호트 연구가 시간간격을 두고 조사되는 반면 현황연구는 어느 특정 시점에서 대상자들을 조사 (survey) 하여 모은 자료를 분석하는 방법으로, "무슨 일이 일어나고 있는가?"를 알아보는 연구이다. [그림 9.3]은 현황연구의 구조를 보여준다. 예컨대 2005년 한국인의 HIV (human immunodeficiency virus : 면역결핍바이러스) 발현율 등을 조사하는 연구가 이에 속한다. 이는 상대적으로 단시일내 연구가 끝나고 비용이 적게 든다는 장점이 있으나, 시점에 따라 영향을 받는 연구의 경우에는 왜곡된 결과를 불러일으킬 수 있다.

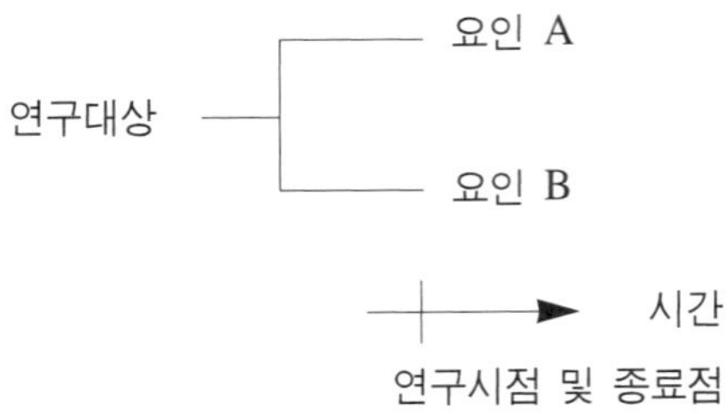

[그림 9.3] 현황연구의 구조

이들 연구방법 중 어느 것을 이용하였는가에 따라 결과의 해석에 많은 영향을 미칠 수가 있다. 다음의 [표 9-1]은 고혈압과 뇌질환의 관계를 알아보기 위하여 고혈압환자와 비고혈압환자 1000명씩을 각각 10년동안 추적조사한 코호트조사의 예이다(cf. Dawson-Saunders and Trapp, 1994). 뇌질환을 일으킨 비율은 300대 100으로 고혈압환자에게서 많이 발생하며, 이로 인한 사망비율만을 본다면 250대 20으로 고혈압이 뇌질환의 원인이 된다는 것을 알 수 있다. 그러나 만약 같은 데이터를 10년 후 시점에서 거꾸로 조사하는 사례-대조 연구를 이용했다고 하자. 그렇다면 [표 9.1]에서 뇌졸중으로 사망한 사람들의 자료를 관찰할 수 없게 된다. 이 때 오즈비(odds ratio)는 $(50 \times 900) / (80 \times 700) = 0.80$으로 오히려 고혈압이 뇌질환발생을 억제하는 효과가 있다는 잘못된 결론이 내려지게 된다. 이것이 연구방법의 선택에 따른 편의(bias)이며, 이외에도 여러 종류의 편의가 있을 수 있다(cf. Sackett, 1979).

관측연구는 연구자에게 기술적인(descriptive) 측면에서 유용한 정보를 줄 수 있다. 이를테면 연구자는 이러한 연구의 결과로부터 이후의 본격적인 임상시험에서 사용될 처리에 대한 정보를 얻을 수도 있다. 그러나 환자의 선정에 따른 편의가 발생할 소지가 크기 때문에 이 관측연구의 결과만으로 어떤 확정적인 결론을 내리는 데에는 한계가 있다. Green and Byar(1984)는 처리결과를 비교하기 위하여 관측연구를 사용할 때 발생할 수 있는 문제점을 논의한 바 있다.

[표 9.1] 코호트 연구의 예

코호트연구 결과 / 환자	뇌혈관 질환자	비(非)뇌혈관 질환자	뇌졸중원인 사망자
고혈압환자	50	700	250
비(非)고혈압환자	80	900	20

9.1.2 실험연구

의약학분야의 연구에서 주로 관심을 갖게 되는 것이 **실험연구 (experimental study)**, 특히 사람을 대상으로 하는 임상시험연구이다. 연구자는 환자에게 특정한 처리를 한 후 그에 따른 효과를 관찰함으로써 처리와 반응간의 인과관계를 규명하게 되는데, 연구자가 연구의 결과에 영향을 미칠 수 있는 여러 요인들을 직접 통제하고 관리할 수 있으므로 임상시험연구는 가장 정확한 방법이라 할 수 있겠다. 임상시험을 시행할 때에는 실험의 대상이 되는 실험군과 비교하기 위한 **대조군 (control group)** 이 필요하게 된다. 대조군이 없는 실험을 하게 되면 연구자의 편견에 따라 왜곡된 결론을 내리기 쉽다.

대조군에는 **과거대조군 (historical control)** 과 **확률화대조군 (randomized control)** 의 두 가지 형태가 있을 수 있다. 과거대조군은 과거에 실험된 환자들 중 현재 실험대상이 되는 환자군과 비슷한 유형의 사람들을 선정하여 대조군으로 삼는 것이다. 예를 들면, 1995 년에 같은 병원의 같은 의사에게서 기존의 항암제로 치료를 받았던 환자들을 대조군으로 삼아, 2005 년의 새로운 환자들에게는 새로 개발된 항암제만을 투여하여 그 결과를 비교하는 방법이 있을 수 있다. 사람을 대상으로 하는 임상시험에서 가장 존중되어야 할 것은 환자의 이익이다. 이 경우에 단약 의사가 새로 개발된 항암제의 효과가 더 높을 것이라고 확신한다면, 이를 무시하고 새로 오는 환자들 중 일부에게 기존의 약제를 투여한다는 것이 윤리적으로 타당하지 않다. 과거대조군은 이처럼 도의적인 문제를 일으킬 소지가 있을 때나 또는 희귀한 질병이어서 충분한 환자수를 확보할 수 없을 때, 확률화대조군에 대한 대안으로 사용될 수 있으며 시간과 비용이 적게 든다는 이점이 있다. Gehan (1986) 은 편의를 줄이는 방법과 함께 과거대조군이 확률화대조군보다 적합한 경우에 대한 많은 예를 소개한 바 있다. 문제는 과연 과거의 환자들과 비교하는 것이 공정한가 하는 데에 있다. 환자의 선정기준이나 반응을 측정할 때의 기준치가 바뀌었을 수도 있고, 간호의 질도 향상되었을 수 있으며, 진단기법의 발달에 따라 과거와는 다른 병명으로 판정될 가능성도 있게 된다. 이러한 점들이 실험결과에 영향을 미치는 위험 요인이 된다. 실제로 과거대조군을 사용한 연구에서의 결과가 확률화대조군을 사용한 연구에서의 결과에 비해 유의적인 차이를 보인 경우가 많았다는 보고도 있다 (cf. Sacks et al., 1982). 과거대조군은 동일한 병원에서 동일한 연구자가 비슷한 유형의 환자들을 대상으로 계속해서 특정 처리에 대한 연구를 한 경우에 국한되는 것이 바람직하다고 하겠다. 이에 비해 환자들을 실험군 또는 대조군의 어느 쪽에 할당하는가를 확률화를 통해 결정하여 얻어지는 대조군을 확률화대조군이라고 한다. 이렇게 함으로써 비교하려는 처리 이외의 나머지 특성과 관련된 사항들이 두 집단에 공평하게 분산될 것을 기대하는 것이다. 또한 편견을 가진 연구자가 실험대상자를 선택하는데 영향을 미치지 않게 할 수 있다. 확률화를 통한 대조군의 선정은 이와 같이 처리의 배치에서 발생할 수 있는 편향(bias)을 감소시키는 가장 확실한 방법이며, 따라서 가장 과학적인 접근방법이라고 할 수 있다. 물론 확률화를 하기 위해서는 환자에 대한 윤리적인 문제와 필요한 환자수의 확보가능성 등에 대한 고려가 선행되어야 한다. 확률화를 통한 실험방법은 9.3절에서 구체적으로 소개될 것이다.

이상과 같이 유형별로 구분을 하였으나 경우에 따라서는 이러한 분류가 적당하지 않을 수가 있다. 예를 들어, 암 치료제의 새 촉매에 대한 반응률을 알아보기 위한 제 2 상(Phase II) 시험에서 연구자는 연구를 계속하기에 적당한 성공률이라고 생각되는 값을 미리 정해놓고 이와 비교를 하게 된다. 이러한 경우에 대조군은 과거의 경험에 근거하여 주관적으로 정한 것으로 편의상 과거대조군으로 구분할 수 있으나 과거대조군의 통상적인 정의에 합당한 경우는 아니다. 이외에 한 병원에서 동시에 시행되었으나 확률화에 의한 처리의 할당을 하지 않은 경우가 있다. 이 때 사용된 대조군을 동시 비확률화대조군(concurrent nonradomized control)이라고도 하는데, 이 역시 관측연구나 실험연구 중의 어느 한 범주로 구분짓기는 어렵다.

9.2 임상시험연구의 단계

임상시험연구, 특히 신약시험의 단계는 편의상 4단계로 분류하여 단계별로 설정된 주요 실험내용을 관찰하고 그 결과를 분석하게 된다. 첫 단계인 **제 1 상(Phase I)**에서는 환자들을 대상으로 독성이나 부작용 등의 중요하고 극히 제한된 반응만을 관찰하는 단계이다. 이 단계에서는 투약용량을 점차 늘려서 실험을 반복함으로써 심각한 부작용을 일으키지 않는 투약의 최대허용량(maximum tolerated dose; MTD)과 투약기간, 투약방법 등을 결정하여, 이 정보에 근거하여 다음 단계인 제 2 상에서 실험을 계속하게 된다. 제 1 상에서는 인체내에서의 신약의 물질대사(metabolism)와 약리작용, 투약용량을 늘리면서 나타나는 이상반응뿐 아니라 약물동력학(pkarmacokinetics)적인 정보를 얻을 수 있다. 보통 20명에서 80명 정도의 지원자나 환자들을 대상으로 실시하며, 미국 Food and Drug Administration (FDA)에서는 주로 안전성 평가에 중점을 두고 심사를 하고 있다.

제 2 상(Phase II)에서는 특정질환의 환자를 대상으로 임상적 효과를 처음 관측하게 되는 단계로서 새로 개발된 약(또는 치료법)이 보다 정확한 비교실험으로 이행할 만한 가치가 있는 것인가를 결정하게 된다. 제 2 상 시험은 적은 수의 환자에 대해 반응을 면밀히 조사함으로써 수많은 약들 가운데 실험할 만한 가치가 있는 약을 선택하기 위한 여과과정으로서 시행된다. 이 단계에서는 많은 경우 연구자가 종전의 경험을 바탕으로 새 약의 효율성 또는 비효율성의 증거가 되는 기준을 임의로 선택한다. 여기서는 일반적으로 효과 있는 약이 기각되는 것(제 2종 오류)이 효과가 없는 약을 채택하는 것(제 1종 오류)보다 더 치명적인 오류로 간주된다. 왜냐하면 효과가 없는 약을 잘못 채택했을 경우에는 다음 단계인 제 3 상의 체계적인 비교연구를 통해 다시 한번 검증할 기회가 있지만, 일단 기각된 약은 다시 검증할 기회를 놓치게 되므로 애써 개발한 효과적인 약제를 사용하지 못하는 결과를 가져오기 때문이다(cf. Schoenfeld, 1980). 이러한 이유로 새로운 치료제가 기존의 치료제보다 더 효과적으로 나타난 경우에 제 3 상으로 이행할 확률($1-\beta$)을 되도록 크게(예컨대 90%) 하고 새 치료제가 효과가 떨어지는 것으로 나타났을 때에는 적당한 확률($1-\alpha$, 예컨대 75%)로 이를 기각하도록 표본의 크기를 결정한다. 제 3 상에서 사용될 투약용량을 정하는 것도 제 2 상에서의 중요한 목적인데, 이를 구분하여 투약용량을 결정하도록 고안된 임상시험을 제 2 상 A(Phase IIA)라 하고 효율성을 평가하도록 고안된 것을 제 2 상 B(Pahse IIB)로 정의하기도 한다.

제 3 상(Phase III)은 본격적인 실험단계로서 제 2 상 시험을 통해 효과가 있다고 판단된 신약(experimental treatment)과 기존의 약(standard treatment)을 충분한 수의 환자들을 대상으로 비교하도록 계획되어진다. 제 3 상에서의 임상시험을 비교임상시험이라고도 한다. 여기서는 확률화에 의해 각 처리에 할당될 환자를 결정하고 이로부터 새로운 약의 채택여부를 결정할 자료를 얻게 된다. 제 3 상 실험에서 대상환자의 수는 연구자가 원하는 차이의 정도(δ)와 유의수준(α), 검정력의 크기($1-\beta$), 그리고 사용되어지는 통계기법에 따라 다르게 계산되어진다. 필요한 대상환자수에 대해서는 제 10 장에서 구체적으로 다루게 될 것이다.

제 4 상(Phase IV)은 일단 인정되어 시판되고 있는 약에 대한 분석과정(post-marketing surveillance, PMS)으로 유통과 치료과정을 거치면서 그 효과와 부작용 등을 재평가하고 개선점을 찾기 위한 과정을 일컫는다. 또한 이미 허가된 약품의 적응증을 추가하기 위하여 제 3 상까지 거치면서 연구되지 않았던 새로운 그룹의 환자를 대상으로 시행되어지기도 한다. 제 1 상에서 제 4 상까지의 4가지 유형은 서로 완전히 독립적이지는 않으며 부분적으로 겹치거나 단계를 거슬러 올라오는 경우도 발생할 수 있다.

9.3 확률화에 따른 실험계획법

앞서 소개한대로 확률화는 환자들을 각 처리집단으로 할당할 때(고의로 또는 우연히) 발생할 수 있는 편향(bias)을 감소시켜 처리효과에 대한 보다 신뢰성 있는 결론을 내릴 수 있게 한다. 확률화 실험의 질을 높이기 위해서는 눈가림실험(blind experiment)이 보장되는 것이 좋다. 눈가림실험이란 실험 후 처리효과를 평가하는 데 있어서 환자나 실험자의 편견이나 심리적 영향이 발생할 소지를 막기 위하여 어느 종류의 치료법이 누구에게 적용되는가를 모르게 하는 방법이다. 환자 측만 모르게 시행하는가 아니면 환자와 실험자 모두가 모르게 시행하는가에 따라 **일방눈가림연구 (one-sided blind study)** 또는 **이중눈가림연구 (double blind study)** 로 불린다. 경우에 따라서는 환자와 실험자 외에 분석자에 대해서도 눈가림을 실시하기도 한다.

확률화에 의한 실험계획법은 연구대상환자수의 사전확정여부에 따라 크게 고정설계법 (fixed sample design) 과 축차설계법 (sequential design) 으로 나뉘어지는데, 이를 차례로 설명하기로 한다.

9.3.1 고정설계법

고정설계법 (fixed sample design) 은 표본의 크기를 사전에 정해놓는 방법으로 완전확률화 계획법 (completely randomized design), 블럭확률화 계획법(block randomized design), 층화확률화 계획법(stratified randomized design), 확률화동의 계획법 (randomized consent design) 을 비롯하여 교차계획법 (cross-over design), 요인실험법 (factorial design) 등이 모두 이에 속한다.

완전확률화 계획법 (completely randomized design) 은 가장 기본적인 확률화 계획법으로 단순히 연구에 참여한 환자가 각각의 처리를 받을 확률이 같도록 만들어주면 된다. 기존의 치료제 A와 새 치료제 B가 있다고 하고 어느 환자가 두 치료법 중 어떤 처리를 받게 될 것인지를 결정하는 문제를 생각해보자. 기본적인 아이디어는 예컨대 각 환자에 대해 동전을 던져서 앞면이 나오면 A를 받고 뒷면이 나오면 B를 받도록 배치하는 것이다. 그러나 많은 환자에 대해 일일이 동전을 던지는 것보다는 보다 체계적인 확률화가 필요하게 된다. 한 가지 방법은 난수표를 이용하는 것으로, 예를 들어 우리가 난수표의 세 번째 줄의 여섯 번째 칸부터 선택하여

0 1 8 9 8 6 1 4 1 4 ......

의 난수를 얻었다고 하자 (난수표는 [부록 1]에 있다). 0부터 4까지의 수에 치료제 A, 5부터 9까지는 치료제 B로 하면 다음과 같은 결과를 얻을 수 있다.

A A B B B B A A A A ......

이제 이 표를 이용하여 첫 번째와 두 번째 환자에게 치료제 A, 세 번째부터 여섯 번째 환자에게 치료제 B, 일곱 번째 환자에게 치료제 A 하는 식으로 각 그룹에 배정하면 된다. 만약 처리가 A, B, C 세 가지인 경우에는 1, 2, 3을 치료제 A에, 4, 5, 6을 치료제 B에, 7, 8, 9를 치료제 C로 하고 0은 건너 띄는 방식으로

A C C C B A B A B.....

를 구하여 환자를 할당하면 된다. 물론 어느 줄, 어느 칸에서 시작할 것인지는 임의로 정하면 된다. 표본의 수(연구대상 환자수)가 커지면 각 그룹에 할당되는 환자의 수가 비슷하게 된다. 그런데 표본의 수가 작은 경우에는 이러한 방법을 통하여 할당되는 환자의 수가 각 집단에서 상당히 달라지는 일이 있을 수 있다. 예를 들어서, 20명의 환자를 대상으로 실험을 하는 경우에 우연히도 처리 A에는 16명, B에는 4명이 할당된다면 형평을 잃은 실험이 될 수 있다. 이러한 문제에 대한 대안으로, 일정한 관측치의 단위를 임의로 정하고 그 안에서 각 처리가 골고루 배치되도록 하는 방법이나 편동전법(biased coin method) 등의 제한된 확률화 방법들이 있다. 관심 있는 독자는 Efron(1971)이나 Pocock(1983, 5장)을 보기 바란다.

완전확률화 계획법에서는 각 실험대상(또는 실험환경)이 동질적(homogeneous)이라고 가정하고 임의로 배치하게 된다. 그런데 경우에 따라서는 이러한 가정이 타당하지 않을 수도 있다. 실험대상자들이 모두 동질적이지는 않지만 처리(treatment)의 수(또는 그의 배수)만큼 균일한 실험단위를 모을 수 있을 때 사용할 수 있는 방법이 **블럭확률화 계획법(randomized block design)**이다. 예를 들어, 한 간호사가 10명씩 환자의 간호를 맡고 있는 경우에 솜씨 좋은 간호사의 환자에게 처리 A가 배치되고 신참 간호사의 환자들에게는 주로 처리 B가 배치된다면 공정하지 않다. 이 때 한 간호사의 환자 중 5명은 처리 A에, 나머지 5명은 처리 B에 할당되도록 하면 간호사에 따른 효과를 제어할 수 있게 된다. 이와 같이 동질적인 실험환경(블럭) 안에서 모든 처리가 골고루 배치되도록 하여 불필요한 요소의 효과를 제어할 수 있도록 하는 방법이 블럭확률화 계획법이다.

층화확률화 계획법(stratified randomized design)은 여러 계층별로 따로 확률화를 하는 방법이다. 예를 들어, 초기 유방암에 대한 치료약의 효능을 알아보는 실험에서 환자 중에 조기폐경의 증상을 가진 환자들의 비율이 실험군과 대조군에서 많이 차이가 난다면 바람직하지 않다. 이 예에서의 조기폐경과 같이 영향이 있는 것으로 알려진 인자가 있을 때에는 환자들을 이 특성에 따라 층으로 구분하여 나누고 그 안에서 별도의 확률화(완전임의 확률화, 블럭확률화, 아니면 그 외의 다른 방법을 써서)를 하는 것이 층화확률화이다. 층화에 따르는 문제는 과연 어떤 인자를 층으로 간주할 것인가에 있다. 또한 층이 여러 개 있을 때에는 요구되는 표본의 크기가 커져서 결과적으로 불균형 데이터를 만들게 될 가능성이 크다. 따라서 영향이 있다고 확신하는 인자가 아니라면 층을 따로 구성하지 않는 것이 좋다.

[표 9.2] 층화블럭확률화 계획법의 예

환자의 상태 (블럭)	보행가능			보행불능		
병원 (층)	α	β	γ	α	β	γ
처리 (A, B) 의 할당계획	A	B	A	B	A	B
	A	B	B	A	B	A
	B	A	A	B	B	A
	B	A	B	A	A	B

위의 [표 9.2]는 층화확률화 계획의 한 예로 세 병원에 대해 층화를 한 다음 각 병원에서 별도로 환자의 보행가능여부를 블록으로 하는 블럭확률화법을 사용한 것이다(cf. Zelen, 1974). 이 계획에 의해 병원 α에 온 어떤 환자가 보행가능한 상태였다면 처리 A에, 다음 환자가 병원 γ로 왔고 보행불능이었다면 처리 B에 할당되며, 그 다음 환자가 병원 γ로 왔고 역시 보행불능이었다면 그는 처리 A에 할당된다. 이러한 방식으로 각 병원에 실려오는 환자의 상태에 따라 미리 계획된 확률화방법에 의해 처리가 결정된다.

확률화동의 계획법(randomized consent design)은 실제 문제에 있어서 동의를 받은 환자들만을 대상으로 확률화를 해야 하는 문제에 대한 대안으로 제시된 것이다(cf. Zelen, 1979). 예를 들어, 기존의 안전한 약 A와 새로 개발된 약 B를 비교하는 문제를 생각해 보자. 환자의 동의를 물을 경우 많은 환자들이 약 B의 투여를 꺼리게 될 것이므로 확률화 이전에 이미 많은 수의 표본을 잃게 되는 결과를 낳게 된다. 이 때 먼저 확률화를 하여 두 그룹으로 나누어 한 그룹에는 동의를 묻지 않고 약 A를 투여하고 나머지 그룹의 환자들에게는 의사를 물어 처리를 선택하도록 함으로써, '확률화'와 '환자의 동의'라는 상충되는 문제를 표본의 손실없이 해결하려는 방법이다. [그림 9.4]와 [그림 9.5]는 각각 동의를 묻는 통상적인 방법과 Zelen이 제안한 방법을 보여준다.

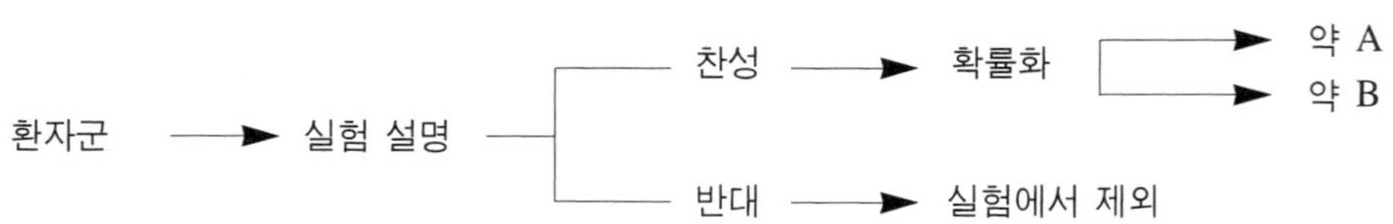

[그림 9.4] 동의를 묻는 실험계획: 통상적인 방법

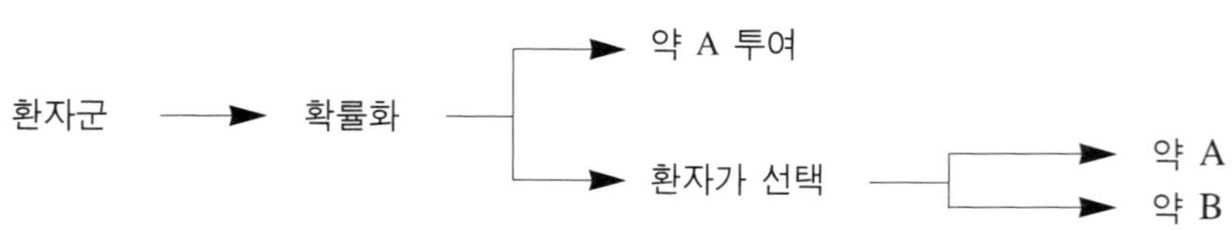

[그림 9.5] 동의를 묻는 실험계획: 확률화동의 계획법

교차계획법 (cross-over design) 은 처리효과의 지속시간이 짧은 경우에 한 환자에게 둘 또는 그 이상의 처리를 교차하여 실시하는 것을 말한다. 예를 들어, 고혈압 환자에게 A약을 투여하여 혈압강하 효과를 측정한 후 일정시간이 지난 다음에 이번에는 B약을 투여하여 효과를 측정하는 것이다 ([그림 9.6] 참조). 급성질병인 경우에는 첫 번째 처리에 의해 상당부분 치료가 될 수 있으므로 이와 같은 실험이 타당하지 않으나, 고혈압이나 천식, 류마티스성 관절염 등과 같은 만성질환에서는 가능하다. 이 때 어떤 처리를 먼저하고 어떤 처리를 나중에 할 것인가는 확률화를 통하여 결정해야 한다. 두 처리사이의 간격은 처리의 성질에 따라 결정되어야 하는데 간격이 너무 짧으면 처음 실시한 처리의 효과가 두 번째 기간에 나타나는 잔류효과 (carry-over effect) 가 발생할 수가 있다. 반면 간격을 길게 잡으면 환자들의 중도탈락이 많아지게 된다. 교차계획법에서의 대조군은 환자자신이 되므로 이를 자기대조군 (self control) 이라고도 한다 (cf. Dawson-Saunders and Trapp, 1994).

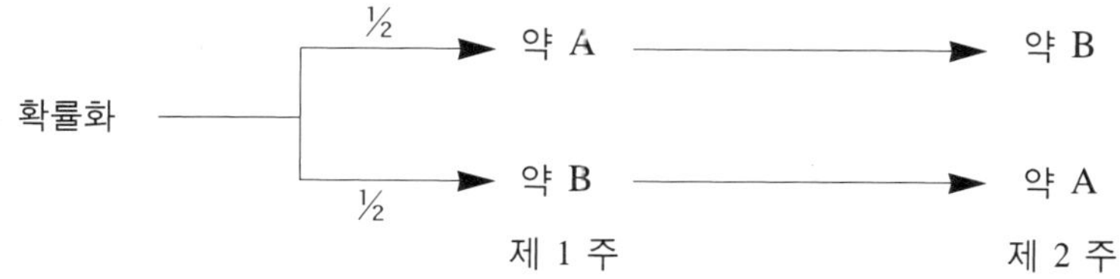

[그림 9.6] 교차계획법의 예

확률화를 하는 데 있어서 실험을 복잡하게 만드는 원인 중의 하나는 여러 가지 처리에 대한 연구를 동시에 수행하고자 하는 것이다. 만약 암환자들에게 영향을 미치는 요인 중 하나가 투여되는 약의 종류 (A약, B약) 이고, 다른 하나는 투약의 간격 (x일, y일) 이라고 하자. 이 때 환자들에게 (A약, x일), (B약, x일), (A약, y일) ,(B약, y일) 의 4가지 처리를 완전 확률화 또는 블럭 확률화에 의해 배치할 수 있다. 이와 같은 처리계획을 **요인실험법(factorial design)**이라 한다. 두 요인간의 교호작용(interaction)이 없다면 두 약의 효과 또는 투약간격에 따른 효과를 비교하기 위해서는 자료를 통합하여 원하는 결과를 얻을 수 있다. 따라서 교호작용이 없는 경우에는 요인실험법을 사용함으로써 하나의 요인을 비교하는 데 필요한 표본을 이용하여 두 가지 목적을 달성하는 효과를 거둘 수 있게 된다. 그러나 교호작용이 있는 경우에 요인실험법을 사용하게 되면 동일한 검정력을 유지하기 위해 필요한 표본의 수가 상당히 커지게 된다. 교호작용이 없다는 가정에 대한 정당성은 연구되는 특정질병과 치료법의 특성에 크게 의존하지만 이 방법에 대한 논란의 여지는 있다. 일부 연구자들은 이러한 관점에서 임상시험에 있어서 요인실험법이 유용하지 못하다는 주장을 하기도 한다 (cf. Peto et al., 1976; Peto, 1978).

9.3.2 축차설계법

축차설계법 (sequential design) 은 고정설계법과는 달리 환자의 수를 사전에 정하지 않고 실험의 결과를 관찰하여 결정하는 방법을 말한다. 여기서는 Armitage (1975)의 축차설계법과 Zelen (1969)의 승자원칙게임설계법 (play-the-winner rule) 에 대하여 간단히 설명하겠다.

Armitage 의 축차설계법은 Wald (1947) 에 의해 개발된 축차방법을 이용한 것으로 두 명의 환자를 한 쌍으로 간주하여 확률화를 통해 처리를 할당한 후 그 결과를 비교하여 우수한 효과를 보인 처리를 기록한다. 이런 방식으로 실험을 계속한다. 두 처리방법의 효과가 동일하다면 이 결과는 1/2의 확률을 가지는 이항분포를 보이게 되므로, 이로부터 각 단계에서의 양측검정을 위한 한계치를 찾을 수 있다. 따라서 처리 A의 효과가 우수하거나, 처리 B의 효과가 우수하거나 또는 두 처리간의 차이가 없다는 세 가지 형태의 결론을 내리게 되므로 이를 폐쇄형 축차설계 (closed sequential design) 라고도 한다. 이와는 달리 두 처리 중 어느 한 처리의 효과가 좋은 것으로 나타날 때까지 실험을 계속하는 방법을 개방형 축차설계 (open sequential design) 라고 한다.

Zelen 의 **승자원칙게임설계법 (play-the-winner rule)** 은 효과가 좋은 처리 방법에 더 많은 환자를 할당하는 원칙이다. 먼저 첫 번째 환자에게 두 처리 중 하나를 확률화를 통하여 할당한다. 그 결과가 성공이었다면 두 번째 환자에게도 같은 처리를 실시하게 되지만 실패였다면 다른 처리를 할당한다. n 번째 환자에게 어떤 처리가 할당될 확률은 앞의 $n-1$ 명의 결과에서 그 처리의 성공비율로 된다. 예를 들어 첫 번째 환자에게 처리 A를 실시하고 그 결과가 성공적이라 하자. 두 번째 환자에게는 처리 A가 실시된다. 두 번째 환자의 결과도 성공적이었다면 세 번째 환자에게도 처리 A를 실시한다. 만약 세 번째 환자의 결과가 실패였다면 네 번째 환자가 처리 A를 할당받을 확률은 이제 2/3가 되고 처리 B를 할당받을 확률은 1/3이 된다. 이런 방식으로 누적되는 결과에 의거하여 처리를 할당하게 된다.

축차설계법은 비교되는 두 처리의 효과가 큰 차이를 보일 때 결정을 빨리 내릴 수 있다는 장점이 있으나 결과가 단시간 내에 파악될 수 없는 유형의 임상시험에는 부적당하며, 경우에 따라서는 고정설계법에서보다 더 많은 수의 환자가 필요하게 되는 수도 있다.

9.4 임상시험계획서의 작성

연구자들이 임상시험연구를 계획함에 있어서 가장 중요한 일 중의 하나는 **임상시험계획서 (study protocol)** 를 작성하는 것이다. 임상시험계획서란 임상시험이 어떻게 수행될 것인지에 대한 구체적인 사항들을 기록해 놓은 것을 말한다. 임상시험계획서에는 환자의 선정과 처리의 내용, 평가방법과 자료수집절차 등을 구체적으로 명시하여 연구자나 임상의, 또는 데이터 관리자 등 임상시험연구에 관련된 사람들이 자신의 일을 분명히 파악할 수 있도록 해야 한다. 또한 연구의 배경이나 목표, 특정 실험계획법을 선정한 이유 등을 명시하여야 한다.

각 나라마다 임상시험을 관리하는 부처에서는 올바른 임상시험을 위한 가이드라인을 제시하고 있다. 미국의 경우는 모든 임상시험을 **National Cancer Institute (NCI)** 내의 Cancer Therapy Evaluation Program (CTEP) 이나 **Food and Drug Administration (FDA)** 내의 Center for Drug Evaluation and Research(CDER) 에서 평가하고 있는데, 이 절에서는 두 기관에서 제시하는 가이드라인을 차례로 소개하기로 한다. [표 9.3]과 [표 9.4]는 각각 미국의 National Cancer Institute (NCI) 와 Food and Drug Administration (FDA) 에서 제시한 것으로 임상시험계획서에 포함되어야 할 주요 항목들을 보여준다 (cf. National Cancer Institute, 1986; Food and Drug Administration, 1988). 여기서는 [표 9.3]을 기준으로 임상시험계획서의 주요 항목들의 내용을 살펴보기로 하고, [표 9.4]에 있는 FDA 가이드라인은 번역없이 원문만 살펴보기로 하겠다.

[표 9.3] 임상시험계획서의 주요 내용 – NCI 가이드라인

1. 연구의 목적 (Objectives)
2. 연구의 배경 (Backgrounds and Rationale)
3. 대상환자의 적격기준 (Patient Eligibility Criteria)
4. 처리 시행 계획 (Treatment Plan)
5. 약에 대한 정보 (Pharmaceutical Information)
6. 환자의 참여절차 (Procedures for Patient Entry on Study)
7. 반응평가의 기준 (Criteria for Response Assessment)
8. 환자의 관측 (Monitoring of Patients)
9. 독성에 대한 용량 수정 (Dose Modification for Toxicity)
10. 중도 탈락 기준 (Off-Study Criteria)
11. 통계적인 고려 (Statistical Consideration)
12. 기록될 사항 (Records to be kept)
13. 연구참여자 (Participation)

[표 9.4] 임상시험계획서의 형태와 내용 – FDA 가이드라인

1. Protocol cover sheet
2. Background
3. Objectives
   - Primary
   - Secondary
4. Study plan
   - Study design
   - Subject inclusion criteria
   - Subject exclusion criteria
   - Treatment plan
5. Study drugs
   - Dose and route
   - Method of dispensing
   - Method and time of administration
   - Description of controls
   - Methods of randomization and blinding
   - Package and labeling
   - Duration of treatment
   - Concomitant medications
   - Concomitant Procedures
6. Measurements and observations
   - Efficacy endpoints
   - Safety endpoints
   - Validity of measurements
   - Time and events schedules
   - Screening, baseline, treatment periods, and post-treatment follow-up
7. Statistical methods
   - Database management procedures
   - Methods to minimize bias
   - Samples size determination
   - Statistical general considerations
   - Randomization and blinding
   - Dropouts, premature termination, and missing data
   - Baseline, statistical parameters, and covariates
   - Multicenter studies
   - Multiple testing
   - Subgroup analysis
   - Interim analysis
   - Statistical analysis of demography and baseline characteristics
   - Statistical analysis of efficacy data
   - Statistical analysis of safety data
8. Adverse events
   - Serious adverse events
   - Adverse events attributions
   - Adverse event intensity
   - Adverse event reporting
   - Laboratory test abnormalities

9. Warning and precautions
10. Subject withdrawal and discontinuation
    Subject withdrawal
    End of treatment
    End of study
11. Protocol changes and protocol deviations
    Protocol changes
    Protocol deviation
    Study termination
12. Institutional review and consent requirements
    Institutional review board (IRB)
    Informed consent
13. Obligations of investigators and administrative aspects
    Study drug accountability
    Case report forms
    Laboratory and other reports
    Study monitoring
    Study registry
    Record retention
    Form FDA 1572
    Signatures of investigators
    Confidentiality
    Publications of results
14. Flow chart of studies activities
15. References
16. Appendixes

연구의 목적은 임상시험을 실시하기 전에 명확히 세워져 있어야 할 것이다. 임상시험계획서에는 이를 구체적으로 기술해야 하며, 일반적으로 검증해야 할 가설들이 쓰여진다. 연구의 설계방법이나 분석방법은 여기서 제시된 연구목적에 적합하도록 고안된다. 이 때 너무 세세한 연구목표를 많이 세우게 되면 연구계획이나 수행이 어려워진다. 또한 연구를 시작하게 된 배경과 연구의 타당성을 기술해야 하며, 이의 근거가 되는 데이터가 있다면 이를 함께 제시해야 한다.

다음으로 대상환자의 적격기준에 대한 기술이 있어야 한다. 연구대상이 되는 환자의 유형에 대해서는 정확한 정의가 필요하다. Pocock (1983, 3장) 은 대상환자를 결정할 때 고려해야 할 사항으로, 환자들의 출처와 질병의 상태, 환자를 제외하는 기준을 꼽았다. 임상시험의 대상이 되는 환자들은 임상시험의 결과가 적용될 미래의 환자들에 대한 대표성이 있어야 하는데, 이런 측면에서 환자들의 출처는 중요하다. 예를 들어, 대상환자들을 어떤 특수한 병원으로부터 구하였으면 이 병원에는 특별히 '어려운' 환자들이 왔을 가능성이 있다. 그렇다면 이의 결과를 일반 개업의의 환자들에게 그대로 적용하는 것은 타당하지 않게 된다. 질병의 상태는 임상시험계획서에 상당히 구체적으로 제시되어야 하며, 시험에 적합하지 않은 환자들을 제외시키는 기준도 명시되어야 한다. 다음의 [표 9.5]는 한 결장직장암의 화학치료연구에서 환자선정기준의 예이다(cf. Douglass et al., 1978).

처리시행의 계획은 담당 임상의들이 계획대로 따라갈 수 있도록 자세히 쓴다. 투약의 용량과 횟수 및 투약방법을 명시하고 알려져 있는 독성에 관해서도 기술한다. 미국의 국립 암연구소(NCI)에서는 약의 공급처도 명시하도록 규정하고 있다.

[표 9.5] 환자선정 기준의 예

- 결장이나 직장의 암종으로 전이되거나 부분적인 재발이 확인된 환자
- 수술로는 소멸될 수 없는 종양
- X-ray나 신체진단으로 분명히 관찰되는 크기의 종양
- 사전에 화학치료를 받지 않은 환자
- 심한 영양실조나 구토증상이 없는 환자
- 백혈구 : 4000/mm 이상, 혈소판 : 100000/mm 이상, 헤모글로빈 : 10g/100ml 이상, 크레아티닌 : 1.5mg/100ml 미만인 환자
- 질병에 대한 설명을 듣고 동의서를 작성한 환자

환자의 참여절차에서는 특히 확률화를 하였는지의 여부와 확률화의 방법을 써야 하며 환자들은 반드시 처리를 받기 이전에 등록되어 있어야 한다. NCI에서는 확률화를 행하는 본부(randomization desk)나 약정등록부(protocol registration)의 전화번호를 적어서 환자가 연구에 들어오는 즉시 환자의 특성이나 층화 요인들을 알 수 있도록 한다.

임상시험계획서에는 반응을 평가하는 기준을 제시해야 한다. 질병상태가 수치로 나타나거나 임상의가 질병상태를 주관적으로 평가하는 경우에 대해서도 구체적인 기준이 필요하다. 간혹 질병을 정의하는 기준이 CAT 스캔이나 방사선 스캔, 초음파 등을 이용하여 정해지기도 한다. 또한 처리의 독성과 투약효과에 대해 환자들이 어떻게 따라갈 것인지를 정한다. 연구약정서를 작성할 때에는 임상책자(clinical brochure)를 잘 익혀서 알려진 독성을 관찰하기 위한 모든 합리적인 방법이 포함되도록 해야 한다.

다음으로 극심한 부작용이나 독성이 나타났을 때의 용량의 조정 등에 대한 원칙을 정해 놓는다. 또한 처리를 중단하거나 환자를 연구에서 탈락시키는 기준(off-study criteria)을 제시한다. 임상시험계획의 위배(protocol deviation)로 인한 이러한 문제는 제 11 장에서 다시 다뤄질 것이다.

통계부분에서는 연구의 목적과 관련된 연구의 설계와 자료분석의 계획이 들어 있어야 한다. 먼저 대상환자의 수(sample size)를 정해야 하는데 이렇게 정한 근거에 대해서 기술해야 한다. 제 1 종 오류 및 제 2 종 오류를 정하고, 비교연구의 경우 찾으려고

하는 효과의 차이를 기술한다. 또한 기대되는 환자 참여율 (accrual rate) 과 연구기간을 참고자료와 함께 제시한다. 중간점검 (interim monitoring) 을 통하여 처리의 효과가 상당한 차이를 보이는 경우 실험을 조기에 종료할 수 있도록 사전에 이러한 과정들을 정해 놓는 것도 유용한 방법이다. 중간점검의 필요성과 방법에 대해서는 제 11 장에서 구체적으로 설명하게 될 것이다. 또한 반응률이나 질병의 진행속도, 생존시간 등 연구의 결과로 얻게 되는 모수 (parameter) 들에 대해 서술하고 연구의 목적에 맞는 통계분석 방법을 기술한다. 물론 초기의 분석계획 때문에 지나치게 융통성 없이 대처할 수는 없지만, 사전에 계획을 세움으로써 데이터를 얻은 후에 당초의 목표에서 크게 벗어나지 않도록 조절할 수 있게 된다.

임상시험계획서에는 환자의 병력 (history) 과 적격성 (eligibility) 여부를 알 수 있는 연구시작점에서의 기본정보 (on study information), 중간분석을 위한 연구흐름표 (flow sheets), 중도탈락기록표 (off-study summary sheet) 등의 기록양식을 명시해야 한다. 이에 대한 자세한 내용은 제 11 장에서 다시 설명될 것이다. 마지막으로 임상시험연구를 운용해야 할 연구진의 명단과 전화번호 등이 있어야 한다.

과거에는 나라마다 새로운 약품의 상업적 사용을 허가하는 요구사항이 모두 달라서 제약회사들이 같은 약품을 다른 나라에서 허가를 받기 위해서 새로운 서류를 준비하는 등 많은 자원을 낭비하였다. 하지만 제약산업의 글로벌화, 건강 관리비용의 증가, 신약을 빨리 사용할 필요가 있는 등 여러 가지 이유로 인해서 이러한 행정적인 요구사항을 통일시킬 필요성을 행정부처와 제약회사 양측이 모두 느끼게 되었다. 이러한 배경으로 해서 '**The International Conference on Harmonization (ICH)** of Technical Requirements for the Registration of Phamaceuticals for Human Use' 가 구성되었으며, ICH는 여러 가지 상황에 맞추어 여러 가이드라인들을 발표하였다. [표 9.6]은 현재까지 발표된 ICH 가이드라인들을 보여주고 있다. 이 중에서 특히 연구약정서에 통계부분을 작성하기 위해서는 1998년에 제안된 International Conference on Harmonisation (ICH) "E9: Statistical Principles for Clinical Trials"에 기술되어있는 원칙을 따르면 된다. [표 9.7]은 E9 가이드라인의 내용을 보여주고 있으며, 자의적인 번역으로 인하여 의미의 전달이 불분명할 소지가 있어 원문으로 소개하기로 하겠다. 이 E9 가이드라인은 한국에서도 **식품의약품안전청 (Korea Food & Drug Administration, KFDA)** 의 주도하에 번역되어 2002년 발표되었으며 현재 임상시험 허가에 대한 통계부분 심사기준으로 활용되고 있다. 사실상 이 책의 9장부터 12장은 ICH E9 가이드라인 중 핵심적인 부분을 쉽게 풀어서 설명한 'ICH E9 가이드라인 해설집' 이라고 해도 과언이 아닐 것이다.

[표 9.6] ICH 가이드라인 리스트

1. E1A: The Extent of Population Exposure to Assess Clinical Safety for Drugs Intended for Long-term treatment of Non-Life-Threatening Conditions
2. E2A: Clinical Safety Data Management: Definitions and Standards for Expedited Reporting
3. E2B: Data Elements for Transmission of Individual Case Safety Reports
4. E2B(M): Data Elements for Transmission of Individual Case Safety Reports
5. M2:E2B(M): Electronic Transmission of Individual Case Safety Reports Message Specification
6. E2C: Clinical Safety Data Managements: Periodic Safety Update Reports for Marketed Drugs
7. E3: Structure and Content of Clinical Reports
8. E4: Dose-Response Information to Support Drug Registration
9. E5: Ethnic Factors in the Acceptability of Foreign Clinical Data
10. E6: Good Clinical Practice: Consolidated Guideline
11. E7: Studies in Support of Special Populations: Geriatrics
12. E8: General Considerations for Clinical Trials
13. E9: Statistical Principles for Clinical Trials
14. E10: Choice of Control Group in Clinical Trials
15. E11: Clinical Investigation of Medicinal Products in the Pediatric Population
16. M4: Common Technical Documents for the registration of Pharmaceuticals for Human Use
    Main Document (Organization)
    Efficacy
    Safety
    Safety Appendices
    Quality
17. Principles for Clinical Evaluation of New Antihypotensive Drugs
18. Draft Guidelines M2: Electronic Technical Document Specification (eTD)

[표 9.7] ICH 가이드라인 E9의 내용

Ⅰ. Introduction
- 1.1 Background and purpose
- 1.2 Scope and purpose

Ⅱ. Considerations for Overall Clinical Development
- 2.1 Trial content
  - 2.1.1 Development Plan
  - 2.1.2 Confirmatory Trial
  - 2.1.3 Exploratory Trial
- 2.2 Scope of trials
  - 2.2.1 Population
  - 2.2.2 Primary and Secondary Variables
  - 2.2.3 Composite Variable
  - 2.2.4 Global Assessment Variables
  - 2.2.5 Multiple Primary Variables
  - 2.2.6 Surrogate Variables
  - 2.2.7 Categorized Variables
- 2.3 Trial techniques to avoid bias
  - 2.3.1 Blinding
  - 2.3.2 Randomization

Ⅲ. Trial Design Considerations
- 3.1 Design configuration
  - 3.1.1 Parallel Group Design
  - 3.1.2 Crossover Design
  - 3.1.3 Factorial Designs
- 3.2 Multicenter trials
- 3.3 Type of comparison
  - 3.3.1 Trials to Show Superiority
  - 3.1.2 Trials to Show Equivalence or Non-inferiority
  - 3.3.3 Trials to Show Dose-response Relationship
- 3.4 Group sequential designs
- 3.5 Sample size
- 3.6 Data capture and processing

Ⅳ. Trial Conduct Considerations
- 4.1 Trial monitoring and interim analysis
- 4.2 Changes in inclusion and exclusion criteria
- 4.3 Accrual rates
- 4.4 Sample size adjustment
- 4.5 Interim analysis and early stopping
- 4.6 Role of independent data monitoring committee (IDMC)

Ⅴ. Data Analysis Considerations
- 5.1 Prespecification of the analysis
- 5.2 Analysis sets
  - 5.2.1 Full Analysis Set
  - 5.2.2 Per Protocol Set
  - 5.2.3 Role of the Different Analysis Sets
- 5.3 Missing values and outliers
- 5.4 Data transformation
- 5.5 Estimation, confidence interval, and hypothesis testing
- 5.6 Adjustments of significance and confidence levels
- 5.7 Subgroups, interaction, and hypothesis testing
- 5.8 Integrity of data and computer software validity

Ⅵ. Evaluation of Safety and Tolerability
- 6.1 Scope of evaluation
- 6.2 Choice of variables and data collection
- 6.3 Set of subjects to be evaluated and presentation of data
- 6.4 Statistical evaluation
- 6.5 Intergrated summary

Ⅶ. Reporting
- 7.1 Evaluation and reporting
- 7.2 Summarizing the clinical database
  - 7.2.1 Efficacy Data
  - 7.2.2 Safety Data

Annex I Glossary

연습문제

1. 사례-대조 연구와 코호트 연구를 비교 설명하여라.

2. 임상시험연구의 각 단계에 대하여 요약 기술 하여라.

3. 다음의 연구방법을 읽고 어떤 연구설계방법이 사용되었는지 답하라.

① 1948년에 Framingham에서는 죽상동맥경화성및 고혈압성 심장질환과 관련있는 요인을 연구하기 위해 6000명이상의 시민이 장기연구에 참여하여 문진 및 신체검진을 2년에 한번씩 받았다.

② 임상의들은 확장기혈압은 이완기혈압과는 달리 나이가 들어도 증가하지 않는다고 믿어왔는데, 이러한 믿음은 1941년 한 연구에서 모든 연령층의 혈압을 조사한 결과 각 연령층에서 모두 확장기혈압의 평균이 약 80 mmHg 였기 때문이었다.

③ 1985년에 Ross & Robert는 악성심장질환과 관련된 임상요인의 연구에서 악성심장질환환자들과 심장질환이 아닌 환자들의 검시결과와 의료기록을 조사하였다.

4. 이중눈가림(double-blind trial) 실험의 장단점에는 무엇이 있는가? 이중눈가림이 적절한 예와 적절하지 않은 예를 들어라.

5. 부록에 있는 난수표를 이용하여 3개의 처리 A, B, C 가 45명의 환자들에게 골고루 할당되도록 하여라.

6. 지방함유량이 다른 세 가지 식이요법이 혈장 내 지질수준에 미치는 영향을 비교평가하기 위한 실험을 하려고 한다. 처리A는 지방성분이 5%, 처리B는 지방성분이 10%, 처리C는 지방성분이 15%이다. 비슷한 연령층의 사람들간 비교가 합리적일 것으로 생각되어 20대, 30대, 40대, 50대에서 각각 표준체중의 20%내에 있는 남자 3명씩을 실험단위로 사용하였다. 아래의 표와 같이 20대 3명에 번호 1, 2, 3을 붙이고, 30대 3명에 번호 4, 5, 6, 40대 3명에 번호 7, 8, 9, 그리고 50대 3명에는 번호 10, 11, 12를 붙였다. 블럭확률화 계획법을 이용하여 각 실험단위에 적절한 배치 방법을 적어라.

번호	배치	번호	배치
1		7	
2		8	
3		9	
4		10	
5		11	
6		12	

7. 5개 병원에 대한 연구에서 처리 A와 처리 B의 효과를 비교하려 한다. 적절한 확률화계획법을 이용하여 50명의 환자들이 모든 병원에 대해, 그리고 각 병원 내에서 두 개의 처리에 되도록 같게 할당되도록 하여라.

8. 임상시험계획서(study protocol)의 개념과 이를 작성할 때 일반적으로 제시되어야 하는 항목들을 기술하여라.

제 10 장

연구대상자수의 결정

임상시험연구에 있어서 가장 중요한 사항 중의 하나가 연구에 필요한 환자수(표본의 크기)를 결정하는 문제이다. 연구대상 환자수는 연구의 설계단계에서 미리 고려되어야 하는 것임에도 불구하고 많은 연구에서 이러한 원칙이 무시되고 일정기간동안에 확보할 수 있는 정도를 대상환자수로 결정해 버리는 경우가 있다. **검정력분석(power analysis)**은 필요한 표본크기를 계산하기 위해서 연구를 시작하기 전에 하는 것이 보통이지만, 연구가 끝나고 데이터를 분석한 후에 연구결과의 정당성을 보여주기 위해서 하는 경우도 많이 있다. 특히 기대한 정도의 차이가 발견되지 않은 연구에서 검정력분석은 필수적이다. 왜냐하면 사전에 대상환자수를 고려하지 않은 임상연구 중에는 임상적으로 의미 있는 차이가 있는데도 검정력이 떨어져서 이를 찾아내지 못하는 경우가 많기 때문이다. 검정력이 작은 연구의 위험성은 유익하게 사용될 수 있는 치료법 등이 충분히 검증되지 못하고 기각되어 두 번 다시 고려될 수 없다는 데 있다.

간호학분야의 연구를 예로 들어 보자. 저널에 연구결과를 발표할 때 검정력 분석과정을 보고하지 않는 사례가 많다. Polit and Sherman (1990)은 1989년에 Nursing Research와 Research in Nursing and Health에 발표된 62편의 논문에 나타난 표본크기를 평가하였는데, 한 그룹당 평균 83명의 환자가 할당되고 전체논문의 2/3에서 그룹당 환자수가 100명 이하인 것을 발견하였다. 하지만 평가된 논문에서 그룹간 비교를 할 때 가장 약한 수준인 80% 정도의 검정력을 확보하기 위해서는 그룹당 평균 218명이 필요한 것을 감안할 때, 대부분의 연구에서 표본크기가 불충분하였다는 것을 쉽게 알 수 있다. 검토한 62편의 논문 중에서 단 한 편만이 검정력분석과정을 보고하고 표본크기가 충분하다는 것을 보였다. 또한 1988년부터 1992년까지 5년 동안 3개의 간호학저널에 발표된 논문을 검토한 한 연구에 의하면, Nursing Research에서 8편, Research in Nurshing and Health에서 9편, Western Journal of Nursing Research에서 3편만이 검정력분석과정을 보고하였다.

연구대상자수를 구하는 방법은 연구시작 전에 미리 고정된 수를 할당하여 연구를 시행하는 고정설계법(fixed sample design)과 연구를 시행해가면서 나타나는 결과에 따라 표본의 수가 결정되는 축차설계법(sequential design)에서 각기 다르다. 연구대상자수를 결정할 때에는 유의수준과 검정력의 크기, 연구자가 원하는 차이의 정도, 그리고 사용되어지는 통계기법 등이 고려되어야 한다. 또한 단 한 번의 분석만을 할 것인지 연구도중에 여러 번의 중간분석을 하게 될 것인지에 따라서도 연구대상자수의 계산이 달라진다. 집단축차검정(group sequential test) 등을 이용한 중간분석(interim analysis)을 실시하도록 계획되어 있는 경우에는 필요한 표본의 크기가 증가하게 된다. 그러나 연구가 일찍 종료될 가능성도 있기 때문에 실제로 연구에 참가하는 환자의 수는 오히려 더 작아질 수도 있게 된다. 중간분석을 수행할 경우에 어떻게 연구대상자수를 결정하는가 하는 문제에 대해서는 Kim and DeMets(1987) 나 Jennison and Turnbull(1989)에서 자세히 논의되었고, 이 장에서는 고정설계법에 의한 연구에서 단 한 번의 최종분석이 시행되는 경우에 한하여 연구대상자수를 구하는 몇 가지 유용한 방법들을 소개하기로 한다.

10.1 기본 개념

연구대상자수를 추정하는 데 있어서는 가설검정이나 유의수준, 검정력 등의 기본개념에 대한 이해가 필수적이므로, 먼저 1.2 절에서 설명한 개념들을 다시 한번 숙지하길 바란다. 귀무가설이 사실인데도 귀무가설을 기각하게 되는 오류가 제 1 종 오류이며, 이 오류가 일어날 확률의 최대허용치가 유의수준 α이다. 반대로 대립가설이 옳은 데도 귀무가설을 기각하지 않는 오류가 제 2 종 오류이며 이러한 오류가 일어날 확률을 β로 표기하였다.

예컨대 두 그룹의 반응률을 비교하는 문제를 생각해보자. β의 값은 두 그룹간 반응률의 차이(δ), 표본의 크기, 그리고 α에 의존한다. 검정력은 다양한 δ에 대해서 옳은 차이를 찾는 연구의 능력을 나타낸다. β가 α와 δ, 그리고 표본크기의 함수이므로 검정력 $1-\beta$도 역시 이들의 함수가 된다. 표본의 크기가 주어졌을 때 $1-\beta$와 δ의 그래프를 검정력 곡선이라고 한다. [그림 10.1]은 대조군에서의 반응률이 0.5이고 유의수준이 0.05인 단측검정에서, 총 표본의 크기가 200일 때 대조군과의 차이에 따른 검정력 곡선이다. 수평축은 δ의 값이 0부터 그려져 있고 수직축은 유의수준과 표본의 크기가 주어졌을 때 차이의 참값 δ를 찾는 검정력인데, 대조군과의 반응률의 차이가 클 때 검정력이 증가함을 알 수 있다. 연구의 설계 시 검정력을 0.80에서 0.95사이로 정하는 것이 보통이며, 이것은 실제로 δ라는 차이가 존재할 때에 반응률간에 통계적으로 유의한 차이를 찾아낼 확률을 80%에서 95%사이로 정하겠다는 의미이다.

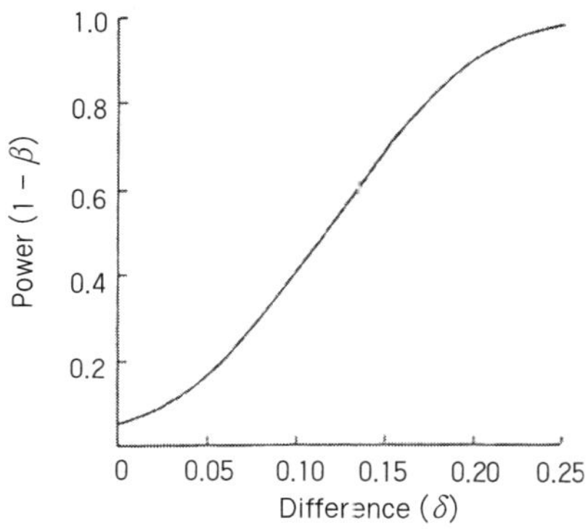

[그림 10.1] 대조군과의 차이에 따른 검정력 곡선

유의수준 α는 작아야 하고(예컨대 0.05 또는 0.01) 검정력 1-β는 커야 하는데(예컨대 0.80 또는 0.90), 변화될 수 있는 값은 δ와 표본의 크기이다. 임상시험을 설계하는 데 있어서 연구자들은 특정수준의 차이 δ 또는 그 이상의 차이를 찾기를 원한다. δ의 선정에 있어서 고려해야 할 요소 중의 하나는 임상적으로 중요하다고 생각되는 최소의 차이이며, 선행연구가 δ의 추정치를 제공할 수도 있을 것이다. 한편 이와 비슷한 개념으로 표준화된 효과의 크기로 정의되는 유효크기(effect size)를 사용하기도 한다. 예를 들어, 두 평균을 비교하는 실험인 경우 표준화된 평균차이로 유효크기를 정의하며, 원하는 가설검정의 형태에 알맞게 유효크기를 정의할 수도 있다(cf. Cohen 1977). 유효크기에 관해서는 이미 8장에서 메타분석과 같이 설명되었지만 다음 절에서 다시 자세히 논의하도록 하겠다.

이제 α, $1-\beta$, δ가 주어졌을 때 표본의 크기를 계산하는 문제에 대하여 생각해보자. 먼저 확률화에 의해 각 그룹에 동일한 수(N)의 표본을 할당한다고 가정하자. 두 그룹에서 반응변수의 변동(variation)이 근사적으로 같을 때에는 같은 수를 할당하는 것이

가장 큰 검정력을 가진다. 또한 동일한 수를 할당하는 문제가 훨씬 간단하기 때문에 보다 선호되고 있으나, 경우에 따라서는 윤리적 또는 경제적 이유 등으로 서로 다른 환자수를 할당하는 것이 바람직할 때도 있다. 표본의 크기를 계산하기 전에, 연구자는 먼저 단측검정을 할 것인지 양측검정을 할 것인지 결정해야 한다. 유의수준 α가 이의 영향을 받게 되기 때문이다. 대부분의 경우 한쪽방향으로의 차이점만을 고려할 충분한 이유가 없을 때에는 양측검정을 사용하게 된다. 그러나 만약 단측검정이 정당화될 수 있다면 동일한 수준의 α, $1-\beta$에 대하여 요구되는 표본의 크기가 양측검정에 비해 작아지게 될 것이다.

총 표본의 크기(총 대상환자의 수) $2N$은 유의수준(α)과 검정력($1-\beta$), 그리고 찾아내야 할 반응률의 차이(δ)의 함수가 된다. α, $1-\beta$ 또는 δ를 바꾸면 총 표본의 크기도 바뀌게 된다. δ가 작아지면 그 차이를 찾아내기 위한 표본의 크기는 커지게 된다. 만약 계산된 대상 환자수가 현실적으로 구할 수 있는 것보다 많다면 연구설계에서 α, $1-\beta$ 또는 δ를 수정하지 않으면 연구를 수행할 수 없게 된다. 유의수준은 통상 0.05나 0.01로 고정되기 마련이므로 연구자는 δ를 보다 큰 값으로 재조정하거나, 아니면 δ를 유지하고 연구의 검정력이 떨어지는 것을 감수해야 한다.

지금까지 비교해야 할 그룹이 실험군과 대조군의 두 그룹으로 나뉘는 경우에 대하여 설명하였으나, 이러한 방법들은 비교해야 할 그룹이 셋 이상인 경우로 확장될 수 있다. 또한 반응변수가 혈압 등과 같이 연속형(continuous case)일 때 대조군에서의 모평균(μ_1)과 실험군에서의 모평균(μ_2)을 비교하는 문제도 생각할 수 있다. 자료의 분석이 임상실험의 최종단계에서 단 한번 수행되는 것이 아니라 연구기간동안 주기적으로 분석된다면 우연히 유의한 차이를 발견하게 될 기회가 그만큼 많아져서, 제 1 종 오류의 확률이 증가하게 되므로 유의수준 α를 재조정해야 한다. 이 밖에도 여러 다양한 상황들이 있을 수 있다. 여러 상황 하에서 연구대상환자수를 결정하는 문제를 구체적으로 다루어보기 전에 유효크기에 대해서 논의하기로 하자.

10.2 유효크기

간호학분야의 연구자들은 특정수준의 차이인 δ와 비슷한 개념으로 표준화된 효과의 크기로 정의되는 **유효크기(effect size)**를 자주 사용한다. 두 평균을 비교하는 실험인 경우 표준화된 평균차이로 유효크기를 정의하며, 원하는 가설검정의 형태에 알맞게 유효크기를 정의할 수도 있다. Cohen(1977)은 자주 사용되는 다섯 종류의 검정에 대해서 [표 10.1]과 같이 유효크기를 계산하는 공식을 제안하였고, 또한 작고 큰 정도를 나름대로 정의하였다. 앞 절에서 언급하였듯이 표본의 크기를 결정할 때에는 유의수준, 검정력의 크기, 연구자가 기대하는 차이의 정도 또는 유효크기, 단측 또는 양측검정여부, 연구의 형태, 그리고 사용되어지는 통계기법 등이 고려되어야 한다. 통상적으로 간호학 및 의약학연구에서는 5%의 유의수준과 80%의 검정력을 사용하는데, 연구를 시작하기 전에 위의 요소 중에서 가장 결정하기가 어려운 것이 바로 유효크기이다.

Polit and Sherman (1990)은 유효크기를 결정하기 위한 다음과 같은 네 가지 방법을 설명하였다. 첫째, 과거의 비슷한 연구로부터 유효크기를 추정하는 것이다. 관계되는 연구가 많이 있을 때는 메타분석(meta analysis)을 사용해서 추정하는 것이 가장 바람직하다고 하겠다. 둘째, 관계되는 연구가 거의 없다면 작은 규모의 시험연구(pilot study)를 실시하여 추정하는 것이 좋다. 셋째, 시험연구를 실시할 형편이 안되면 '가상표(dummy table)'를 작성하여 임상적으로나 이론적으로 가치가 있기에 충분히 크다고 간주할 수 있는 가장 작은 유효크기를 계산한다(cf. Yarandi, 1991). 예를 들어, 어떤 금연요법이 적어도 10%의 금연효과를 가져올 때 효과적이고 가치 있는 것이라고 간주할 수 있다면, 유효크기는 이 값에 근거해서 추정할 수 있다. 넷째 방법은 앞의 세 가지 방법을 적용할 수 없을 때 마지막으로 사용하는 방법인데, 과거의 연구 경험으로 단지 유효크기가 작은지(small), 적당한지(medium), 큰지(large)만을 결정하여 그에 따라 정해진 추정치를 할당하는 것이다(cf. Cohen, 1988). 이 방법을 사용하는 데 있어서 강조할 점은 새로운 연구 분야에서는 보통 유효크기가 작다는 것이다.

[표 10.1] 다섯 가지 검정에서의 유효크기 계산공식과 유효크기 정도에 대한 정의

검정	유효크기	유효크기 값		
		소	중	대
두 집단 평균에 대한 t-검정	$d = \frac{\lvert\bar{X}_1 - \bar{X}_2\rvert}{\sigma}$	.20	.50	.80
k개의 독립 평균에 대한 F-검정	$f = \frac{\sigma_m}{\sigma}$	.10	.25	.40
상관계수 ρ $(\rho \neq 0)$	ρ	.10	.30	.50
두 비율치 차에 대한 검정	$\phi = 2arcsin\sqrt{P_i}$ $h = \lvert\phi_1 - \phi_2\rvert$	.20	.50	.80
다중회귀 F $(R^2 \neq 0)$	$F^2 = \frac{R^2}{1 - R^2}$	.02	.15	.35

유효크기가 작을수록 더 많은 표본이 필요하다는 것은 당연하다. Pilot and Sherman (1990)은 그들이 조사한 연구로부터 계산된 유효크기들의 52.7%가 작으며 유효크기가 작은 연구의 평균 검정력은 부족한 환자수로 인해서 30%도 안 된다는 것을 알아냈다.

또한 그들은 유효크기가 적당한 연구에서도 검정력의 평균이 70%밖에 되지 않아서 최저수준인 80%에도 못 미치고 있으며, 심지어 유효크기가 큰 연구 중 11%의 연구에서 검정력이 80%가 되지 않았고, 전체 연구 중의 단지 15%만이 충분한 검정력을 가진다는 것도 발표하였다. 그들이 권위 있는 저널을 조사했다는 것을 감안해 볼 때 이는 가히 충격적인 결과이며, 앞서 언급한대로 저널에 발표되지 않은 연구까지 고려한다면 1990년까지의 대부분의 임상연구에서 표본크기가 부족한 실정이라고 결론지을 수 있다.

다음절부터는 연구단계 및 형태별로 대상환자수를 결정하는 문제를 구체적으로 다루어보도록 하겠다. 먼저 다음절에서는 제 1 상 및 제 2 상 임상시험에서의 연구대상자수의 결정에 관하여 살펴보고, 10.4절부터는 제 3 상 임상시험의 연구형태별로 논의하기로 하겠다.

10.3 제1상 및 제2상 임상시험

제 9 장에서 설명한 대로 임상시험단계는 편의상 4단계로 분류되는데, 각 단계별로 특성에 따라 필요한 연구대상환자의 수가 달라지게 된다. 단계별로 간략하게 대상환자수에 대해 알아보기로 하자.

먼저 첫 단계인 제 1 상(Phase I)에서는 동물실험에 근거해서 독성이 없다고 판단되는 용량수준에서 3명의 환자로 출발하는 것이 보편적이다. 여기서 유의할 만한 독성이 발견되지 않으면 용량을 한 단계 높여서 다시 3명에 대해 실험한다. 독성이 발견될 때까지 이러한 과정을 되풀이하다가 독성이 발견되면 보다 많은 환자(보통 6명)를 대상으로 실험한다. 이런 방식으로 최대허용량(maximum tolerated dose; MTD)이 확인될 때까지 용량수준을 높여 나간다 (cf. Von Hoff et al., 1984). 하지만 이러한 식으로 용량수준을 높여 나가기만 하는 방법은 항상 아주 낮은 용량으로 시작해야 하므로 치료효과가 있는 수준보다 훨씬 낮은 용량에 지나치게 많은 환자가 할당되어 긴 시간을 필요로 한다는 단점이 있다. 이를 보완하기 위해서 Storer(1989, 1993, 2001)는 용량을 올렸다 내렸다 하면서 최대허용량을 찾아가는 과정을 제안하였다. [그림 10.2]는 Storer(1989)가 제안한 제 1 상 임상시험디자인의 흐름도를 보여주고 있다.

제 2 상(Phase II)은 제 3 상으로 이행할 가치가 있는 약을 고르는 과정으로, 효과있는 약을 기각하는 것이 더 치명적인 오류이다. 따라서 여기서는 새로운 치료제가 기존의 치료제보다 더 효과적으로 나타난 경우에 제 3 상으로 이행할 확률($1-\beta$)을 되도록 크게(예컨대 90%) 하고 새 치료제가 효과가 떨어지는 것으로 나타났을 때에는 적당한 확률($1-\alpha$, 예컨대 75%)로 이를 기각하도록 대상환자수를 계산하게 된다. 제 2 상 시험에서 표본의 크기를 결정하는 가장 간단한 예를 들어 보기로 한다. 어떤 치료제가

r % 이상의 반응률을 보이면 제 3 상으로 이행할 가치가 있는 것으로 판단된다고 하자. 이항분포를 이용하여 제 2 종 오류가 각각 5%인 경우와 10%인 경우에 대해 반응률의 수준에 따라 1단계에서의 표본의 크기를 계산한 것이 [표 10.2]에 있다(cf. Gehan, 1961).

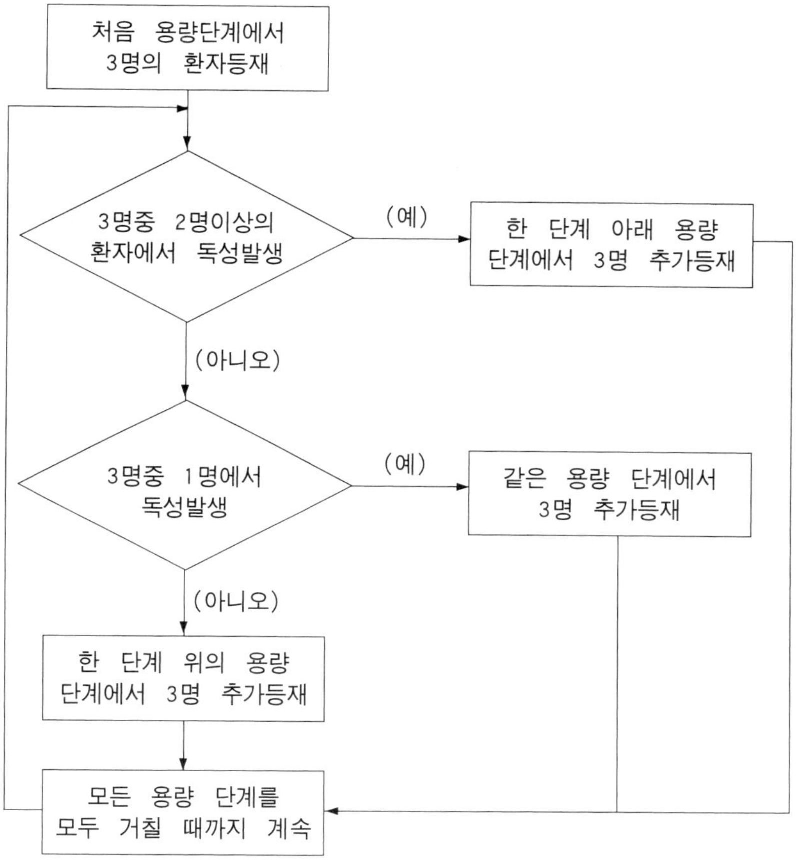

[그림 10.2] 제 1 상 임상시험 디자인의 흐름도 (출처: Storer, 1989)

[표 10.2] 제 2 상에서의 표본수의 예

제 2 종 오류	반응률 r (%)									
(β)	5	10	15	20	25	30	35	40	45	50
5%	59	29	19	14	11	9	7	6	6	5
10%	45	22	15	11	9	7	6	5	4	4

반응률과 제 2 종 오류를 크게 정할수록 요구되는 표본의 수가 줄어든다는 것을 알 수 있다. 만약 반응률을 30%로 잡았다면 제 2 종 오류를 5%로 할 때 9명의 환자를 대상으로 실험하게 된다. 이 때 9명 중 단 한명이라도 반응을 보이면 반응률이 30%인 것으로 보고 2단계로 넘어간다. 이러한 계획은 제 1 종 오류가 발생할 확률을 높게 한다. 이에 대해서 제 2 상 시험의 목적이 단지 최소의 표본으로 효과가 매우 없는 치료제만을 여과하는데 있을 뿐이라는 주장이 있다. 많은 경우에 다단계 (multi-stage) 설계로 시행되는 제2상 시험의 설계 및 통계분석방법에 관한 자세한 논의는 Simon (1987,1989) 과 Chang et al.(1987)을 참조하기 바란다. 특히 Chang et al.(1987) 은 시험약의 효과가 아주 좋거나 아주 안 좋을 경우에 임상시험을 일찍 종료하는 **다단계 최적설계법 (multi-stage optimal design)** 을 제안하였다. Chang et al. (1987) 은 효과가 없는 것으로 단정할 최대 반응률 (p_0) 과 효과가 있는 것으로 단정할 최소 반응률 (p_a) 을 설정하고, 다음과 같은 가설을 검정하였다.

$$H_o: p \le p_o \quad \text{vs.} \quad H_1: p \ge p_a$$

[그림 10.3]은 국내 모 제약회사에서 시행한 위암치료 임상시험에서 Chang et al.(1987)의 방법을 적용한 예를 보여주고 있다. 이 임상시험에서는 $p_o = 0.2$ 와 $p_a = 0.4$ 를 가정하였다.

본격적인 임상시험단계인 제 3 상에서 대상환자의 수는 연구자가 원하는 차이의 정도 (δ) 와 유의수준 (α), 검정력의 크기 ($1 - \beta$), 그리고 사용되어지는 통계기법에 따라 다르게 계산되어진다. 다음 절부터 논의되는 문제들은 모두 제 3 상에서 필요한 대상환자 수를 계산하는 방법이다.

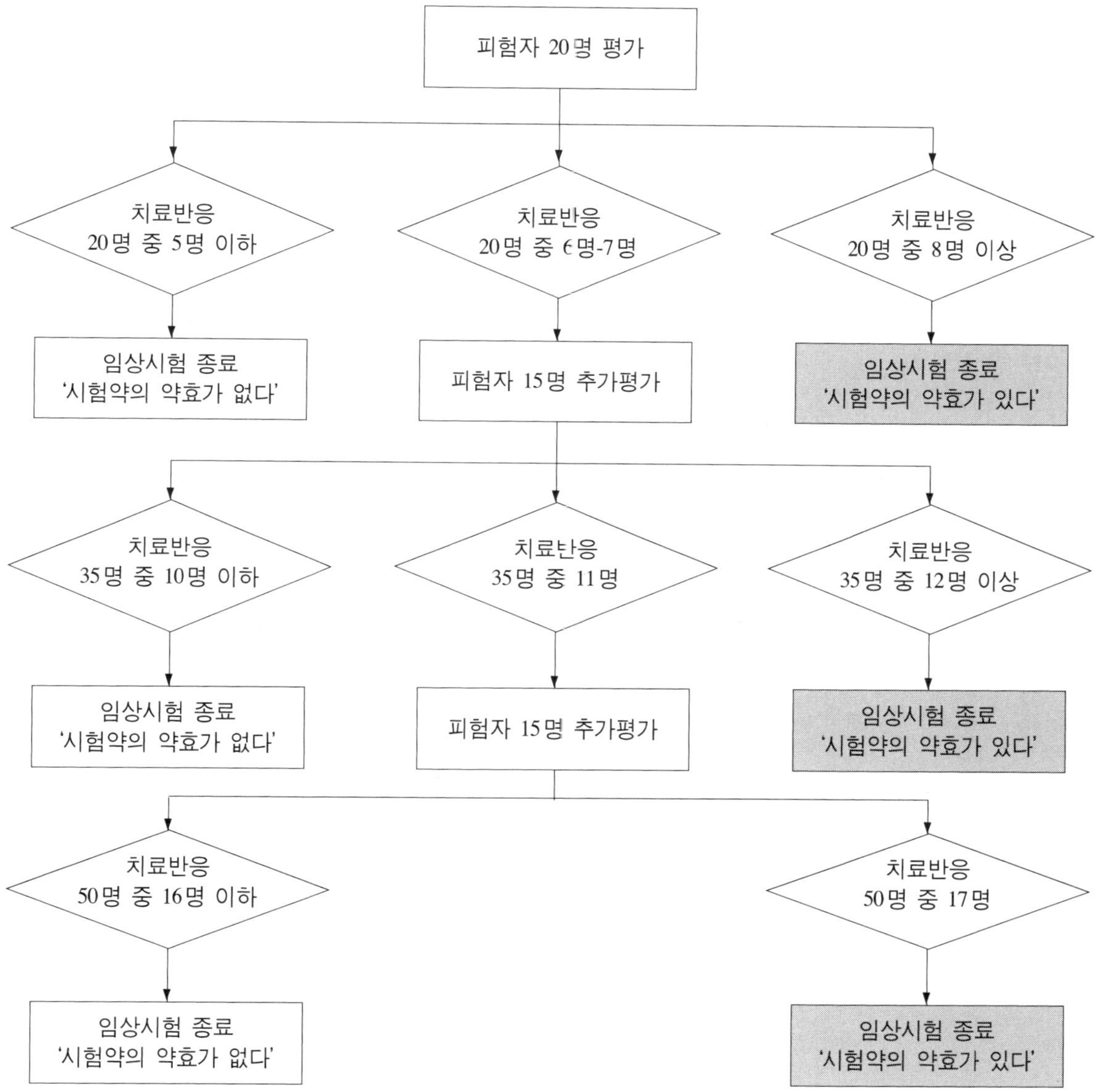

[그림 10.3] 제 2 상 임상시험디자인의 흐름도

10.4 비율비교

두 개의 비율을 비교하기 위해 필요한 표본크기를 결정하는 문제를 고려해보자. p_1과 p_2가 각각 그룹 1(예컨대 대조군)과 그룹 2(예컨대 실험군)에서 일정한 시간동안 발생한 사건의 비율을 나타낸다고 하고, N명의 환자가 그룹 1에, rN명의 환자가 그룹 2에 확률화를 통해 할당되었다고 하자.

귀무가설과 대립가설이 각각

$$H_0: p_1 = p_2\,(\delta = p_1 - p_2 = 0) \quad \text{vs.} \quad H_1: p_1 > p_2 \quad (\delta = p_1 - p_2 > 0)$$

일 때 유의수준을 α, 검정력을 $1-\beta$로 하면, 연속보정(continuity correction)이 없는 표본크기 공식은

$$N = \frac{\{Z_\alpha \sqrt{(r+1)\,\overline{p}\,(1-\overline{p})} + Z_\beta \sqrt{rp_1(1-p_1)+p_2(1-p_2)}\,\}^2}{r(p_1-p_2)^2}$$

와 같이 된다(cf. Fleiss, 1973). 여기서 $\overline{p} = (p_1 + rp_2)/(r+1)$이고, Z_α는 유의수준 α에 해당하는 표준정규분포의 임계치이다. 만일 양측검정이 실시되면(즉, $H_1: p_1 \neq p_2$ 일 때) Z_α대신 $Z_{\alpha/2}$를 대입한다. [부록 2]의 표준정규분포표로부터 원하는 Z_α와 Z_β의 값들을 찾아낼 수 있다. [표 10.3]과 [표 10.4]은 자주 쓰이는 값들을 정리한 것이다.

[표 10.3] 자주 사용되는 Z_α값

유의수준(α)	단측검정(Z_α)	양측검정($Z_{\alpha/2}$)
0.10	1.282	1.645
0.05	1.645	1.960
0.025	1.960	2.240
0.01	2.326	2.576

[표 10.4] 자주 사용되는 Z_β 값

검정력($1-\beta$)	Z_β
0.50	0.00
0.60	0.25
0.70	0.53
0.80	0.84
0.85	1.03
0.90	1.282
0.95	1.645
0.975	1.960
0.99	2.326

예제 10.1 대상환자수를 계산하는 예를 들어 보기로 하자. 실험군에서의 반응률이 0.5 ($=p_1$) 이고, 대조군에서의 반응률이 0.3 ($=p_2$)일때 실험군과 대조군의 반응률이 동일한지를 검정하려 한다. 유의수준 α를 5%, 검정력 $1-\beta$를 80% 로 하고 양측 검정을 실시한다고 하자.

이 때 귀무가설 H_0과 대립가설 H_1는 각각

$$H_0: p_1 = p_2 \quad \text{vs.} \quad H_1: p_1 \neq p_2$$

가 된다. 위의 표로부터 $Z_{\alpha/2} = Z_{0.025} = 1.96$, $Z_\beta = 0.84$이다. 두 그룹에 같은 수의 환자를 할당한다고 하면 $r=1$ 이므로

$$N = \frac{\{1.96\sqrt{2\times0.4\times0.6} + 0.84\sqrt{0.5\times0.5+0.3\times0.7}\}^2}{(0.5-0.3)^2} \fallingdotseq 93$$

이 된다. 즉, 각 그룹에 93명의 환자가 필요하게 되며, 따라서 필요한 총 환자수는 186명이 된다.

일반적으로 위의 공식은 실제크기에 가까운 근사값을 주지만, 특히 표본크기가 작을 때에는 연속보정 (continuity correction) 이 있는 다음과 같은 공식

$$N' = \frac{N}{4}\left(1 + \sqrt{1 + \frac{2(r+1)}{rN\delta}}\right)^2$$

이 더욱 좋은 근사값을 제공한다 (cf. Fleiss et al., 1980). 두 그룹에 같은 수의 환자가 할당되는 경우에는 (즉, $r=1$일 때), 이 공식은 Casagrande et al.(1978a, 1978b) 의 공식과 같게 된다. 또한 각 그룹으로부터 $100P\%$의 환자가 다른 곳으로 이동하는 등의 이유로 추적불가능하다면 (loss to follow up), 같은 검정력을 얻기 위해서 필요한 환자의 수는 $N/(1-P)$가 된다.

다음의 [표 10.5]는 SAS를 이용하여 이를 계산하기 위한 프로그램을 만든 것이다. 독자들이 필요한 환자수를 계산하기 위해서는 프로그램에서

```
P1=0.5; P2=0.3; R=1;
ALPHA=0.05; POWER=0.80;
```

부분만을 고쳐주면 된다. 여기서 P1과 P2에 각 그룹에 해당하는 반응률을 써 주고, R에는 두 집단에 할당되는 환자수의 비를 써주면 된다. 또, ALPHA에는 유의수준, POWER에는 검정력의 크기를 지정해 주면 된다. [표 10.6]는 이의 출력결과를 보여 준다. 연속보정이 없는 경우에 대한 환자의 수는 WITHOUT CONTINUITY CORRECTION

으로 출력되었고 연속보정이 있는 경우에 대한 환자의 수는 WITH CONTINUITY CORRECTION 으로 출력되었다. 이 때 총환자수가 아닌 N이 출력되는 것을 유념하기 바란다. 결과는 위에서 계산한 것과 마찬가지로 연속보정이 없는 경우에 대한 환자의 수가 92.999가 나온다. 연속보정을 한 경우에는 102.756로 계산되었음을 보여준다.

[표 10.5] 비율비교시의 환자수 계산 SAS 프로그램

```
DATA portion;
P1=0.5; P2=0.3; R=1;
ALPHA=0.05; POWER=0.80;
delta=p1-p2;
z_a=probit(1-alpha/2);
z_b=probit(power);
pbar=(p1+r*p2)/(r+1);
a=z_a*sqrt((r+1)*pbar*(1-pbar));
b=z_b*sqrt(r*p1*(1-p1)+p2*(1-p2));
n1=((a+b)**2)/(r*(delta**2));
c=1+sqrt(1+(2*(r+1))/(r*n1*delta));
n2=(n1/4)*(c**2);
KEEP p1 p2 r alpha power n1 n2;
LABEL n1='WITHOUT CONTINUITY CORRECTION';
LABEL n2='WITH CONTINUITY CORRECTION';
TITLE 'COMPARISON OF PROPORTIONS';
PROC PRINT LABEL NOOBS;
RUN;
```

[표 10.6] 비율비교시의 환자수 계산 SAS 프로그램 출력결과

COMPARISON OF PROPORTIONS

P1	P2	R	ALPHA	POWER	WITHOUT CONTINUITY CORRECTION	WITH CONTINUITY CORRECTION
0.5	0.3	1	0.05	0.8	92.999	102.756

이제 환자그룹이 성별, 나이, 건강상태 등의 인자들에 근거해서 J개의 서로 다른 위험층(risk stratum)으로 구분되는 경우를 생각해보자. 전체 환자 중의 100 f_j%의 환자가 j번째 층에 할당되어 있다고 하자. j번째 ($j=1, \cdots, J$) 층에서 환자들이 두 그룹에 같은 확률로 임의할당 된다고 하고, p_{1j}와 p_{2j}를 각각 그룹 1과 그룹 2에서 발생하는 사건비율(event rate)이라고 가정한다. 또한 각 층에서 오즈비(odds ratio) Δ가 일정하다고 하자. 즉, 모든 j에 대해서,

$$\Delta = \frac{p_{1j}(1 - p_{2j})}{p_{2j}(1 - p_{1j})}$$

은 만족한다고 하자. 귀무가설과 대립가설을 각각

$$H_0 : \Delta = 1 \quad \text{vs.} \quad H_1 : \Delta > 1$$

으로 했을 때, 유의수준을 α, 검정력을 $1 - \beta$로 하면, 각 그룹당 필요한 표본크기는

$$N = \frac{2(Z_\alpha + Z_\beta)^2}{\sum_{j=1} g_j f_j} \quad (j = 1, \cdots, J)$$

와 같다 (cf. Gail, 1973). 여기서

$$g_j = \frac{(\log \Delta)^2}{1/[p_{1j}(1 - p_{1j})] + 1/[p_{2j}(1 - p_{2j})]}$$

이다. 이 공식은 두 그룹에 같은 수의 환자를 할당할 때만 유용하다. Munoz and Rosner(1984)는 다른 수의 환자를 할당할 때 적용할 수 있는 공식을 유도하였다. 위의 공식보다 훨씬 복잡하므로, 여기에서는 논의하지 않겠다.

10.5 평균비교

이제 병원에 입원한 기간이나 콜레스테롤 수준, 혈압, 폐활량 등 연속형 반응변수를 관찰하는 임상시험에서 필요한 연구대상자수를 계산하는 방법에 대해 알아보자. 반응변수 y가 평균이 μ이고, 분산이 σ^2인 정규분포를 따른다고 가정하고, 그룹 1과 그룹 2에 각각 N명과 rN명이 확률화를 통해 할당된다고 하자. 두 그룹의 평균 간에 차이가 없다는 것을 귀무가설로 하고, 대립가설을 두 그룹의 평균 간에 차이가 있다는 것으로 설정하면, 이를

$$H_0 : \delta = \mu_1 - \mu_2 = 0 \quad \text{vs.} \quad H_1 : \delta = \mu_1 - \mu_2 \neq 0$$

과 같이 표현할 수 있다. 다음과 같은 검정통계량

$$Z = \frac{\bar{y}_1 - \bar{y}_2}{\sigma\sqrt{(1/N) + (1/rN)}}$$

은 분산 σ^2이 알려져 있을 때 근사적으로 표준정규분포를 따른다. 여기서, $\overline{y}_1$와 $\overline{y}_2$는 각각 그룹 1과 그룹 2에서 관찰된 자료들의 표본평균이다. 1.2절에서 논의되었던 가설검정에 관한 통계적 개념을 도입하면 Z의 분포로부터 표본크기를 구하는 공식을 쉽게 유도할 수 있다. 두 그룹에 동일한 수의 환자를 할당한다고 할 때(즉, $r = 1$), 유의수준 α와 검정력 $1-\beta$로 평균의 차이 δ를 찾기 위해서 필요한 N은

$$N = \frac{[2(Z_{\alpha/2} + Z_{\beta})^2\sigma^2]}{\delta^2}$$

과 같이 구할 수 있다.

위의 공식에서 보듯이, 관심 있는 평균차이 δ가 작아지거나, 분산 σ^2이 증가할수록 필요한 환자의 수가 증가한다. 또한 유의수준 α가 작을수록, 검정력 $(1-\beta)$이 클수록 증가한다. 역시 단측검정의 경우에는 $Z_{\alpha/2}$ 대신 Z_{α}를 사용하면 된다.

예제 10.2 식이요법이 콜레스테롤 수준에 미치는 영향을 알아보기 위한 한 연구에서, 식이요법을 실시한 환자군이 대조군에 비해 콜레스테롤 수준에서 20 mg/dl 만큼의 차이가 있음을 보이고자 할 때 필요한 환자수를 계산하여보자.

선행연구로부터 각 그룹의 분산이 $(50\ mg/dl)^2$으로 추정되어졌다고 하자. 즉 $\delta = 20$, $\sigma^2 = 50^2$이다. 5%의 유의수준과 80%의 검정력을 가지고 양측검정을 한다고 하면, 두 그룹에 동일한 수의 환자를 할당한다고 했을 때

$$N = \frac{2(1.96 + 0.84)^2(50)^2}{20^2} = 98$$

로 계산된다. 즉, 한 그룹당 98명씩 총 196명 정도의 환자가 필요하게 된다.

다음의 [표 10.7]는 이를 계산하기 위한 SAS 프로그램이다. 독자들이 필요한 환자수를 계산하기 위해서는 프로그램에서

```
SIGMA=50; DELTA=20;
ALPHA=0.05; POWER=0.80;
```

부분만을 고쳐주면 된다. 여기서 SIGMA에 $\sqrt{\sigma^2}$을 쓰고, DELTA에 평균의 차이 δ를 쓴다. 앞에서와 마찬가지로 ALPHA에는 유의수준, POWER에는 검정력의 크기를 지정해 주면 된다. [표 10.8]는 이의 출력결과를 보여 준다. 계산된 N이 SAMPLE SIZE로 출력된다.

[표 10.7] 평균비교시의 환자수 계산 SAS 프로그램

```
DATA mean;
  SIGMA=50; DELTA=20;
  ALPHA=0.05; POWER=0.80;
  z_a=probit(1-alpha/2);
  z_b=probit(power);
  var=sigma**2;
  n=(2*(z_a+z_b)**2*(sigma**2))/(delta**2);
KEEP delta alpha power n;
LABEL n='SAMPLE SIZE';
TITLE ' COMPARISON OF MEANS';
PROC PRINT LABEL NOOBS;
RUN;
```

[표 10.8] 평균비교시의 환자수 계산 SAS 출력결과

```
            COMPARISON OF MEANS

  DELTA     ALPHA     POWER    SAMPLE SIZE
   20        0.05      0.8        98.11
```

연구자가 평균의 차이를 보는 대신에 평균수준의 변화에 더욱 관심이 있는 경우가 종종 있다. 가령 고혈압 환자의 한 그룹에는 약 A를 투여하고 다른 그룹에는 약 B를 투여했을 때, 어느 약제가 투여 전과 후의 혈압의 차이가 더 크게 나타나는지에 관심이 있을 수 있다. 이 문제는 앞의 경우와 근본적으로는 같으나 처리를 하기 이전에 환자 개개인의 처음 혈압수준이 고려되어야 한다.

Δ_1와 Δ_2를 각각 실험군과 대조군에서의 평균수준의 변화(=연구종료후의 수준－연구시작점에서의 수준)를 나타낸다고 하자. 이제 귀무가설과 대립가설은 각각

$$H_0 : \delta = \Delta_1 - \Delta_2 = 0 \quad \text{vs.} \quad H_1 : \delta = \Delta_1 - \Delta_2 \neq 0$$

이 된다. 변화의 분산을 σ_Δ^2라고 하자. 일반적으로, 이는 각 관찰치의 분산 σ^2보다 작은 경향이 있다. 이런 식으로 δ와 σ_Δ^2을 정의한 다음, 앞의 공식을 적용할 수 있다. 앞의 예에서, 연구자가 두 그룹 사이에 10 mg/*dl* 만큼의 콜레스테롤 변화수준 차이를 보이고 싶다고 하자. 변화의 분산 σ_Δ^2이 $(20\ mg/dl)^2$이라면, 유의수준 5%, 검정력을 80%로 하고 각 그룹에 동일한 수의 환자를 할당한다고 했을 때 각 그룹당 필요한 환자수는 63명이 된다.

10.6 처리효과의 비열등성 및 동등성검정

어느 질병에 대해서 좋은 효과가 있는 기존의 처리가 있다고 하자. 새로 개발된 처리 방법이 기존의 처리(standard treatment)보다 훨씬 독성이 없고 부작용이 적거나 또는 시행하기가 쉽다면, 연구자는 이 새로운 처리의 효과가 기존의 처리의 효과에 못지않다는 것을 보이고 싶을 것이다. p_1과 p_2를 각각 기존의 치료법과 새로운 치료법에서의 성공률이라고 하자. 두 효과의 차이가 δ 이하일 때, 새로운 치료법이 기존의 치료법에 비해 비열등한(non-inferior) 것으로 본다고 하자. 이러한 경우에 비열등하다는 것을 대립가설로 놓고, 새로운 치료법의 효과가 기존 치료법보다 못하다는 것을 귀무가설로 놓게 된다. 즉,

$$H_0: p_1 - p_2 > \delta \quad \text{vs.} \quad H_1: p_1 - p_2 \le \delta$$

가 된다. 일반적으로 **비열등성검정(non-inferiority testing)**에는 단측검정을 사용하는데, 여기서는 새로운 치료법이 기존 치료법보다 더 좋다는 것을 보이는 것에는 관심이 없기 때문이다.

N명의 환자를 기존치료법에, rN명의 환자를 새로운 치료법에 할당할 때 N을 구하는 공식은

$$N = \frac{\{z_\alpha\sqrt{(r+1)\bar{p}(1-\bar{p})} + z_\beta\sqrt{rp_1(1-p_1)+p_2(1-p_2)}\}^2}{r(p_1-p_2-\delta)^2}$$

와 같다(cf. Donner, 1984). 여기서, $\bar{p} = (p_1 + rp_2)/(r+1)$이다. 실제로는, p_1과 p_2를 같게 하고 δ를 연구자가 무시해도 좋은 정도의 차이로 놓은 다음에 이 공식을 적용하는 것이 보통이다. 나중에 자료를 분석할 때는 $p_2 - p_1$(=새로운 치료법 효율 − 기존 치료법 효율)의 $100(1-\alpha)\%$ 신뢰구간의 하한이 $-\delta$보다 크면 비열등하다고 결론을 내린다.

비열등성검정에 비해서 두 치료법의 효과의 **동등성검정(equivalence testing)**을 하는 경우가 있는데, 이러한 경우에는 동등하다는 것을 대립가설로 놓고, 두 효과가 다르다는 것을 귀무가설로 놓게 된다. 즉,

$$H_0: |p_1 - p_2| > \delta \quad \text{vs.} \quad H_1: |p_1 - p_2| \le \delta$$

가 된다. 환자수를 계산할 때는 위의 공식에서 α 대신 $\alpha/2$를 대입하고 β 대신 $\beta/2$를 대입하면 되며, 나중에 자료를 분석할 때는 두 효과차이에 대한 신뢰구간이 $(-\delta, \delta)$ 구간 안에 들어오면 치료효과가 동등한(equivalent) 것으로 결론을 내린다. 이외에 축차적으

로 동등성검정을 보이는 연구에서 표본크기를 구하는 방법도 개발되어 있다 (cf. Durrleman and Simon, 1990).

다음의 [표 10.9]은 처리효과의 비열등성검정을 하기 위해 필요한 대상환자수를 계산해 주는 SAS 프로그램이다. 독자들이 필요한 환자수를 계산하기 위해서는 프로그램 앞 줄의

```
P1=0.3; P2=0.3;  DELTA=0.10; R=1;
ALPHA=0.05; POWER=0.80;
```

부분만을 고쳐주면 된다. 여기서는 P_1과 P_2를 모두 0.3으로 놓고 δ를 0.10로 하였다. 각 그룹에 동일한 환자를 할당하기 위해 R = 1로 놓았다. 유의수준 5%, 검정력 80%로 지정했음을 알 수 있다. [표 10.10]는 이의 출력결과를 보여 준다. 계산된 N의 값이 SAMPLE SIZE 로 출력되었다. 각 그룹당 필요한 환자수가 259.67명으로 계산되었음을 보여준다.

[표 10.9] 비열등성 검정시의 환자수 계산 SAS 프로그램

```
 DATA equality;
 P1=0.3; P2=0.3;  DELTA=0.10; R=1;
 ALPHA=0.05; POWER=0.80;
 z_a=probit(1-alpha);
 z_b=probit(power);
 pbar=(p1+r*p2)/(r+1);
 a=z_a*sqrt((r+1)*pbar*(1-pbar));
 b=z_b*sqrt(r*p1*(1-p1)+p2*(1-p2));
 n=((a+b)**2)/(r*(p1-p2-delta)**2);
 KEEP p1 p2 r delta alpha power n;
 LABEL n='SAMPLE SIZE';
TITLE 'BIOEQUIVALENCE TESTING';
PROC PRINT LABEL NOOBS;
RUN;
```

[표 10.10] 비열등성 검정시의 환자수 계산 SAS 출력결과

BIOEQUIVALENCE TESTING

P1	P2	R	DELTA	ALPHA	POWER	SAMPLE SIZE
0.3	0.3	1	0.10	0.05	0.8	259.667

평균에 대한 비열등성검정이나 동등성검정도 비율에서의 검정과 마찬가지로 다음과 같은 가설을 검정하게 된다. μ_1과 μ_2를 각각 기존의 치료법과 새로운 치료법에서의 평균이라고 하면, 가설들은 다음과 같이 된다.

$$\text{비열등성: } H_0: \mu_1 - \mu_2 > \delta \quad \text{vs.} \quad H_1: \mu_1 - \mu_2 \le \delta$$
$$\text{동등성: } H_0: |\mu_1 - \mu_2| > \delta \quad \text{vs.} \quad H_1: |\mu_1 - \mu_2| \le \delta$$

여기서 δ는 연구자가 무시해도 좋은 정도의 차이가 되며, 비열등성시험의 경우에 연구대상자를 구하는 공식은

$$N = \frac{[2(Z_\alpha + Z_\beta)^2\sigma^2]}{\delta^2}$$

으로 나타낼 수 있으며, 동등성시험에서는 위의 공식에서 α 대신 $\alpha/2$를 대입하고 β 대신 $\beta/2$를 대입하면 된다. 나중에 자료를 분석할 때도 비율검정의 경우처럼 $\mu_2 - \mu_1$ (= 새로운 치료법 평균 − 기존 치료법 평균) 의 $100(1 - \alpha)\%$ 신뢰구간의 하한이 $-\delta$ 보다 크면 비열등하다고 결론을 내리고, 두 평균차이에 대한 신뢰구간이 $(-\delta, \delta)$ 구간 안에 들어오면 치료효과가 동등하다고 결론을 내린다.

10.7 변화율비교

앞 절에서는 평균수준의 변화를 정의할 때 단지 연구시작과 종료 두 시점만을 고려하였다. 예를 들면, 환자가 여러 차례 병원을 방문할 경우 가장 마지막 방문시 측정한 수준과 처음 방문시 측정한 수준과의 차이만을 고려한 것이다. 하지만 환자가 병원을 방문할 때마다 측정하는 경우가 많으며, 이러한 경우에 연구자는 두 그룹간의 평균변화율에 차이가 있는가를 알고 싶을 것이다. 가능한 방법 중의 하나는 측정치가 시간에 대해 대략 선형적으로 변화한다고 가정하고, 변화율을 그 직선의 기울기로 표시하는 것이다. 각 환자로부터의 측정치에 이러한 회귀모형을 적용시키고 최소제곱추정법 (least square method) 에 의해 기울기를 추정한다. 이러한 연구를 계획하는 데 있어서, 연구자는 환자가 얼마나 자주 또한 얼마나 오랫동안 병원을 방문해야 하는가를 고려해야 한다. 관측된 반응변수를 y라 할 때 y를 시간에 대한 선형함수

$$y = a + bt + e$$

로 나타낼 수 있다. 여기서 a는 절편, b는 기울기, t는 시간을 나타내고 e는 관측치와

회귀선의 차이를 나타내는 오차항이다.

오차항의 분산 σ_e^2이 각 환자마다 일정하다고 가정했을 때, 양측검정을 하는 경우 두 그룹의 평균 기울기를 비교하기 위해 필요한 각 그룹에서의 표본의 크기는

$$N = \frac{2(Z_{\alpha/2} + Z_\beta)^2 \sigma_b^2}{\delta^2}$$

와 같이 계산될 수 있다 (cf. Schlesselman; 1973a, 1973b). 여기서, σ_b^2은 기울기의 분산이며 δ는 두 환자군의 변화율의 차이이다. 기울기의 분산 σ_b^2는

$$\sigma_b^2 = \sigma_B^2 + \left(\frac{12(K-1)}{T^2 K(K+1)} \right) \sigma_e^2$$

으로 분할될 수 있는데, 여기서 T는 환자 개개인에 대한 관측지속시간 (time duration)이고, K는 같은 시간간격의 관측횟수이며, σ_B^2는 기울기의 분산 중에서 관측오차 (measurement error) 나 적합결여 (lack of fit) 등에 기인하지 않는 순수한 환자변동부분을 나타낸다. 공식에서 보듯이, σ_B^2와 σ_e^2가 증가하면 표본크기가 증가한다. 그러나 T와 K를 증가시키면 σ_e^2가 끼치는 영향을 줄일 수 있는 장점이 있다. T와 K의 결정은 얼마나 오랫동안 또는 얼마나 자주 환자를 관찰할 수 있느냐에 달려있는데, 이들을 잘 조정함으로써 보다 효율적인 계획을 세울 수 있다.

예제 10.3 어떤 반응변수가 대조군에서 매년 80단위씩 줄어든다고 가정하고 연구계획을 세워보자. 실험군에서는 매년 60단위씩 줄어드는 것을 기대한다고 하자. 다른 여러 연구들로부터 σ_e가 150단위라는 것이 알려졌고, 또한 1년 동안 ($T = 1$) 3개월에 한 번씩 환자를 관측한 ($K = 5$) 선행연구에서 $\sigma_b = 200$을 얻었다고 한다. σ_b^2와 σ_B^2의 관계식으로부터, $\sigma_B = 63$단위가 구해진다. 이제 3년 동안 3개월에 한 번씩 환자로부터 관측치를 얻는 것을 계획한다고 하면, 이 경우에 $T = 3$, $K = 13$ 이 된다. 5% 유의수준과 80%의 검정력을 가지고 두 변화율을 비교한다고 할 때 필요한 환자수를 구해보자.

$\sigma_B = 63$, $\sigma_e = 150$임을 이용하여

$$\sigma_b^2 = 63^2 + \left(\frac{12(13-1)}{3^2 13(13+1)} \right) 150^2 = 5947.02$$

를 구할 수 있다. $Z_{\alpha/2} = 1.96$, $Z_\beta = 0.84$이므로 각 그룹당 필요한 환자수는

$$N = \frac{\{2(1.96 + 0.84)^2 5947.02\}}{20^2} = 233.39$$

으로 총 467명 가량의 환자가 있으면 된다. 만일 이 경우 4년 동안 3개월에 한 번씩 관측한다면 ($T = 4$, $K = 17$), σ_e^2이 끼치는 영향을 줄일 수 있게 되고 필요한 전체 환자수는 191명 정도로 줄어든다. 따라서 이 공식을 이용하면 주어진 상황에서 3년 연구를 계획할지 또는 4년 연구를 계획할지에 대한 결정을 내릴 수 있다.

다음의 [표 10.11] 는 변화율을 비교하고자 할 때 필요한 환자수를 계산하기 위한 SAS 프로그램이다. 독자들이 필요한 환자수를 계산하기 위해서는 프로그램 앞부분에 음영으로 표시된

```
T=3; K=13; DELTA=20;
SIGMA_E=150; SIGMA_B=63;
ALPHA=0.05; POWER=0.80;
```

부분만을 고쳐주면 된다. 여기서 T에 관측지속시간, K에 관측횟수를 써주고, DELTA에 두 환자군의 변화율의 차이 δ를 지정한다. SIGMA_B에 $\sqrt{\sigma_B^2}$을 적고 SIGMA_E에는 $\sqrt{\sigma_e^2}$을 써주면 된다. 또한 ALPHA에는 유의수준, POWER에는 검정력의 크기를 지정한다. [표 10.12]는 이의 출력결과를 보여준다. 각 그룹당 필요한 환자수 N이 SAMPLE SIZE로 출력된다.

[표 10.11] 변화율 비교시 환자수 계산 SAS 프로그램

```
 DATA rate;
 T=3; K=13; DELTA=20;
 SIGMA_E=150; SIGMA_B=63;
 ALPHA=0.05; POWER=0.80;
 z_a=probit(1-alpha/2);
 z_b=probit(power);
 a=((2*(z_a+z_b)**2)/(delta**2));
 b=(sigma_b**2+(12*(K-1)*(sigma_e**2))/(T**2*K*(K+1)));
 n=a*b;
KEEP T K DELTA ALPHA POWER n;
LABEL n='SAMPLE SIZE';
TITLE ' COMPARISON OF RATES OF CHANGES';
PROC PRINT LABEL NOOBS;
RUN;
```

[표 10.12] 변화율 비교시 환자수 계산 SAS 출력결과

COMPARISON OF RATES OF CHANGES

T	K	DELTA	ALPHA	POWER	SAMPLE SIZE
3	13	20	0.05	0.8	233.387

10.8 생존분포의 비교

임상시험에서는 환자의 사망이나 질병의 재발(relapse) 등과 같은 실패(failure)가 발생할 때까지의 시간(즉, 생존시간 또는 실패시간 등)을 비교하는 것이 주요 관심사인 경우가 많다. 이러한 생존분포(survival distribution)를 비교하는 경우에 필요한 대상환자수를 결정하는 몇 가지 방법들을 소개하기로 한다(여기에서 사용되는 용어들에 대한 이해가 부족한 독자는 제 7 장을 참조하기 바란다).

두 그룹에서의 위험률의 비(hazard ratio) λ_1/λ_2를 δ라고 하자. 두 그룹에서의 위험율이 동일하다는 귀무가설을 $H_0: \delta = 1$, 그룹 1의 위험률이 그룹 2에서의 위험률보다 크다는 대립가설을 $H_1: \delta > 1$로 놓을 수 있다. 각 그룹에 동일한 수의 환자를 할당한다면, 생존시간이 **지수분포(exponential distribution)**를 따른다고 가정했을 때 각 그룹당 필요한 실패자수(number of failures)는

$$d = \frac{2(Z_\alpha + Z_\beta)^2}{(\log\delta)^2}$$

와 같이 계산된다(cf. George and Desu, 1974). 만일 중도절단(censoring)이 없어서 모든 환자로부터 실패를 관측할 수 있다면 위 공식에서 d는 각 그룹당 필요한 환자수가 된다. 하지만 임상연구는 어느 정해진 시기까지만 환자들을 관측하기 때문에 모든 환자들의 실패를 관측할 수 없다. 일반적으로, 어느 정해진 시간에서의 생존확률을 각각 S_1과 S_2라 하고 각 그룹에 동일한 수의 환자를 할당한다면, 각 그룹당 필요한 환자수는 대략

$$N = \frac{2d}{2 - S_1 - S_2}$$

이 된다.

다음의 [표 10.13]은 이를 계산하기 위한 SAS 프로그램이다. 역시 프로그램 앞부분에서 LAMBDA_1에 λ_1, LAMBDA_2에 λ_2, ALPHA에 유의수준, POWER에 검정력을 지정하면 된다. [표 10.14]는 이의 출력결과로서, 각 그룹당 필요한 실패자수가 NUMBER OF FAILURE로 인쇄된다. 여기에서는 그룹 1의 위험률이 0.5, 그룹 2의 위험률이 0.7인 경우, 유의수준이 5%이고 검정력을 80%로 했을 때 필요한 실패자수가 각 그룹당 약 110명이 된다는 것을 알 수 있다.

[표 10.13] 생존분포 비교시 환자수 계산 SAS 프로그램 1

```
DATA nfail;
LAMBDA_1=0.5; LAMBDA_2=0.7;
ALPHA=0.05; POWER=0.80;
delta=lambda_1/lambda_2;
a=probit(1-alpha);
b=probit(power);
d=2*(a+b)**2/log(delta)**2;
KEEP lambda_1 lambda_2 alpha power d;
LABEL d='NUMBER OF FAILURE';
TITLE 'George and Desu';
PROC PRINT LABEL NOOBS;
RUN;
```

[표 10.14] 생존분포 비교시 환자수 계산 SAS 출력 결과 1

George and Desu

LAMBDA_1	LAMBDA_2	ALPHA	POWER	NUMBER OF FAILURE
0.5	0.7	0.05	0.8	109.219

Rubinstein, Gail and Santner(1981)는 보다 현실적으로 중도절단이 있고 추가추적기간(additional follow-up period)이 있을 때 필요한 환자수를 계산하는 방법을 제안하였다. 각 그룹에서의 생존시간이 지수분포를 따르고 위험률의 비 λ_1/λ_2을 δ라고 하자. 또한 중도절단 역시 지수분포를 따르고 중도절단비율을 각각 c_1, c_2 라 하고 각 그룹에 동일한 수의 환자를 할당한다고 하자. 연구기간이 T년, 추가추적기간이 τ년일 때 매년 N명의 환자가 포아송 과정(Poisson process)에 따라 연구에 들어온다고 가정하면 한 해에

필요한 환자수는

$$N = \left(\frac{Z_\alpha + Z_\beta}{\log\delta}\right)^2 \sum_{i=1}^{2} \frac{2\lambda_i{*}^2}{T\lambda_i} \left\{1 - \frac{e^{-\tau\lambda_i^*}(1 - e^{-T\lambda_i^*})}{T\lambda_i{*}}\right\}^{-1}$$

과 같이 구해진다. 여기서 $\lambda_i{*} = \lambda_i + c_i$이다.

다음의 [표 10.15]는 이를 계산하기 위한 SAS 프로그램이다. 역시 프로그램 앞부분에서 LAMBDA_1에 λ_1, LAMBDA_2에 λ_2, CENS_1에 c_1, CENS_2에 c_2, T에 연구기간, TAU에 추가추적기간, ALPHA에 유의수준, POWER에 검정력을 지정하면 된다. 각 그룹당 필요한 환자수가 N으로 인쇄된다. [표 10.16]는 이의 출력 결과이다. 이 예에서는 각 그룹에서의 위험률이 0.5, 0.7이고 중도절단율이 각각 0.2, 0.3이며 동일한 수를 할당한다고 했을 때, 연구기간을 3년, 추가추적기간을 1년으로 하는 연구에서 5% 유의수준, 80% 검정력을 갖도록 하기위해 필요한 환자수를 계산한 것으로, 한 해에 필요한 환자수는 그룹당 104명으로 계산되었다.

[표 10.15] 생존분포 비교시 환자수 계산 SAS 프로그램 2

```
DATA rub;
LAMBDA_1=0.5; LAMBDA_2=0.7;
CENS_1=0.2; CENS_2=0.3;
T=3; TAU=1;
ALPHA=0.05; POWER=0.80;
delta=lambda_1/lambda_2;
a=probit(1-alpha);
b=probit(power);
lamb_1=lambda_1+cens_1;
lamb_2=lambda_2+cens_2;
c1=exp(-tau*lamb_1)*(1-exp(-t*lamb_1))/(t*lamb_1);
d1=exp(-tau*lamb_2)*(1-exp(-t*lamb_2))/(t*lamb_2);
c=2*lamb_1**2/(t*lambda_1)/(1-c1);
d=2*lamb_2**2/(t*lambda_2)/(1-d1);
n=((a+b)/log(delta))**2*(c+d);
KEEP lambda_1 lambda_2 cens_1 cens_2 t tau alpha power n;
LABEL n='N'
      cens_1='CENSOR 1'
      cens_2='CENSOR 2';
TITLE 'Rubinstein et al.';
PROC PRINT NOOBS;
RUN;
```

[표 10.16] 생존분포 비교시 환자수 계산 SAS 출력 결과 2

Rubinstein et al.

LAMBDA_1	LAMBDA_2	CENSOR 1	CENSOR 2	T	TAU	ALPHA	POWER	N
0.5	0.7	0.2	0.3	3	1	0.05	0.8	103.889

앞에서 논의한 두 방법을 적용하기 위해서는 생존시간이 지수분포를 따른다는 가정이 필요한 반면, Freedman(1982)은 생존시간 분포를 가정하지 않는 경우에 **로그-순위 검정 (log-rank test)** 을 하기 위한 환자수 결정방법을 제시하였다. 이 때 환자들은 포아송 과정으로 임상시험에 들어오는 것을 가정하며, 확률화를 통해 두 그룹에 할당된다.

앞에서와 같이 두 그룹에서의 위험률의 비 (hazard ratio) λ_1/λ_2를 δ라고 하고, 두 그룹에서의 위험률이 동일하다는 귀무가설을 $H_0 : \delta = 1$, 그룹 1의 위험률이 그룹 2에서의 위험률보다 크다는 대립가설을 $H_1 : \delta > 1$로 놓을 수 있다. 각 그룹에 동일한 수의 환자를 할당한다면, 두 그룹에서 필요한 총실패자수 (number of failures) 는

$$d = \frac{(\delta + 1)^2 (Z_\alpha + Z_\beta)^2}{(\delta - 1)^2}$$

와 같이 계산된다. 양측 검정인 경우 ($H_1 : \delta \neq 1$)에는 위의 공식에서 α 대신 $\alpha/2$를 대입하면 된다.

예제 10.4 두 그룹에서 위험률의 비 (hazard ratio) 가 1.5라고 가정하고 유의수준 5%로 양측검정 (two-sided test) 을 실시하면, 검정력 90%를 갖기 위하여 필요한 환자수를 구해보자.

두 그룹에서 필요한 총 사망자수는

$$d = \frac{(\delta + 1)^2 (Z_{\alpha/2} + Z_\beta)^2}{(\delta - 1)^2} = \frac{(\delta + 1)^2 (1.96 + 1.282)^2}{(\delta - 1)^2} = 262.76$$

이다. 분석하는 시점까지 두 그룹에서 각각 20% 와 15%의 환자가 실패한다고 가정하면 **생존율 (survival rate)** 은 각각 0.8과 0.85가 되며 따라서 총 필요한 환자수는

$$N = \frac{2d}{2 - S_1 - S_2} = \frac{2 \times 262.76}{2 - 0.8 - 0.85} = 1501.5$$

이 되어, 각 그룹당 751명이 필요하다.

이외에도 여러 가지 상황에 따라 대상환자수를 계산하는 방법이 다양하게 개발되어 있다(cf. Pasternack and Gilbert, 1971; Lachin, 1981; Moussa, 1988; Shuster, 1990; Hsieh, 1992). 박미라, 김선우, 이재원(1998)은 모의실험을 통하여 위에서 논의한 3가지 방법을 포함하여 5가지 방법들의 가정을 고찰하고 여러 가지 상황에서의 장단점을 비교함으로써 의약학연구자들로 하여금 상황에 적합한 방법을 선택하도록 가이드라인을 제시하였다.

10.9 상관계수

두 확률변수 사이의 선형관계를 측정하는 단위로 **상관계수(correlation coefficient)**를 들 수 있다. 만약 두 확률변수 X, Y의 모집단상관계수가 0인지를 알아보기 위해 귀무가설로 상관계수 ρ를 0으로 하고, 대립가설을 0이 아닌 것으로 하면 가설은

$$H_0: \rho = 0 \quad \text{vs} \quad H_1: \rho = \rho_1 \ (\neq 0\ )$$

로 표현할 수 있으며, 표본상관계수 r의 함수인 검정통계량

$$T = \frac{r\sqrt{n-2}}{\sqrt{1-r^2}}$$

는 자유도가 $n-2$인 t-분포를 따르고, 위의 식을 r에 대해 정리하면

$$r = \sqrt{\frac{T^2}{T^2 + (n-2)}}$$

이 된다. 위의 표본상관계수를 피셔(Fisher)의 Z-변환을 통해서 다시 쓰면(cf, Pearson and Hartley, 1972),

$$W = \frac{1}{2}\ \ln\left(\frac{1+r}{1-r}\right)$$

은 평균이 $\frac{1}{2}\ \ln\left(\frac{1+\rho}{1-\rho}\right)$이고 분산이 $\frac{1}{n-3}$인 정규분포를 따르게 된다.

대립가설 하에서의 모집단상관계수를 $\rho_{ES}(=\rho_1)$라고 할 때, 위의 변환공식에 의한 결과를 W_{ES}라 하고, 10.1절에서의 가설검정 개념을 적용하면 표본크기는

$$n = \left(\frac{Z_\beta + Z_{\frac{\alpha}{2}}}{W_{ES}} \right)^2 + 3$$

이 된다. 만약 단측검정일 경우, $Z_{\alpha/2}$를 Z_α로 대치시키면 될 것이다.

예제 10.5 한 연구자는 외향성(extraversion)에 대한 신경생리학적 측정기준과 질문지의 응답 점수 간에 연관성를 알아보기 위한 실험을 하려고 한다. 연구자가 유효크기를 0.3으로 유의수준을 0.05로, 그리고 80%의 검정력을 기대할 때 필요한 표본크기를 구해보자.

여기서 $Z_{\alpha/2}$는 1.96이고 Z_α는 0.84이며, $W_{ES} = \frac{1}{2} \ln \left(\frac{1 + 0.3}{1 - 0.3} \right) = 0.31$이다. 따라서

$$n = \left(\frac{1.96 + 0.84}{0.31} \right)^2 + 3 = 84.58$$

로 약 85명이 필요하다. 만일 가설이

$$H_0 : \rho = \rho_0 \quad \text{vs} \quad H_1 : \rho = \rho_1 (\neq \rho_0)$$

처럼 귀무가설의 모상관계수가 0이 아닌 다른 값일 경우에는 앞의 표본크기 결정과 조금 달라진다. 두 상관계수 ρ_0, ρ_1에 대한 피셔의 Z-변환 수치 W_0, W_1를 계산하여, 그 차이를 $Q = W_0 - W_1$이라 하면 표본크기는

$$n = \left(\frac{Z_{\alpha/2} + Z_\beta}{Q} \right)^2 + 3$$

와 같이 결정된다.

10.10 기타 연구

앞 에서는 비교적 단순한 형태의 연구에서 표본크기를 결정하는 방법을 살펴보았다. 하지만 실제로는 다중회귀분석이나 $r \times c$ 분할표(contingency table)를 사용하는 임상시험을 실시하는 경우도 많다. 이 절에서는 이와 같은 형태의 연구에서 표본크기를 결정하는 방법을 제안한 연구에 대해서 살펴보기로 한다.

하나의 반응변수에 대해 영향을 미치는 독립변수들과의 관계가 선형식으로 이루어진 경우가 있다. 예를 들어, 변소좌반구(Focal Left Hemoshere) 장애 환자의 지능에 실

어증과 운동신경장애가 어떠한 영향을 미치는가를 알아보기 위해, 지능을 반응변수로 하고 구조적 운동신경장애점수와 뇌 손상정도 그리고 실어증의 심각한 정도를 독립변수로 하여 회귀모형을 얻을 수 있을 것이다. 이 때 독립변수에 의한 반응변수의 설명정도를 평가하는 측도 중의 하나가 결정계수(coefficent of determination)인데, 만약 결정계수가 높다면 주어진 독립변수가 반응변수를 잘 설명한다고 할 수 있다. 이 경우에 F-분포를 이용한 분산비 검정을 통하여 연구자가 선택한 독립변수들을 사용하였을 때 원하는 정도의 결정계수 값을 얻을 수 있는지를 검정한다. Cohen(1988)은 이에 필요한 표본크기를 구하는 공식을 제안하였다.

또한 많은 연구에서 여러개의 처리집단과 이에 따라 여러가지 결과를 갖는 형태의 자료를 볼 수 있다. 예를 들어, 알츠하이머병(Alzheimer's disease)을 앓고 있는 환자를 대상으로 냉수욕 치료 효과에 관한 연구를 한다고 하자. 환자를 세 집단으로 나누어 한 집단에는 냉수욕 치료를 하지 않고, 한 집단은 하루 1회, 나머지 한 집단은 하루 3회의 냉수욕을 한다. 일정한 시간이 지난 후에 각 환자들의 상태가 호전, 조금 호전, 효과 없음의 세 가지 결과를 갖는다고 하자. 이런 경우에 세 개의 집단으로부터 세 가지 결과를 얻으므로, 자료를 3×3 분할표의 형태로 표현할 수 있고, 카이제곱 검정법(chi-square test)을 사용해서 처리집단간에 결과의 차이가 있는가를 검정할 수 있게 된다. 이러한 형태의 연구에서 Lachin(1977)은 비중심 카이제곱분포이론에 근거하여 필요한 표본크기를 구하는 방법을 제안하였다.

연습문제

1. 표본의 크기 (연구대상환자의 수) 는 무엇에 영향을 받는가?

2. 실험군에서의 반응률이 0.4($= p_1$) 이고, 대조군에서의 반응률이 0.2($= p_2$)일 때 실험군과 대조군의 반응률이 동일한지를 검정하려 한다. 유의수준 α를 5%, 검정력 $1 - \beta$를 90% 로 하고 단측검정을 실시한다고 하자. 두 그룹에 같은 수의 환자를 할당한다고 할 때 필요한 환자수를 계산하여라.

3. 모 제약회사에서는 혈당량 수치를 낮추는 두 개의 약을 비교하고자 한다. 새로운 약으로 처리 받은 집단의 혈당량 수치가 기존의 약을 처리 받은 집단에 비해 50 mg/*dl* 만큼의 차이가 있음을 보이고자 한다. 이때 각 그룹의 분산은 $(15\ \text{mg}/dl)^2$로 추정되었다. 유의수준 $\alpha = 0.05$으로 하고 검정력은 80%로 하여 양측검정을 할 때 필요한 환자수를 계산하여라.

4. 폐암에 대한 새로운 항암제가 개발되었는데 가격이 저렴하고 부작용이 적다고 하자. 새로운 치료제의 반응률이 기존의 항암제의 반응률에 비해 열등하지 않다는 것을 보이고자 한다. 무시해도 좋은 반응률 차이를 10%라고 할 때 연구자가 두 치료제 효과의 비열등성검정을 하기 위해 필요한 환자수를 계산하여라. 이때 유의수준은 0.05이고 80%의 검정력으로 한다고 하자.

5. 한 연구에서는 유도분만으로 인한 고혈압 (hypertension) 과 독혈증 (toxaemia) 을 억제하는 치료제의 영향을 알아보고자 이러한 증상을 갖고 있는 임산부들을 대상으로 고혈압의 위험률을 측정하였다.
   (1) 고혈압의 위험률이 30%에서 20%로 감소하는 것을 80%의 검정력으로 유의하다고 (p-값 < 0.05) 말할 수 있으려면 필요한 표본수는 얼마인가?
   (2) 실제 표본수는 65이었다. 그렇다면 (1)에서의 위험률의 차이를 검정하기 위한 검정력은 얼마가 되겠는가?

6. 니코틴 (Nicotine) 의 대사산물인 코틴 (Cotinine) 과 골밀도의 상관관계를 알아보기 위한 연구에서 연구자는 귀무가설과 대립가설을 다음과 같이 세웠다.

$$H_0 : \rho = 0 \quad \text{vs} \quad H_1 : \rho < 0$$

기존의 연구 결과인 상관계수 $r = -0.4$으로 하고 유의수준을 0.05, 80%의 검정력을 기대한다고 할 때 필요한 환자수를 계산하여라.

제 11 장 임상시험의 운용

임상시험을 행하는데 있어 미리 계획된 적절한 시간에 단 한번의 분석을 함으로써 치료법의 효과 등을 검정하는 것은 통계적 측면에서 볼 때 비교적 간단한 일이다. 그러나 실제로는 연구의 합리적인 운용과 환자의 안전을 위하여 정기적인 중간점검(interim monitoring)이 필요하게 된다. 따라서 연구자는 연구설계 단계에서부터 이러한 중간점검을 고려하여 적절한 통계적 방법을 채택하야 한다. 또한 임상시험의 결과로 생성되는 자료를 효율적으로 통제하고, 연구의 진행 중에 발생할 수 있는 여러 문제에 대해 합리적으로 대처하기 위해서는 과학적인 자료체계의 구축, 관리와 원칙을 배워두어야 한다. 이 장에서는 중간점검방법을 소개하고, 자료체계의 구축 및 관리방법을 사례를 들어 설명하기로 하겠다. 또한 임상시험계획 위배의 여러 형태들과 대처방안을 논의하게 될 것이다.

11.1 연구의 중간점검

11.1.1 중간분석

임상시험을 성공적으로 수행하기 위해서는 임상시험의 진행상황을 중간에 점검해야 한다. 그 필요성은 다음과 같은 이유로 설명할 수 있겠다. 첫째, 연구자는 각 환자로부터 얻어진 데이터를 신속하게 검토함으로써 임상시험이 임상시험계획서 (study protocol) 대로 진행되고 있는가를 점검해야 한다. 임상시험계획위배 (protocol deviation) 가 발견되었을 때는 해당기관의 임상의에게 즉시 통보하고 연구약정준수 (protocol compliance) 에 대한 필요성을 강조하며, 만일 예상외로 연구약정을 준수하기가 힘들다고 판단이 되면 연구약정을 수정하기도 한다. 둘째, 새로운 치료약의 치명적인 독성을 비롯하여 관찰되는 여러 가지 부작용 (side effects) 을 검토해야 한다. 비슷한 부작용이 새로운 환자에게 발생하는가에 특별한 관심을 가져야 하며, 만일 여러 환자들에게서 발견되면 임상시험 중간에 투약의 감량을 고려하는 것이 바람직할 것이다. 셋째, 환자로부터 얻은 데이터를 임상시험의 초기단계에서부터 체계적으로 관리할 필요가 있다. 꾸준히 관리를 함으로써 자료양식 (data forms) 에서 잘못되었거나 빠진 항목을 즉시 가려내어 신속하게 적절한 조치를 취할 수 있다. 넷째, 임상시험에 들어오는 환자수가 얼마이며, 중요한 예후인자 (prognostic factors) 별로 어떻게 배치되고 또한 선행연구에 비해서 어떻게 반응하는가에 관한 정보 등 임상시험이 어떻게 진행되고 있는가에 대한 일반적인 정보를 연구자들에게 제공함으로써 그들의 관심과 의욕을 꾸준히 유지하는 것이 바람직하다. 다섯째, 중간분석을 행한 결과 어떤 처리가 다른 처리에 비해 월등히 효과적인 것으로 드러났다거나 또는 기대되고 있는 처리군간의 차이를 발견할 확률이 작다면 임상시험을 일찍 종료하여 환자들에게 효과가 적은 약을 처방하지 않도록 하는 것이 필요하다.

처리군들 간의 차이에 대한 데이터를 임상시험이 진행되는 도중에 점검하는 가장 중요한 이유는 효과가 작거나 부작용이 많은 처리군에 더 이상 환자를 할당하지 않도록 하는 윤리적 · 경제적인 이유일 것이다. 따라서 중간분석에서 얻어진 처리군들의 차이에 대한 평가는 매우 중요한 일이며, 중간결과를 어떻게 다루고 해석하는가에 대한 통계적인 기준을 마련하는 것이 필요하다. Fleming et al. (1984) 과 DeMets (1984) 등은 이러한 중간점검과 관련한 임상적 · 통계적 문제점들을 다양하게 논의한 바 있다.

중간분석 (interim analysis) 을 하는 데에 있어서 처리군간의 효과차이의 크기 뿐만이 아니라 효과의 차이가 통계적으로 유의한지도 검토할 필요가 있다. 예를 들어, 두 치료군이 효과율에서 실제로 20%의 차이가 나더라도 그것이 각 처리군당 10명으로부터의 결과였다면 (예를 들어, 효과를 보인 환자가 10명중 각각 3명과 5명일때) 임상시험을 종료하는 것은 현명하지 못할 것이다. 왜냐하면 두 처리군의 효과가 같더라도 2명의 차이는 우연히 발생할 수도 있기 때문이다. 반면에 20%의 차이가 500명의 환자로부터 발생하였다면 윤리적으로 볼 때 임상시험을 종료할 필요가 있을 것이다. 따라서 중간분석시점마다 그 때까지 들어온 환자의 수를 고려한 유의성검정 (significance test) 을 실시하여 그 결과로서 임상시험의 종료여부를 결정한다. 중간분석을 실시할 때마다 유의성검정을 하는데 있어서 가장 큰 문제는, 실제로 두 처리군의 효과가 같더라도 일정한 유의수준에서 차이가 있다고 결론을 내릴 가능성이 한번만 검정하는 경우보다 훨씬 크다는 것이다. 이것은 제 1 종 오류가 상당히 증가하는 것을 의미하며, 따라서 전체적으로 일정한 유의수준을 유지하려면 중간분석을 할 때에 훨씬 엄격한 수준을 사용하여 검정을 해야 한다. 이와 관계되는 통계적인 문제점과 방법론은 다음 절에서 자세히 다룰 것이다.

일단 연구의 점검에 대한 통계적인 기준이 결정되고 난 후에 해결해야 할 중요한 문제 중의 하나는 누가 자료를 점검하고 여러 가지 결정에 대한 책임을 지느냐 하는 것이다. 미국 및 유럽에서는 임상시험을 행하는데 있어 **연구점검위원회 (study data monitoring committee)** 의 운영이 보편화되어 있으며, 이 위원회는 중간분석결과가 과학적으로 타당한 것인지를 점검하고 환자와 공공의 이익이 최대한 보장될 수 있도록 결정을 내려야 한다. 이에 대해 위원회의 역할 및 운용원칙에 대해 많은 논의가 있어 왔다 (cf. Green et al., 1987; Geller, 1987).

위원회는 대체로 연구개발자 (연구의 좌장, 통계학자 등) 및 관련분야의 외부인사로 구성된다. 외부인사를 참여시키는 이유는 연구개발자는 어느 정도 연구결과에 대해 이해관계를 가지고 있기 때문에 연구의 계속여부를 결정하는 문제에 있어서 완전한 객관성을 유지하지 못할 우려가 있기 때문이다. 예를 들어, 미국의 대표적인 협동기관 (Cooperative Group) 의 하나인 Childrens Cancer Group (CCG) 에서는 연구의 좌장, 담당통계학자, 그룹의 회장 외에 미국국립보건연구원 (National Institutes of Health; NIH)을 대표해서 연구관련 전문의학자와 통계학자, 윤리학자가 위원회에 참여하고 있다. 또한 프랑스에서는 연구의 좌장, 담당통계학자, 변호사, 스폰서 및 신부가 참여한다.

임상시험에 참여한 임상의가 중간분석결과를 알게 되면 연구수행에 영향을 미치게 되기 때문에 대규모 **다기관 공동임상시험 (multicenter clinical trial)** 에서는 위원회 외부의 참여자들에게는 그동안 참여한 환자의 수, 관찰된 독성 및 합병증에 대한 정보 등의 극히 제한된 정보만을 제공하고 있다. 또한 중간결과를 알려줄 필요가 있을 때에도 치료법을 x, y 등의 부호형식으로 표기하여 특정치료에 대한 개인적인 편견을 제거해야 하는데, 이러한 방법이 완벽한 해결책이 되지는 못하므로 세심한 주의가 필요하다. 예를 들어서, 두 가지 약이 거의 비슷한 효과를 보이고 있다면 일부 참여자들은 환자의 참여나 실험의 지속이 결과에 영향을 미치지 않을 것이라고 속단하여 더 이상의 참여를 회피할 수도 있다. 이러한 이유에서 임상시험을 수행하는 데에 있어서 연구점검위원회의 역할이 더욱 강조되고 있다.

11.1.2 집단축차검정

앞에서도 언급했듯이 올바른 분석을 위해서는 중간분석의 각 단계에서 사용되는 유의수준이 조정되어야 한다. 각 중간검정마다 정해진 유의수준(예컨대 $\alpha = 0.05$)을 반복하여 사용하면 실제적으로 제 1 종 오류가 정해진 것보다 매우 큰 값을 갖게 된다. 예컨대 그런 검정이 2회 반복되면 제 1 종 오류가 약 8%가 되며, 5회의 검정은 약 14%의 제 1 종 오류를 낳게 된다(cf. Armitage et al., 1969). 원하는 수준의 제 1 종 오류를 얻기 위해서 많은 축차검정법(sequential test)들이 개발되었으나, 이 방법들은 새로운 데이터가 얻어질 때마다 분석해야 하는 제약이 있어 임상시험에 실제로 적용시키는 데에 많은 어려움이 있다(cf. Armitage, 1975).

보다 현실적인 방법으로 임상시험 중 몇 차례 정해진 수의 계획된 분석을 실시하는 **집단축차검정법(group sequential test)**이 많이 개발되어 왔다(cf. Pocock, 1977; O'Brien and Fleming, 1979; Lan and DeMets, 1983). 이 방법의 실제적용은 특정한 임상시험에 관하여 분석의 시점, 횟수, 최종분석시기 등의 다양한 결정을 요구한다. 무엇보다도 각각의 중간분석에 제 1 종 오류를 어떻게 분배할 것인가를 결정해야 한다. 많은 통계학자들은 변동에 불과한 처리간의 차이를 잘못 속단하여 연구를 조기 종료하는 잘못을 범하지 않도록 하기 위해서, 초기 분석에서의 유의수준은 매우 작게 하고 마지막 분석에서의 유의수준은 정해진 수준에 가깝도록 배정하는 방법을 선호한다.

집단축차검정법이란 일정한 시점마다 그때까지 누적되어 온 자료를 가지고 계획된 분석을 반복 시행하는 검정방법이다. 두 개 이상의 처리군간의 차이를 판단하기 위해 K번의 중간분석을 고려하고, $S_k\,(k = 1, \cdots, K)$를 k 번째 중간분석에서 표준화된 검정통계량이라 하자. 예를 들면, S_k는 두 처리집단의 평균의 차를 그 표준오차로 나눈 값이 될 수 있다. 집단축차검정은 양측검정일 경우에 $|S_k|$가 주어진 기각치 b_k를 초과하게 되면 실험을 중단하도록 계획하는 것이다. 제 1 종 오류를 α로 하고 k 번째 중간분석에서 귀무가설이 옳을 때 실험을 중단하게 될 확률을 $\pi_k\,(k = 1, \cdots, K)$라고 정의할 때,

$$\pi_1 + \cdots + \pi_K = \alpha$$

이고, 귀무가설 하에서

$$P_0\{|S_1| \le b_1, \cdots, |S_{k-1}| \le b_{k-1}, |S_k| > b_k\} = \pi_k$$

가 성립된다. 즉, $P_0\{|S_k| > b_k \text{ for some } 1 \le k \le K\} = \alpha$가 된다. 만약, 통계량 $(S_1, \cdots, S_K)^T$가 근사적으로 다변량 정규분포를 따르고 공분산행렬이 이미 알려져 있거나 추정이 가능하다면, 기각치 b_k는 축차적인 적분방법으로 구해질 수 있다.

각각의 분석시점에서 위의 두 식을 만족하는 기각치를 선택하는 방법이 여러 학자들

에 의해 제안되어 왔다. Haybittle (1971) 은 $\alpha = 0.05$일 때 $b_1 = \cdots = b_{K-1} = 3.0$, $b_K =$ 1.96을 선택했는데, 이 경우 $\sum_{k=1}^{K} \pi_k$가 0.05보다 조금 커지게 된다. Pocock (1977) 과 O'Brien and Fleming (1979) 은 각 분석시점 간에 추가된 관측치의 수가 동일하다는 가정하에, Pocock (1977) 은 $b_1 = \cdots = b_K = C_P(K, \alpha)$를, O'Brien and Fleming (1979) 은 $b_k = C_B(K, \alpha)\sqrt{K/k}$를 각각 제안하였다. 여기서, $C_P(K, \alpha)$와 $C_B(K, \alpha)$는 K와 α에만 의존하는 상수로 위의 두 조건을 만족하도록 정해지는데, [표 11.1]은 이러한 값들을 보여주고 있다. O'Brien and Fleming (1979) 의 방법은 Pocock (1977) 의 방법에 비하여 실험의 초반에는 기각치가 커서 귀무가설을 기각하기 어렵고, 후반으로 갈수록 기각치가 작아져 귀무가설을 기각하기 쉬워진다. 가령 $K = 5$이고 $\alpha = 0.05$일때, Pocock방법을 쓰면 $(b_1, b_2, b_3, b_4, b_5) = (2.413, 2.413, 2.413, 2.413, 2.413)$이 되고, O'Brien-Fleming 방법을 쓰면 $(b_1, b_2, b_3, b_4, b_5) = (4.562, 3.226, 2.634, 2.281, 2.040)$이 된다.

[표 11.1] $C_P(K, \alpha)$와 $C_B(K, \alpha)$

K	$C_P(K, \alpha)$			$C_B(K, \alpha)$		
	$\alpha = 0.01$	$\alpha = 0.05$	$\alpha = 0.1$	$\alpha = 0.01$	$\alpha = 0.05$	$\alpha = 0.1$
1	2.576	1.960	1.645	2.576	1.960	1.645
2	2.772	2.178	1.875	2.580	1.978	1.678
3	2.873	2.289	1.992	2.595	2.004	1.710
4	2.939	2.361	2.067	2.609	2.024	1.733
5	2.986	2.413	2.122	2.621	2.040	1.751
6	3.023	2.453	2.164	2.632	2.053	1.765
7	3.053	2.485	2.197	2.640	2.063	1.776
8	3.078	2.512	2.225	2.648	2.072	1.786
9	3.099	2.535	2.249	2.654	2.080	1.794
10	3.117	2.555	2.270	2.660	2.086	1.801

이제 실제의 임상시험을 예로 들어 두 방법을 설명해 보기로 하자. 비 호지킨 림프종 (Non-Hodgkins Lymphoma) 임상시험에서 두 가지 치료법인 CP (cytoxan-prednisone) 와 CVP (cytoxan-vincristine-prednisone) 를 비교하기 위해 종양의 크기가 얼마나 작아지는가를 관찰하였다. 종양의 크기가 반 이하로 줄어들었을 경우를 반응 (response) 을 보인 것이라고 정의하고, 두 치료법의 반응률을 비교하였다. 2년여 동안 120-130명 정도의 환자가 연구에 참여하였고, 5번의 중간점검을 계획하였다. 중간분석의 결과가 [표 11.2]에 정리되어 있다.

[표 11.2] 비 호지킨 림프종 임상시험에서의 중간분석결과

k	반응률		통계량 (S_k)	기각치 (b_k)	
	CP	CVP		Pocock	O'Brien-Fleming
1	3/14	5/11	1.277	2.413	4.562
2	11/27	13/24	0.959	2.413	3.226
3	18/40	17/36	0.200	2.413	2.634
4	18/54	24/48	1.803	2.413	2.281
5	23/67	31/59	2.062	2.413	2.040

4번째 중간분석까지는 환자수가 충분하지 못해서 유의한 차이를 보이지 못하였으나, 마지막 분석에서는 상당한 차이를 보였다. 이 경우에 Pocock의 기각치를 쓰면 두 치료법간의 반응률의 차이가 유의하지 않은 반면에 O' Brien-Fleming 기각치를 쓰면 유의한 차이를 보인다는 결론을 내릴 수가 있다(즉, $2.040 < S_5 = 2.062 < 2.413$). 이와 같이 어느 집단축차검정법을 사용하는가에 따라 다른 결과를 가질 수 있으므로, 방법의 선택은 반드시 임상시험의 계획단계에서 이루어져야 하며 연구약정서에 명시해야 한다.

Lan and DeMets (1983) 는 '제 1 종 오류분배율함수' (Type I error spending rate function) $\alpha^*(t)$ 를 제안하였는데, 이 함수는 비감소함수 (nondecreasing function) 이면서 $\alpha^*(0) = 0$ 과 $\alpha^*(1) = \alpha$ 을 만족한다. 전체정보 I_K에 대한 k 번째 분석시점까지의 정보 I_k의 비율인 $t_k\ (0 \le t_k \le 1)$를 정보시간 (information time) 으로 정의하고, 오류분배율함수를 이용해서 $\pi_k = \alpha^*(t_k) - \alpha^*(t_{k-1})$이 성립하도록 π_k를 계산하였다. 예를 들어, 분산 σ^2을 가지는 정규분포를 하는 관측치인 경우 N을 전체 관측치의 수라 할 때 $I_K = N/\sigma^2$가 되며, n_k를 k 번째 중간분석까지의 관측치의 수라 하면 $t_k = I_k / I_K = n_k / N$가 된다. 각각의 π_k를 계산한 후에 식 (3.1)과 식 (3.2)를 만족하는 $b_1, \cdots, b_K$를 축차적으로 구할 수 있는데, 여기서 $b_k\ (k = 1, \cdots, K)$ 는 현재와 그 이전에 관측된 표본의 크기에만 의존하므로 Lan-DeMets 방법에서는 실험이전에 중간분석의 횟수 K를 명시하지 않아도 되고, 또한 각 시점 간에 추가된 관측치의 수가 동일하지 않아도 된다는 큰 장점이 있다. 물론 k 번째 중간분석에서 정보비율 $t_k\ (= I_k / I_K)$ 를 계산하기 위해서 최대정보 I_K를 미리 추정해야 하지만, 잘 계획된 임상시험이라면 I_K의 추정은 그리 어려운 일은 아니다. 만약 각 분석시점간의 관측치의 수가 동일하다는 가정이 만족된다면, $\alpha_1^*(t) = 2\{1 - \Phi(z_{\alpha/2} \sqrt{t})\}$는 O' Brien and Fleming (1979) 의 방법과 유사한 기각치를 주고, $\alpha_2^*(t) = \alpha \log\{1 + (e-1)t\}$는 Pocock (1977) 의 방법과 유사한 기각치를 제공하고 있다. 여기서 Φ는 표준화된 정규누적분포함수이고 $\Pr(Z > Z_{\alpha/2}) = \alpha/2$ 이다.

위에서 언급한 여러 가지 집단축차검정법 외에도 더욱 확장된 이론들이 많이 개발되어왔다. 특히 실제 임상시험에서는 환자의 연속적인 방문으로 인한 반복적인 관측치를

가지는 경우가 자주 발생하는데, 이러한 경우에 적용할 수 있는 방법들이 제안되어 있다(cf. Lee and DeMets, 1991, 1992; Lee, 1994; 이재원, 1994). 그러나 집단축차검정법은 어디까지나 연구 종료시기의 결정을 위한 부분적인 지침에 불과하며 그러한 결정이 내려지기 전에 고려해야 할 다른 요인들이 많이 있다. 예를 들면 중요한 예후인자(prognostic factors)가 각 처리그룹에서의 균형을 이루는지, 결과가 통계적으로 유의할 때 그것이 임상적으로도 유의하며 다른 관련 연구와 일치하는지 등을 고려해야 하며, 연구의 결과가 폭넓게 활용될 수 있는 것인지 아니면 특정 환자군에서는 상당히 달라질 수 있는 것인지 등도 고려해야 할 것이다.

11.2 자료체계의 구축 및 관리

11.2.1 자료양식

환자자료의 기록과 관리는 임상시험을 수행하는데 있어서 매우 중요하지만, 그에 대한 연구는 제대로 관심을 끌지 못하고 있는 실정이다. 환자들을 평가하기 위한 정보를 기록할 **환자기록양식(case report forms)**을 설계해야 하고, 환자기록양식을 효과적으로 모아서 그 내용을 검토하고 처리하여 나중에 정확한 자료가 분석될 수 있도록 많은 관심과 노력이 필요하다.

연구에 참여하는 환자에 대하여 어떠한 정보가 어떻게 기록되어야 하는가를 연구약정서에 명시할 필요가 있다. 하지만 그런 자료를 정확하고 안전하게 확보할 수 있는가에 관한 성공여부는 적절한 환자기록양식의 준비에 달려있다. 환자기록양식을 적절하게 설계하려면 많은 시간과 노력을 필요로 하고 있는데도 불구하고, 정해진 일정에 맞추어서 임상시험을 진행시키려고 하는 연구자들의 조바심 때문에 비효율적이고 불충분한 환자기록양식이 만들어지는 경우가 많다. 가장 흔한 문제점으로는, 각 환자 당 너무 많은 자료를 얻거나 기록된 자료가 정확하지 못하고 어떤 정보가 요구되는지가 명확하지 못한 경우가 있는가 하면, 컴퓨터 파일로 옮겨지거나 통계분석에 적절한 형태로 자료가 기록되지 못하는 것 등이 있다. 여기어서는 환자기록양식의 종류에 관해서 간략하게 논의해 보겠다.

실제적으로 모든 임상시험에서는 연구시점양식(on-study form)이 필요하다. 많은 경우에 연구자들은 연구시점양식에 어떠한 정보를 포함시킬 것인가를 결정하는 데에 큰 어려움을 겪으며 따라서 많은 수의 불필요한 질문까지도 포함시키고 있다. 원칙적으로는 환자 확인(identification)을 위한 정보와 환자의 반응과 관계있는 요인에 대한 중요한 기본 정보만을 연구시점양식에 넣어야 한다. 환자들이 일단 치료법에 할당된 후에 환자의 반응을 평가하는 자료는 임상시험의 구조에 따라 다양한 방식으로 기록될 수가 있지만, 대개의 경우에 여러 종류의 흐름표 (flow sheets) 와 종합평가양식 (summary evaluation form) 을 사용한다. 가령 암치료를 위한 세포독성약 (cytotoxic drug) 에 관한 임상시험을 예로 들어보자. 흐름표에서는 환자들에게 할당된 치료법, 생화학검사 결과, 부작용의 출현 빈도, 방사선의 투여정도 뿐 아니라 종양의 크기와 병세의 평가에 관한 정보 등 연구약정서에 명시된 시점에서 정기적으로 환자를 평가한 모든 결과를 기록하게 된다. 각 환자로부터 얻은 그러한 정보는 환자점검 (patient monitoring) 에는 매우 유용할 수 있으나, 전반적으로 자료를 분석할 때에는 적당하지 못하다. 그러한 이유 때문에 종합평가양식이 필요한데, 이 종합평가양식에는 모아지고 있는 자료를 압축하여 일련의 관계되는 반응기준 (response criteria) 을 제시하고 있다. 예를 들어, 암 연구에서 연구자는 환자의 생존시간, 종양의 반응, 종양반응까지의 시간이나 어떤 특정한 부작용의 발생 등에 관한 정보를 원할 것이다. 물론 여러 종류의 흐름표를 보면 원하는 정보를 얻을 수 있지만, 분석에 필요한 반응기준을 하나의 종합평가양식에 기록하는 것이 도움이 될 것이다. 상당한 시간이 요구되는 임상시험에서는 하나의 종합평가양식보다는 중간시점마다 종합평가양식을 만들어 중간분석 (interim analysis) 을 실시할 때에 사용하는 것이 바람직하다. 이러한 여러 종류의 자료양식을 적절하게 설계하고 수집하는 것에 관한 원칙과 요령은 Pocock (1983, 11장) 에서 자세하게 논의되어 있으며, 여기에서는 급성골수성백혈병 (acute myeloid leukemia) 치료를 위하여 1989년부터 미국에서 실제로 시행된 바 있는 임상시험연구인 CCG-2891를 예로 들어 자료양식들을 간략하게 언급해 보겠다.

[그림 11.1]은 급성골수성백혈병 임상시험연구 (CCG-2891) 의 구조표 (schema) 이다. 구조표에서 보듯이 연구에 참여한 환자는 2종류의 유도치료법 (induction regimen) 에 확률

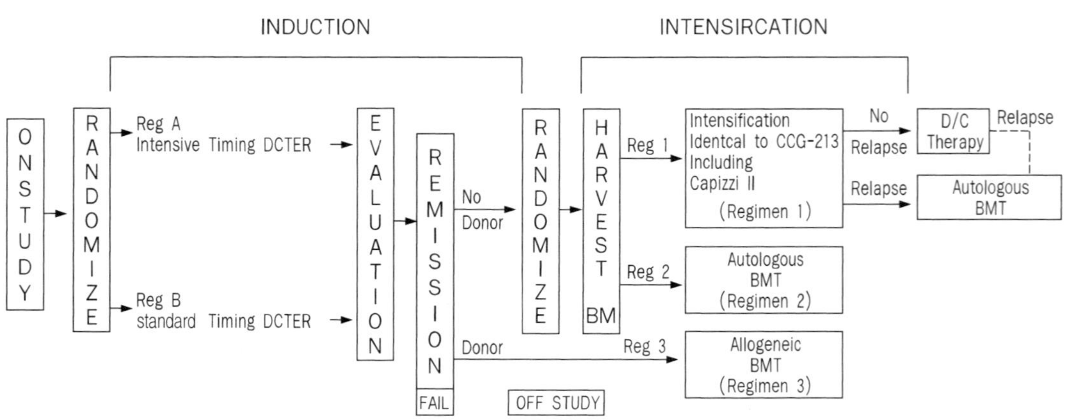

[그림 11.1] 구조표(schema)의 예

화 할당된다. 두 가지 모두 5가지 약(Dexamethasone, Cytarabine, thiogianine, etoposide and rubidomycin; DCTER)을 4일동안 투여하는 것인데, 하나는 10일 간격(intensive timing)으로 다른 하나는 14일 간격(standard timing)으로 투여하는 것이다. 4주기(cycle)의 유도치료 후에 회복(remission) 상태에 있는 환자는 세 가지 치료법 중 하나를 받게 된다. 골수기증자가 있으면 골수기증자로부터 골수이식수술(allogeneic bone marrow transplant)을 받고 골수기증자가 없으면 화학치료법과 자기로부터의 골수이식수술(autologous bone marrow transplant)로 확률화과정을 거쳐 할당된다.

CCG-2891 연구에서 사용한 자료양식은 모두 14가지인데, 이를 앞에서 설명한대로 3가지 형태로 분류하면 다음과 같다. 우선 연구시점양식(on-study form)으로는 Patient Registration Form, Eligibility Form, On-study Information Form이 있고, 종합평가양식(summary evaluation form)으로는 Disease Status and Events Form이, 또한 흐름표(flow sheets)로서는 Toxicity Form, Induction Form, Pre-Transplant Form, Bone Marrow Transplant Form, Infection Report Form, Bone Marrow Transplant Follow-up Form, Conventional Chemotherapy Form, Relapse Form, Relapse Follow-up Form, Death Registration Form이 있다. 이 자료양식들 중에서 몇 가지 예를 제11장의 마지막 부분에 수록하였다([표 11.6]부터 [표 11.10] 참조). 이 자료양식들을 살펴보면, 모든 양식의 상단에 항상 환자를 확인할 수 있는 정보와 어느 시점에서 어디에 제출하는가에 대한 일반적인 지침이 기록되어 있다. 자료양식을 설계할 때에 고려해야 하는 가장 기본적인 원칙은, 모든 질문의 답이 네모칸 안에 숫자로 기입할 수 있도록 해야 한다는 것이다. 물론 임상의가 자기의 소견을 서술식으로 답해야만 하는 경우도 있겠지만, 그러한 자료는 단지 참고용으로만 고려되어야 하고, 통계분석에 이용되기 위해서는 다시 수치로 변환시켜야 하는 과정을 거쳐야 한다. 자료양식을 설계한 후에는 반드시 소수의 환자들을 대상으로 미리 검증을 해보는 것이 원칙이며, 오류를 시정한 이후에 본격적으로 환자들을 연구에 참여시키기 시작해야한다. 자료양식을 통하여 수집된 자료는 컴퓨터 파일에 저장되어 나중에 통계분석에 사용되고 있으므로, 자료양식을 설계할 때부터 임상연구자, 자료관리자, 컴퓨터 프로그램 담당자와 통계학자가 협력해야 한다. 다기관 공동임상시험연구(multicenter clinical trial)에서의 협력체계에 관해서는 이 절의 뒷부분에서 자세히 논의하기로 하겠다.

11.2.2 협동기관

우리나라에서는 많은 임상시험이 단일 의료기관에서 수행되고 있는 실정이다. 이러한 연구는 연구방법이 단순하고 비용이 적게 들며 자료의 수집과 관리가 쉽다는 장점이 있으나, 연구의 대상이 되는 병에 걸린 환자를 단기간 내에 충분히 확보하기가 어렵고 연구결과의 객관성이 결여되는 등 많은 문제점을 안고 있다. 그러나 다기관 공동임상시험을 수행할 경우에는 연구의 계획, 연구자료의 수집과 관리, 연구의 운용 및 중간분석, 연구결과의 최종분석과 보고에 이르기까지 모든 면에서 단일기관의 임상실험과는 비교할 수 없을 정도로 복잡한 과정을 거치게 된다.

다기관 공동임상시험을 수행하기 위해서는 과학적이고 합리적인 자료의 구축과 관리체계가 필요하다. 국내에서는 다기관 공동임상시험이 활성화되지 못하여 합리적인 연구자료관리와 연구운영체계가 갖춰지지 못한 실정이다. 미국이나 유럽 등과 같이 대규모 임상시험연구가 활성화되어 있는 곳에서는 주로 협동기관 (Cooperative Group) 을 따로 두어 연구계획의 설계단계에서부터 연구결과분석 및 보고에 이르기까지의 모든 과정을 관리하고 있다. 이러한 협동기관은 미국의 National Institutes of Health (NIH) 나 영국의 Medical Research Council (MRC) 등의 정부기관으로부터 제도적인 지원을 받고 있다. 각 협동기관의 중앙본부 (operation center or coordinating center) 에는 데이터관리자 (Data Manager), 데이터체계관리자 (Database Administrator), 통계학자 (Statistician), 의학연구 총괄책임자 (Director of Group Studies), 협동기관장 (Group Chair) 을 비롯하여 제반사무직인원까지 총 40에서 60여명에 이르는 수가 상주하고 있으며, 이 중 50% 이상이 통계센타를 구성하여 자료의 수집, 관리와 분석에 관여하고 있다. 암연구분야에서는 10여개 정도의 대규모 협동기관이 있는데, 그 중 성인암 (adult cancer) 연구에서는 East Coast Oncology Group (ECOG)과 South West Oncology Group (SWOG) 등이 대표적인 협동기관이며, 아동암연구에서의 협동기관으로는 Childrens Cancer Group (CCG)과 Pediatric Oncology Group (POG)이 대표적인 기관이다. 아동암연구를 하는 두 협동기관은 2002년 사실상 하나의 협동기관으로 통합되어 Childrens Oncology Group (COG)으로 발족되었다고 한다. 하지만 두개의 독자적인 구조를 계속 유지하고 있으므로 여기서는 통합이전의 모습을 설명하고자 한다.

이 절에서는 미국의 대표적인 협동기관의 하나인 Childrens Cancer Group (CCG)을 모델로 하여 자료의 구축과 관리체계를 설명하려고 한다. 먼저 CCG의 구성과 연구관리체계를 살펴봄으로써 협동기관에 대한 일반적인 이해를 돕고, 그 중에서 급성골수성백혈병 (Acute Myeloid Leukemia) 연구팀을 예로 들어 어떻게 자료가 관리되는가를 설명하겠다. CCG는 1993년 현재 미국, 캐나다, 호주의 112개의 큰 병원에서 약 3000명 정도의 의학연구자로부터 자료를 수집한 바 있다. 구성원 중에는 종양학자, 외과의사, 병리학자, 간호사 등이 많은 비율을 차지하고 있으며, 통계학자를 포함한 150명 정도(약 5%)의 인원이 자료의 수집, 관리에 관여하고 있다. [그림 11.2]는 인원의 구성비율을 나타낸 것이다. 15세 이하의 미국 전체 아동암 환자 중의 약 50%가 CCG 연구에, 약 45%가 POG연구에 참여하고 있으며, 따라서 전체 환자 중의 95% 정도가 두 협동기관이 주관하는 다기관 공동임상시험에 참여하고 있는 것이다. 이 결과만 보아도 의학연구에

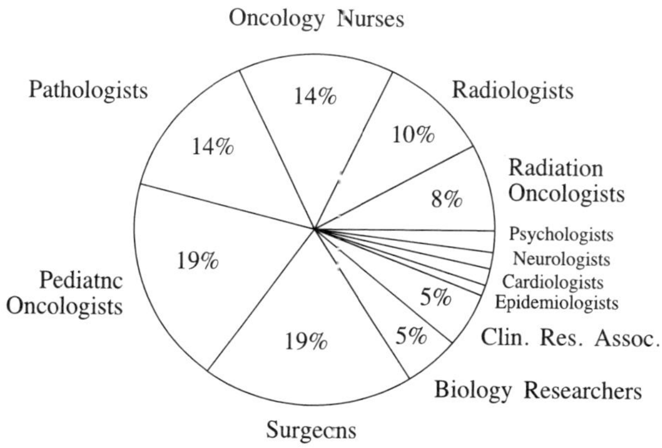

[그림 11.2] Childrens Cancer Group(CCG)의 인원 구성비율

있어서 얼마나 다기관 공동임상시험이 일반화되었는가를 짐작할 수 있다.

CCG의 구조를 살펴보면 다음과 같다. 연구의 대상이 되는 질병에 따라 8개의 질병 전략그룹(disease strategy group)이 있어서 그 질병에 관한 모든 연구를 총괄하여 관리하고 있다. 또한 연구 분야별로 10개의 위원회(scientific committee)와 직종별로 10개의 위원회(discipline committee)가 있는데 이들 위원회는 각 연구별로 구성되는 위원회(study committee)와 서로 협조하여 체계적으로 연구를 관리하고 있다. CCG에서는 1993년의 경우 162개의 다기관 공동임상시험이 진행 중에 있었으며, 위원회들 간의 연계는 [그림 11.3]에서 보는 바와 같다.

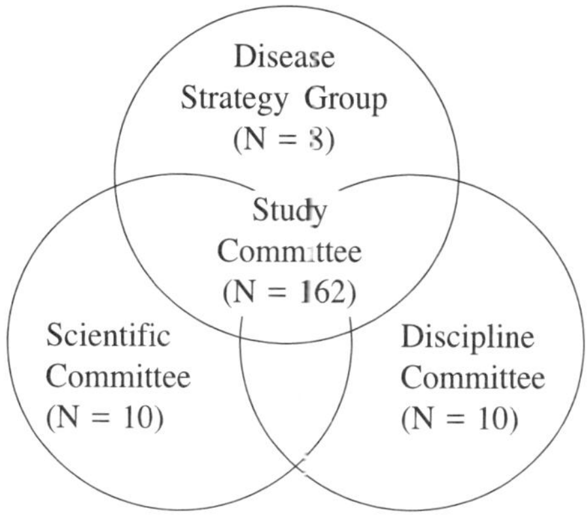

[그림 11.3] 위원회들 간의 연계

11.2.3 다기관 공동임상시험에서의 자료관리

지금까지 미국의 대표적인 협동기관의 하나인 Childrens Cancer Group (CCG)의 구조와 연구관리체계에 관하여 알아보았고, 이제 자료의 수집과 관리과정에 대하여 알아보겠다. 각 연구마다 의학연구자, 통계학자와 자료관리에 관여하는 인원으로 하나의 팀(Disease Area Team) 을 구성하는데, [그림 11.4]는 이의 구조를 보여준다.

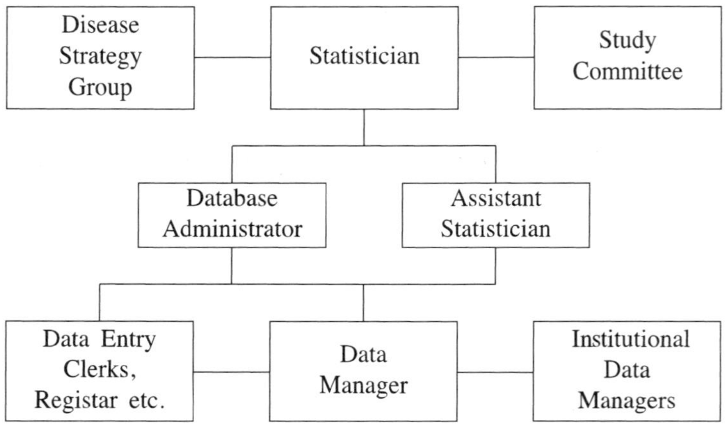

[그림 11.4] Disease Area Team의 구조

통계학자는 중앙본부에 상주하면서 통계센타 내에서 자료체계가 구축되고 관리되는 일련의 과정에 대해 총괄적인 책임을 지는 한편, 질병전략그룹과 연구위원회위원들과 상호협조하여 각 연구를 관리하게 된다. 일련의 과정을 요약하면, 각 일선 의료기관에서 보내진 자료를 데이터관리자(Data Manager) 가 일차로 검토하여 잘못된 자료는 다시 원래의 병원으로 보내고 제대로 된 자료는 컴퓨터에 입력한다. 데이터체계관리자(Database Administrator) 는 입력된 자료를 컴퓨터 프로그램을 이용하여 재검토한 후에 자료체계를 구축한다. 통계담당자는 이 자료를 받아 환자의 적격심사기준 (eligibility criteria) 과 임상시험계획위배 (protocol deviation) 여부 등 연구자의 입장에서 검토해야 할 사항들을 확인한다. 한편 자료양식의 원본은 자료실에 보관되고 사본은 분야별로 나뉘어 담당연구자에게 넘겨져 다시 확인하는 절차를 거치게 된다. 보조통계학자 (Assistant Statistician) 는 통계학 석사출신으로 데이터체계관리자 (Database Administrator; DBA)와 협조하여 자료를 관리하게 되며, 그와는 별도로 독자적인 통계프로그램을 이용하여 데이터의 정확성을 재확인한다. 다시 말해서 5명(일선의료기관, 자료관리자, 자료체계관리자, 보조통계학자, 통계학자)이 서로 독립적으로 자료를 확인하는 절차를 거치게 된다. 이 절에서는 CCG의 8개 질병전략그룹 중의 하나인 급성골수성백혈병(Acute Myeloid Leukemia; AML) 전략그룹을 예로 들어 어떻게 자료가 관리되는가를 설명해 보겠다.

AML 전략그룹은 1970년대 초부터 여러 연구를 수행해왔는데, 여기에서는 그 중 제 3 상 임상시험(Phase III trial) 연구의 하나인 CCG-2891을 예로 들어 설명하겠다. 데이터체계관리자(Database Administrator)는 데이터관리자(Data Manager)로부터 받은 자료를 검토한 후에 자료체계를 구축하고 정규보고서(Routine Reports)를 작성하여 통계학자에게 넘겨준다. [표 11.3]은 CCG-2891 연구에서 자료체계관리자가 작성한 정규보고서들을 보여주고 있다.

[표 11.3] CCG-2891 연구의 정규보고서

- Data delinquency report
- Patient registration list
- Eligibility review
- Toxicity summary
- Patient status and outcomes
- On study summary report
- Infection summary

CCG-2891 연구위원회(study committee) 위원들은 각자 맡은 분야에 해당하는 자료양식(Data Forms)과 정규보고서를 중앙본부로부터 정기적으로 받아서 검토를 하게 된다. 통상 자료양식은 2개월마다, 정규보고서는 6개월마다 받는 것이 관례이다. 통계학자는 질병전략그룹과 연구위원회에 동시에 속해 있으면서 다른 연구위원들과 자주 접촉을 하는데, 특히 임상시험계획의 위배(deviation)나 수정(amendment) 여부를 연구팀의 좌장과 전략그룹의 책임자(strategy group chair)와 논의하여 판단하는 것이 중요한 임무중의 하나이다. 또한 데이터체계관리자로부터 받은 방대한 자료를 정기적으로 분석하여 현재까지 자료로부터 얻은 결과가 계획했던 연구의 방향과 일치하는지를 점검한다. 통계학자의 분석결과는 연구팀조장에게만 보고되고, 연구점검위원회(Data Monitoring Committee)가 정식으로 소집되면 선정된 연구점검위원회 위원들에게만 일부분 공개된다. 연구점검위원회의 구성과 활동에 관해서는 11.1절에서 설명한 바 있다.

11.3 임상시험계획위배와 처리의향분석

11.3.1 임상시험계획위배

연구자들이 임상시험연구를 계획함에 있어서 가장 먼저 해야 할 일은 임상시험계획서(study protocol)를 만드는 것이다. 임상시험계획서에는 일반적으로 임상시험의 목적과 시험설계, 수행방법 및 일정 등의 세부적인 계획 등이 제시되어야 한다. 임상시험계획서의 작성 양식에 대해서는 9.4절에서 다룬 바 있다. 예를 들어 미국의 국립암연구소(National Cancer Institute; NCI)에서는 연구의 목적과 필요성, 환자의 적격심사기준(eligibility criteria), 처리의 계획, 약물에 대한 정보, 환자의 선정방법, 반응평가의 기준, 환자의 관리, 독성에 대한 투약용량의 조정계획, 처리의 종료나 환자의 제외에 대한 기준, 통계적 고찰, 각종환자기록, 참여하는 임상의들의 역할 등과 함께 다기관 실험의 경우 추가되는 몇 가지 사항들을 임상시험계획서에 포함시키도록 요구하고 있다.

이러한 임상시험계획서대로 연구가 수행되어야 하는 것은 상당히 중요하다. 그러나 현실적으로 임상시험계획서에 명시한대로 연구가 진행되지 않는 경우가 많으며 이러한 경우를 통틀어 **임상시험계획위배(protocol deviation)**라고 한다. 이러한 문제는 치료법에 할당되거나 평가되기도 전에 환자가 조기에 철수(withdrawal)하는 등의 심각한 경우에서부터 할당이나 평가일정에서 약간의 차이가 나는 등의 가벼운 경우까지 심각성의 정도에 있어서 매우 다양하게 발생한다. 연구 시에 일어날 수 있는 모든 종류의 임상시험계획위배를 미리 예상하기는 어렵지만, 연구의 설계자는 어떤 특정분야에서 임상시험계획위배의 가능성을 적절히 예상해야 할 필요가 있다. 예컨대 기술적으로 어렵고 경비가 많이 드는 실험이나 재료나 정보면에서 복잡한 논리적 전환이 필요한 실험을 행할 때에는 사전에 임상시험계획위배의 경우에 대한 고려가 있어야 한다. 그렇지 않으면 실험이 시작되자마자 이러한 문제들이 나타나게 되고 즉시 수정가능한 문제가 아니라면 연구의 전반적 가치를 제한할 만큼의 많은 손실이 있을 수도 있다. 따라서 발생할 수 있는 주요 위배사항들을 연구의 설계시점에서 미리 예측하고 가능한 한 이 문제를 그 시점에서 해결할 수 있도록 하는 것이 바람직하다.

이렇게 사전에 임상시험계획위배의 경우를 고려하여 조심스럽게 설계를 하였다고 하더라도 이의 발생 소지는 여전히 남아있다. 임상시험계획위배의 형태는 각 실험에서 독특한 형태로 나타나게 되므로 일반적으로 다루어질 수 있는 사항은 아니지만, 모든 실험에서의 임상시험계획위배 형태를 아는 것은 이러한 문제의 통계적 접근방법에 도움을 줄 수 있을 것이다. Wolf and Makuch(1980)는 임상시험계획위배의 형태에 대해서, 충분히 예방할 수 있었으나 연구자의 실수로 발생하여 연구결과에 영향을 미치는 위배, 예방할 수 없었던 중요한 위배, 그리고 치료법의 효율평가에 영향을 미치지 않을 정도의 사소한 위배의 세 가지로 분류하여 설명하였다. 예방할 수 있었던 임상시험계획위배의 잦은 발생은 연구가 체계적으로 관리되지 못하고 있다는 것을 나타내며, 만일 예방할 수 없었던 중요한 위배가 자주 발생하면 현재의 임상시험계획서가 비현실적인 것이 아닌가를 심각하게 검토해야 한다. 어떠한 경우든 연구자는 통계분석단계에서 문제점을 해결해보려는 잘못된 희망을 버리고 연구계획을 개선시키도록 노력을 기울여야 한다.

이제 임상시험계획위배의 구체적인 형태에 관하여 몇 가지 경우를 생각해보자. 임상시험에서 가장 자주 발생하는 임상시험계획위배의 형태는, 적격심사기준 (eligibility criteria) 을 만족하지 못하는 환자를 실수로 연구에 참여시키는 경우, 환자가 비협조 (non-compliance) 적인 경우와 환자가 중도탈락 (withdrawal) 하는 경우 등이다. 이 외에도 일선병원에서 자료를 관리하는 사람의 연구자체에 대한 이해부족이나 실수 등의 여러 가지 다양한 돌발상황에 의해 임상시험계획위배가 발생할 수 있다. 각각의 경우에 대한 자세한 논의는 Pocock (1983, 12장) 을 참조할 수 있으며, 여기에서는 확률화에 관한 것만 언급해 보겠다. 먼저 확률화시험에서 실수로 확률화시키지 못한 환자는 부적격한 (ineligible) 환자로 간주해야 하며 따라서 치료방법을 비교하는 분석에서 완전히 제외시켜야 한다. 또한 어떤 치료법에 무작위로 할당된 환자가 즉시 다른 치료법을 받기로 결정하는 경우가 있는데, 그러한 문제가 발생하는 이유는 다양하며 모두 피하기는 어렵다. 임상의가 평가해서 환자를 위해 부득이하게 다른 치료법으로 옮길 수도 있고, 일단 확률화에 응하여 기회를 얻은 다음에 자신이 원하는 치료법으로 배정되지 않으면 즉시 약정위배를 범하게 되는 수도 있으며, 또는 환자나 그의 가족이 마음을 바꾸는 경우도 있다. 이와 같이 환자가 중도탈락 (withdrawal) 하는 경우에도 환자에 대한 평가는 계속해야 하며, 이러한 환자는 분석에 포함시키는 것이 원칙이다. 임상시험계획위배가 발생하는 경우의 분석에 관해서는 다음 소절에서 자세히 논의하기로 한다.

앞에서 설명한대로 정기적인 점검이 이러한 문제에 도움이 될 수 있으며 특정한 상황에서의 반복적인 위배는 원인을 분석하여 제거해야 한다. 미국의 경우 대규모의 다기관 공동임상시험을 수행함에 있어 임상시험계획위배의 여부를 연구팀의 좌장과 담당 통계학자가 상의해서 결정하며, 결정된 사항 및 그에 따른 후속 조치를 각 임상의에게 즉시 통고하고 있다. 또한 통계학자를 주축으로 임상의 각각의 임상시험계획여부를 검토하는 집행점검위원회 (performance monitoring committee) 가 있어서 일선병원의 자질과 재정지원정도를 정기적으로 심사하고 있다. 이와 같이 대규모 임상시험에서는 임상시험계획위배를 철저히 관리하는 것이 필수적인 것이며, 이를 위해서는 합리적이고 과학적인 통계적 사고방식이 필요한 만큼 통계학자의 역할이 강조되고 있다.

11.3.2 처리의향분석

이제 임상시험계획위배가 발생한 경우의 분석방법에 관하여 생각해보자. 통계분석을 실시할 때 임상시험계획위배를 보이는 환자들을 포함시키는가 또는 제외시키는가를 결정하는 것은 분석결과에 큰 영향을 미칠 수가 있다. 결론적으로 말해서, 임상시험계획서에 명시되어 있는 적격심사기준(eligibility criteria)을 만족하지 못하거나 확률화에 실패해서 부적격한 환자로 판명이 나면 당연히 분석에서 제외시켜야 하지만, 일단 확률화가 된 환자는 그 외의 다른 형태의 임상시험계획위배를 보이더라도 통계분석에 포함시켜야 한다는 것이 원칙이다. 이런 환자들을 제외시키는 것은 비교 가능한 처리집단을 얻기 위한 확률화의 기본이념에 반하는 심각한 편향(bias)을 초래할 가능성이 있다. 예컨대 암 환자들이 모두 수술과 방사선치료를 받고 이후에 확률화에 의해 보조화학치료를 받는지 안받는지를 결정하는 연구를 생각해보자. 어떤 환자가 확률화된 이후에 즉시 (또는 얼마 후에) 그 결정을 따르지 않기로 했을때 그를 분석에서 제외한다고 가정하자. 건강상태가 좋지 않은 환자가 보조화학치료를 받는 것으로 할당되었을 때 환자나 주치의가 화학치료법의 부작용을 우려하여 그런 치료를 받지 않겠다고 결정할 수 있다. 그런 사람들이 많아지면 보조화학치료를 받는 집단에서는 건강상태가 나쁜 환자들이 제외된 결과가 되어 보조화학치료에 유리한 결론을 내리게 될 수 있다. 따라서 대부분의 통계학자들은 환자가 실제로 어떤 처리를 받았느냐에 관계없이 애초 할당된 처리집단으로 간주하고 분석해야 한다고 보며, 이것을 **처리의향분석 (intent-to-treat analysis)** 이라고 한다. 환자를 실제로는 그가 받지도 않은 처리의 집단에 포함시켜야 한다는 것이 임상의에게는 받아들이기 어려울 수도 있지만 앞서 설명한 바와 같이 이의 통계적인 개념은 매우 기본적인 것이다(cf. Peto et al., 1976). 확률화할당 후에 얼마 지나서 임상시험계획위배를 보이는 환자들에 대해서 그 시점을 중도절단시기로 보아 분석하는 전략이 쓰이기도 하는데, 단순히 기술적인 관점에서만 본다면 그러한 생각은 잘못된 것이 없으나 실제로는 환자들을 제외시킬 때와 마찬가지로 심각한 편향이 발생한다.

이제 두 가지의 실제 임상시험을 예로 들어서 처리의향분석을 설명해보기로 하겠다. [표 11.4]는 우울증 치료에 관한 이중 눈가림(double-blind) 임상시험의 결과를 기록한 것이다. 이 연구의 목적은 새로 개발된 항우울제(저용량, 고용량)와 기존의 항우울제인 아미트립틸린(amitriptyline)을 비교하는 것이다. 50명의 환자가 연구에 참여하였고, 15명이 항우울제의 부작용 때문에 연구에서 철수(withdrawal)하였다.

부작용 때문에 연구에서 철수한 환자수를 제외하고 분석하면, 매우 효과가 있을 확률이 새 치료제의 고용량환자군에서는 0.67(= 8/12)이고 기존치료제(아미트립틸린)의 환자군에서는 0.43(= 6/14)이므로 새로운 항우울제의 우수성을 보여주고 있다. 하지만 부작용을 나타냈다는 것은 사실상 효과의 실패를 의미하므로 연구에서 철수한 환자수를

[표 11.4] 우울증치료 임상시험에서의 평가결과

	새 치료제		기존의 치료제
	저용량	고용량	(아미트립틸린)
매우 효과 있음	2	8	6
효과 있음	4	2	8
효과 없음	3	2	0
평가받은 환자수	9	12	14
철수한 환자수	6	8	1
총 환자수	15	20	15

(출처 : Pocock, 1983)

포함시키는 것이 타당할 것이다. 결과적으로 새 치료제의 고용량 환자군에서 매우 효과가 있는 환자의 비율은 0.4 (= 8/20) 이고 기존치료제 (아미트립틸린) 의 환자군에서는 0.4 (= 6/15) 이므로 차이가 없는 것으로 나타난다. 다시 말해서 철수한 환자들의 포함여부에 따라서 서로 다른 결과를 나타내고 있다.

두 번째 예로, 좌우 경동맥 협착증 (bilateral carotid stenosis) 에 관한 임상시험에서 수술요법과 약물요법을 비교하는 경우를 들어보자 (cf. Sackett, 1981). 각 환자들로부터 반복되는 일시적 허혈성 발작 (transient ischaemic attack; TIA), 졸중 (stroke) 또는 사망여부를 관찰하였고, 병원에 입원해 있을 동안에 사망하거나 졸중을 일으키지 않고 퇴원한 환자들을 대상으로 두 치료법을 비교하였다. 167명의 환자 중에서 16명의 환자가 입원 중에 사망했거나 졸중을 일으켰는데, 그 중 15명이 수술요법에 나머지 1명이 약물요법에 할당되어 있다. 16명의 환자를 분석에 포함시킨 경우와 그렇지 않은 경우의 결과가 [표 11.5]에 보여지고 있다.

[표 11.5] 좌우 경동맥 협착증 임상시험의 결과

처리	결과	
(a) 병원 입원중에 사망했거나 졸중을 일으킨 환자를 제외시킨 경우		
수술요법	43/79 = 54%	$\chi^2 = 5.98$, p-값 = 0.02
약물요법	53/72 = 74%	
(b) 병원 입원중에 사망했거나 졸중을 일으킨 환자를 포함시킨 경우		
수술요법	58/94 = 62%	$\chi^2 = 2.80$, p-값 = 0.09
약물요법	54/73 = 74%	

표에서 보듯이 16명을 제외시키고 분석하면 수술요법이 약물요법에 비해 통계적으로 유의할 정도로 위험을 감소시킨다는 결론을 내리게 되나, 처리의향분석대로 이 환

자들을 포함시키면 더 이상 통계적으로 유의하지 않다. 이 사례에서는 그 환자가 아무리 일찍 연구에서 철수하였다 하더라도 분석에는 포함시켜야 한다는 것을 강조하고 있다. 어떤 환자들은 심지어 수술을 받기도 전에 졸중을 일으켰을 수도 있는데, 이러한 경우에도 분석에 포함시켜야 하는 이유는 약물요법에 할당된 환자들이 수술을 기다리는 환자들에 비해서 상대적으로 더 빨리 치료를 받을 수가 있기 때문이다.

임상시험계획위배환자들을 분석에 포함해야 한다는 것이 일반적인 원칙이지만 이러한 원칙에 예외가 되는 경우도 있다. Pocock (1983, 12장) 은 예외가 되는 두 가지 경우를 논의하였다. 첫 번째로, 할당된 치료가 시작되기도 전에 연구에서 중도탈락한 환자들은 경우에 있어서 치료법에 할당된 시점과 치료가 시작되는 시점과의 차이, 중도탈락한 환자들의 숫자나 그 이유가 모든 그룹에서 비슷하다면 이들을 분석에서 제외시켜도 좋다. 앞에서 설명한 좌우 경동맥 협착증 임상시험에서처럼 중도탈락한 환자수와 이유가 서로 다를 경우에는 반드시 모든 환자를 포함시켜야 한다. 두 번째로, 제 1 상이나 초기의 제 2 상 임상시험인 경우에는 치료법의 전반적인 평가보다는 특성을 파악하는 데에 연구의 주된 목적이 있기 때문에, 중도탈락한 환자들을 분석에 포함시킬 필요는 없다. 하지만 이 경우에는 극히 일부의 환자들만이 철수해야 한다는 가정이 필요하며, 그렇지 못하면 심각한 편향(bias)이 발생하기가 쉽다.

또한 어떤 처리법의 효율성에 대한 추정은 임상시험계획위배요인에 대한 적절한 보정에 실패함으로써 매우 부적절하게 될 수 있다. 한 가지 예로 소아암에 관한 연구에서 특정약물의 검사시 임상시험계획위배가 아동과 그의 부모의 개인적 특성 등 많은 요인과 관련이 있다는 흥미있는 결과가 있다(cf. Tebbi et al., 1983). 이러한 임상시험계획위배와 그에 따른 분석방법은 앞으로 많은 연구가 요구되는 영역이다.

[표 11.6] Patient Registration Form

CHILDRENS CANCER STUDY GROUP
CCG-2891
TELEPHONE STUDY ENTRY FORM

Study-Inst-Pat # 2 8 9 1 - _ _ - _ _ _

Registration Number _ _ _ _ _

Patient Name ____________________

Institution of Treatment _ _

Name ____________________

Diagnosis Code _ _ _ _

Birthdate _ _ _ _ _ _ (M M D D Y Y)

Date of Diagnosis _ _ _ _ _ _ (M M D D Y Y)

Patient's Race _
1=White, not Hispanic; 2=Hispanic of Mexican, Puerto Rican, Cuban, Cen. or S. American descent; 3=Black, not Hispanic; 4=Oriental; 5=Native Hawaiian; 6=Native American, Incl. Aleutian, Eskimo; 7=Indian Subcontinent; 8=Filipino; 9=Other; Blank=Unknown

Zip Code _ _ _ _ _

Sex (1= M, 2= F) _

Date On-Study _ _ _ _ _ _

Today's Date _ _ _ _ _ _ (M M D D Y Y)

RANDOMIZATION

Regimen assigned _ _ 10= Regimen A (intensive timing)
20= Regimen B (standard timing)

Stratum Number (see Randomization Schedule) _

Send E-mail message to Dr. Woods.

Caller: ____________________

Registered by: ____________________

CCSG Revised 6/91

[표 11.7] Eligibility Form

Study ID |2|8|9|1| - |_|_|_| - |_|_|_|_| Reg # |_|_|_|_|_|_|

ELIGIBILITY

Circle the appropriate diagnosis code:

1030	1035	1060(AMoL)	1073(CMML)	1300(MDS)	1304(MDS)
1031	1040	1061(AMoL)	1080	1301(MDS)	
1032	1041	1062(AMoL)	1081	1302(MDS)	
1033	1050	1071(JCML)	1100	1303(MDS)	

1= Yes; 2= No

|__| Patient <21 years of age? **If no, ineligible.**

|__| Are blasts present in the bone marrow?

|__| Does patient have chloroma (1035)? **If no, and no blasts present in the bone marrow, ineligible.**

|__| Does patient have myelodysplastic syndrome? (preleukemia - 1300, 1301, 1302, 1303, 1304)

|__| Does patient have an MLC non-reactive sibling or parent donor? **If yes, and patient has preleukemia without chloroma), ineligible.**

|__| Does patient have Fanconi anemia? **If yes, ineligible.**

|__| Prior chemotherapy for ANLL or MDS? **If yes, ineligible.**

|__| Prior radiation therapy for ANLL or MDS? **If yes, ineligible.**

Informed consent signed? _____ **If no, ineligible.**

Protocol approved by IRB? _____ **If no, ineligible.**

SAMPLES 1= Yes; 2= No

|__| Slides sent to Pathology Center? If no, reason__________________

|__| Bone marrow sent to institutional cytogeneticist? If no, reason________________________________

|__| Marrow sent to Dr. Bernstein for monoclonal studies? If no, reason________________________________

CCSG Revised 6/91

[표 11.8] On-Study Information Form

CHILDRENS CANCER STUDY GROUP
CCG-2891 NEWLY DIAGNOSED ANLL
ON STUDY INFORMATION

Page 1 of 2

This form is to be completed and sent to the Operations Office for all patients entered on CCG-2891.

PLACE LABEL HERE
Stdy ID ____ - ___ - ___
Reg # _____
Init __,__ __ (L F M)
Name ________, ________ (LAST, FIRST)

COMPLETE BOTH SIDES OF FORM

PHYSICAL EXAM 1= Yes; 2= No

[ ] Down's Syndrome
[ ] Neurofibromatosis
[ ] Other congenital anomaly (specify________)
[ ] Gum hypertrophy
[ ] Skin infiltration
[ ] Treatment related AML (e.g., AML as second cancer)
[ ] History of Pre-leukemia

[ ] Liver size
[ ] Spleen size

1= Not enlarged
2= Enlarged but not below umbilicus
3= Below umbilicus

[ ] Cervical nodes
[ ] Supraclavicular nodes
[ ] Axillary nodes
[ ] Inguinal nodes
[ ] Other nodes (specify________)

1= Normal
2= Enlarged but not rating 3
3= Individual node >3 cm diameter, group of nodes >5 cm diameter, or grossly visible nodes

CSF EVALUATION

[| | | |] /mm^3 Number of white cells counted
[| | | | |] /mm^3 Number of red cells counted
[ ] Were there blasts in the cytocentrifuge?
[ ] Were there signs of cranial nerve involvement?

1= Yes
2= No

BLOOD WORK

[| | |] . [ ] /ul Initial WBC (x10^3)
[| |] % Blasts in peripheral blood
[| |] . [ ] gm/dl Hemoglobin (if HGB not done, HCT ______%)
[| | |] /ul Platelet Count (x10^3)

[ ] DIC
[ ] Factor VIII decreased
[ ] Fibrinogen decreased

1= Yes
2= No

BONE MARROW

[ ] Cellularity by biopsy (must be done)

A= Markedly hypocellular
B= Moderately hypocellular
C= Slightly hypocellular
D= Normocellular
E= Hypercelluar

CCSG Revised 3/91

[표 11.8 계속] On-Study Information Form

Page 2 of 2

CHILDRENS CANCER STUDY GROUP
CCG-2891 NEWLY DIAGNOSED ANLL
ON STUDY INFORMATION

PLACE LABEL HERE
Stdy ID ____-___-___
Reg # _____
Init __,__ __
L F M
Name ______________, ______________
LAST FIRST

Bone Marrow Differential (must total 100%)

|__|__|__| % Lymphs

|__|__|__| % Blasts - must be present unless patient has chloroma

|__|__|__| % Other (specify ______________________)

Special Stains

|__| Nonspecific esterase or NSE
1= Negative (<5% positive cells)
2= Positive, NaF does not inhibit
3= Positive, NaF does inhibit
4= Positive, NaF result not specified or done
5= Unevaluable
9= Not done

|__| Peroxidase
|__| Sudan Black
|__| Chloroacetate esterase
1= Negative (<5% positive cells)
2= Positive
3= Unevaluable
9= Not done

Auer Rods in Marrow or Blood Cells

|__| 1= Positive
2= Negative
3= Unknown

Morphology

|__| Specimen evaluable 1= Yes; 2= No

M |__| If evaluable: FAB M0-M7

|__| If applicable: MDS
1= Refractory anemia (RA)
2= RA with ringed sideroblasts
3= RA with excess blasts (RAEB)
4= RAEB in transformation (RAEB-T)

Immunophenotype

|__|__|__| % CD 10 (Calla)
|__|__|__| % CD 19 (B4)
|__|__|__| % CD 2 (E rosette)
|__|__|__| % CD 7 (3A1)
|__|__|__| % Anti GP IIb/IIIa
|__|__|__| % TDT
|__|__|__| % CD 15 (1G10)
|__|__|__| % CDw14 (5F1)
|__|__|__| % CDw13 (MY7)
|__|__|__| % CDw33 (L4F3)

Others (list)

______________ ______%
______________ ______%
______________ ______%
______________ ______%

CCSG Revised 3/91

[표 11.9] Induction Form

CHILDRENS CANCER STUDY GROUP
LEUKEMIA END-OF-PHASE/COURSE REPORT
CCG-2891 NEWLY DIAGNOSED ANLL
INDUCTION - REGIMEN A (INTENSIVE TIMING)

Page 1 of 2

This form is to be completed and sent to the Operations Office at the end of Induction, Course 1.

PLACE LABEL HERE
Stdy ID ___ ___ ___ ___ - ___ ___ - ___ ___ ___
Reg # ___ ___ ___ ___ ___
Init ___,___ ___
L F M
Name ________________, ________________
LAST FIRST

PHASE [1] COURSE # [1] REGIMEN [A]

PART I: TREATMENT

Ht [| | |] cm Wt [| | |] . [ ] kg BSA [ ] . [|] m^2

DATE Due	DATE Given	Course Day	THERAPY (Record calculated dose per day) DNM ___mg	Ara-C ___mg	VP-16 ___mg	6-TG ___mg	Dex ___mg	IT Ara-C*** ___mg	OBSERVATIONS** CBC Plat	PB$	BM	CHEM*	PF	LP
Cycle 1			(Record actual dose given per day)											
___	___	0	Dn___	AC___	VP___	TG___	D___	IAC___	X___			X___	X___	X___
___	___	1	Dn___	AC___	VP___	TG___	D___			X___			X___	
___	___	2	Dn___	AC___	VP___	TG___	D___						X___	
___	___	3	Dn___	AC___	VP___	TG___	D___						X___	
___	___	7							X___		X___	X___		
Cycle 2##														
___	___	10	Dn___	AC___	VP___	TG___	D___	IAC___	X___				X___	X___
___	___	11	Dn___	AC___	VP___	TG___	D___						X___	
___	___	12	Dn___	AC___	VP___	TG___	D___						X___	
___	___	13	Dn___	AC___	VP___	TG___	D___						X___	
___	___	14							X___					
___	___	21							X___					
___	___	+42†	At end of Course 1, begin Course 2 (cycles 3 and 4) if meeting criteria for REM.								X___	X___		

Dosages:

		≥3 years	<3 years
Daunomycin (DNM, Dn)	IV	20 mg/m²/day	0.67 mg/kg/day continuous infusion
Cytosine Arabinoside (Ara-C, AC)	IV	200 mg/m²/day	6.67 mg/kg/day continuous infusion
Etoposide (VP-16, VP)	IV	100 mg/m²/day	3.3 mg/kg/day continuous infusion
6-Thioguanine (6-TG, TG)	PO	100 mg/m²/day	3.3 mg/kg/day in 2 divided doses
Dexamethasone (Dex, D)	PO	6 mg/m²/day	0.2 mg/kg/day in 3 divided doses
IT Cytosine Arabinoside (IT Ara-C, IAC)	IT	70 mg	0-1 yr., 20 mg; 1-2 yr., 30 mg; 2-3 yr., 50 mg

For modifications due to toxicity, see Protocol Section 5.2.

*Chemistries: BUN, creatinine, AST, bilirubin, 5'nucleotidase.

**For required observations, see Protocol Section 6.2.

***For treatment of CNS leukemia, see Protocol Section 5.32.

†Marrow done either on the day ANC ≥1000/mm³ and platelets ≥100,000/mm³ following cycle 2, or criteria outlined below (p. 2 of this form).

##Cycle 2 to be given regardless of day 10 blood count or day 7 marrow status.

$ [ ] Was peripheral blood from diagnosis and day 1 of Course 1 sent to Dr. Calabretta for oncogene studies (see Section 13.2)? 1= Yes; 2= No

[ ] Is patient scheduled for allogeneic BMT? 1= Yes; 2= No (The BMT center should be notified during course 1.)

COMMENTS (must be dated):

___

___

___

CCSG Revised 9/90

[표 11.9 계속] Induction Form

CHILDRENS CANCER STUDY GROUP
LEUKEMIA END-OF-PHASE/COURSE REPORT
CCG-2891 NEWLY DIAGNOSED ANLL
INDUCTION - REGIMEN A

PLACE LABEL HERE
Stdy ID__ __ __ __ - __ __ __ - __ __ __
Reg # __ __ __ __ __
Init __,__ __
L F M
Name __________, __________
LAST FIRST

PHASE [1] COURSE [1] REGIMEN [A]

PART II: SUPPORTIVE CARE

[| |] Number of days hospitalized

[ ] TMP/SMZ (bactrim, septra) given

[ ] Central venous nutrition given

[ ] Miconazole given

[ ] Clotrimazole given

1= Yes
2= No

PART III: TOXICITY AND COMPLICATIONS

Significant Toxicity or Condition Report
See CCSG Toxicity or Condition Report. Report grade 3 and 4 NON-HEMATOLOGIC toxicities only.

Site (A-N)	Measure (1-8)	Max Grade	Site (A-N)	Measure (1-8)	Max Grade
[ ]	[ ]	[ ]	[ ]	[ ]	[ ]
[ ]	[ ]	[ ]	[ ]	[ ]	[ ]
[ ]	[ ]	[ ]	[ ]	[ ]	[ ]

Comments (must be dated). Describe all grade 3 and 4 non-hematologic toxicities and infections:____________________

____

____

PART IV: EVALUATIONS

	Day of Cycle	Blood ANC	Blood PLT	Absolute Blast Count	Marrow* Cellularity	Blasts (%)	Normal Myeloerythroid Precursors present 1= Yes; 2= No
Course 1 Day 7	[| |]	[| | | |]	[| | |]	[| | | |]	[ ]	[| |]	[ ]
Course 1 Day 14	[| |]	[| | | |]	[| | |]	[| | | |]	[ ]	[| |]	[ ]
End of Course 1†	[| |]	[| | | |]	[| | |]	[| | | |]	[ ]	[| |]	[ ]
Additional #1††	[| |]	[| | | |]	[| | |]	[| | | |]	[ ]	[| |]	[ ]
Additional #2††	[| |]	[| | | |]	[| | |]	[| | | |]	[ ]	[| |]	[ ]

Note: *A= markedly hypocellular, B= moderately hypocellular, C= slightly hypocellular, D= normocellular, E= hypercellular

†Performed when ANC $\geq 1000/mm^3$ and platelets $\geq 100{,}000/mm^3$ following Cycle 2 or for criteria listed below (††).

††Additional bone marrow examinations to be performed at the discretion of the investigator, e.g., (i) persistence or recurrence of blasts +Auer rods in peripheral blood, (ii) recurrence of chloromata or CNS disease, (iii) marrow aplasia not achieved by day 14 (consider a day 24 bone marrow study), (iv) ANC $<500/mm^3$ and platelets $<50{,}000/mm^3$ at day 42 of course 1.

Indications for Additional #1____________________

Additional #2____________________

Patients will be deemed NON-RESP at the end of this course only if they exhibit two consecutive marrows that are hypercellular with increase in blasts >40% and non-APL histology and no recovery of counts. Suggested times for performance of these two marrows are on days 42 and 49, but aplasia may require that they be performed later. See Section 7.2 for more details.

List last marrow status at end of Cycle 2 (Course 1): [ ] 1= REM at end of Cycle 2 (to Course 2)
3= NON-RESP at end of Cycle 2 (Off Protocol Therapy)

[표 11.10] Disease Status and Events Form

CHILDRENS CANCER STUDY GROUP
DISEASE STATUS AND EVENTS

Page 1 of 2

This form is to be submitted to the Operations Office at the end of each phase/course of CCSG protocol therapy. After completion of CCSG protocol therapy, this form is to be completed and sent to the Operations Office yearly or as dictated by protocol.

PLACE LABEL HERE
Stdy ID ___ ___ ___ - ___ ___ - ___ ___ ___
Reg # ___ ___ ___ ___ ___ ___
Init ___, ___ ___ (L F M)
Name ____________ (LAST), ____________ (FIRST)

COMPLETE BOTH SIDES OF THIS FORM

Phase |__| Course |__|__| For patients on CCSG protocol therapy. Code Phase as 9, leave Course blank, if in follow-up.

TIME PERIOD COVERED BY THIS REPORT

Date start |__|__|, |__|__|, |__|__|, |__|__| Date beginning of phase/course/date end of previous report

Date end |__|__|, |__|__|, |__|__|, |__|__| (M M D D Y Y) End of phase/course or most recent patient contact

For the following, 1= Yes; 2= No

|__| Change in disease status in this time period. If yes, complete Section A.

|__| Significant events in this time period. If yes, complete Section B.

|__| Non-CCSG protocol anti-cancer treatment in this time period. If yes, complete Section C.

|__| For patients in follow-up, did hospitalization for more than 5 days occur in this time period. If yes, complete Section D.

A. DISEASE STATUS

STATUS	DATE	COMMENTS
|__|__|	|__|__|, |__|__|, |__|__|, |__|__|	______________
|__|__|	|__|__|, |__|__|, |__|__|, |__|__|	______________
|__|__|	|__|__|, |__|__|, |__|__|, |__|__| (M M D D Y Y)	______________

Status verified by ______________ (Signature of Physician) ______________ (Date)

Codes for Leukemia

Response
11= Failure to respond to therapy (remains M3)
12= Partial remission achieved (M2)
14= Remission induced in this time period (M1)
23= Partial regression of extra-medullary disease
24= Complete regression of extra-medullary disease

Relapse
04= Marrow relapse (M3)
31= CNS relapse - occult
32= CNS relapse - overt (symptomatic)
33= Testicular relapse - occult (biopsy only)
34= Testicular relapse - overt
36= Chloroma
39= Relapse other site (specify ______________)
55= Second malignant neoplasm (type ______________)

Codes for Lymphomas

Response
06= Complete response (disregarding CNS)
07= Partial response (disregarding CNS)
11= Failure to respond to therapy (disregarding CNS)
22= Failure to respond to CNS treatment
25= Complete remission of CNS disease

Relapse
15= Relapse/progression site other than CNS
31= CNS relapse-occult
32= CNS relapse-overt (symptomatic)
55= Second malignant neoplasm (type ______________)

Codes for Other Solid Tumors

Response
01= Complete response
02= Partial response
03= Stable disease
05= Very good partial response (NBL only)
08= Other response (i.e., mixed, improved, complete clinical. Specify ______________)
11= Failure to respond to therapy

Relapse
16= Relapse/progression primary site
17= Relapse/progression other site
55= Second malignant neoplasm (type ______________)

CCSG Revised 7/90

[표 11.10 계속] Disease Status and Events Form

CHILDRENS CANCER STUDY GROUP
DISEASE STATUS AND EVENTS

Page 2 of 2

PLACE LABEL HERE
Stdy ID ___ ___ ___ ___ - ___ ___ ___ - ___ ___ ___
Reg # ___ ___ ___ ___ ___
Init ___, ___ ___
L F M
Name ________________, ________________
LAST FIRST

B. SIGNIFICANT EVENTS IN THIS PERIOD

Record event code and date.

EVENT	DATE	COMMENTS
⌊_⌊_⌊_⌋	⌊__.__⌊__.__⌊__.__⌋	________
⌊_⌊_⌊_⌋	⌊__.__⌊__.__⌊__.__⌋	________
⌊_⌊_⌊_⌋	⌊__.__⌊__.__⌊__.__⌋	________
⌊_⌊_⌊_⌋	⌊__.__⌊__.__⌊__.__⌋	________
⌊_⌊_⌊_⌋	⌊__.__⌊__.__⌊__.__⌋ M M D D Y Y	________

Toxicity & Complications
- 47= Auditory deficit
- 48= Visual abnormality
- 49= Neuropsychological deficit
- 50= Significant pain (IV analgesics required)
- 51= Graft vs host disease
- 52= Interstitial pneumonitis
- 53= Serious infection (type ________)
- 54= Spinal deformity (specify ________)
- 56= Fever and neutropenia without documented infection (on protocol therapy only)
- 57= Pneumocystis
- 58= Neurologic deficits or sequelae
- 59= Sepsis (organism ________)
- 60= Varicella exposure
- 61= Varicella
- 62= Pathologic fracture at primary site
- 63= Graft failure
- 64= Amputation for functional reasons
- 65= Significant physical functional abnormality
- 66= Reproductive dysfunction
- 67= Endocrine abnormality
- 68= Growth abnormality
- 69= Other reason for delay of CCSG protocol therapy (specify ________)

Therapy Stopped
- 70= CCSG protocol therapy completed, starting follow-up
- 71= No intent to give any further anti-cancer treatment (Follow-up only)
- 72= Removed from protocol therapy per protocol instructions for toxicity.
- 91= Withdrawal-parental/patient choice
- 92= Withdrawal-physician choice
- 94= Major change from CCSG protocol therapy
- 99= Other (specify ________)

Lost
- 93= Lost to follow-up

Death
- 80= Death (send Death Registration Form and autopsy report to Operations Office)

C. NON-CCSG PROTOCOL ANTI-CANCER TREATMENT IN THIS PERIOD

TREATMENT	DATE STARTED	COMMENTS
⌊_⌋	⌊__.__⌊__.__⌊__.__⌋	________
⌊_⌋	⌊__.__⌊__.__⌊__.__⌋	________
⌊_⌋	⌊__.__⌊__.__⌊__.__⌋ M M D D Y Y	________

1= New Agent
2= BMT
3= Biologic Agent
4= Combination chemotherapy
5= Surgery
6= Radiation therapy

D. HOSPITALIZATION (Only for patients in follow-up)

⌊_⌊_⌊_⌋ Number of hospitalizations that exceeded 5 days.

# Days	Date Admitted	Reason
⌊_⌊_⌊_⌋	___/___/___	________
⌊_⌊_⌊_⌋	___/___/___	________
⌊_⌊_⌊_⌋	___/___/___	________

CCSG Revised 7/90

연습문제

1. 임상시험에서 중간분석의 필요성을 간략하게 기술하여라.

2. 집단축차검정을 간략하게 기술하고 Haybittle (1971), Pocock (1977) 그리고 O' Brien and Fleming (1979)의 방법들을 비교하여라.

3. 임상시험이 단일기관에서 이루어지는 경우와 협동기관 하에서 이루어지는 경우에 각각의 장단점을 비교 기술하여라.

4. 다기관 공동임상시험에서 자료의 수집과 관리를 위한 통계학자의 역할과 임무에 대해 설명하여라.

5. 임상시험이 진행되는 중에 임상시험계획위배가 발생할 경우, Intent-To-Treat (ITT) 분석과 Per-Protocol (PP) 분석을 비교 설명하여라.

제 12 장 임상시험연구결과의 보고

임상시험이 끝난 후에는 시험의 책임을 맡은 담당자 및 의학연구자들은 임상시험결과들을 정리하여 보고하여야 한다. 예컨대 3상 임상시험을 의뢰한 제약회사측에서는 임상시험보고서를 작성하여 허가를 받고 신약의 시판에 들어가야 할 것이며, 의학연구자측에서는 이러한 연구결과를 전문학술지에 발표하여 널리 알려야 할 것이다. 통계전문가가 처음부터 관여하여 적절한 계획과 운용, 분석이 이루어진 연구라 할지라도 연구의 목적이나 연구설계방법, 대상환자수, 연구과정, 통계분석방법과 결과, 그리고 연구의 한계 등에 대한 올바른 제시가 없이 발표된다면 합당한 평가를 받지 못하거나, 그것이 잘못 이해되고 무분별하게 인용됨으로써 부정적인 결과를 초래할 수도 있게 된다. 이 장에서는 먼저 ICH Guideline 중 임상보고서의 구조와 내용에 대한 지침에 근거하여 올바른 임상시험 결과보고서를 작성하는 방법에 대해 설명하겠다. 다음으로 임상연구논문을 작성하는 방법과 주의점에 대해 알아볼 것이다.

12.1 임상시험 결과보고서 작성

9장에서 설명한 바와 같이 개발된 신약의 허가를 위한 행정적인 요구사항을 각 나라마다 통일시킬 필요성이 증대됨에 따라 'The International Conference on Harmonization

(ICH) of Technical Requirements for the Registration of Phamaceuticals for Human Use' 가 구성되어 여러 가이드라인을 발표하였다. [표 12.1]은 이 중에서 "E3: Structure and Content of Clinical Reports"에 관한 가이드라인이다. 이 가이드라인에서 기술된 **임상시험 결과보고서**는 환자에게 시행된 모든 치료용, 예방용, 진단용 약물에 대한 개별 연구의 총체적인 보고서로, 임상 및 통계부분의 내용뿐만 아니라 통계분석의 결과도 모두 포함된 것이다. 각 부분별로 내용을 하나씩 살펴보기로 하자.

[표 12.1] 임상시험 결과보고서의 구조 - ICH 가이드라인 (E3)

1. Title page
2. Synopsis
3. Table of contents for the individual clinical study report
4. List of abbreviations and definition of terms
5. Ethics
6. Investigators and study administrative structure
7. Introduction
8. Study objectives
9. Investigational plan
10. Study Patients
11. Efficacy evaluation
12. Safety evaluation
13. Discussion and overall conclusions
14. Tables, figures, graphs referred to but not included in the text
15. Reference list
16. Appendices

- 표지 (Title page)

표지에는 연구제목, 시약 (연구결과물) 의 이름, 적응증, 임상시험의뢰자, 연구약정서 ID (코드번호), 연구의 단계, 연구시작시점 및 종료시점 (조기종료시에는 조기종료시점), 연구책임자의 이름과 소속, 의뢰기관 보고서 책임자의 이름과 연락처, 보고일 등을 기술한다. 제목에 포함이 안 된 경우에는 설계방법, 비교방법, 기간, 용량, 환자집단 등에 대해 짧게 기술한다.

- 개요 (Synopsis)

연구를 간단히 요약하여 3쪽 이내로 작성한다. 단순히 설명하는 글이나 *p*-값만을 제시하는 것이 아니라 결과를 나타내는 수치데이터를 포함해야 한다.

- 목차 (Table of contents for the individual clinical study report)

각 내용과 표, 그림, 그래프 및 부록의 위치에 대한 정보 (쪽번호 등) 를 기술한다.

- 약어와 용어정의 목록 (List of abbreviations and definition of terms)

보고서에서 사용된 약어 (abbreviation) 와 전문적이거나 자주 사용되지 않는 용어를 정의하는 목록을 만든다. 처음 나타나는 문장에서는 철자를 모두 쓰고 괄호 안에 약어를 표기한다.

- 윤리적 측면 (Ethics)

연구와 모든 수정사항은 IEC (Independent Ethics Committee) 또는 IRB (Institutional Review Board) 에서 확정되어야 한다. 상담이 의뢰된 모든 IEC, IRB 의 목록을 부록에 싣는다. 또한 연구의 수행시에 인간을 대상으로 하는 의학연구에 있어서의 윤리 원칙을 밝힌 헬싱키선언을 준수하였음을 확인하여야 한다. 환자의 모집과 관련하여 어느 시점에서 피험자의 사전 동의가 이루어졌는지도 기술한다.

- 연구자와 행정구조 (Investigators and Study Administrative Structure)

연구의 행정적인 구조, 즉, 연구책임자, 연구자, 조정위원회, 운영 및 평가위원회, 통계학자, 중앙연구소, 약정 연구기관 (Contract Research Organization: CRO) 등을 기록한다.

- 서론 (Introduction)

1쪽 이내로 시험약물의 개발과 관련된 연구를 한다는 내용과 연구목적이나 목표모집단, 처리, 기간 등 연구의 주요특징을 짧게 기술한다.

- 연구목적 (Study objectives)

연구의 전반적인 목적을 기술한다.

- 연구계획 (Investigational Plan)

이 부분에서는 종합적인 연구설계방법, 디조군의 선택, 연구집단의 선택, 처치, 유효성과 안전성 변수들, 데이터의 질적관리 시스템, 연구약정서에서 계획된 통계적 방법 및 결정된 표본수, 연구수행 시의 변화 등을 기술한다.

연구계획서의 내용을 하나씩 살펴보면, 우선 연구설계 부분에서는 예컨대 평행설계 (parallel design) 인지 교차설계 (cross-over design) 인지 등을 짧지만 분명하게 기술한다. 또한 처치방법, 연구된 환자집단과 대상환자수, 눈가림의 수준과 방법, 대조군의 종류, 확률화나 층화 등의 처리할당방법, 여러 위원회들, 중간점검여부 등을 간단히 적는다. 연구집단의 선택문제로 대상피험자 선정기준과 이러한 선택의 적절성을 적고, 특정 질환의 요건과 진단의 기준을 기술한다. 또한 연구 참여자를 제외시키는 기준을 규정하고 안전성, 행정상의 이유, 시험의 부적절성 등의 제외사유를 적고, 미리 정해놓은 중도탈락사유를 기술한다.

처리 (treatment) 에서는 집행된 처리, 시험약 및 대조약에 관한 내용, 환자할당방법, 용량의 설정방법, 각 환자에 대한 투여량 및 투여일정, 설정방법, 눈가림방법, 사전처치나 병용치료방법, 순응도 등에 대해 기술한다. 먼저 행정적인 경로와 투약 스케줄 등을 포함하여 연구의 각 부분과 각 기간에 집행된 정확한 처리와 진단 약물을 쓴다. 또한 시험약의 형태 등을 적고, 플라시보나 대조약의 출처도 기술한다. 한시적인 저장수명이 있는 시험약을 오래 사용해야 할 때는 재료의 재공급방법을 기술하고, 특별한 보관요건이 있다면 이를 기술한다. 다음으로 층화나 블럭화 절차와 환자를 처리그룹에 할당하는 구체적인 방법을 기술한다. 확률화방법과 그것이 어떻게 수행되었는지를 자세히 기술하고, 확률화코드와 환자식별번호, 할당된 처리 등을 표로 작성하여 부록에 넣는다. 난수를 생성한 방법도 설명하며, 과거대조군이 사용된 경우에는 특정 대조군이 선택된 이유를 적는다. 모든 처리에 대해 1회 복용량과 복용량의 범위를 쓰고 이것이 선택된 근거를 기술한다. 또한 개별 환자에 대해 시험약과 대조약의 복용량을 선택한 절차 및 복용시간과 간격, 식사와의 관계를 기술한다. 눈가림방법 부분에서는 봉인한 코드리스트를 사용했다거나 하는 구체적인 눈가림절차를 기술한다. 심각한 부작용 등 눈가림이 깨지는 상황에 대해서도 기술한다. 어떤 약물과 절차가 연구전과 연구 중에 허용되는지를 쓰고 병용가능한 처리와 금지되는 처리를 쓴다. 병용처리가 결과에 어떻게 영향을 미치는지, 약물간의 교호작용이 있는지 등을 쓴다. 또한 순응도를 평가하기 위한 척도들을 적는다.

유효성 및 안전성 변수 부분에서는 평가될 유효성 및 안전성 변수들을 구체적으로 적고, 수행될 실험실검사와 일정, 측정방법, 측정책임자들을 쓴다. 측정횟수나 시간 등을 도표로 표현하는 것도 좋다. 이들을 측정할 때 흔히 쓰는 방법이 아닌 다른 방법이 있다면 그것의 신뢰성과 정확성, 적절성을 기술한다. 또한 유효성을 결정짓는 주요 변수를 명확히 기술한다. 주요 유효성 측도가 분명한 듯 하더라도 많은 변수가 있거나 반복측정된 변수가 있을 때에는 어떤 것이 주요 변수인지, 왜 그것을 선택했는지 등을 연구약정서에서 분명히 기술해야 하는데, 연구약정서에 쓰지 않았다면 참고문헌 등을 인용하여 결과 보고서에서 이것이 선택된 이유와 선택된 시기를 설명한다. 유효성을 판단하는 경계점이 약정서에 없다면 이것도 기술하고 약의 농도를 측정해야 하는 경우라면 샘플을 수집하는 횟수와 기간을 기술하도록 한다.

데이터의 질을 보증하기 위한 질적 관리 시스템을 짧게 쓰고 아무것도 사용되지 않았다면 이 사실을 적는다. 계획된 통계적 방법과 결정된 표본수의 부분에서는 먼저 연구약정서에서 계획된 통계분석법과 결과를 얻기 전에 변경된 내용을 기술한다. 여기서는 실제로 사용된 통계분석이 아니라 원래 계획된 통계방법을 강조해야 한다. 임상적인 측정이 1회 이상 이루어진 경우에는 어떤 측도 (예컨대 여러 측정치들의 평균, 특정 시점에서의 값 또는 마지막 측정치 중에서 어떤 값을 사용할 것인지) 를 기반으로 분석하도록 계획되었는지를 기술한다. 마찬가지로 하나 이상의 분석방법이 가능할 경우에 계획된 방법이 무엇인지 적으며, 또한 주요 분석이 공변량에 대해 보정되는지 여부를 명시한다. 사용가능한 데이터를 가진 환자들을 분석에서 제외시키는 계획된 이유가 있다면 이를 기술한다. 여러 개로 나누어서 조사된 세부그룹(subgroup)이 있다면 그를 명시하고, 범주형 반응의 경우 범주를 분명히 정의한다. 또한 연구결과의 계획된 점검방법을 기술한다. 연구점검위원회(study data monitoring committee)가 있었다면 그 구성과 수행절차를 쓰고 눈가림유지를 위한 절차를 적는다. 계획된 중간분석이 있다면 그 횟수와 성격을 쓰고, 중간분석으로 인한 통계적 보정이 있었다면 그것을 기술한다. 계획된 표본수와 그것을 결정한 이유(통계적 고려나 현실적인 한계 등)를 쓴다. 표본수의 계산 방법을 참고문헌과 함께 기술하고, 계산에서 사용된 추정치와 그에 대한 설명을 넣는다. 처리간 차이를 보이기 위한 연구라면 보이려는 차이를 기술하며, 새로운 처리가 기존처리와 동등하다는 것을 보이기 위한 동등성시험에서는 동등성한계를 기술한다.

연구수행중의 변화 및 계획된 분석이 변경된 경우 이를 기술한다. 변경된 시기와 이유, 변경을 결정한 절차, 그에 책임있는 사람이나 그룹을 적고 그러한 변화가 공식적인 연구약정서에 수정되었는지 기술한다.

- 연구에 참여한 환자(Study patients)

이 부분에서는 환자의 배치방법과 약정위배에 관해 기술한다. 먼저 확률화된 환자수, 연구에 참여한 환자수, 시험을 마친 환자수 등을 표나 그림으로 분명하게 제시한다. 연구참여를 위해 선별과정에 들어간 사람들의 수와 선별과정에서 탈락된 환자들의 탈락사유를 쓴다.

선정 또는 배제 기준, 연구의 수행, 환자관리나 평가와 관련된 모든 중요한 약정위배 사유를 쓴다. 기관별로 약정이탈을 정리하고, 포함기준을 만족하지 않았으나 연구에 참여한 사람들, 연구도중에 탈락 기준이 되었지만 탈락되지 않은 사람들, 잘못된 처리나 투약을 받은 사람들, 허용되지 않은 병행치료를 받은 사람들 등으로 분류하여 각 범주별로 약정위배를 요약하여 본문에 기술하여야 한다. 부록에는 약정위배된 환자들의 리스트를 싣는다.

- 유효성 평가(Efficacy evaluation)

이 부분에서는 분석된 자료세트, 인구학적 특성 및 기본 특성, 처리순응측도, 유효성 결과 및 개별환자자료의 도표를 기술한다. 먼저 유효성평가분석에 어떤 환자들이 포함되었는지 상세히 기술한다. 예컨대, 처리를 받은 모든 환자들인지, 어떤 유효성 관측치를 가진 환자들인지, 시험을 완료한 환자들만이 대상인지, 특정 시간대에 관측된 환자들이 대상인지, 일정한 이행수준을 가진 환자들이 대상인지를 기술한다.

다음으로 중요한 인구학적 특성 및 기본 특성에 대한 자료와 연구 중에 발생되어 결과에 영향을 미칠 수 있는 요인들을 기술한다. 사용되는 변수는 주로 성별, 나이, 인종 등의 인구학적 변수들과 특정한 선정기준, 기간, 질병의 정도와 연구 도중 수행된 주요 임상측도의 기본값, 그리고 신장병이나 당뇨병 등과 같이 연구시행초기에 동반된 질병 등의 질병요인들이 이에 속한다. 기타 체중이나 항체수준 등 반응에 영향을 미칠 수 있는 요인들과 흡연이나 음주 등 가능한 관련변수들에 따라서도 그룹화하여 특성을 기술한다. 이들 특성이 처리 그룹간에 차이가 있는지를 표나 그래프로 기술한다. 먼저 전체 환자들에 대한 분석이 기술되고, 세부그룹의 분석결과를 기술한다. 다기관 공동임상시험에서는 각 기관별로 분석을 실시하고, 각 기관들을 비교하여 전체 표본과 기타 분석그룹의 관계를 다이어그램으로 제공한다. 처리순응측도에 대해서는 처리의 통제나 신체내 약물의 농도와 관련한 개별 환자의 순응에 대한 측도를 요약하고, 처리그룹별 및 시간대별로 분석하고 이를 부록에 표로 싣는다.

유효성분석결과 및 개별환자의 도표화 부분의 내용으로는, 유효성분석의 방법과 통계분석시 고려해야 할 사항, 기타 여러 가지 이슈들이 있다. 먼저 유효성 분석방법을 살펴보면 각 처리그룹은 모든 주요 유효성 측도에 대해 비교되어져야 한다. 일반적으로 약정에 기술된 모든 분석과 연구에 참여한 모든 환자를 포함한 분석이 유효성 정립을 위해 수행되어져야 한다. 분석결과는 처리간 차이의 크기(점추정치)와 신뢰구간을 제시하고 가능한 경우에는 가설검정결과를 보여줘야 한다. 원래의 계획에 없던 새 범주가 만들어졌을 때에는 그 이유를 설명한다. 다기관 공동임상시험에서는 가능한 경우 각 기관별 데이터와 분석을 제시한다.

유효성 결과분석시 통계적인 문제에 대해서도 여러 가지 주의할 점이 있는데, 각 결과는 임상적 및 통계적으로 고찰되어 자세한 통계적 방법과 함께 기술되어야 한다. 공변량에 대한 보정, 즉, 인구학적 특성에 따른 보정이나 초기측정치, 부수치료, 기타 공변량 및 예후 인자에 대한 수정과 선택이 보고서에 설명되어 있어야 한다. 또한 보정의 방법과 분석 결과를 비롯하여 이를 뒷받침하기 위한 결과물이 포함되어야 한다. 중도탈락이 많은 경우에는 여러 시점에서의 관측수를 조사하여 많은 환자가 관측되고 있던 시점에서 분석하는 것도 좋다. 연구를 마친 환자들만을 대상으로 분석하지 말고, 확률화된 모든 환자들이나, 최소한 연구시점에서 관측된 적이 있는 모든 환자들을 대상으로 하는 분석도 실시한다. 탈락의 효과를 분석하기 위해서, 탈락시점이나 여러 시점에서의 탈락비율 등 몇 가지 요인을 처리그룹별로 비교할 필요가 있다. 또한 결측치를 처리한 절차도 자세히 기술하도록 한다 중간점검을 했을 때 수행된 중간점검을 모두 기술하고 그 분석으로 인한 통계적 보정을 기술한다. 다기관 공동연구에서는 가능하다면 각 기관별 결과도 기술하여 처리와 기관간의 교호작용을 검색할 수 있도록 한다. 극단적이거나 상반되는 결과가 있다면 이를 논의하고, 연구수행이나 환자의 특성이나 임상설비 등의 차이가 없는지 본다. 결과변수가 여러 개 있거나 특정 끝점에서 1회 이상의 분석이 있거나 처리그룹이 여러 개 있다면 통계분석에서는 이러한 점을 지적하고, 제 1종 오류를 보정하기 위한 통계적 방법을 설명하거나 그것이 왜 불필요한지를 설명해야 한다. 순응도가 나쁘거나 방문을 빠뜨렸거나 부적격 등의 이유로 분석에서 빠진 환자의 효과에 대해 특별한 주의가 있어야 한다. 앞서 설명한 대로 모든 가능한 데이터를 사용한 분석이 수행되어야 한다. 일반적으로 주요 임상시험결과가 분석에 사용된 환자집단의 선택에 따라 크게 영향 받지 않음을 보여주게 된다. 환자집단의 선택에 따라 결과에 큰 차이가 있다면 이는 명백히 토의해야 할 문제이다. 시험약과 대조약(active control) 간의 동등성을 보이기 위한 연구에서는 두 약물간의 비교를 위한 신뢰구간을 보여주고, 미리 지정된 동등성 한계와 신뢰구간과의 관계를 기술한다.

그룹화된 자료의 표와 그래프 외에 개별적인 반응자료와 관련 연구정보도 표로 나타낸다. 투약용량, 약의 농도와 반응과의 관계, 반응과 병행치료간의 관계 및 반응과 과거 질병간의 관계도 기술한다. 마지막 유효성 결론부분에서는 주결과 및 부수결과와 미리 정한 분석 및 다른 통계적 접근방법, 탐색적 분석결과를 고려하여 유효성과 관련된 중요한 결론을 자세하게 기술한다.

–안전성 평가(Safety evaluation)

안전성과 관련된 데이터분석은 세 수준에서 고려될 수 있다. 첫째로, 연구에서 결정할 수 있는 안전성의 정도를 결정하기 위한 노출의 범위(투여량, 기간, 환자수)를 조사하는 것이다. 둘째로, 일반적으로 발생할 수 있는 부작용과 실험실 검사의 변화 등을 식별하고, 합리적인 방법으로 분류하며, 처리군과 대조군에 대해 부작용비율을 비교분석하고, 부작용의 횟수에 영향을 미칠 수 있는 요인들을 분석한다. 마지막으로 부작용으로 인해 연구를 떠나게 되거나 죽는 환자들을 면밀히 조사하여, 생명을 위협하는 심각한 부작용과 기타 혈액학적 비정상성, 처리의 철회나 투여량 감소, 부수치료를 추가하게 되는 유의한 부작용을 식별한다.

임상실험실 평가를 위해서는 각 시점별로 실험실 검사결과를 기록한다. 그룹별 평균이나 중위수, 수치의 범위나 비정상수치를 가진 환자수 등을 기록하고, 개별적인 환자들의 변화를 적는다. 선택된 구간에서 미리 정해놓은 수치이상/미만의 변화를 보이는 환자의 비율을 적고, 임상적으로 유의한 변화를 토의한다. 각 분석에 대해 처리군과 대조군의 비교가 수행되고 각 분석에서 정상적인 실험실 범위가 제공된다. 또한 안전성과 관련 있는 생체신호나 기타 생리학적 관측치를 분석한다. 약효나 용량-반응 관련이 있다고 보여지면 이를 기술한다.

안전성의 결론부분에서는 용량에 변화를 일으키거나 부수치료, 심각한 부작용 등에 특별한 주의를 기울여 전반적인 평가를 고찰한다. 위험이 증가된 환자 및 환자군이 있다면 이를 식별하고 어린이나 임산부, 노약자와 같이 소수이면서 취약한 환자들에 대한 주의를 기울이도록 한다.

- 토의 및 전반적인 결론 (Discussion and overall conclusions)

유효성과 안전성결과를 짧게 요약하고 위험 및 유용성과의 관계를 토의한다. 앞의 결과를 단순반복하거나 새 결과를 소개하지 않도록 한다. 이 부분에서 새로운 발견이나 기대하지 않았던 발견에 대해 명확히 규명하고, 그들의 유의성과 관련된 척도사이의 불일치 같은 중대한 문제들을 지적한다. 특정한 사람이나 그룹에 대해 특별히 유용한 점이 있거나 주의해야 할 점이 있다면 이를 기술하고 향후의 연구에 영향을 줄만한 사항을 기술한다.

- 참조되었으나 본문에 삽입되지 않았던 표와 그림, 그래프 (Tables, figures, graphs referred to but not included in the text)

중요한 인구학적 데이터, 유효성 데이터, 안전성 데이터는 본문에 요약이 되나, 크기가 너무 크다든지 하는 이유로 본문에서 언급은 되었으나 삽입되지 못한 표와 그래프 등을 이 자리에 싣는다.

- 참고문헌 (Reference list)

본문에서 인용된 참고문헌들을 싣는다.

- 부록 (Appendices)

먼저 부록의 전체 리스트를 싣는다. 부록에는 약정서, IEC 또는 IRB 리스트, 확률화 계획과 코드등의 연구정보, 약정위배나 유효성분석에서 제외된 환자들 같은 환자 데이터의 리스트, 환자기록 양식 (Case Report Form, CRF) 등이 실린다. 관련당국이 허용하면 부록 중 일부는 보고서에 첨부되지 않고 요구 시에만 제출할 수도 있다.

12.2 임상시험 연구논문 작성

실험의 잘못된 계획이나 실험도중 발생한 여러 문제에 대한 적절한 대응이 없었던 연구는 신뢰할 수 없는 결과를 보여주게 된다. 한 예로 The British Medical Journal, The Journal of the American Medical Association, The New England Journal of Medicine, The Lancet 등 세계적으로 권위있는 30개 의학전문학술지에 발표된 4235편의 논문 중 정당한 기준을 만족시킨 것은 20% 정도에 불과하다는 연구결과가 있다 (cf. Williamson et al., 1986). 또한 이들 중 일부를 선택하여 조사한 결과 불충분하고 계획이 잘못된 연구의 80%가 원하는 결과 (positive findings)를 얻었으나 제대로 계획된 연구의 경우에는 단지 25%만이 원하는 결과를 얻을 수 있었다고 한다. 즉 원하는 결과는 오히려 잘못 계획된 연구에서 더 많이 얻어지고 있다는 결론이다. 따라서 이러한 연구가 제대로 여과되지 않고 발표되었을 때 미치는 악영향은 심각하다. 발표된 결과가 어느 정도 신빙성이 있는지를 엄밀하게 평가하기 위해서 통계전문가의 역할이 필요하다. 한편 연구의 설계와 분석이 훌륭하게 수행되었다 하더라도, 정확한 표현과 양식으로 발표된 논문이 아니라면 연구의 성과가 제대로 평가받지 못하거나, 연구결과를 제대로 이해하지 못한 다른 연구자들에게 잘못 인용되어 문제를 초래할 수도 있다.

현재 대부분의 권위있는 전문학술지에는 통계학자들이 편집진으로 참여하여 투고되는 모든 논문을 심사하고 있으며, 따라서 논문의 통계부분을 임상시험에 처음부터 관여했던 통계학자가 작성하는 것은 필수적이다. 현실적으로 국내에서 시행되는 임상시험에서는 통계학자가 관여하는 부분이 자료의 통계분석에 국한되는 경우가 많고 연구결과의 보고나 평가부분에 대해서는 제한적으로 관여하고 있는 형편이지만 차츰 개선되고 있다. 이 절에서는 의학논문의 특성을 소개하고 결과보고서의 작성 또는 평가시에 유의할 점을 간략히 소개하겠다.

의학논문은 일반적으로 요약(Abstract or Summary), 서론(Introduction), 연구방법(Methods), 연구결과(Results) 그리고 토론 및 결론(Discussion or Conclusions)의 다섯절(section)로 구성된다.

대부분의 의학학술회의에서 요약부분만이 발표되고 많은 전문학술지에도 이 부분만이 게재될 정도로 다른 분야의 연구논문과는 달리 의학논문의 요약부분은 매우 중요하게 여겨진다. 여기에는 연구의 목적은 물론 연구대상자의 선택이나 연구방법 등의 기본절차에 대한 소개, 주요 데이터와 통계적인 유의성을 포함한 주요 결과, 그리고 주요 결론이 실리게 된다.

서론에서는 연구의 목적과 대상자, 연구기간 등이 소개된다(이것은 "연구방법" 부분에 쓰여지기도 한다). 논문을 평가할 때 주의해야 할 점 중의 하나는 연구목적이 데이터 수집전에 수립되어 있었는지, 아니면 데이터를 통해 나온 결과를 토대로 재구성한 것인지를 파악하는 것이다. 후자의 경우는 그 결과를 우연히 얻게 된 경우로 간주되어야 한다. 또한 연구목적에 비추어 볼 때 수행된 연구기간은 적절하였는가를 살펴보아야 한다.

연구방법부분에서는 연구설계방법과 대상환자의 적격기준, 표본의 크기, 사용된 통계적 기법 등이 쓰여진다. 연구의 유형이나 사용된 실험계획법, 그리고 확률화의 방법이 구체적으로 소개되는 것이 바람직하다. 교차계획법을 사용한 경우에는 투약기간(run-in period)과 약효제거기간(wash-out period)을 명시하는 것도 필요하다. 비확률화 실험에서는 특히 발생할 수 있는 주요 편향(bias)에 대한 언급이 있어야 하며 비확률화 실험을 하게 된 이유를 설명해야 한다. 다음으로 대상환자의 적격기준(eligibility criteria)

이 자세하게 쓰여져야 한다. 임상시험에서는 대개 특정환자군에 대해 치료를 시도하게 되므로, 실험의 결과가 올바로 적용되려면 이들 환자군에 대한 상세한 설명이 필요하게 된다. 또한 특이한 질병이나 병력, 기타 예후인자(prognostic factor)들을 가진 환자들을 실험에 포함시키지 않기 위해서도 이러한 대상환자의 적격기준을 자세히 기술해야 할 필요가 있게 된다. 이 때에 적격기준을 좁혀서 정하면 변동을 줄이고 통계적 정도(precision)를 높일 수 있는 반면, 참여하는 환자의 수가 적어지고 결과를 일반화시키는데 제약이 있게 된다. 대상환자의 적격기준은 임상시험에서 미리 결정해야 할 중요한 요소 중의 하나이며, 일단 기준이 정해지면 이는 엄격하게 지켜져야 한다는 것은 이미 설명한 바 있다. 표본의 크기를 산출한 근거를 제시하는 것은 의학논문에서 필수적이다. 표본의 크기를 결정하는 문제는 연구의 검정력을 결정하는 문제와 관련되며, 특히 기대한 정도의 차이가 발견되지 않은 연구에서 검정력의 언급은 필수적이다. 또한 사용된 통계기법을 소개하여야 하는데, 특히 자주 사용되지 않는 통계기법을 사용하였다면 그 이유를 명확하게 설명하는 것이 좋다.

연구결과부분에서는 자료에 대한 기술통계량과 함께 가설검정의 결과가 쓰여진다. 가설검정의 결과를 제시할 때에는 검정통계량값과 함께 p-값을 제시하는 것이 바람직하다. 8장에서 설명한 바와 같이 환자의 수를 충분히 확보하기 어려운 임상시험에서는 여러 연구에서의 결과를 결합하여 결론을 내리는 메타분석이 유용하게 쓰여지며, 메타분석에서는 각 연구에서의 p-값 또는 검정통계량을 이용하여 유의확률 또는 유효크기를 결합하여 검정하게 되므로, 향후의 연구를 위해 이를 제시하는 것이 바람직하다. 또한 이 부분에서는 여러 그룹별로 중요한 위험인자(risk factor)에 대한 정보가 제공된다. 임상시험연구의 경우 환자의 특성이나 증상(예컨대 환자의 성별이나 나이 또는 수술시의 상태) 등의 요인이 연구의 결과에 뜻하지 않은 영향을 미칠 가능성이 있다. 이를 방지하기 위해 층화확률화계획법 등의 확률화방법을 사용하지만 이러한 경우에도 연구자들은 위험인자들이 각 그룹에서 차이가 없음을 보이기 위해 통계검정을 수행하기도 한다. 만일 차이가 있는 위험인자가 발견되면 그 인자의 효과를 보정하는 통계분석방법이 사용되어야 할 것이다.

토론 및 결론부분에서는 유의성 검정의 결과를 해석하게 된다. 주의해야 할 점은 역시 통계적인 유의성과 임상적인 유의성을 동일시하지 말아야 한다는 점이다. 통계적으로 유의한 결과가 반드시 임상적인 유의성을 보장하지는 않으며, 반대로 유의하지 않은 결과라 해서 치료의 효과가 없다는 것을 의미하는 것은 아니다. 따라서 p-값을 해석하는 데에는 어느 정도의 융통성이 필요하다. 또한 앞에서 언급했듯이 표본의 크기가 결론을 좌우하는 경우도 있을 수 있다. 다른 분야에서도 마찬가지이지만 의학논문의 결과는 특히 확대해석되어서는 안된다. 다시 말해서 연구의 결과를 실제 연구에서 사용되지 않은 투약용량으로 확대 적용하여 언급한다든지, 또는 연구대상이 된 환자그룹과는 속성이 다른 그룹의 환자들에게 일반적으로 적용하여 해석하는 일이 없어야 한다. 마지막으로 연구의 설계와 수행에 있어서의 제약점과 그것이 연구의 결과나 해석에 영향을 미쳤을 가능성에 대해 살펴보는 것이 필요하다.

위에서 기술한 의학논문의 구성과 내용은 임상연구의 결과보고서를 작성, 평가하기 위한 조언을 다룬 많은 논문들에서 공통적으로 강조되는 것들이다 (cf. Altman et al., 1983; Zelen,1983). 다음의 [표 12.2]은 결과보고서를 작성 또는 평가할 때 반드시 점검해야 할 사항을 간추린 것이다.

[표 12.2] 연구논문의 작성 · 평가시 점검사항

- 어떤 실험계획법이 사용되었는가?
- 연구결과를 적용할 대상은 누구이며 연구기간은 적절하였나?
- 연구대상자들은 선정방법 (확률화 또는 비확률화) 은 무엇인가?
- 대조군은 있는가? 있다면 어떻게 선정되었는가?
- 연구대상자를 선정하고 제외시키는 기준 (eligibility criteria) 은 무엇인가?
- 표본의 크기나 검정력 (power) 에 대한 언급이 있는가?
- 연구에서 사용된 통계적 분석기법에 대한 설명이 있는가?
- 중요한 위험인자가 그룹 간에 균등하게 배치되었는가?
- 결과가 통계적으로 유의할 때 그것이 임상적으로도 유의한 수준인가?
- 통계적으로 유의하지 않다면, 표본의 수는 충분한가?
- 결론은 철저히 자료에 근거한 것인가? 확대해석은 없는가?
- 연구의 제약점과 향후연구를 위한 제안이 논의되었는가?

올바른 통계적 기법의 적용과 해석, 그리고 적절한 양식과 내용을 갖춘 임상보고서 및 논문의 작성은 임상연구결과의 학술적인 가치와 유용성을 보장하기 위한 전제조건이 된다. 실제 임상시험의 설계부터 운영, 통계분석, 보고서작성에 이르기까지 일반적인 통계학 교과서에서 다루어지지 않는 수많은 현실적인 문제들이 도사리고 있다. 성공적인 임상시험연구를 위한 최선의 노력은 역시 통계전문가와 해당분야의 여러 연구자가 공동작업을 하여 데이터와 분석결과에 대한 이해를 높이고, 정확한 표현으로 연구결과를 발표하는 것이다.

연습문제

1. ICH Guideline은 무엇이고 어떤 내용들이 있는가?

2. 임상 결과보고서의 유효성 평가부분에서 기술되어야 하는 것들에는 어떤 것들이 있는지 기술하라.

2. 임상 결과보고서의 안전성평가에서 고려되어야 하는 문제들은 어떠한 것인지 기술하라.

3. 심근경색 후 환자에게 주어지는 알프레놀롤(beta-blocker alprenolol)의 개방(open) 임상시험을 하였다. 환자가 병원에 입원한 시점에서 표준처치를 받을지 알프레놀롤처치를 받을지가 랜덤하게 결정되었다. 치료의 시작은 입원 2주후부터 시작되었는데 원래의 393명중 60%에 해당하는 환자가 중도탈락(withdraw) 되었다. 그 이유는 대부분 환자의 죽음, 심근경색의 미확정(non-confirmation), beta-blocker에 대한 금기(contraindication; 의학적으로 치료가 부적절한 상태)에 의한 것이었다. 실제로는 162명의 환자가 처치를 받았으며, 69명이 알프레놀롤을 받고 93명은 표준처치를 받았다.

(1) 이 두 그룹에서 중도탈락의 발생률이 다른 이유를 생각해보시오.

(2) 이러한 문제를 방지하기 위한 방법을 제시해 보시오.

4. 다음의 문제에 답하라.

(1) 연구 A에서의 p-값은 0.01이고, 또 다른 연구 B에서의 p-값은 0.001이었다고 하자. 이 결과가 반드시 연구 B가 연구 A보다 더 강한 효과를 보여준다는 것을 의미하는 것은 아니다. 왜 그런지 이유를 설명하라.

(2) 두 개의 동일한 연구가 하나는 $p < 0.0001$이고 하나는 $p = 0.2$로 나타났다. 이런 차이를 어떻게 설명할 수 있는가?

5. 한 질병에 대한 항생제의 효과를 보기 위해서, 500명의 어린이를 항생제처리와 플라시보처리에 랜덤하게 할당하였다. 이 연구의 결과 플라시보 그룹에서는 13%의 어린이가, 항생제 그룹에서는 10%의 어린이가 이 질병의 주요 감염 증세를 보였다. 이 비율의 차이에 대한 95% 신뢰구간은 -2.6%에서 $+8.6\%$였다. 이 때 주요 결론은 무엇인지 기술해 보라.

6. 한 의사는 특정 위험요인이 어떤 질병과 연관되어 있는지 알고 싶었다. 실제로 위험인자가 있을 때 질병의 상대위험률이 4.0이라면, 이 의사는 계획된 연구에서 이만큼의 효과를 찾아낼 확률이 95%가 되기를 원한다. 이상은 귀무가설, α, β, 검정력, 오즈비 등의 통계적인 개념 중 어떤 것에 대한 기술인가?

7. 두 개의 처리 A와 B를 비교하기 위한 임상시험에서 두 그룹의 환자들의 기본 특성을 조사하여 비교한 결과 아래와 같은 표르 정리되었다. 이들 특성은 모두 처리 그룹간에 통계적으로 유의한 차이가 나오지 않았기 때문에, 저자들은 어떤 조처도 취하지 않고 두 처리의 효과를 비교하는 분석을 실시하였다.

	처리	
	A	B
나이의 평균(표준오차)	50.3 (1.5)	55.3 (2.2)
질병의 단계		
1 or 2	52%	74%
3 or 4	48%	26%
1차와 2차 진단 간격의 평균 (표준오차)	33.1 (6.2)	60.4 (13.1)
폐경여부	43%	74%

(1) 이 분석에 어떤 문제점이 있는지 지적하여 보아라.

(2) 이 문제를 해결하기 위한 방법으로 어떤 것이 있는지 대책을 제시해 보아라.

8. 다음은 어느 의학 논문에 실린 환자들의 혈압에 관한 자료이다. 환자들은 완전확률화 계획법에 실험약 또는 플라시보를 투여받았고, 각 처리를 받기 전과 처리를 받은 1주일 후의 혈압을 측정하였다. 이 논문의 저자는 각 처리에 대해 짝지은 t-검정을 하였는데 실험약을 처리 받은 집단에서는 혈압 강하가 유의했지만, 플라시보를 처리 받은 집단에 대해서는 혈압 강하가 유의하지 않음을 발견했다. 따라서 저자는 실험약이 고혈압을 치료하는데 아주 획기적인 신약이라고 주장했다.

실험약			위약		
	0주	1주		0주	1주
1	147	137	1	133	139
2	129	120	2	129	134
3	158	141	3	152	136
4	164	137	4	161	151
5	134	140	5	154	147
6	155	144	6	141	137
7	151	134	7	156	149
8	141	123			
9	153	142			

(1) 이 저자가 행한 분석 및 결과의 해석에서 잘못된 점은 무엇인가?

(2) 올바른 분석을 하여라. 실험약이 고혈압에 어떤 영향을 준다고 결론지을 수 있는가?

PART III

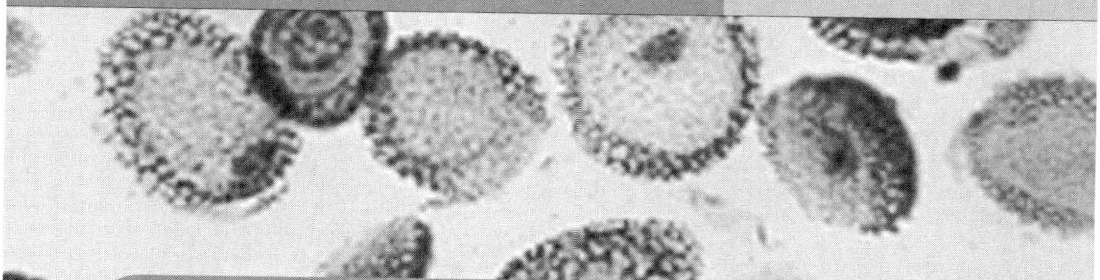

최신분야에서의 통계적 방법

제 13 장

유전자 감식에서의 응용

인간은 일란성 쌍생아를 제외하면 모두 고유한 유전자형을 가지고 있다. 따라서 유전자를 이용한 개인 식별은 지난 50년 동안 강간·살인 등의 형사소송이나 부권을 주장하는 친자확인 소송 등의 법적 추론에서 꾸준히 이용되어지고 있다. 현재는 주로 STR 유전자좌(Short Tandem Repeats locus)로 구성된 검사체계를 가지고 친생자검사 또는 개인식별검사를 하는데, 유전자감식의 원리와 방법을 차례대로 살펴보도록 하자.

13.1 유전자 감식의 원리

13.1.1 친생자검사와 개인식별검사의 원리

(1) 친생자검사

모든 인간이 부모로부터 50%의 확률로 하나씩 물려받은 유전자의 결합으로 완성된다는 것은 인간의 뿌리를 찾아가는데 참으르 유용한 정보를 주며, 이를 단편적으로 이용하는 개인식별이 바로 **친생자검사**이다. 일반적으로 부모 중 한 명과의 생물학적 친자관계를 검증하게 되는데, 이 때 나머지 한 경과의 친자관계는 성립하는 것으로 전제하고 분석한다. 만일 아버지로 주장되는 사람(alleged father)과 아이(child)의 관계를 검증한다고 하자. [그림 13.1]은 각 개인으로부터 하나의 **유전자좌(locus)**를 검사한 것이며, 그림에서 보듯이 하나의 유전자좌는 부모로부터 각각 받은 2개의 **대립유전형질(allele)**로 구성되어 있다. '3-5'와 같이 다른 대립형질을 가진 유전자좌를 **이형접합자(heterozygote)**라 하고, '9-9'와 같이 같은 대립형질을 가진 유전자좌를 **동형접합자(homozygote)**라고 한다. 그림에서 'A' 경우와 같이 어머니(mother)에게 받은 대립형질(allele)을 제외한 나머지 대립형질이 추정부의 것과 일치하지 않을 때 친자관계를 부정하며 'B' 경우와 같이 일치한다면 그 가능성을 평가한다. 이와 같은 일치현상은 추정부가 실제 아이의 친부(biological father)라면 당연한 결과이지만 그렇지 않은 경우라도 나타날 수 있다. 간단한 예로 혈액형 검사를 생각해보자. 아버지와 어머니의 혈액형이 모두 A형일 때 아이의 혈액형이 B형이라면 그 친자관계는 부정할 수 있지만, 아이의 혈액형이 A형이라고 해서 친자관계가 성립한다고 할 수는 없을 것이다. 이것은 검사한 사람들이 생물학적으로 속해있는 집단에 A형을 가진 사람이 얼마나 많으냐의 문제와 직결되며, 우리는 일반적으로 ABO식 혈액형의 종류는 4가지(A · B · AB · O형)이고 우리와 같은 생물학적 집단에 A형인 사람은 많다는 것을 알고 있다. 따라서 유전자 감식을 위해서는 검사한 항목에서 나타나는 형질의 종류와 그 빈도에 대한 조사가 집단별로 필요하다.

유전자 감식에서의 친생자검사는 이처럼 부모가 가지고 있는 대립형질만 아이에게 전달되어야 한다는 원리는 같지만, 검사자료가 혈액형과는 비교도 안될 만큼 다양한

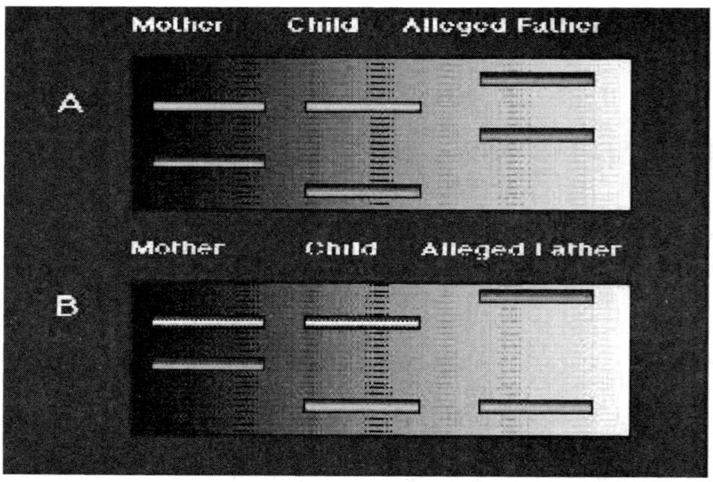

A – 추정부를 배제할 수 있는 경우
B – 추정부를 배제할 수 없는 경우

[그림 13.1] 한 개 검사항목에서의 유전자 감식–친생자검사

형태로 나타날 수 있는 DNA라는 것이 다르다. 또한 ABO식 혈액형은 인종·민족 집단을 막론하고 나타나는 형질의 종류가 같지만 DNA의 경우는 검사한 항목과 집단설정에 따라 그 종류가 달라진다. 일반적으로 유전자 감식은 분석을 적용할 집단에서 많은 종류의 유전자형이 나타날수록 검사한 항목의 개인식별력이 높아진다.

(2) 개인식별검사

일반적으로 유전자 감식을 삼풍백화점 사고, 괌 KAL기 폭파사고, 대구지하철 사고 등 사고현장에서의 개인식별이나 또는 형사사건의 경우에 적용할 때는 친생자 검사의 경우와는 매우 다르다. 예를 들어, 형사사건의 경우에 [그림 13.2]에서처럼 범인(criminal)이 남긴 것으로 추정되는 혈흔과 용의자(suspect)의 유전자형을 비교하는 개인식별검사를 하게 된다. 이 때, 'A' 경우처럼 범인이 남긴 것으로 추정되는 표본과 용의자 표본의 검사결과가 일치한다면 이 용의자는 범인일 가능성에서 배제할 수 없으며, 'B' 경우처럼 일치하지 않는다면 동형접합자를 가진 이 용의자는 범인일 가능성에서 배제된다. 친생자 검사에서와 마찬가지 원리로, 용의자가 범죄현장에 그 표본을 남긴 사람이라면 'A'와 같은 일치현상은 당연하겠지만 용의자가 남긴 것이 아니더라도 두 표본이 우연히 일치했을 가능성이 있다. 따라서 개인식별검사의 분석은 서로 다른 두 사람이 검사한 항목에서 우연히 같은 유전자형을 나타낼 가능성이 어느 정도인가에 관심이 있으며, 각 집단과 검사항목 별로 서로 다른 사람이 같은 대립형질을 나타낼 수 있는 가능성이 어느 정도인지 사전에 조사되어 있어야 한다.

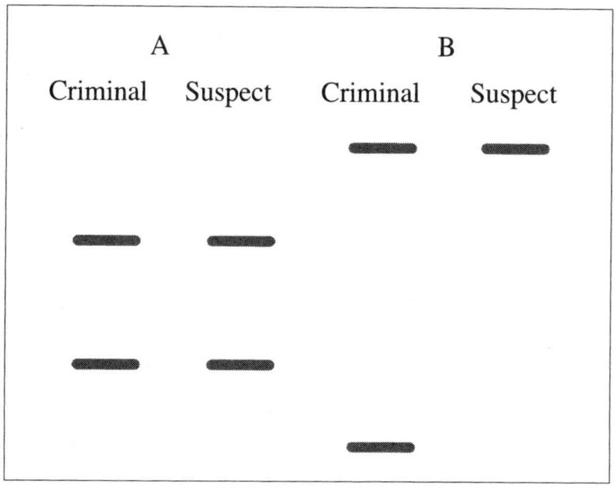

A - 용의자를 바제할 수 없는 경우
B - 용의자를 바제할 수 있는 경우

[그림 13.2] 한 개 검사항목에서의 유전자 감식-개인식별검사

일반적으로 개인식별검사는 친생자검사의 경우보다 유전자형 비교에 의한 식별력이 더 우수하다. 따라서 분석기관들은 다른 정황증거에 의해 용의자로 지목된 사람의 유전자를 검사할 수 있는 경우라면, '서로 다른 두 사람이 검사한 항목에서 우연히 같은 유전자형을 나타낼 가능성'이 없는 검사체계를 구성하여, 유전자형 비교만으로도 100% 개인식별이 가능하도록 하는데 주력하고 있다.

13.1.2 유전자 증거의 평가를 위한 확률 계산

법정에서 개인 식별을 위해 유전자 검사 결과를 증거로 이용하고자 할 때, 보통 한 쪽에서는 그 증거물이 비교된 사람(용의자 또는 친부로 지목된 남자)의 것이라는 주장을 하고 다른 쪽에서는 그렇지 않다는 주장을 하게 된다. 그러면 재판부는 이 유전자에 의한 증거와 유전자 증거 외의 정황 증거들을 종합적으로 고려하여 어느 쪽의 주장이 더 신뢰할 만한 것인지를 판단해야 한다. 이런 과정은 실험이나 표본 조사에서 얻은 정보를 이용하여 제기된 주장, 즉 가설을 받아들일 것인지 반대로 기각할 것인지를 결정하는 통계적 가설검정의 절차와 같다. 따라서 원고측의 주장(prosecution proposition; H_p)과 피고측의 주장(defense proposition; H_d)의 다음과 같은 두 통계적 가설 하에서 유전자 증거를 평가하게 되는 것이다.

H_p : 유전자 증거를 비교된 사람(친부로 지목된 남자 또는 용의자)이 남긴 것이다.
H_d : 유전자 증거를 비교된 사람 외의 다른 사람이 남긴 것이다.

따라서 재판부는 두 가설 하에서 유전자 증거와 그 외 정황 증거들을 고려하여 두 가설 중 어느 쪽이 사실일 가능성이 높은지를 결정해야 한다. 이런 과정은 E를 유전자 증거, I를 유전자 외의 정황 증거라고 할 때, **사후오즈(posterior odds)**인

$$\frac{P(H_p|E, I)}{P(H_d|E, I)}$$

을 바탕으로 이루어진다. 여기서는 유전자 증거와 정황 증거를 고려할 때, $P(H_p|E, I)$는 유전자 증거를 비교된 사람(친부로 지목된 남자 또는 용의자)이 남겼을 확률을 나타내고, $P(H_d|E, I)$는 동일한 상황에서 비교된 사람 외의 다른 사람이 남겼을 확률을 나타낸다. 그러나 사후오즈는 직접적으로 수치화할 수 없는 값이므로 **베이즈 정리(Bayes' theorem)**를 이용하여 다음과 같이 표현할 수 있다.

$$\frac{P(H_p|E, I)}{P(H_d|E, I)} = \frac{P(E|H_p, I)}{P(E|H_d, I)} \times \frac{P(H_p|I)}{P(H_d|I)}$$

사후오즈 = 우도비 ×사전오즈

이는 사후오즈를 수치화할 수 있는 증거인 **우도비 (likelihood ratio)** 와 수치화할 수 없는 증거인 사전오즈 (prior odds) 로 구분한 것이다. 이 때 유전자 증거만으로 알 수 있는 값은 우도비인 LR이며, 이 값이 유전자 검사에 의해 증거값으로 제시된다.

$$LR = \frac{P(E\ H_p, I)}{P(E\ H_d, I)}$$

우도비에서 분자인 $P(E|H_p, I)$는 H_p가설 하에서 유전자 증거 E가 관측될 확률이며, 분모인 $P(E|H_d, I)$는 H_d가설 하에서 유전자 증거 E가 관측될 확률을 나타낸다. 따라서 유전자 증거로 계산하여 수치화된 우도비 값은 각 가설이 사실일 확률 (비교된 사람이 범인일 확률 또는 친부일 확률) 이라고 말할 수 없는 것이다. 그러나 유전자 증거가 법정에 적용될 때는 우도비의 확률이 사후오즈의 확률로 잘못 해석되는 경우가 많으므로 해석에 많은 주의를 기울여야 한다.

13.2 집단 유전학적 분석

집단 유전학 (population genetics)이란 생물학의 발달로 밝혀지고 있는 여러 가지 유전적 현상을 각각의 집단에 적용하여 그 집단의 유전적 특성을 밝혀내고 다른 집단과 비교하는 학문으로 규정지어진다. 집단 유전학은 개체가 아닌 집단을 그 연구대상으로 하므로 생물학의 여타분야와는 다른 학문적 특징을 지니고 있다. 왜냐하면 집단 내 전체 구성원의 유전적 특성을 밝힌다는 것이 불가능한 일이기 때문이다. 따라서 집단 유전학은 표본에 대한 유전학적 특성을 연구 조사한 다음 통계학적 기법으로 모집단을 추측, 검정하는 학문이라 할 수 있다.

DNA 검사에서의 신뢰도는 표본 집단에서 나타나는 유전자형 빈도로 파악할 수밖에 없다. 따라서 효율적인 유전자 검사를 위해서는 먼저 검사대상자들의 유전적 특성을 가장 잘 반영하는 기준집단 (reference population) 을 선택하고, 각 검사항목 (예: STR 유전자좌) 별로 그 집단에서 나타나는 유전자형 빈도나 식별력 등이 검토되어 있어야 한다. 이 절에서는 현재 가장 많이 이용되고 있는 검사항목인 일반 체세포 염색체에 존재하는 STR 유전자좌를 중심으로 DNA 검사의 근거가 되는 집단 유전학 연구과정에 대해 알아보도록 하겠다.

13.2.1 유전자형 빈도와 대립유전형질 빈도

한국인 집단에 대한 특정 STR 유전자좌의 대립유전형질 빈도(allele frequency)를 추정하는 과정을 살펴보자. 한국인 집단에서 임의의 표본을 대상으로 DNA 검사를 통해 유전자형(genotype)을 분석한 다음, 데이터에 나타난 대립유전형질의 빈도에 대한 추정이 이루어진다.

대립유전형질 i에 대한 추정 빈도 $\hat{p}_i$를 구하는 과정을 식으로 나타내면 다음과 같다.

$$\hat{p}_i = P_{ii} + \frac{1}{2}\sum_{j \neq i} P_{ij}$$

단, P_{ii} = 대립유전형질 두 개로 이루어진 동형접합자 유전자형 관찰빈도
P_{ij} = 대립유전형질 한 개를 포함하는 이형접합자 유전자형 관찰빈도

대립유전형질 빈도 추정치 $\hat{p}_i$에 대한 표준오차는 분산 $Var(\hat{p}_i)$을 이용하여 구할 수 있는데 다음 식에 의하여 유도된다.

$$\begin{aligned} Var(\hat{p}_i) &= Var(\hat{P}_{ij} + \frac{1}{2}\sum_{j \neq i} \hat{P}_{ij}) \\ &= Var(\hat{P}_{ii}) + \sum_{j \neq i} Cov(\hat{P}_{ii}, \hat{P}_{ij}) + \frac{1}{4}\sum_{j \neq i} Var(\hat{P}_{ij}) \\ &= \frac{1}{2n}(\hat{p}_i + P_{ii} - 2\hat{p}_i^2) \end{aligned}$$

여기서, P_{ii}는 유전자좌내에서 대립유전형질이 독립인 **하디-와인버그 평형(Hardy-Weinberg equilibrium)**에 대한 가설을 만족하는 집단에서는 $\hat{p}_i^2$으로 추정될 수 있으므로,

$$Var(\hat{p}_i) = \frac{1}{2n}(\hat{p}_i + \hat{p}_i^2 - 2\hat{p}_i^2) = \frac{1}{2n}(\hat{p}_i - \hat{p}_i^2) = \frac{1}{2n}\hat{p}_i(1 - \hat{p}_i)$$

으로 정리되고 그 표준오차는 $\sqrt{\frac{1}{2n}\hat{p}_i(1 - \hat{p}_i)}$가 된다. 그러므로 대립유전형질 i에 대한 실제 빈도값 p_i는 정규분포 신뢰구간을 이용하여 다음과 같이 추정할 수 있다.

$$\hat{p}_i \pm z_{\alpha/2}\sqrt{\frac{1}{2n}\hat{p}_i(1 - \hat{p}_i)}$$

여기서 z_α는 표준정규분포의 상위 $100 \cdot \alpha$백분위수로서, Z가 표준정규분포에 따를 때, $P\{Z \geq z_\alpha\} = \alpha$를 만족하는 값이며, 표준정규분포표에서 찾을 수 있다(표준정규분포표는 [부록 2]에 있다).

예제 13-1 한국인 집단에 대한 STR 유전자좌 HumTH01의 대립유전형질 빈도를 추정해 보자. 임의의 한국인 표본으로 DNA 검사를 통해 유전자형을 분석한 다음, 데이터에 나타난 대립유전형질의 빈도를 추정한 후, HumTH01의 대립유전형질 '9'의 실제빈도 (p_i)에 대한 95% 신뢰구간을 추정해 보자.

[표 13.1] 한국인 438명에 대한 HumTH01 유전자형 분포 및 대립유전형질 비율

가. 유전자형 분포

유전자형	관찰도수	유전자형	관찰도수
6 − 6	10	8 − 9	15
6 − 7	38	8 − 9.3	2
6 − 8	6	8 − 10	0
6 − 9	59	8 − 11	0
6 − 9.3	4	9 − 9	108
6 − 10	0	9 − 9.3	23
6 − 11	1	9 − 10	1
7 − 7	33	9 − 11	0
7 − 8	9	9.3 − 9.3	0
7 − 9	124	9.3 − 10	0
7 − 9.3	3	9.3 − 11	0
7 − 10	1	10 − 10	0
7 − 11	0	10 − 11	0
8 − 8	1	11 − 11	0

나. 대립유전형질분포

대립유전형질	도 수	빈 도
6	128	0.146
7	241	0.275
8	34	0.039
9	438	0.500
9.3	32	0.037
10	2	0.002
11	1	0.001

[표 13.1]의 '가'는 임의의 한국인 438명에 대하여 HumTH01 유전자좌를 분석하여 얻은 실험 결과이다. '가'의 유전자형 빈도로부터, '나'의 대립유전형질 빈도가 추정된 것이다.

예를 들어 한국인의 HumTH01 대립유전형질 '9'의 빈도는 다음과 같이 추정된다.

$$\hat{p}_i = P_{ii} + \frac{1}{2}\sum_{j \neq i} P_{ij} = \frac{108 + (59 - 124 + 15 + 23 + 1)/2}{438} = 0.5000$$

이 값은 438명의 표본에 관한 추정값이며 한국인 전체 모집단에 대한 실제값은 아니다. 대립유전형질 '9'에 대한 실제 빈도값 p_i의 95% 신뢰구간을 정규분포 이용하여 추정하여 보자. HumTH01의 대립유전형질 '9'의 실제 빈도 (p_i)에 대한 95% ($a = 0.05$) 신뢰구간은 다음과 같이 추정된다.

$$\hat{p}_i \pm z_{\alpha/2}\sqrt{\frac{1}{2n}\hat{p}_i(1 - \hat{p}_i)} = 0.5 \pm 1.96\sqrt{\frac{1}{2 \times 438}0.5\,(1 - 0.5)} = (0.467,\ 0.533)$$

$z_{\alpha/2}$는 표준정규분포 표에서 찾으면, 1.96임을 알 수 있다.

실제 빈도의 구간을 더욱 줄여 정밀도를 높이고자 할 때 몇 명의 표본을 분석해야 하는가도 이론적으로 구할 수 있다. 예를 들어 정밀도를 0.01수준으로 구하고자 한다면 $0.01 = 1.96\sqrt{\frac{1}{2n}0.5(1-0.5)}$의 식에서 4,802명의 표본이 필요하다. 즉 4,802명 이상의 표본을 가진 표본 집단에서는 95% 신뢰구간에서 실제빈도 p_i가 $\hat{p}_i \pm 0.01$의 범위에 속할 것이라고 예측할 수 있다. [표 13.2]는 [표 13.1]의 대립유전형질 빈도분포로부터 한국인에서 대립유전형질의 실제 빈도에 대한 95% 신뢰구간을 추정한 것이다.

[표 13.2] 한국인에 대한 HumTH01 대립유전형질빈도의 95% 신뢰구간

대립유전형질	빈도 ($\hat{p}_i$)	LCL	UCL
6	0.146	0.123	0.169
7	0.275	0.245	0.305
8	0.039	0.026	0.052
9	0.500	0.467	0.533
9.3	0.037	0.024	0.050
10	0.002	− 0.001	0.005
11	0.001	− 0.001	0.003

* UCL : 신뢰 상한 값, LCL : 신뢰 하한 값

13.2.2 대립유전형질의 독립성 검정

DNA 검사에서 나타나는 유전자 증거에 대한 평가를 위해서는 대립유전형질 발생빈도가 중요한 역할을 한다. 그런데 정작 실제로 알고 싶은 것은 대립유전형질의 빈도라기 보다는 각 대립유전형질들로 이루어진 개개인의 유전자형 빈도가 될 것이다. 왜냐하면 서로 다른 사람임에도 우연히 같은 유전자형을 나타낼 확률은 해당 집단에서 같은 유전자형을 가지고 있는 사람이 얼마나 되는지에 따라 파악될 수 있기 때문이다. 따라서 DNA 검사를 위해서는, 사전에 감식대상이 되는 유전자좌의 유전자형 분포와 대립유전형질 발생빈도가 표본조사되어 있어야 한다([표 13.1] 참조). 유전자형의 발생확률은 표본에서 관찰되는 관측빈도와 하디-와인버그 평형이론에 따라 $P_{ii} = p_i^2$, $P_{ij} = 2p_i p_j$ (p_i, p_j는 각 대립유전형질의 빈도)의 계산식으로부터 계산된 기대빈도로 나눌 수 있다. 여기서 우리는 유전자형 발생확률을 관찰빈도를 근거로 판단할 것인가, 아니면 기대빈도를 근거로 할 것인가의 문제에 다다르게 된다. 결론부터 얘기하자면 관찰도수는 사용할 수 없다. 왜냐하면 우선 표본의 크기가 엄청나게 크지 않는 한 그 표본은 한국인 전체 집단에 비하여 너무 작기 때문에 관찰빈도는 기대빈도에 비하여 실제값과는 더 많은 차이가 있을 것이기 때문이다. 또한 [표 13.1]에서 보는 것처럼 가능한 유전자

형 조합 28개 중 전혀 관찰되지 않은 유전자형이 11개나 된다. 이들 유전자형이 관찰되지 않았다 하여 한국인에는 그런 유전자형이 존재하지 않는다고 얘기할 수 있는가? 그렇지 않다. 따라서 유전자형의 빈도는 기대빈도를 사용하는 것이 한국인 집단을 대변하는데 타당하다. 그러나 대립유전형질 빈도가 세대에 따라 바뀐다면(하디-와인버그 평형을 만족하지 못한다면) 계산되는 기대빈도도 수시로 변하여야 할 것이다. 따라서 우리는 모집단이 하디-와인버그 평형을 만족하는지 검정하여 볼 필요가 있다. 이러한 과정은 유전자좌 내에서의 대립유전형질의 독립성 검정을 통해 이루어진다.

(1) 유전자좌 내에서의 독립성 검정 (하디-와인버그 평형 검정)

A. 카이제곱(χ^2) 적합도 검정을 이용한 예

하디-와인버그 평형을 만족하는 집단이라면 대립유전형질의 독립성이 성립하므로 한 표본에서 관찰된 유전자형의 빈도는 하디-와인버그 평형이론에 따라 계산된 유전자형의 기대빈도와 유사하게 나타날 것이다 그러므로 유전자좌 내에서의 독립성 검정은 χ^2 통계량을 이용한 적합도 검정(goodness of fit test)을 이용할 수 있다. 적합도 검정을 위한 카이제곱 통계량은 각 유전자형 범주에 대한 실제 관측빈도와 기대빈도를 이용하여 다음과 같은 식으로 구해지며, 각 범주의 기대빈도가 5이상일 때 χ^2분포로 근사된다.

$$\chi^2 = \sum \frac{(\text{관측빈드} - \text{기대빈도})^2}{\text{기대빈도}}$$

여기서 카이제곱 적합도 검정을 위한 자유도는 $m(m-1)/2$로, m은 유전자좌의 대립유전형질의 개수이다. χ^2 통계량 값이 $\chi^2_\alpha(m(m-1)/2)$보다 클 때 가설을 기각하는 것이다. 여기서 $\chi^2_\alpha(m(m-1)/2)$는 자유도가 $m(m-1)/2$인 χ^2 분포의 상위 $100 \cdot \alpha$ 백분위수로서, [부록 5]의 카이제곱분포 표에서 찾을 수 있다.

예제 13-2 임의의 한국인 표본 103명에서 공우성(codominance) 대립유전형질 M과 N을 가지는 MN 혈액형을 조사하여 보았더니 M형은 17명, MN형은 56명, N형은 30명으로 나타났다고 하자. 이 때 귀무가설 'MN 혈액형 유전자좌의 M, N 대립유전형질은 서로 독립적으로 행동한다. 즉 하디-와인버그 평형 이론을 만족한다'를 적합도 검정을 이용하여 검정하여 보자.

관측된 유전자형 빈도로부터 대립유전형질 M과 N의 발생빈도 $\hat{p}_1$과 $\hat{p}_2$은 다음과 같이 추정된다.

$$\hat{p}_1 = \frac{17 + 56/2}{103} = 0.437, \quad \hat{p}_2 = \frac{30 + 56/2}{103} = 0.563$$

귀무가설 하에서 유전자형의 기대빈도를 계산하고 χ^2 통계량 계산을 위한 표를 작성하면 다음과 같다.

[표 13.3] 카이제곱 통계량의 계산

유전자형	관찰도수(O)	기대빈도	기대도수(E)	O − E	$(O-E)^2$	$(O-E)^2/E$
MM	17	0.191	19.66	− 2.66	7.08	0.36
MN	56	0.492	50.68	5.32	28.30	0.56
NN	30	0.317	32.66	− 2.66	7.08	0.22
Σ	103	1.000	103.00	0.00		1.14

계산된 카이제곱 통계량 값은 1.14이다. 따라서 유의수준 $a = 0.05$를 고려할 때, 귀무가설을 기각하게 되는 기준치 $\chi^2_{\alpha}(m(m-1)/2) = \chi^2_{0.05}(1) = 3.84$보다 작으므로, 대립유전형질의 독립성을 가정하는 귀무가설을 기각할 수 없다. 따라서 MN 혈액형은 한국인 집단에서 하디-와인버그 평형상태를 유지한다고 할 수 있다.

B. 정확검정을 이용한 예 (Guo and Thompson, 1992)

정확검정 (exact test)은 주어진 대립유전형질 빈도를 만족하는 모든 가능한 유전자형 조합의 발생 확률을 구하고, 이에 대해 실제로 관측된 결과보다 작은 확률을 더하여 누적값을 계산한다. 여기서는 이 값이 사전에 정한 유의수준 α보다 작을 때, 검사한 집단에 대한 유전자좌 내 대립유전형질들의 독립성 가정을 기각한다. 이를 위한 확률계산식은 다음과 같다.

$$P(n_g | n_a) = \frac{n!\ 2^H\ \Pi_a n_a!}{(2n)!\ \Pi_g n_g!}$$

n_g = 각 유전자형의 관찰도수, n_a = 각 대립유전형질의 관찰도수

H = 유전자좌에서 이형접합자인 사람 수

예제 13-3 [예제 13-2]의 MN 혈액형 분포자료에 정확검정을 적용하여 보자.

자료에서 $n = 103$이고, H = 56, 대립유전형질 M과 N의 관찰도수는 각각 다음과 같다.

$$n_M = 17 \times 2 + 56 = 90, \quad n_N = 30 \times 2 + 56 = 116$$

이제 실제 관찰된 유전자형 분포(MM: 17명, MN: 56명, NN: 30명)에 대한 확률값을 계산하여 보자.

$$P(n_{MM}, n_{MN}, n_{NN} \mid n_M, n_N) = \frac{n!\ 2^{n_{MN}}\ n_M!\ n_N!}{(2n)!\ n_{MM}!\ n_{MN}!\ n_{NN}!}$$

$$= \frac{116!\ 2^{56}\ 103!\ 90!}{206!\ 17!\ 56!\ 30!} = 0.0958$$

이와 같은 방식으로 모든 가능한 유전자형에 대해 계산된 확률값과 그 누적값을 가장 발생확률이 낮은 경우부터 정리한 결과가 [표 13.4]이다(확률이 0으로 나타나는 것은 소수 넷째자리 까지를 유효숫자로 할 경우의 근사치이다). 표에 나타난 46가지 경우는 모두 대립유전형질 M의 갯수 90, N의 갯수 116을 만족하는 유전자형 분포의 조합으로, [표 13.4]에서 보면, 실제로 관측된 결과(MM: 17, MN: 56, NN: 30)에서 구한 0.0958의 보다 작은 확률을 더한 값은 0.3239가 된다. 유의수준을 0.05로 할 때 이 결과는 0.3239>0.05이므로 MN 대립유전형질들의 독립성 가정을 기각할 수 없고, 따라서 하디-와인버그 평형가정을 만족한다고 할 수 있다.

[표 13.4] MN 혈액형 정확검정을 위한 확률 분포표

MM(명)	MN(명)	NN(명)	확률	누적확률	MM(명)	MN(명)	NN(명)	확률	누적확률
45	0	58	0.0000	0.0000	31	28	41	0.0000	0.0000
44	2	57	0.0000	0.0000	9	72	22	0.0000	0.0000
43	4	56	0.0000	0.0000	30	30	43	0.0000	0.0000
42	6	55	0.0000	0.0000	10	70	23	0.0001	0.0001
41	8	54	0.0000	0.0000	29	32	42	0.0001	0.0003
40	10	53	0.0000	0.0000	11	68	24	0.0004	0.0007
0	90	13	0.0000	0.0000	28	34	41	0.0005	0.0012
39	12	52	0.0000	0.0000	12	66	25	0.0016	0.0028
1	88	14	0.0000	0.0000	27	36	40	0.0019	0.0047
38	14	51	0.0000	0.0000	13	64	26	0.0052	0.0098
2	86	15	0.0000	0.0000	26	38	39	0.0057	0.0155
37	16	50	0.0000	0.0000	14	62	27	0.0138	0.0293
3	84	16	0.0000	0.0000	25	40	38	0.0148	0.0441
36	18	49	0.0000	0.0000	15	60	28	0.0310	0.0751
4	82	17	0.0000	0.0000	24	42	37	0.0327	0.1078
35	20	48	0.0000	0.0000	16	58	29	0.0591	0.1668
5	80	18	0.0000	0.0000	23	44	36	0.0613	0.2282
34	22	47	0.0000	0.0000	**17**	**56**	**30**	**0.0958**	**0.3239**
6	78	19	0.0000	0.0000	22	46	35	0.0982	0.4221
33	24	46	0.0000	0.0000	18	54	31	0.1321	0.5542
7	76	20	0.0000	0.0000	21	48	34	0.1340	0.6882
32	26	45	0.0000	0.0000	19	52	32	0.1555	0.8438
8	74	21	0.0000	0.0000	20	50	33	0.1562	1.0000

지금까지의 예제들은 대립유전형질이 단 2개로 이루어진 간단한 경우였다. 그러나 [표 13.1]의 HumTH01 유전자좌처럼 대립유전형질이 7개이며 나타날 수 있는 유전자형이 28개에 이르는 복잡한 유전자좌의 경우에서는 범주의 기대도수가 5이하인 자료가 존재하여 카이제곱분포와 비교하는 적합도 검정에 대한 신뢰도가 떨어지게 된다. 따라서 HumTH01 유전자좌의 경우 카이제곱 적합도 검정으로 하디-와인버그 평형 여부를 판단해서는 안 된다. 이런 경우는 관찰될 가능성이 있는 모든 유전자형의 결과를 고려하여 직접 오차를 계산하는 정확검정을 적용하여 검정해야 한다.

(2) 유전자좌간의 독립성 검정 (연관균형 검정 혹은 연관불균형 검정)

우리는 지금까지 하디-와인버그 평형을 만족하는 집단에서는 대립유전형질 빈도를 사용하여 유전자형의 기대빈도를 산출할 수 있다는 것을 알았고, 해당 집단의 하디-와인버그 평형여부를 검정하는 원리를 살펴보았다. 이와 마찬가지로 유전자좌간에서도 어떤 한 유전자좌에 있는 대립유전형질의 발생빈도가 다른 유전자좌에 있는 대립유전형질의 발생빈도에 영향을 주는 지에 대한 검정이 필요하다. 이런 검사항목의 각 유전자좌 간 독립성 가정 하에서 유전자 증거에 대한 평가값이 계산되어지므로, 유전자좌간의 대립유전형질 독립성 여부 검정은 중요한 의미를 지니게 된다.

유전자좌간의 대립유전형질 독립성 검정은 집단이 **연관불균형(linkage-disequilibrium)** 상태를 유지하고 있는가에 대한 검정으로, 유전자좌간 대립유전형질의 관측값과 기대값의 차이를 '0'으로 할 수 있는가에 대한 검정이다. 연관불균형에 대한 실질적인 검정은 정확검정법을 적용하는데, 확률 계산식은 다음과 같다(Zaykin *et al*., 1995).

$$P(n_g|n_{la},\ l=1,2,\cdots)=\frac{n!}{\Pi_g n_g!}\Pi_l\frac{2^{H_l}\Pi_a n_{la}!}{(2n)!}$$

n_{la} = 유전자좌 l에 대해 대립유전형질 관측 수
n_g = 유전자형 조합 관측 수
H_l = 각 유전자좌의 이형접합자 수

예제 13-4 유전자좌 L1은 대립유전형질 A_1, A_2을 가지고, L2는 대립유전형질 B_1, B_2를 가질 때, 103명의 표본에 대하여 유전자좌 L1, L2의 유전자형을 분석하여 [표 13.5]와 같은 결과를 얻었다고 하자. 이 때, 유전자좌 L1과 또 다른 유전자좌 L2의 유전자좌간 독립성을 검정하는 과정을 살펴보자.

[표 13.5] 103명의 L1, L2 유전자좌 유전자형 분포

유전자좌 L1	유전자좌 L2
A_1A_1 17 (명) A_1A_2 56 (명) A_2A_2 30 (명)	B_1B_1 31 (명) B_1B_2 49 (명) B_2B_2 23 (명)
103 (명)	103 (명)

두 유전자좌 L1, L2에서의 대립유전형질 빈도를 추정하면 다음과 같다.

$$\hat{p}_{A_1} = \frac{17 + 56/2}{103} = 0.437,\ \hat{p}_{A_2} = \frac{30 + 56/2}{103} = 0.563$$

$$\hat{p}_{B_1} = \frac{31 + 49/2}{103} = 0.539,\ \hat{p}_{B_2} = \frac{23 + 49/2}{103} = 0.461$$

두 유전자좌에서 나타날 수 있는 유전자형 조합에 대한 관측도수와 기대도수에 대한 결과가 [표 13.6]과 같다.

[표 13.6] 103명에 대한 L1-L2 유전자좌 유전자형 조합의 분포

유전자좌 L1-L2	관측도수(명)	기대확률	기대도수(명)
$A_1A_1B_1B_1$	3	0.0555	5.72
$A_1A_1B_1B_2$	10	0.0949	9.77
$A_1A_1B_2B_2$	4	0.0406	4.18
$A_1A_2B_1B_1$	18	0.1430	14.73
$A_1A_2B_1B_2$	24	0.2444	25.18
$A_1A_2B_2B_2$	14	0.1046	10.77
$A_2A_2B_1B_1$	10	0.0921	9.49
$A_2A_2B_1B_2$	15	0.1575	16.22
$A_2A_2B_2B_2$	5	0.0674	6.94
	103	1.0000	103.00

[표 13.6]을 살펴보면, 유전자좌 L1의 유전자형이 A_1A_1이고 동시에 유전자좌 L2의 유전자형이 B_1B_1인 사람이 3명 관측되었음을 알 수 있고, $A_1A_1B_1B_1$의 기대확률은 두 유전자좌간이 독립이라는 가정 하에 $P(A_1A_1B_1B_1) = p_{A_1}{}^2 p_{B_1}{}^2$에 따라 계산된 것이며 기대도수는 기대확률에 103을 곱함으로써 얻어진 결과이다. 두 유전자좌가 서로 독립되어 있는지(연관 균형을 이루는지) 정확검정을 실시하기 위해 관측된 도수의 확률값을 계산하면 다음과 같다.

$$P(n_g|n_{la}, l=1, 2) = \frac{103!\ 2^{56}90!\ 116!\ 2^{49}111!\ 95!}{206!\ 206!\ 3!\ 10!\ 4!\ 18!\ 24!\ 14!\ 10!\ 15!\ 5!} = 0.00001141$$

유전자좌 내에서의 정확검정과 마찬가지로 유전자형 분포를 만족하는 모든 유전자형 조합에 대해서 확률값을 구한 다음 그 중에서 0.00001141 이하의 확률값을 모두 더한 누적 확률값이 유의수준보다 클 때 유전자좌간 독립성 가정을 채택한다(너무 많은 경우의 수가 발생하므로 계산 도표는 생략하기로 한다). 이 경우 두 유전자좌는 그 집단에서 서로 연관균형을 이루고 있다고 결론지을 수 있는 것이다.

13.2.3 유전자좌의 식별력 측정을 위한 통계량

유전자좌의 식별력은 집단에서 얼마나 다양한 대립유전형질들이 나타나는가를 기준으로 측정한다. 대립유전형질의 종류가 많을 뿐 아니라 각 대립유전형질의 빈도가 그 집단 내에서 고르게 분포할 때 그 유전자좌의 식별력이 좋은 것으로 나타난다. 이와 같은 유전자좌의 특성은 집단에 따라 다르기 때문에 한국인 집단에서 개인 식별력이 우수한 STR 유전자좌를 선별하기 위해서는 한국인 집단에 대한 식별력 연구가 필요하다. 유전자좌의 식별력 측정을 위한 통계량들에 대해서 알아보자.

(1) 평균부권배제력

평균부권배제력은 친생자 감정을 위한 검사체계 구성의 근거가 되는 통계량이다. 추정부(alleged father)가 친부인가를 감정하는 3인 검사(trio test)를 고려할 때, 어머니와 아이의 유전자형 비교에서 부성인자를 밝히고 추정부가 이것을 가지고 있지 않을 때 친부일 가능성에서 배제한다. 따라서 친생자감정의 경우에는 이 검사체계가 실제 친부가 아닌 사람을 얼마나 잘 배제할 수 있는가의 문제가 중요하다. 이와 같은 부권 배제력을 어머니와 아이의 모든 가능한 유전자형 조합에서 계산하는 것이 **평균부권배제력 (Mean Exclusion Chance)** MEC_T이며 식은 다음과 같다(Ronald *et al.*, 1983).

$$MEC_T = \sum_{i=1}^{k} p_i(1-p_i)^2 + \sum_{i<j}^{k} (p_i p_j)^2 (3p_i + 3p_j - 4)$$

k = 대립유전형질 개수, p_i, p_j = 대립유전형질 빈도

또한 유전자좌간 독립성 가정을 만족한다면, M개 유전자좌에 대한 누적평균부권배제력은

$$\text{누적평균부권배제력} = 1 - \Pi_{l=1}^{M}(1 - MEC_{T_l})$$

이다. 친생자 감정을 위한 검사체계에서 이 통계량 값이 클수록 유용한 것이 되며 일반적으로 99% 이상일 때 의미 있는 검사체계로 받아들여지고 있다.

(2) 개인식별력

개인 식별력은 집단에서 임의로 선택된 두 사람이 같은 유전자형을 나타낼 확률에 바탕을 두고 있다. 이것은 강력사건 등의 개인식별의 경우에 서로 다른 사람인데도 같은 유전자형을 나타낼 확률인 짝확률(match probability)을 근거로 하는데 이 값이 작을수록 유전자좌의 개인식별력이 높은 것이다. n명의 집단에서 **개인식별력 (Power of Discrimination)** PD는 다음과 같다(Jones, 1972).

$$PD = 1 - DI(\text{식별지수}) = 1 - \sum_{i=1}^{k'} \frac{x_iC_2}{nC_2} = 1 - \frac{\sum_{i=1}^{k'} x_i(x_i - 1)}{n(n-1)} = 1 - \frac{\sum_{i=1}^{k'} P_i^2 - 1/n}{1 - 1/n}$$

단, k' = 집단에서 나타난 유전자형의 범주

$x_1, x_2, x_3 \cdots, x_{k'}$ = 집단에서 나타난 유전자형의 관측 수

$$n = \sum_{i=1}^{k'} x_i, \quad aC_2 = \frac{a!}{(a-2)!\,2!} = \frac{a(a-1)}{2}, \quad P_i = \frac{x_i}{n}$$

또한 유전자좌 간 독립성 가정을 만족한다면, M개 유전자좌에 대한 누적개인식별력은

$$\text{누적개인식별력} = 1 - \Pi_{l=1}^{M}(1 - PD_l)$$

이다. 이는 집단에서 임의로 선택된 두 사람이 같은 유전자형을 나타내지 않을 가능성을 의미하므로 역시 클수록 검사체계의 식별력이 높은 것이다.

13.3 친생자 검사

13.3.1 유전자 증거의 평가 과정

부모에게서 물려받은 유전정보를 활용하여 부모와 자식 간의 친자여부를 검증하는 것이 친생자검사의 식별방법이다. 일반적으로 친생자검사는 어떤 개인과 그의 부모들 중 한 명과의 생물학적 친자관계를 검증하는 것을 의미한다. 이때의 전제는 그의 부모 중 한 명(일반적으로 어머니)과는 생물학적 친자관계가 성립되어 있다는 것이다.

친생자 검사의 유전자 증거는 기본적으로 추정부(alleged father)와 어머니, 그리고 아이의 유전자형으로 구성되며, 각 분석상황에 따라 유전자형을 추정하게 된다. 추정부

와 아이의 관계를 검증하고자 한다면, 세 사람의 유전자형 비교에서 아이가 친부에게서 받았어야 하는 대립형질, 즉 부성인자가 추정부의 것과 일치할 때 추정부에 대한 유전자 증거가 성립하며, 이에 대한 평가과정이 필요하게 된다. 이러한 평가과정은 '추정부가 친부이어서 같은 대립형질을 가지고 있을 확률이, 친부가 아님에도 불구하고 우연히 같은 대립형질을 가지고 있을 확률에 비하여 얼마나 큰가?'에 대한 관심으로 전개되어진다.

법정에서는 일반적으로 원고측이 추정부가 친부라는 주장을 제기하게 되는데, 주로 아이의 어머니가 자신이 추정부와 관계를 맺고 아이를 낳았다는 주장을, 이에 맞서 피고측은 그렇지 않다는 주장을 제기한다. 이와 같은 원고측의 주장과 피고측의 주장을 각각 통계적 가설로 나타내면 다음과 같다.

H_p: 추정부는 아이의 친부이다. vs. H_d: 추정부는 아이의 친부가 아니다.

앞에서 설명한 바와 같이, 사후오즈비의 분자인 $P(H_p|E, I)$는 유전자 증거와 정황증거를 고려할 때 추정부가 아이의 친부일 확률을 나타내고, 분모인 $P(H_d|E, I)$는 동일한 상황에서 추정부가 아이의 친부가 아닐 확률을 나타낸다. 하지만, 이러한 $P(H_p|E, I)$와 $P(H_d|E, I)$는 실제적으로는 수치화할 수 없는 값이므로, 베이즈 정리를 이용하여 수치화할 수 있는 증거인 우도비 값이 유전자 검사에 의한 증거값으로 제시된다.

$$LR = \frac{P(E|H_p, I)}{P(E|H_d, I)}$$

여기서 $P(E|H_p, I)$는 추정부가 친부라고 할 때 유전자 증거 E가 관측될 확률이며, $P(E|H_d, I)$는 추정부가 친부가 아니라고 할 때 유전자 증거 E가 관측될 확률이다. 이 식은 사후오즈비와는 엄연히 다른 것으로, "추정부가 아이의 친부이어서 부성인자를 공유했을 확률이 추정부가 친부가 아닌데 우연히 부성인자를 공유했을 확률의 LR배이다"라는 의미를 담고 있다. 친생자 감정에서는 이 LR값을 **부권지수**, 즉 ***PI* (paternity index)** 라는 용어로 표현하며, 이를 이용하여 **부권확률 (paternity probability)** 을 계산한다. 부권확률은 원래 주어진 모든 정보를 고려할 때 추정부가 실제 친부일 확률인 $P(H_p|E, I)$을 의미하며, 다음과 같은 공식으로 유도된다.

$$P(H_p|E, I) = \frac{PI \times P(H_p|I)}{PI \times P(H_p|I) + P(H_d|I)}$$

이제 부권지수의 계산과정을 살펴보자. 친생자 감정을 위해서는 추정부와 어머니, 그리고 아이에 대한 유전자 검사가 기본적으로 필요하다. 이들을 각각 AF와 M, 그리고 C라고 표기하고, 세 사람의 유전자 검사가 가능한 경우를 예로 들어 그 계산과정과 의미를 알아보도록 하자. 먼저 G_K가 K의 유전자형 (genotype) 을 나타낸다고 하면, AF와 M, 그리고 C의 유전자형은 각각 G_{AF}, G_M, G_C라 표기할 수 있다. 그러면, 이들로부터 얻을 수 있는 유전자 증거 E는 $E=(G_{AF}, G_M, G_C)$ 와 같이 나타낼 수 있다. 또한 A_K를 G_K를 구성하는 대립유전형질이라고 하면, 아이의 유전자형은 $G_C=(A_P, A_M)$ 으로 나타낼 수 있다. 유전자형은 친부 (추정부가 아닌 생물학적 아버지) 와 어머니로부터 물려받은 두 개의 서로 다른 대립유전형질, 즉 A_P와 A_M으로 구성되기 때문이다. 그러면 부권지수는 다음과 같이 표현될 수 있다.

$$LR = \frac{P(E|H_p, I)}{P(E|H_d, I)}$$

$$= \frac{P(G_C, G_M, G_{AF}|H_p, I)}{P(G_C, G_M, G_{AF}|H_d, I)} = \frac{P(G_C|G_M, G_{AF}, H_p, I)}{P(G_C|G_M, G_{AF}, H_d, I)}$$

$$= \frac{P(A_M A_P|G_M, G_{AF}, H_p)}{P(A_M A_P|G_M, G_{AF}, H_d)} = \frac{P(A_M|G_M)\,P(A_P|G_{AF}, H_p)}{P(A_M|G_M)\,P(A_P|G_{AF}, H_d)}$$

여기서 $P(A_M|G_M)$ 과 추정부가 아이의 친부라는 H_p 가설하에서 대립유전형질이 아이의 부성인자와 일치했을 확률인 $P(A_P|G_{AF}, H_p)$ 는 간단히 계산되어질 수 있지만, 추정부가 친부의 아이가 아니라는 H_d 가설 하에서 추정부의 대립유전형질이 아이의 부성인자와 일치했을 확률 $P(A_P|G_{AF}, H_d)$ 의 계산은 간단하지 않다. 대체로 다음의 세 가지 경우를 가정하여 이 값을 계산할 수 있다.

첫 번째로, 아이에게 부성인자를 준 친부와 고려대상이 되는 추정부는 유전적으로 전혀 무관한 사람이라고 가정하는 것이다. 이것은 가장 오랫동안 사용되어지고 있는 방법으로, 그들이 속해있는 집단 내에서 임의교배 (random mating) 가 이루어지고, 집단의 크기는 무한크기를 가정하는 개념을 의미한다. 즉, 그들이 속한 집단에서 A_P를 조사하여 이의 발생확률을 단순하게 적용하면 된다. 하지만, 이러한 임의교배와 무한크기를 만족하는 집단은 다소 이상적인 집단 (ideal population) 이라 할 수 있다.

두 번째로, 집단 내에 아직 파악되지 않은 부집단 (subpopulation) 이 존재하여, 추정부와 친부가 (그들이 속해있는 집단내에 존재하는) 같은 부집단에 속해 있을 가능성을 고려하는 것이다 (Balding and Nichols, 1994; Balding and Nichols, 1995; Balding and Donnelly, 1995). 이러한 가정은 최근에 제안된 것으로, 주로 영국을 중심으로 그 활용이 확산되고 있는 방법이다. 이러한 생각이 제시된 이유는 모든 집단은 첫 번째에서 가정했던 임의교배와 무한크기를 만족하는 이상적인 집단일 수 없으며, 어느 정도 집단 내에서 관련성을 갖게 된다는 사고가 적용되었기 때문이다. 이러한 집단 내 관련성을 나타내는 값을 **공통조상계수 (coancestry coefficient)** 라 하고, θ로 표기한다. 이 값은 집단별로 측정되어 이용되는데, 1996년에 발표된 NRC (National Research Council) 보고서에서는 이 값을 0.01부터 0.03까지 사용할 것을 제안하기도 하였으나, 이에 대한 측정방법에 대한 논의는 현재까지 계속되고 있다 (Weir and Cockerham, 1984, Balding and Nichols, 1997, Foreman et al., 1997, Roeder et al., 1998, Lee et al., 2001).

마지막 세 번째는, 추정부와 친부가 친척관계일 가능성을 고려하는 것이다. 이를 위해서는 친척관계에 따른 **관계계수 (inbreeding coefficient)** θ_{XY}와 Δ_{X+Y}를 고려하여 두 사람 X와 Y의 친인척관계에 대한 관계계수를 계산하는데 [표 13.7] 에서 볼 수 있다.

[표 13.7] 두 사람의 관계에 따른 관계계수(inbreeding coefficient)

X – Y의 관계	부모-자식	조부-손자	친형제	이복형제	삼촌-조카	사촌
θ_{XY}	1/4	1/8	1/4	1/8	1/8	1/16
Δ_{X+Y}	0	0	1/8	0	0	0

이런 경우는 추정부 (alleged father, A) 가 친부 (true father, T) 의 형제이거나 당사자와 부모자식관계가 형성될 때 (θ_{AT} = 1/4) 우도비 계산에 가장 큰 영향을 줄 수 있다. 따라서 친생자 감정에서 추정부와 친부가 이와 같은 관계일 수도 있다는 정보는 상당히 중요함에도 불구하고 대부분의 경우에 분석기관은 이런 정보를 사전에 알 수 없다. 친척관계를 고려하는 경우의 분석방법과 오류가능성은 유전자 감식법에 대한 논의에서 꾸준하게 다루어지고 있는 주제이다 (Lee et al., 1999). 이 세 가지 방법들은 $P(A_P|G_{AF}, H_d)$에 따라 달라지며, 이 확률 또한 추정부와 부성인자의 유전자형 조합에 따라 달라진다. 이를 정리한 것이 [표 13.8] 이다.

지금까지 설명된 세 가지 대표적인 부권지수 계산방법들은 아직 확정적인 것은 없다. 가정에 따라서 제대로 적용하자면 ①의 방법은 이상적인 집단 특성을 만족하고 추정부와 친부의 친척관계 가능성이 의심스럽지 않을 때, ②의 방법은 집단 내 부집단에 대한 공통조상계수를 알 수 있을 때, ③의 방법은 친척관계 가능성에 대한 증거가 제시될 때 적용하면 된다. 그러나 ①의 방법은 유전자형 비교에서 추정부를 배제하지 못한다면 이들이 모두 친부로 판단될 만큼 부권지수를 과대 계산하며, 또한 대립형질빈도에 전적으로 의존한다. ②의 방법은 공통조상계수를 구하는 방법이 현실적이지 못하고, ③의 방법은 그런 증거가 있더라도 분석기관에서는 알 수 없는 경우가 대부분이라는 문제점이 있다. 따라서 현재는 이러한 단점들을 고려하여, ①의 방법을 적용한 결과와 방법 ③에서 친형제나 부모자식 관계와 같이 가장 가까운 친척관계 (θ_{AT} = 1/4) 를 가정하는 방법을 적용한 결과인 두 극단적인 결과를 함께 보고하여 부권지수의 가능한 범위를 보여주는 보고형식이 나타나고 있다.

[표 13.8] 추정부의 유전자형과 부성인자의 조합에 따른 확률 ($P(A_i) = p_i$)

$P(A_P \mid G_{AF})$	①	②	③
$P(A_i \mid A_iA_i)$	p_i	$\frac{p_i(1-\theta)+2\theta}{(1+3\theta)}$	$p_i(1-2\theta_{AT})+2\theta_{AT}$
$P(A_i \mid A_jA_j)$	p_i	$\frac{p_i(1-\theta)}{(1+3\theta)}$	$p_i(1-2\theta_{AT})$
$P(A_i \mid A_iA_j)$	p_i	$\frac{p_i(1-\theta)+\theta}{(1+3\theta)}$	$p_i(1-2\theta_{AT})+\theta_{AT}$
$P(A_i \mid A_jA_k)$	p_i	$\frac{p_i(1-\theta)}{(1+3\theta)}$	$p_i(1-2\theta_{AT})$

G_{AF} = 추정부의 유전자형
A_i, A_j = 유전자형을 구성하는 각 형질
p_i, p_j = 형질 A_i, A_j의 집단 내 관측빈도
θ = 공통조상계수, θ_{AT} = 추정부와 친부의 관계계수

① 추정부와 친부의 친척관계나 집단관계의 가능성을 무시하는 경우
② 추정부와 친부가 같은 부집단에 속해있다고 가정하는 경우
③ 추정부와 친부의 친척관계를 가정하는 경우

이처럼 친생자 검사에서 유전자 증거의 평가를 위해서는 검사대상이 되는 사람들이 속해 있는 집단에 대한 사전연구가 필수적이라 할 수 있다. 또한 친생자 검사에 이용한 또는 이용할 검사항목에 대한 신뢰도를 측정하는 것이 중요하다. 일반적으로 친생자 검사에서는 추정부와 모자(母子) 세 사람의 유전자를 모두 검사할 수 있는 경우 (trio case)를 기준으로 평균부권배제력(*MEC*: mean exclusion chance)을 계산하는데, 일반적으로 이 값이 99% 이상일 때 의미 있는 검사체계를 이룬 것으로 인정되고 있다.

13.3.2 검사의 구분

친생자 감정은 부모 중 한 명과의 생물학적 친자관계를 검증하게 된다는 것을 상기할 때, 나머지 한 명과의 친자관계는 성립하는 것으로 전제하여 분석한다. 검사에 주로 이용되고 있는 항목들은 상호복성(codominance)을 가지고 있으며, 모든 인간이 부모로부터 50%의 확률로 하나씩 물려받은 유전자의 결합으로 완성된다는 것을 고려한다. 그러나 관계를 검정하기 위해서는 통계적 모형에 대한 이해와 집단특성연구가 선행되어야 한다. 추정부와 아이에 대한 친생자 검사를 고려할 때 일반적으로 적용되고 있는 경우는 [그림 13.3]과 같이 (a) 추정부(*AF*), 어머니(*M*)와 아이(*C*)의 유전자형을 모두 알

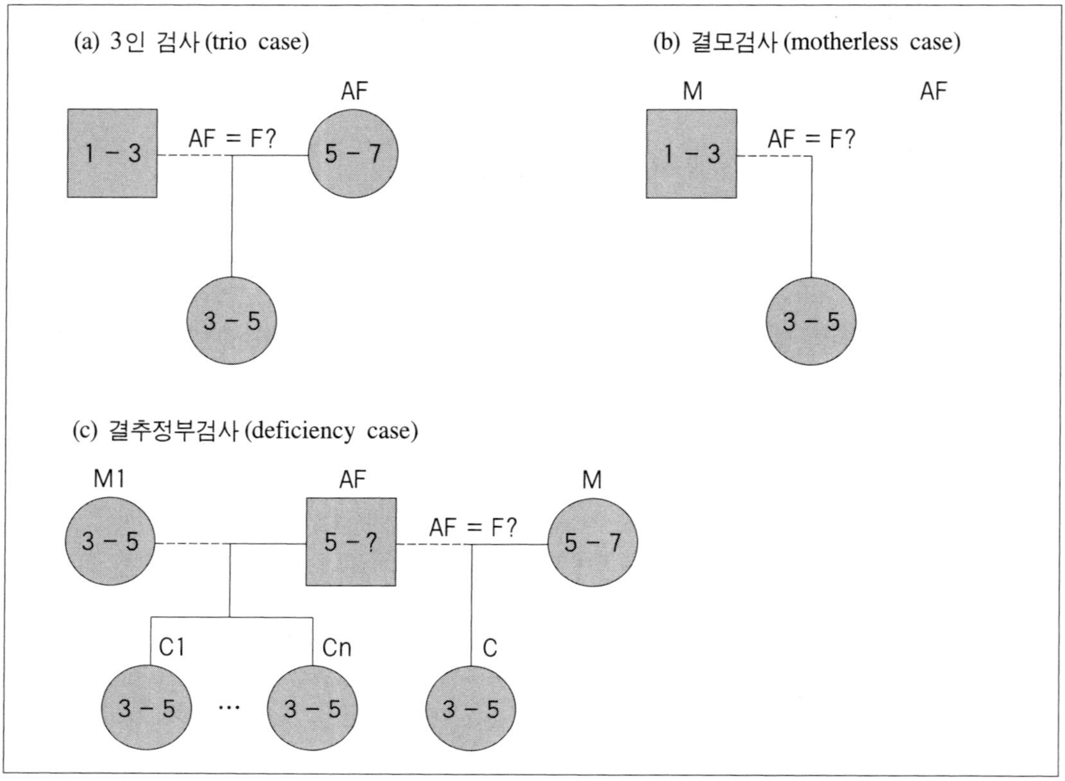

[그림 13.3] 친생자 검사의 예

수 있는 경우 [3인 검사, trio case], (b) 어머니(*M*)의 유전자형을 알 수 없는 경우 [결모검사, motherless case]와 (c) 추정부(*AF*)의 유전자형을 알 수 없는 경우 [결추정부검사, deficiency case]로 구분할 수 있다.

(1) 3인 검사 (Trio case)

3인 검사는 친생자 검사의 대표적인 경우로서 추정부와 어머니, 그리고 아이의 유전자형을 모두 검사할 수 있는 경우를 의미한다. 친생자 감정은 부모 중 한 명과의 생물학적 친자 관계를 검증하게 된다는 것을 상기할 때, 추정부와 아이의 친자관계여부를 감정하는 경우이므로, 어머니와 아이의 친자관계를 전제하여 분석한다. 따라서 추정부가 아이의 친부일 가능성에서 배제할 수 없는 경우에 대해서, 추정부, 어머니와 아이의 모든 유전자형 조합을 고려하여 부권지수를 계산하며 이를 정리한 것이 [표 13.9]이다 (Lee et al., 2000). 앞에서 설명했던 것처럼 부권지수의 분자는 추정부가 친부임을 전제하므로 간단히 계산되어지나, 친부가 아니라고 전제하는 분모는 (1) 추정부와 친부의 친척관계나 집단관계의 가능성을 무시하는 경우, (2) 추정부와 친부가 같은 부집단에 속해있다고 가정하는 경우, (3) 추정부와 친부의 친척관계를 가정하는 경우에 따라 모두 다르게 계산 되어진다.

(2) 결모 검사 (motherless case)

결모 검사란 추정부와 아이의 친자관계를 감정하고자 할 때 어머니의 유전자 검사를 할 수 없는 경우에 해당되는 검사이다. 이런 경우는 직접적으로 감정하고자 하는 사람 외에 한 쪽 부모가 없는 경우이므로, 부성인자를 파악하는 과정 없이 추정부와 아이가 공유하는 대립형질이 있는가에 대한 여부를 확률화하여 알아본다. '3인 검사'와의 차이점은 친모의 유전자형을 알 수 없으므로 $P(A_M|G_M)$이 A_M의 발생확률로 결정된다는 것이다. 결모 검사에서 추정부와 아이의 모든 유전자형 조합을 고려한 부권지수 계산식은 3인검사의 경우보다 복잡하며 여기서는 생략하기로 한다. 자세한 설명은 DNA 프로필 연구회 (2002)를 참조하면 된다.

(3) 결추정부 검사 (deficiency case)

결추정부 검사란 추정부와 아이의 친자관계를 감정하고자 할 때 추정부의 유전자를 검사할 수 없는 경우에 해당되는 검사이다. 이 경우 직접적인 감정대상자의 유전자형을 알 수 없으므로 앞서 부권지수(PI)를 계산하던 내용과는 다른 검사방법이 적용된다. 즉, 직접감정대상자인 추정부와 혈연관계가 있는 가족들에 대한 유전자 검사를 통해 추정부의 유전자형을 추정하는 과정이 요구되는 것이다. 추정과정을 통해 추정부의 유전자형은 완전히 밝혀지거나 한 쪽만 밝혀지게 된다. 유전자형이 완전히 밝혀지는 경우에 대한 부권지수의 계산은 '3인 검사'와 같은 경우가 되지만, 한쪽만 밝혀지는 경우라면 매우 다르다. 이처럼 한쪽의 유전자형만이 밝혀지는 경우, 그 대립형질과 어머니, 아이의 유전자형 조합에 따른 부권지스 계산식은 3인검사(trio case)의 경우보다 복잡하며 여기서는 생략하기로 한다. 자세한 설명은 DNA 프로필 연구회(2002)를 참조하면 된다.

[표 13.9] 3인 검사(trio case) 경우의 부권지수

G_C	G_M	G_{AF}	①	②	③
A_iA_i	A_iA_i	A_iA_i	$\frac{1}{p_i}$	$\frac{1+3\theta}{4\theta+(1-\theta)p_i}$	$\frac{1}{p_i(1-2\theta_{AT})+2\theta_{AT}}$
		A_iA_j $i\neq j$	$\frac{1}{2p_i}$	$\frac{1+3\theta}{2(3\theta+(1-\theta)p_i)}$	$\frac{1}{2p_i(1-2\theta_{AT})+2\theta_{AT}}$
	A_iA_j $i\neq j$	A_iA_i	$\frac{1}{p_i}$	$\frac{1+3\theta}{(3\theta+(1-\theta)p_i}$	$\frac{1}{p_i(1-2\theta_{AT})+2\theta_{AT}}$
		A_iA_j $i\neq j$	$\frac{1}{2p_i}$	$\frac{1+3\theta}{2(2\theta+(1-\theta)p_i)}$	$\frac{1}{2p_i(1-2\theta_{AT})+2\theta_{AT}}$
A_iA_j $i\neq j$	A_iA_i	A_jA_j	$\frac{1}{p_j}$	$\frac{1+3\theta}{2\theta+(1-\theta)p_j}$	$\frac{1}{p_j(1-2\theta_{AT})+2\theta_{AT}}$
		A_iA_j	$\frac{1}{2p_j}$	$\frac{1+3\theta}{2(\theta+(1-\theta)p_j)}$	$\frac{1}{2p_j(1-2\theta_{AT})+2\theta_{AT}}$
		A_iA_j $k\neq i,\ j$	$\frac{1}{2p_j}$	$\frac{1+3\theta}{2(\theta+(1-\theta)p_j)}$	$\frac{1}{2p_j(1-2\theta_{AT})+2\theta_{AT}}$
	A_iA_j $i\neq j$	A_iA_i	$\frac{1}{p_i+p_j}$	$\frac{1+3\theta}{4\theta+(1-\theta)(p_i+p_j)}$	$\frac{1}{(p_i+p_j)(1-2\theta_{AT})+2\theta_{AT}}$
		A_iA_j	$\frac{1}{p_i+p_j}$	$\frac{1+3\theta}{4\theta+(1-\theta)(p_i+p_j)}$	$\frac{1}{(p_i+p_j)(1-2\theta_{AT})+2\theta_{AT}}$
		A_iA_k $k\neq i,\ j$	$\frac{1}{2(p_i+p_j)}$	$\frac{1+3\theta}{2(3\theta+(1-\theta)(p_i+p_j))}$	$\frac{1}{2(p_i+p_j)(1-2\theta_{AT})+2\theta_{AT}}$
	A_iA_k $k\neq i,\ j$	A_jA_j	$\frac{1}{p_j}$	$\frac{1+3\theta}{2\theta+(1-\theta)p_j}$	$\frac{1}{p_j(1-2\theta_{AT})+2\theta_{AT}}$
		A_jA_l $l\neq j$	$\frac{1}{2p_j}$	$\frac{1+3\theta}{2(\theta+(1-\theta)p_j)}$	$\frac{1}{2p_j(1-2\theta_{AT})+2\theta_{AT}}$

G_C = 아이의 유전자형, G_M = 어머니의 유전자형, G_{AF} = 추정부의 유전자형
A_i, A_j = 유전자형을 구성하는 각 형질
p_i, p_j = 형질 A_i, A_j의 집단 내 관측빈도
θ = 공통조상계수, θ_{AT} = 추정부와 친부의 관계계수

① 추정부와 친부의 친척관계나 집단관계의 가능성을 무시하는 경우
② 추정부와 친부가 같은 부집단에 속해있다고 가정하는 경우
③ 추정부와 친부의 친척관계를 가정하는 경우

13.3.3 분석 예제

STR 유전자좌에 대한 유전자 검사에서, 부권지수와 부권확률을 이용하여 친생자 감정결과를 보고한 경우들을 알아보자. 분석은 17개 유전자좌로 구성된 평균부권배제력이 99.99997%인 검사체계를 이용하였으며, 고려대 법의학연구소의 연구과정에서 나타난 사례들 중 일부이다. 여기서 평균부권배제력이 99.99997%라는 것은, 검사에 이용된 17개 유전자좌를 '3인 검사'에 이용할 때 유전자형 비교에서 친부 아닌 사람을 99.99997% 구별할 수 있다는 것을 의미한다. 분석 예제에서는 '결모 검사' 또는 '결추정부 검사'에서의 결과들을 '3인 검사'와 비교하여 살펴보도록 하겠다. 부권지수 계산은 앞에서와 같이 '① 추정부와 친부의 친척관계나 집단관계의 가능성을 무시하는 경우'와 '② 추정부와 친부가 같은 부집단에 속해있다고 가정하는 경우'에서 $\theta = 0.03$을 대입한 방법인 ②*, '③ 추정부와 친부의 친척관계를 가정하는 경우'에서 친형제 또는 부모자식관계를 가정하여 $\theta_{AT} = 0.25$를 대입한 방법인 ③*을 이용하였다

(1) 어머니의 유전자형을 알 수 없는 경우

어머니와 아이가 한 남자를 친부라고 주장하면서 친생자 검사를 의뢰하였다. [표 13.10]의 결과에서 보는 것처럼 5개 유전자좌(D3S1358, FGA, D5S818, TPOX, ACTBP2)에서 추정부의 부권가능성이 배제되었다. 따라서 본 친생자 검사에서 이 추정부는 아이의 친부일 가능성이 없다.

만일 앞의 친생자 검사에서 어머니의 유전자를 검사할 수 없는 상황이었다고 가정해보자. 이 경우는 추정부가 친부가 아닌 경우였다는 것을 상기하자. 그런 경우라면 아이와 추정부로 지목된 남자의 유전자 검사결과만을 이용하여 친생자 검사를 해야 한다. 유전자 검사결과, 유전자형 비교에서 이 추정부가 친부일 가능성은 배제되지 않는다. 이런 유전자 증거에 대해 부권지수와 부권확률을 계산한 결과는 [표 13.11]과 같으며, 계산방법에 따른 해석은 다음과 같다.

①에 대한 해석: 추정부와 유전적으로 관련된 사람이 아이의 친부일 가능성이 전혀 없으며, 유전자 외의 증거로는 추정부가 친부일 가능성과 친부가 아닐 가능성이 같다면 추정부가 아이의 친부일 가능성은 99.839%이다.

②*에 대한 해석: 추정부와 같은 부집단에 속하는 사람이 아이의 친부일 가능성이 있을 때 ($\theta = 0.03$), 유전자 외의 증거로는 추정부가 친부일 가능성과 친부가 아닐 가능성이 같다면 추정부가 아이의 친부일 가능성은 99.785%이다.

③*에 대한 해석: 추정부의 형제나 아버지뻘 되는 사람이 아이의 친부일 가능성이 있을 때 ($\theta_{AT} = 1/4$), 유전자 외의 증거로는 추정부가 친부일 가능성과 친부가 아닐 가능성이 같다면 추정부가 아이의 친부일 가능성은 88.741%이다.

[표 13.10] 친생자 검사의 예 (배제 안됨: ○, 배제됨: ×)

유전자좌	추정부	아이	어머니	배제 여부	부권지수		
					①	②*	③*
D3S1358	15-17	17-18	17-17	×	0	0	0
vWA	14-18	14-18	14-16	○	2.561	2.484	1.438
FGA	19-21	21-27	21-23	×	0	0	0
D8S1179	10-13	12-13	12-13	○	1.767	1.120	1.101
D21S11	29-30	30-32.2	31-32.2	○	1.364	1.414	1.154
D18S51	13-15	15-15	13-15	○	2.580	1.960	1.441
D5S818	10-14	10-11	7-10	×	0	0	0
D13S317	9-11	9-12	8-12	○	4.000	3.603	1.600
D7S820	11-12	12-12	12-13	○	1.807	1.521	1.288
THO1	6-9	8-9	8-9	○	1.675	0.870	0.949
TPOX	8-11	8-9	8-8	×	0	0	0
CSF1PO	12-12	12-12	10-12	○	2.739	2.299	1.465
ACTBP2	19-26.2	18-26.2	26.2-27.2	×	0	0	0
F13A1	3.2-4	4-5	5-6	○	3.956	3.571	1.596
FES/FPS	9-11	11-13	12-13	○	1.053	1.111	1.026
D12S391	19-20	19-20	19-20	○	2.833	2.358	1.478
GABA	13-14	13-14	14-14	○	1.465	1.294	1.189
누적부권지수					0	0	0
부권확률(%)					0	0	0

[표 13.11] 친생자 검사의 예–'결모 검사' (배제 안됨: ○, 배제됨: ×)

유전자좌	추정부	아이	배제 여부	부권지수		
				①	②*	③*
D3S1358	15-17	17-18	○	1.187	1.208	1.085
vWA	14-18	14-18	○	2.552	2.409	1.437
FGA	19-21	21-27	○	2.405	2.288	1.413
D8S1179	10-13	12-13	○	0.994	1.024	0.997
D21S11	29-30	30-32.2	○	0.682	0.715	0.811
D18S51	13-15	15-15	○	2.580	2.431	1.441
D5S818	10-14	10-11	○	1.299	1.314	1.130
D13S317	9-11	9-12	○	2.000	1.945	1.333
D7S820	11-12	12-12	○	1.807	1.776	1.288
THO1	6-9	8-9	○	0.490	0.520	0.658
TPOX	8-11	8-9	○	0.494	0.524	0.662
CSF1PO	12-12	12-12	○	2.739	2.386	1.465
ACTBP2	19-26.2	18-26.2	○	3.708	3.296	1.575
F13A1	3.2-4	4-5	○	1.978	1.926	1.328
FES/FPS	9-11	11-13	○	0.527	0.557	0.690
D12S391	19-20	19-20	○	3.015	2.777	1.502
GABA	13-14	13-14	○	1.336	1.348	1.144
누적부권지수				618.081	463.660	7.882
부권확률(%)				99.839	99.785	88.741

따라서 과거처럼 방법 ①을 기준으로 부권확률을 계산하고 이렇게 구해진 부권확률이 95% 또는 99%이상일 때 친자관계인 것으로 판단한다면 실제로는 친부가 아닌 사람을 친부로 판단하는 오류를 범하게 되는 것이며 방법 ②*의 경우도 그렇다.

(2) 추정부의 유전자형을 알 수 없는 경우

또 다른 어머니와 아이가 한 남자를 친부라고 주장하면서 친생자 검사를 의뢰하였다. [표 13.12]의 결과에서 보는 것처럼 6개 유전자좌(vWA, D21S11, D13S317, THO1, TPOX, D12S391)에서 추정부의 부권가능성이 배제되었다. 따라서 이 추정부가 아이의 친부일 가능성은 없다.

[표 13.12] 친생자 검사의 예 (배제 안됨: ○, 배제됨: ×)

유전자좌	추정부	아이	어머니	배제 여부	부권지수		
					①	②*	③*
D3S1358	15-18	15-16	16-16	○	1.349	1.399	1.148
vWA	17-18	15-16	16-16	×	0	0	0
FGA	21-23	21-21	21-24	○	4.811	2.856	1.656
D8S1179	14-16	12-14	12-15	○	3.179	2.985	1.521
D21S11	30-32	30-32.2	30-30	×	0	0	0
D18S51	15-17	17-19	12-19	○	7.7395	5.881	1.771
D5S818	10-12	10-12	10-12	○	2.397	2.078	1.411
D13S317	12-12	8-9	8-9	×	0	0	0
D7S820	8-10	9-10	8-9	○	2.739	2.632	1.465
THO1	7-7	6-6	6-7	×	0	0	0
TPOX	11-11	8-10	10-10	×	0	0	0
CSF1PO	12-13	13-13	10-13	○	6.980	3.417	1.749
ACTBP2	30.2-32.2	28.2-30.2	28.2-29.2	○	11.125	7.405	1.835
F13A1	3.2-4	3.2-6	3.2-6	○	0.840	0.611	0.753
FES/FPS	11-12	11-12	11-11	○	1.695	1.575	1.258
D12S391	18-18	18-23	18-18	×	0	0	0
GABA	14-14	13-14	13-13	○	2.930	2.787	1.491
누적부권지수					0	0	0
부권확률(%)					0	0	0

만일 위의 친생자 검사에서 추정부의 유전자 검사를 할 수 없는 상황이었다고 가정해보자. 본 경우는 추정부가 친부가 아닌 경우였다는 것을 상기하자. 그런 경우라면 추정부의 법적으로 성립되어 있는 처와 자식들의 유전자 검사결과를 이용해서 이 추정부의 유전자형을 추정하여 친자임을 주장하는 어머니와 아이에 대한 친생자 검사를 한

다. 그 결과 유전자형 비교에서 이 추정부가 친부일 가능성은 배제되지 않는다. 이런 유전자 증거에 대해 부권지수와 부권확률을 계산한 결과는 [표 13.13]과 같으며, 계산방법에 따른 해석은 다음과 같다.

①에 대한 해석: 추정부와 유전적으로 관련된 사람이 아이의 친부일 가능성이 전혀 없으며, 유전자 외의 증거로는 추정부가 친부일 가능성과 친부가 아닐 가능성이 같다면 추정부가 아이의 친부일 가능성은 99.883%이다.

②*에 대한 해석: 추정부와 같은 부집단에 속하는 사람이 아이의 친부일 가능성이 있을 때 ($\theta = 0.03$), 유전자 외의 증거로는 추정부가 친부일 가능성과 친부가 아닐 가능성이 같다면 추정부가 아이의 친부일 가능성은 99.680%이다.

③*에 대한 해석: 추정부의 형제나 아버지뻘 되는 사람이 아이의 친부일 가능성이 있을 때 ($\theta_{AT} = 1/4$), 유전자 외의 증거로는 추정부가 친부일 가능성과 친부가 아닐 가능성이 같다면 추정부가 아이의 친부일 가능성은 56.312%이다.

[표 13.13] 친생자 검사의 예 – '결추정부검사' (배제 안됨: ○, 배제됨: ×)

유전자	가족 A의 유전자형				가족 B의 유전자형		배제 여부	부권지수		
	M1	C1	C2	AF	C	M		①	②*	③*
D3S1358	16-18	15-16	18-18	15-18	15-16	16-16	○	1.349	1.399	1.148
vWA	17-18	17-18	17-17	17-?	15-16	16-16	○	0.332	0.366	0.499
FGA	18-25	18-23	18-21	21-23	21-21	21-24	○	4.811	2.856	1.656
D8S1179	13-15	14-15	13-14	14-?	12-14	12-15	○	4.043	3.634	1.603
D21S11	30-31.2	30-32	30-32	32-?	30-32.2	30-30	○	0.494	0.539	0.662
D18S51	15-23	15-17	17-23	17-?	17-19	12-19	○	8.678	6.346	1.793
D5S818	7-9	9-10	7-10	10-?	10-12	10-12	○	1.811	1.830	1.289
D13S317	10-13	12-13	10-12	12-?	8-9	8-9	○	0.422	0.463	0.594
D7S820	11-12	10-12	8-11	8-10	9-10	8-9	○	2.739	2.632	1.465
THO1	7-8	7-8	7-7	7-?	6-6	6-7	○	0.391	0.429	0.562
TPOX	8-9	9-11	8-11	11-?	8-10	10-10	○	0.378	0.415	0.548
CSF1PO	11-12	11-12	12-13	11-13 or 12-13	13-13	10-13	○	6.980	5.479	1.749
ACTBP2	18-28.2	18-30.2	28.2-30.2	30.2-?	28.2-30.2	28.2-29.2	○	12.082	7.770	1.847
F13A1	3.2-4	4-4	4-4	4-?	3.2-6	3.2-6	○	0.444	0.486	0.615
FES/FPS	12-12	12-12	12-12	12-?	11-12	11-11	○	2.468	2.406	1.423
D12S391	18-21	18-21	18-18	18-?	18-23	18-18	○	0.361	0.367	0.531
GABA	14-14	14-14	14-14	14-?	13-14	13-13	○	2.211	2.185	1.377
누적부권지수								852.21	311.64	1.289
부권확률(%)								99.883	99.680	56.312

여기에서도 마찬가지로 과거처럼 방법 ① 또는 방법 ②*를 이용하여 부권확률을 구하고, 이렇게 구해진 부권확률이 95% 또는 99%이상일 때 친자인 것으로 판단한다면 실제로는 친부가 아닌 사람을 친부로 판단하는 오류를 범하게 된다.

13.4 개인식별 검사

13.4.1 유전자 증거의 평가 과정

인간은 일란성 쌍생아를 제외하면 모두 자신의 고유한 유전자형을 가지고 있다. 이런 유전적 다양성은 오랜 기간 축적된 변이(mutation)의 결과이며, 이에 대한 연구는 유전자 지도 작성이나 유전병 진단 등에서 토대가 되고 개인식별을 위한 유전자 감식에 상당히 유용한 결과를 제공한다. 일반적으로 유전자 감식을 형사사건의 경우에 적용할 때는 범인(criminal)이 남긴 것으로 추정되는 혈흔과 용의자(suspect)의 유전자형을 비교하는 개인식별 검사를 하게 된다.

개인식별 검사에서는 범죄현장의 증거와 용의자의 유전자 검사결과가 일치하는 경우에 대해 평가하게 된다. 이 경우 친생자 검사에서와 마찬가지로 통계적 가설검정의 원리를 이용한다. 즉, 용의자가 현장에 흔적을 남긴 '바로 그' 사람이기 때문에 두 유전자형이 일치할 확률이 '바로 그' 사람이 아님에도 불구하고 우연히 일치할 확률에 비해 얼마나 큰가에 대하여 평가하게 되는 것이다.

법정에서 피고(피의자)는 자신이 용의자로 지목되었지만, 범인이 아니라고 주장한다. 피고측의 주장과 원고측의 주장을 각각 통계적 가설로 나타내면 다음과 같다.

H_p: 용의자가 범인이다. vs. H_d: 용의자가 범인이 아니다.

재판부가 양쪽의 주장에 대해 어느 쪽이 옳은가를 판단하고자 한다면, 모든 증거를 고려할 때 두 주장 중 어느 쪽이 사실일 가능성이 높은 가를 결정해야 한다. 이런 과정은 E를 유전자 증거, I를 유전자 증거 외의 정황증거라고 할 때, 다음과 같은 사후오즈비를 계산하여 평가할 수 있다.

$$\frac{P(H_p|E, I)}{P(H_d|E, I)}$$

여기서 $P(H_p|E, I)$는 유전자 증거와 정황증거를 고려할 때 용의자가 범인일 확률을 나타내고, $P(H_d|E, I)$는 동일한 상황에서 용의자가 범인이 아닐 확률을 나타낸다. 그러나 이 확률들은 직접적으로 수치화할 수 없으므로, 다음과 같이 유전자 증거 E에 대한 우도비를 계산한다.

$$LR = \frac{P(E|H_p, I)}{P(E|H_d, I)}$$

여기서 $P(E|H_p, I)$는 용의자가 범인이라고 할 때 유전전자 증거 E가 관측될 확률이며, $P(E|H_d, I)$는 용의자가 범인이 아니라고 할 때 유전자 증거 E가 관측될 확률이다. 이 LR값은 "용의자가 범인이어서 유전자형이 일치했을 확률은, 용의자가 범인이 아님에도 불구하고 우연히 일치했을 확률과 비교할 때 LR배이다"는 것을 의미하며, 이를 **개인식별지수 (*II*, identity index)** 라는 용어로 표현한다.

개인식별지수의 계산은 일반적으로 정황증거에 의해 지목된 용의자 (*S*, suspect) 의 유전자형과 범인 (*C*, criminal) 의 것으로 추정되는 흔적의 유전자 검사결과를 근거로 한다. 여기서 G_S는 용의자의 유전자형, G_C는 현장에 남긴 흔적의 유전자형이라고 한다면 유전자 증거는 $E=(G_S, G_C)$가 된다. 이 때 유전자 검사에 의한 증거값으로 제시되어지는 개인식별지수는 다음과 같이 표현 가능하다.

$$LR = \frac{P(E|H_p, I)}{P(E|H_d, I)} = \frac{P(G_S, G_C|H_p, I)}{P(G_S, G_C|H_d, I)} = \frac{1}{P(G_S, G_C|H_d, I)}$$

용의자가 범인인 경우에 두 유전자형은 일치할 수밖에 없으므로 개인식별지수의 분자는 항상 '1'이 되지만, 분모 $P(G_S|G_C, H_d)$는 그렇지 않다. 따라서 개인식별검사의 경우는 특히 분모의 계산결과에 민감하며, 이 값을 **짝확률 (match probability)** 이라고 하여 유전자 증거의 해석에 이용한다. 이와 같은 짝확률의 계산도 용의자와 범인의 유전적 관계에 따라 다음과 같이 구분되어 계산되어질 수 있다.

① 용의자와 범인은 유전적으로 전혀 무관한 사람이라고 가정하는 방법
② 집단 내에 아직은 파악되지 않은 부집단이 있어서 용의자와 범인이 같은 부집단에 속해 있을 가능성을 고려하는 방법 (Balding and Nichols, 1994; Balding and Nicols, 1995; Balding and Donnelly, 1995)
③ 용의자와 범인의 친척관계를 고려하는 방법 (Evett, 1992; Brookfield, 1994; Belin et al., 1997; Lee et al,, 2000)

이 때 용의자와 범인의 관계에 따른 공통조상계수 (θ) 와 관계계수 (θ_{SC}, Δ_{S+C}) 는 앞 절에서의 설명과 같다. 개인식별검사에서 짝확률의 값은 범죄현장의 흔적과 일치한 용의자의 유전자형이 동형접합자 (homozygote) 인가, 아니면 이형접합자 (heterozygote) 인가에 따라 달라지며, 이를 정리한 것이 다음의 [표 13.14] 이다.

[표 13.14] 개인식별검사의 개인식별지수 (짝확률 = 1/개인식별지수)

	$P(G_S \mid G_C, H_d)$	
G_S	A_iA_i	A_iA_j
G_C	A_iA_i	A_iA_j
①	$\frac{1}{p_i^2}$	$\frac{1}{2p_ip_j}$
②	$\frac{(1+\theta)(1+2\theta)}{[2\theta+(1-\theta)p_i][3\theta+(1-\theta)p_i]}$	$\frac{(1+\theta)(1+2\theta)}{2[\theta+(1-\theta)p_i][\theta+(1-\theta)p_j]}$
③	$\frac{1}{p_i^2+4\theta_{SC}p_i(1-p_i)+2\Delta_{S+C}(1-p_i)^2}$	$\frac{1}{2(1-4\theta_{SC}+2\Delta_{S+C})p_ip_j}+2(\theta_{SC}-\Delta_{S+C})(p_i+p_j)+2\Delta_{S+C}$

G_S = 용의자의 유전자형, G_C = 범죄현장 흔적의 유전자형
A_iA_i = 동형접합자, A_iA_j = 이형접합자
p_i, p_j = 형질 A_i, A_j의 집단 내 관측빈도
θ = 공통조상계수, θ_{SC}, Δ_{S+C} = 용의자와 범인의 관계계수

① 용의자와 범인의 친척관계나 집단관계의 가능성을 무시하는 경우
② 용의자와 범인이 같은 부집단에 속해있다고 가정하는 경우
③ 용의자와 범인의 친척관계를 가정하는 경우

이처럼 개인식별 검사에서 유전자 증거의 평가를 위해서는 검사대상이 되는 사람들이 속해 있는 집단에 대한 사전연구가 필수적이라 할 수 있다. 또한 개인식별 검사에 이용한 또는 이용할 검사항목에 대한 신뢰도를 측정하는 것이 중요하다. 일반적으로 개인식별 검사에서는 개인식별력(power of discrimination: PD)을 계산하여 평가한다.

개인식별 검사의 대표적인 경우로, 유전자형 비교를 이용한 개인식별력이 친생자 검사에 비해 훨씬 높기 때문에 집단별로 서로 다른 사람이 같은 유전자형을 나타내는 경우가 거의 없게 하는 일정한 검사체계를 구성할 수 있다. 이렇게 분석기관마다 일정한 검사체계를 구성하는 것은 유전자 감정결과에 대한 오차를 사전에 파악할 수 있음을 의미하고, 이를 이용하여 분석의 정확도를 높일 수 있다. 예들 들어, 미국의 FBI는 현재 9개 STR 유전자좌 – D3S1358, vWA, FGA, D8S1179, D21S11, D18S51, D5S818, D13S317, D7S820 – 로 구성된 검사체계를 이용하고 있는데, 이를 857명의 한국인 집단에 적용하여 분석한 결과 개인식별력, 즉 PD는 99.999999998%이다. 형사사건의 개인식별은 주로 서로 다른 사람이 같은 유전자형을 가질 수도 있는 가능성을 나타내는 짝확률값을 이용하여 개인식별 결과를 서술하게 되며, [표 13.14]을 이용하여 계산되어질 수 있다.

13.4.2 분석 예제

다음은 STR 유전자좌에 대한 유전자 검사에서, 개인식별지수와 짝확률을 이용하여 형사사건의 개인식별 결과를 보고하는 경우이다. 분석은 개인식별력이 99.9749%인 4개 유전자좌로 구성된 검사체계를 이용한 것이다. 여기서 개인식별력 99.9749%가 의미하는 바는 검사에 이용된 4개 유전자좌를 '정황증거에 의해 한 명의 용의자가 지목되고, 범죄현장의 증거 역시 한 사람의 것인 경우'에 이용할 때, 유전자형 비교를 통해 범인이 아닌 사람을 99.9749% 구별할 수 있다는 것을 의미한다. 여기서는 정황증거에 의해 한 명의 용의자가 지목된 경우의 분석을 실시해 보도록 한다. 용의자가 지목이 되지 않고 검사기관이 보유하고 있는 데이터베이스에서 용의자를 찾은 경우에는 계산과정이나 해석이 다르며 이에 대한 자세한 설명은 DNA 프로필연구회(2002)를 참조하기 바란다.

상황: 강간 사건의 피해자가 가해자의 정액이 묻어 있는 증거물을 제출하였다. 정액을 분리하여 범인의 것으로 추정되는 남자의 유전자형을 밝힐 수 있었다.

피해자가 제출한 증거에서 조사된 유전자형과 지목된 용의자의 유전자형이 일치하였다. 이런 경우 개인식별지수와 짝확률의 계산은 앞서 설명한 바와 같이 '① 용의자와 범인의 친척관계나 집단관계의 가능성을 무시하는 경우'와 '② 용의자와 범인이 같은 부집단에 속해있다고 가정하는 경우'에서 $\theta = 0.03$을 대입한 방법인 ②*, '③ 용의자와 범인의 친척관계를 가정하는 경우'에서 친형제 또는 부모자식관계를 가정하여 $\theta_{SC} = 0.25$, $\Delta_{S+C} = 0.125$를 대입한 방법인 ③*을 이용하였다. 그 결과는 [표 13.15]과 같고 각 계산방법에 따른 해석은 다음과 같으며, 마찬가지로 각 확률결과에 대한 판단은 법정에서 이루어져야 할 것이다.

① 에 대한 해석: 이 정액이 용의자와 유전적으로 무관한 다른 사람에게서 나왔을 때 이와 같은 유전자 검사결과를 얻게 될 확률은 0.000000007035이다.

②*에 대한 해석: 이 정액이 용의자와 같은 부집단에 속하고 혈연관계가 없는 다른 사람에게서 나왔을 때($\theta = 0.03$) 이와 같은 유전자 검사결과를 얻게 될 확률은 0.0000009996이다.

③*에 대한 해석: 이 정액이 용의자의 형제 또는 아버지 뻘 되는 다른 사람에게서 나왔을 때($\theta_{SC} = 0.25$, $\Delta_{S+C} = 0.125$) 이와 같은 유전자 검사결과를 얻게 될 확률은 0.0126이다.

[표 13.15] 형사사건의 검사 예 (배제 안됨: ○, 배제됨: ×)

유전자좌	정 액	용의자	배제 여부	개인식별지수		
				①	②*	③*
CSF1PO	9-10	9-10	○	46.423	26.398	2.956
TPOX	8-9	8-9	○	8.801	7.547	2.310
THO1	9.3-9.3	9.3-9.3	○	811.110	93.565	4.213
D12S391	16-18	16-18	○	428.887	53.672	3.117
누적개인식별지수				142133789	1000441	80
짝확률				7.035e-09	9.996e-07	0.0126

제 14 장

유전체연구에서의 응용

최근 들어 관심이 집중된 분야 중의 하나가 **생물정보학 (bioinformatics)** 이다. 생물정보학이란 생물학적, 유전적 정보를 축적, 관리하고 분석하기 위한 컴퓨터기술의 적용분야로서, 전산생물학 (computational biology) 이라고도 불리운다. 1990 년대초부터 미국 등 선진국의 주도로 본격 추진된 인간게놈프로젝트 (Human Genome Project) 의 결과 공공유전체정보가 폭발적으로 증가하면서 이 분야의 연구가 촉진되었다. 생물정보학은 인간의 질병을 이해하고 새로운 약물개발을 위한 유전적 정보의 사용에 필수적인 학문이다. 이에 따라 여러 대학과 정부출연연구소, 제약회사 등에서 생물학, 전산학 및 통계학 전문가로 이루어진 생물정보팀을 구성하여 연구에 매진하고 있다. 생물정보학은 유전자 서열정렬 (sequence alignment) 및 검색, 단백질 서열분석 및 구조 예측, 마이크로어레이실험 분석 등의 다양한 연구를 위한 도구이다. 이 장에서는 이 가운데에서 통계학적 접근이 가장 활발히 이루어지고 있는 마이크로어레이 실험분야에 대해서만 집중적으로 설명하겠다.

14.1 마이크로어레이 실험

최근의 마이크로어레이 칩 (microarray chip) 기술의 발달로 수천 개의 유전자에 대한 발현양상을 동시에 관찰하는 것이 가능하게 되었다. **마이크로어레이실험**은 1 cm 가량의 작은 칩위에 수천, 수만 개의 유전자를 붙여놓고 검체에서 추출된 mRNA (messenger RNA) 의 발현 정도를 한 번의 실험으로 조사하는 방법이다. 마이크로어레이는 사용되는 뉴클레오타이드에 따라 cDNA 칩과 올리고뉴클레오타이드 (oligonucleotide) 칩으로 분류될 수 있다.

cDNA 마이크로어레이방식은 EST (Expression Sequence Tages) 의 모든 염기서열을 슬라이드에 붙여 상보서열을 가진 유전자를 식별하는 방식인데, 우선 찍을 DNA 클론 (clone) 들을 PCR (Polymerase Chain Reaction)에 의해 증폭하고 정제한 후에 슬라이드 위에 로봇방식으로 찍어서 칩을 제작한다. 두 개의 다른 환경에서 얻어진 세포로부터 mRNA를 추출하여 이를 역전사 (reverse transcription) 시킬 때 각각 다른 색깔의 형광물질을 띤 염료 (dye) 를 집어넣는다. 보통 실험검체에 적색의 형광물질 (Cy5)을, 대조검체에 녹색의 형광물질 (Cy3) 을 넣게 된다. 두 검체를 같은 양으로 섞어서 미리 제작해놓은 cDNA 마이크로어레이칩에 보합 (hybridization) 시킨 다음, 결합이 안된 유전자들을 씻어낸다. 씻어낸 칩을 레이저로 적색과 녹색 강도를 각각 스캔하여 합성시킴으로써

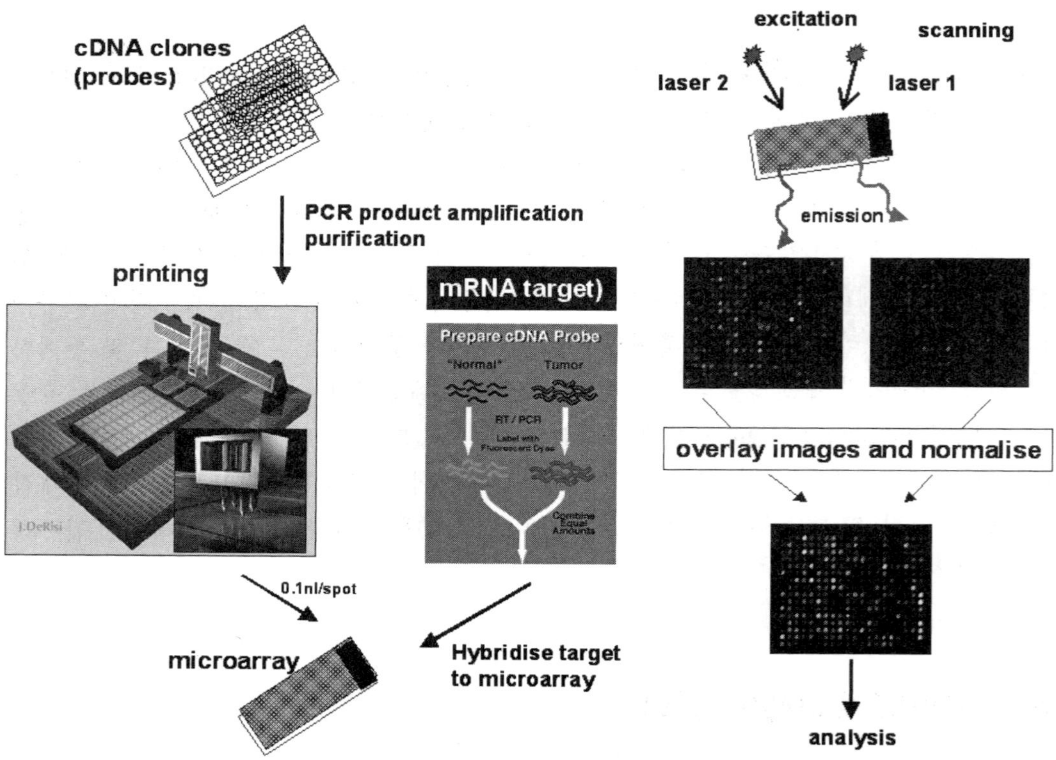

[그림 14.1] 마이크로어레이 실험과정

(출처: Yang, 2000)

찍힌 각 점(spot)들의 발현정도를 측정하게 된다. [그림 14.1]은 이 같은 과정을 설명하고 있으며, 이러한 과정을 거쳐 스캔된 마이크로어레이 이미지는 [그림 14.2]와 같이 나타난다. 이 이미지는 스탠포드대학의 브라운랩의 연구결과로 효모(Yeast)에 대한 칩 이미지이다. 여기서 찍힌 각각의 점들은 서로 다른 유전자를 나타내고 있으며, 점의 색상은 적색에서 녹색 사이의 색상을 띈다. 적색으로 염색된 실험검체에서 주로 발현되는 유전자들은 적색이 강하게 나타나고, 녹색으로 염색된 대조검체에서 주로 발현되는 유전자들은 녹색으로 나타나며, 두 환경에서 비슷한 양이 발현되면 색상이 합성되어 황색에 가깝게 나타난다. 3절과 4절에서 설명할 이미지처리 및 표준화과정을 거치면 이러한 이미지를 발현된 수치로 변환하여 분석에 사용하게 된다. R과 G를 각각 (배경강도가 조정된) 적색과 녹색의 발현강도라고 했을 때 이들의 로그비 $\log_2(R/G)$를 각 점에 대한 발현강도데이터로 놓는 경우가 많다.

Affymetrix 사가 개발한 올리고뉴클레오타이드 마이크로어레이방식은 각 올리고뉴클레오타이드와 25개 염기서열의 중앙점인 13번 염기서열을 변형시킨 올리고뉴클레오타이드를 나란히 배열하여 결합량을 비교한다. 각 유전자마다 11-20쌍의 PM (Perfect match)와 MM (Mis-match)의 차이를 측정하게 된다. 이때는 레이저판독기로 직접 발현강도를 측정하게 되어, cDNA 마이크로어레이실험에서처럼 두 샘플의 형광강도의 상대적 비율로 측정되는 것이 아니라 단일샘플의 절대적 발현량이 측정된다. 각 유전자별로 11-20쌍의 PM − MM에 대한 평균에 로그를 취한 값이 발현데이터로 사용된다.

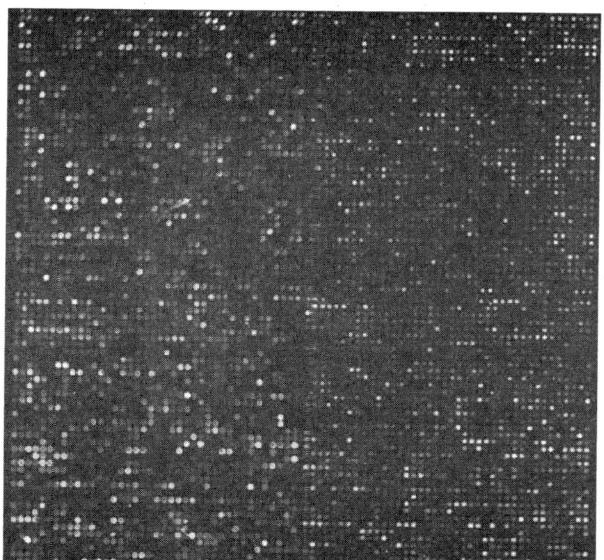

[그림 14.2] 스캔된 마이크로어레이이미지 (Full Yeast Genome)

(출처: http://cmgm.stanford edu/pbrown/yeastchip.html)

이러한 마이크로어레이실험에서는 실험의 계획이나 자료의 분석과정에서 이미지 분석, 표준화, 유전자발현의 유의성검정, 유전자의 군집 및 분류 등의 여러 단계에 걸쳐 수많은 통계적인 과제가 발생하게 된다. 이러한 문제를 차례로 알아보기로 하자.

14.2 실험설계방법

이 분야의 실험계획에 대해서는 아직 연구가 많이 이루어지지 않고 있으며, 각 실험 상황에 따라 적절한 실험설계방법이 달라지기 때문에 보편적인 방법을 추천하기는 어렵다. Kerr and Churchill (2001) 은 마이크로어레이 실험에서의 설계방법에 대해 정리한 바 있으며, Smyth et al. (2003) 에서도 몇 가지 일반적인 원칙을 제시한 바 있다. 이들이 제시한 설계법을 살펴보자.

먼저 가장 단순한 실험 형태로 종양조직과 정상조직으로부터 얻어진 두 개의 mRNA를 비교하는 것이 목적일 때에는, [그림 14.3]의 (가)처럼 또 다른 기준샘플(reference sample: Ref로 표시했음) 을 사용하는 것보다 (나)처럼 두 개의 조직 A와 B를 같은 어레이에 섞어서 직접 비교하는 것이 효과적이다. 직접비교실험에서는 염료에 따른 편이를 최소화하기 위해서 실험검체와 대조검체의 염료를 서로 바꾸어서, 한 번은 실험검체를 녹색, 대조검체를 적색으로 하고 다른 한 번은 실험검체를 적색, 대조검체를 녹색으로 염색하여 실험하는 염료교환 (dye-swap) 방식을 사용하는 것이 추천된다. 그림에서 편의상 염료의 색을 구분하기 위해 한 쪽에 화살표를 붙였으며, 화살표가 있는 쪽에 적색염료를 사용하였다.

실제로 많이 사용되는 방법 중의 하나는 **기준설계 (reference design)** 이다. 이 설계는 기준샘플을 한 염료로 염색하고, 나머지 다른 염료로 관심있는 샘플들을 염색하는 방식이다. 예컨대 몇 개의 변종형태 (mutant type) 를 일반형태 (wild type) 와 비교하고자 하는 실험에서는 [그림 14.4]처럼 일반형태의 RNA를 기준샘플로 놓고 기준설계를 하는 것이 보다 효과적이다. 그러나 기준설계에서는 샘플의 효과가 염료의 효과와 교락

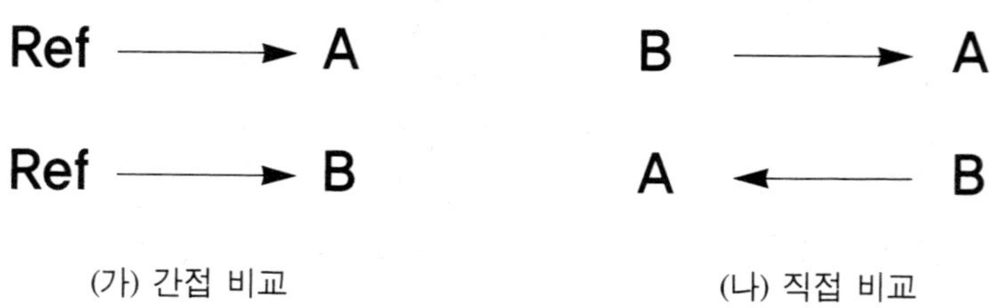

[그림 14.3] 두 샘플의 비교를 위한 실험설계

(confounding) 되므로, 궁극적인 관심의 대상이 되는 샘플-유전자간의 교호작용효과를 염료-유전자간 교호작용효과와 구분할 수 없다. 따라서 이 설계를 사용하기 위해서는 특정 유전자에 대한 염료효과는 없다고 가정허야 하는 제약이 있다.

기준설계에 대한 대안으로서 [그림 14.5]와 같은 **루프설계 (loop design)** 를 생각할 수 있다. 루프설계를 사용하면 기준설계에서와 같은 수의 어레이를 사용하면서 한 샘플에 대해 2회의 실험결과를 얻을 수 있으며, 한 샘플에 대해 두 가지의 염료를 모두 사용할 수 있게 된다. 이렇게 염료의 균형을 맞춰줌으로써 샘플-유전자간 교호작용효과는 더 이상 염료-유전자간 교호작용 효과와 교락되지 않는다는 장점이 있다. 시간에 따른 변화를 보는 실험에서도 루프설계방법이 추천된다.

많은 샘플이 비교되는 복잡한 디자인에 대해서는 직접비교보다 기준샘플을 사용하는 것이 더 적당하다. 이 밖에도 상대적인 비용이나 참조 RNA의 활용가능성, 그리고 어레이의 비용 등을 고려하여 실험설계를 해야 한다.

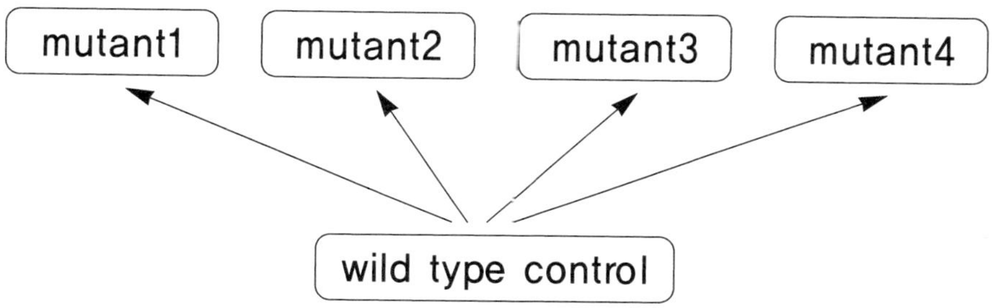

[그림 14.4] 기준샘플이 있을 때의 기준설계

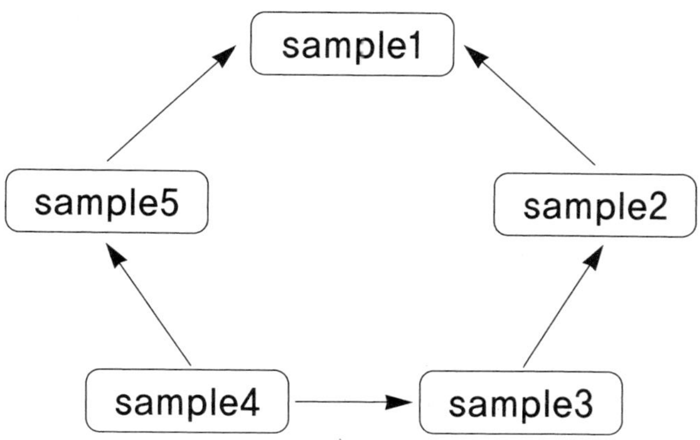

[그림 14.5] 5개의 샘플을 비교하기 위한 루프설계

14.3 이미지 분석

마이크로어레이 칩을 레이저로 스캔하면 각 유전자와 결합된 cDNA들의 신호가 앞 절에서의 [그림 14.2]와 같이 수많은 점들로 나타난다. 이 각각의 점들로부터 적색과 녹색에 대한 전경(foreground) 및 배경(background) 강도의 값을 계산하는 과정이 **이미지 분석(image processing)** 과정이다. 어레이상에서 찍힌 위치에 따라 밝기가 영향을 받을 수 있는데 이러한 지역적인 변이를 보정하기 위해 배경강도를 사용하게 된다. 즉, 각 점에서 보정된 적색 및 녹색 강도가 차후 분석에서의 주요 데이터가 되는 것이다. 이상적인 마이크로어레이 이미지는 점들이 찍힌 격자들의 간격이 모두 같고, 찍힌 점의 모양이 원형이며, 배경강도가 일정한 것이지만, 실제 실험에서 얻어진 이미지는 그렇지 못한 경우가 많아 이를 보정하기 위한 방법들이 필요하게 된다.

스캔된 마이크로어레이 이미지를 분석에 쓰일 발현수치로 변환하기 위해서 **위치지정(addressing** 또는 **gridding)**, **분할(segmentation)**, **발현강도추출(intensity extraction)**의 세 과정을 거치게 된다.

위치지정은 각 점의 위치를 인식하는 것이며, 대부분의 소프트웨어 시스템에서 슬라이드상의 점들의 수나 기본 배열 등의 알려진 정보를 이용하여 자동 위치지정절차를 제공하며, 신뢰성을 높이기 위해서 사용자가 일부 조정하기도 한다. [그림 14.6]은 위치지정을 하는 화면이다.

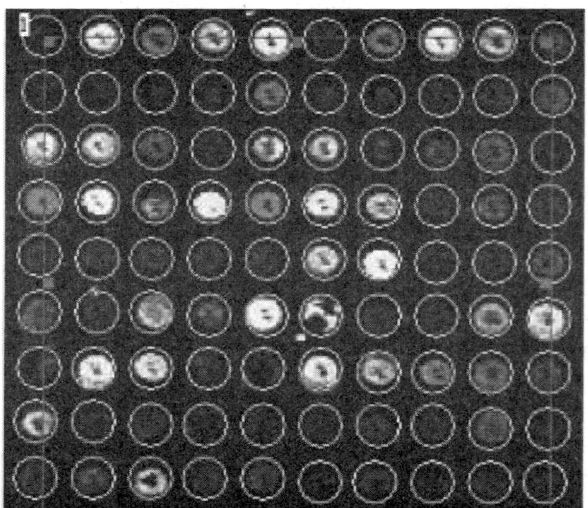

[그림 14.6] 위치지정 절차의 예

위치지정을 통해 점이 포함된 영역이 발견되면 영역을 배경과 전경으로 분류하는 분할과정이 필요하다. 분할에는 몇 가지 방식이 있는데 가장 고전적인 방법은 히스토그램을 이용하는 방법으로서, 먼저 각 점을 에워싸는 영역을 선택하고 이 영역안의 픽셀에 대한 강도를 이용하여 히스토그램을 생성한다. 이를 이용하여 기준치를 정하고 강도가 기준치보다 크면 전경으로, 그렇지 않으면 배경으로 분류하게 된다. 또 다른 방법은 모든 점들을 동일한 지름을 가진 원으로 적합하여 전경픽셀들이 모두 연결되도록 하는 방법인데, 모든 점들이 원형이고 같은 크기를 가지고 있으면 쉽지만 실제로는 그렇지 않으므로 이를 보다 일반화하여 각 점마다 지름을 추정하여 쓴다 (Buhler et al., 2000). 이 밖에 분수선 (watershed) 방법과 초기영역확장 (seeded region growing) 방법은 초기 픽셀을 정한 후에 강도에 차이가 나지 않는 주위 픽셀들로 영역을 확장해나가는 방법으로, 원형을 가정하지 않고 일반적인 형태를 허용한다(Beucher and Meyer, 1993; Adams and Bischof, 1994).

이러한 분할방법 중 하나를 이용해서 각 점의 위치와 크기, 모양을 찾은 후에는 발현강도추출 절차에 들어간다. 여기서는 적색과 녹색의 전경강도와 배경강도를 계산하고 찍힌 점들의 질을 평가한다. 대부분의 마이크로어레이 분석 패키지는 각 점에 대해 전경으로 분할된 영역내의 픽셀 강도의 평균 (또는 중앙값) 을 전경강도로 정의한다. 배경강도의 선택에는 여러 가지 방법이 있을 수 있는데, 배경으로 선택된 영역에서의 중앙값을 취하는 방식을 많이 쓴다. [그림 14.7]은 배경강도를 계산할 영역을 선택하는 여러 방법들을 보여준다. 그림에서 전경으로 분할된 영역은 가장 안쪽의 원인데, 이의 배경

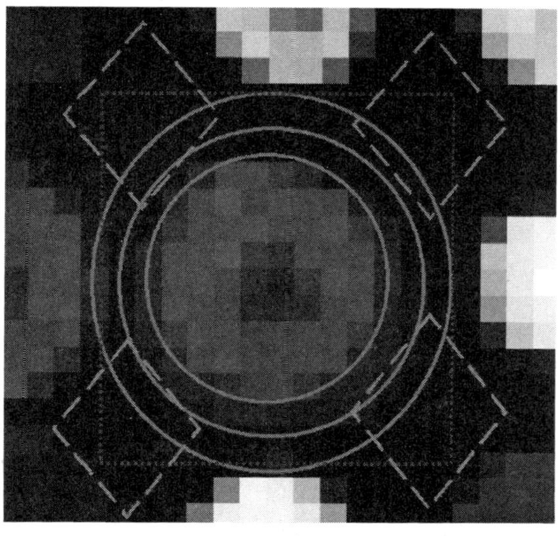

[그림 14.7] 배경강도의 계산을 위한 영역선택의 예
(출처: Yang et al., 2000)

으로 사각의 점선으로 표시된 영역내에서 전경으로 분할된 영역 바깥쪽의 픽셀들을 사용할 수도 있고, 바깥쪽의 큰 두 원 사이의 영역을 사용할 수도 있으며, 다이아몬드형으로 표시된 영역처럼 전경주위로부터 가장 멀리 있는 4개의 영역을 사용할 수도 있다(Yang et al., 2000).

배경강도와 전경강도를 구한 후에는 각 점들에 대해 질적인 평가를 하게 된다. 찍힌 점이 너무 작거나 너무 큰 경우, 강도가 너무 낮은 값이나 오염에 의한 값, 전경보다 배경이 높은 값 등은 신뢰성이 떨어지므로 걸러낸다. 질적 평가방법은 Yang et al.(2001), Wang et al.(2001) 등을 참조하기 바란다. 배경강도를 추정한 후에는 전경강도에서 배경강도를 빼서 보정한 값을 형광강도로 사용한다. 즉, 적색의 형광강도 (R) 는 적색 전경강도 (Rf) 에서 적색 배경강도 (Rb) 를 뺀 값, $R = Rf - Rb$로 정의되며, 녹색의 형광강도 (G) 는 녹색 전경강도 (Gf) 에서 녹색 배경강도 (Gb) 를 뺀 값, $G = Gf - Gb$로 정의된다. 분석 시 보통 이들의 로그비 $\log_2(R/G)$ 를 이용하게 되며, 음의 값을 갖는 R과 G는 분석에서 제외된다.

14.4 표준화

이미지 분석 결과 형광강도를 얻는 과정에서 염료의 물리적인 성질이나, 스캐너의 세팅 등 다양한 요인에 의한 편향(bias)이 발생할 수 있다. 따라서 분석에 들어가기 전에 이러한 편향을 보정할 필요가 있는데 이러한 과정을 **표준화 (normalization)** 라고 한다.

표준화 과정을 설명하기 위하여 마이크로어레이자료를 그래프로 나타내보도록 하자. 마이크로어레이자료를 그래프로 나타낼 때 흔히 쓰는 방법 중 하나는 두 색상의 강도를 산점도로 나타내는 방법이다. 즉, [그림 14.8]과 같이 $\log_2 G$를 x축으로, $\log_2 R$을 y축으로 하여 산점도를 그린다. 이러한 그림은 색상의 균형이나 오염된 부분으로 인한 특이점들 같은 실험전반에 대한 정보를 주며, 두 샘플에서 유의하게 발현되는 유전자에 대한 대강의 정보를 줄 수 있다. 대각선상에 있는 점들은 두 형광강도가 동일한 유전자들을 나타내며 이 선상에서 벗어날수록 어느 한쪽의 발현이 강하다는 것을 의미한다. 따라서 우리의 관심은 대각선상에서 벗어난 점들에 있게 된다. 예컨대 점선 아래쪽의 점들은 적색보다 녹색염료를 쓴 샘플에서 더 발현하는 유전자들이고, 점선 위쪽의 점들은 적색염료를 사용한 샘플에서 더 발현하는 유전자들이다.

Dudoit et al. (2002) 는 이러한 단순한 그래프 대신 $M-A$그림을 이용하였는데, 여기서

$$M = log_2 R - log_2 G = log_2 (R/G)$$
$$A = (log_2 R + log_2 G)/2 = log_2 \sqrt{RG}$$

이다. [그림 14.9]와 같이 M을 y축에, A를 x축에 그리게 되며, 이 때에는 두 형광강도가 동일한 유전자들이 수평축 ($M = 0$) 에 찍히게 된다. 이러한 M－A그림은 단순한 로그비 외에도 발현의 범위나 로그강도간의 비선형성, 발현과 강도사이의 중요한 관계를 보여주므로 보다 유용하다.

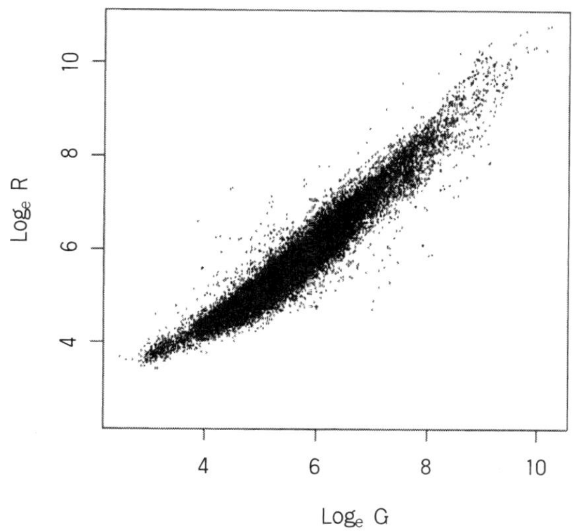

[그림 14.8] 형광강도의 산점도

(출처: Smyth et al., 2003)

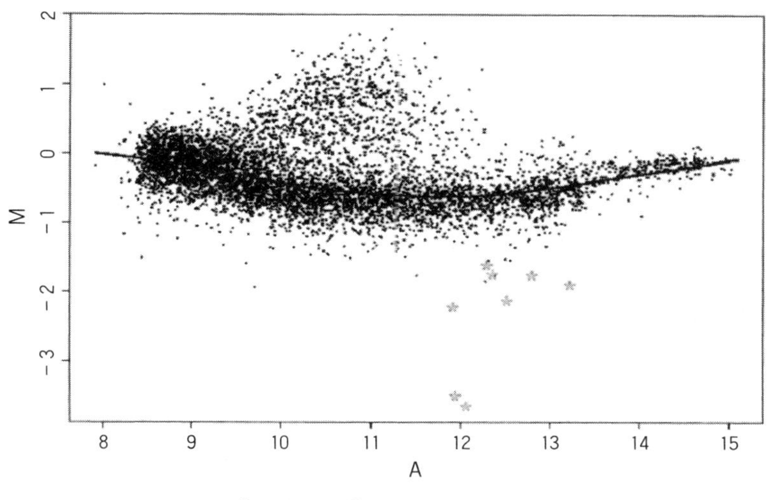

[그림 14.9] M-A 그림의 예

(출처: Yang et al., 2002)

이제 표준화 절차에 대해 알아보자. 염료를 사용할 때 녹색염료가 적색염료보다 형광강도가 높게 나타나는 경우가 흔하다. 따라서 이러한 편차를 보정하여 녹색염료(Cy3)와 적색염료(Cy5) 간의 균형을 맞추어 줄 필요가 있다. 몇 가지의 표준화 방법이 있는데, 가장 단순한 방법으로 전체적인 표준화방법(global normalization)이 있다. 이 방법은 적색강도와 녹색강도가 상수배인 관계가 있다고 가정하고, 전체 로그강도비의 평균(또는 중앙값)을 0으로 만들어주는 방법이다. R과 G를 각각 적색과 녹색의 형광강도라고 했을 때 $R = kG$라는 가정하에서 $\log_2(R/G)$ 대신 $\log_2(R/G) - c$를 쓴다. 여기서 전체 평균(또는 중앙값)을 0으로 만들려면 상수 c를 선택할 때 모든 유전자들에 대한 로그강도비를 써야 하지만, 실제로는 전체 유전자를 쓰기 보다는 유의하게 발현되지 않는다고 생각되는 유전자들을 가지고 로그-강도비의 평균(또는 중앙값)을 구하여 상수 c로 놓는다.

그런데 염료의 편차가 각 점들의 강도에 영향을 받을 수 있으므로 c를 상수가 아닌 평균 로그강도의 함수로 놓고 조정하는 방법을 생각할 수 있다. 즉, $\log_2(R/G)$ 대신

$$\log_2(R/G) - c(A)$$

를 쓰는 것이다(Yang et al., 2002). 예컨대 위의 [그림 14.9]에서 로그강도비가 점들의 강도에 영향을 받지 않고 단지 상수 c만큼 차이가 났다면 각 점은 $M = 0$인 선에서 상수 c 만큼 벗어난 위치에 x축에 수평으로 그려질 것이다. 하지만 이 그림에서는 아래쪽으로 약간 휘어져 있어 A의 값에 따라 변하는 형태이므로, A에 의존적인 표준화방법을 쓰는 것이 더 적절할 것이다. 함수 $c(A)$의 형태로 여러 가지를 고려할 수 있는데, 한 가지 방법은 대표적인 평활(smoothing) 방법의 하나인 LOWESS(Locally Weighted Scatter-plot Smoothing)를 이용한 적합값을 쓰는 것이다. [그림 14.9]에서 $M = 0$ 주위에 그려진 곡선이 LOWESS 곡선이다.

앞에서 설명했듯이 위의 방법들은 전체 또는 대부분의 유전자들을 이용하게 된다. 따라서 이 방법들은 실험에서 대부분의 유전자들이 두 조건에서 비슷하게 발현되고 극히 일부의 유전자들만이 두 mRNA 샘플에서 유의하게 다르게 발현한다고 생각되고, 적색과 녹색의 발현수준의 대칭성을 기대할 만한 충분한 이유가 있을 때 사용할 수 있다. 그렇지 않고 유전자의 상당 부분이 다르게 발현할 것으로 기대되는 실험이라면 하우스키핑 유전자(housekeeping gene)를 사용할 수 있다. 이들은 환경이 바뀌어도 항상 일정한 발현을 갖는 것으로 생각되는 유전자들을 말하는데, 이들 유전자에 대한 로그강도비의 평균을 보정값으로 놓고, 각 점들의 적색강도를 이 값으로 나누어 보정한다. 특정 실험조건하에서 불변하는 유전자 집합이 있을 수 있으므로 이러한 방법이 가능하다.

두 개의 샘플에 대해 염료를 바꾸어 2회 실험한 염료교환(dye-swap) 실험의 경우에는 자가표준화(self-normalization)를 실시할 수 있다(Yang et al., 2002). 즉 첫 슬라이드

에서 표준화된 로그강도비를 $M = \log_2(R/G) - c$라고 하고, 두 번째 슬라이드에서의 표준화된 로그강도비를 $M' = \log_2(R'/G') - c'$라고 하자. 염료만 바꾸었으므로 두 슬라이드에서의 표준화된 로그강도비는 부호만 반대인 값이 될 것을 기대하게 된다. 즉,

$$\log_2(R/G) - c \approx -(\log_2(R'/G') - c')$$

을 만족할 것이다. 두 실험에서의 표준화 보정값이 거의 같다면$(c \approx c')$, 보정값은 다음과 같이 구할 수 있다.

$$c \approx \frac{\log_2(R/G) + \log_2(R'/G')}{2} = \frac{(M + M')}{2}$$

이러한 과정을 거쳐 표준화된 데이터가 이후의 분석에 대한 입력값이 된다.

14.5 유의한 유전자의 선택

마이크로어레이 실험에서 중요한 목표 중의 하나는 샘플에 따라(예를 들어, 정상세포와 암세포 등) 다르게 발현하는 유전자를 찾아내는 것이며, 이 때 유전자 발현값이 유의한지를 결정하는 방법이 필요하게 된다. 유의한 유전자를 선택하는 것은 종양표식자(tumor marker)나 신약개발을 위한 목표유전자(target gene)를 선별하는 데 매우 효율적이다.

두 개의 샘플을 같은 어레이에서 직접 비교하는 경우 n개의 반복적인 어레이를 사용한 간단한 실험을 생각해 보자. 우선 쉽게 생각할 수 있는 것은, 각 유전자들에 대해 모든 어레이에서의 M값의 평균 $\overline{M}$와 표준편차 s를 구하고, 다음과 같은 t-통계량

$$t = \frac{\overline{M}}{s/\sqrt{n}}$$

의 절대값을 구해서 그 값이 어느 기준치(cut-off value)보다 크면 그 유전자를 유의하게 발현한 것으로 판명하는 것이다. 하지만 이 통계량을 사용하면 이상치(outlier)가 있는 유전자의 경우 s가 커지므로 유의한 유전자로 잘못 인식되는 경우를 막을 수 있으나, 형광강도가 너무 낮아서 s값이 매우 작은 경우에는 그 유전자가 유의하게 발현하지 않더라도 통계량 값이 커져서 잘못 유의하게 판명되는 단점이 있다. 이를 조정하기 위해 Tusher et al.(2000)는

$$t = \frac{\overline{M}}{s/\sqrt{n} + s_0}$$

형태의 수정된 t-통계량을 제안하였다. 여기서 s_0는 분산이 발현수준에 독립적이기 위해서 덧붙인 상수이다. Tusher al. (2000) 은 $|t|$ 의 변동계수 (coefficient of variation) 를 최소화시키는 값을 사용하였으며, 이 방법을 **SAM (Significant Analysis of Microarray)** 이라고 이름 붙였다.

이를 보다 일반화하여 두 샘플 A와 B를 같은 어레이에서 직접 비교하지 않고 기준샘플 (reference sample) 을 통하여 비교한 실험으로 확장하면, 각 유전자 마다 통계량은

$$t = \frac{\overline{M}_A - \overline{M}_B}{\sqrt{(1/n_A + 1/n_B)\, s^2 + a}}$$

와 같은 형식이 된다. 여기서 s^2은 합동분산의 추정치이며, M_A와 M_B는 각각 샘플 A와 B를 기준샘플과 같은 어레이에서 비교하였을 때의 M값의 평균이다. 위와 마찬가지로 상수 a는 $|t|$ 의 변동계수 (coefficient of variation) 를 최소화시키는 값이다.

이제 위의 통계량에 기초하여 차이가 큰 순서대로 유전자들의 순위를 매길 수 있다. 다음 문제는 이 통계량이 얼마 이상일 때 유의하다고 판정할지에 대한 기준치를 정하는 것이다. 그런데 보통 사용되는 유전자들이 수천 개씩 되므로, 각각의 유전자에 대하여 유의성 검정을 하면 다중검정 (multiple testing) 의 문제가 발생하게 되어 제1종 오류가 커지게 된다. 보통의 경우처럼 본페로니 방법 (Bonferroni Method) 과 같은 엄격한 오류율 조정방법을 사용하면 마이크로어레이 실험에서는 유의하게 판정될 수 있는 유전자들은 거의 없을 것이다. Dudoit et al. (2000)은 다중검정으로 인한 p-값 보정절차로써 Westfall and Young (1993)의 방법을 사용하였으나, 이것 또한 지나치게 엄격한 편이다. 실제로 유의한 유전자들이 대부분 잘 뽑혔다면 유의하지 않은 유전자들이 잘못 뽑힌 것은 크게 심각한 문제가 아니므로, 보다 덜 엄격한 오류율 보정을 생각할 필요가 있다. 한 가지 방법은 유의한 것으로 잘못 판정되는 유전자의 비율인 **FDR (False Discovery Rate)** 을 제어하여 이러한 문제를 해결하는 것이다. 여러 방법이 제안되었는데, SAM 방법에서는 FDR을 탐색적인 방법으로 다루어 일단 어떤 기준치에 근거하여 유의한 차이를 보이는 유전자를 선발한 다음에 재표본 (re-sampling) 방법을 이용하여 이들 유전자집합에 대한 FDR을 추정한다. 이 기준치는 유의한 유전자집합을 조금 작거나 크게 만들기 위해서 조정될 수 있으며, 각 경우에 대해 FDR을 계산한다.

SAM 방법에서는 또한 유의한 유전자를 찾기 위한 방법으로 관측된 $t(i)$와 이의 기대치 $t_E(i)$의 플롯을 작성한다. 여기서 $t(i)$는 모든 유전자의 t-값 중에서 i번째로 큰 값이고, $t_E(i)$는 여러 차례의 재표본으로 뽑힌 샘플에서의 i번째로 큰 값들에 대한 평균이다. 대부분의 유전자는 관측치가 기대치와 비슷하지만, 몇몇 유전자들은 상당히 차이가 나게 되는데 이러한 유전자들을 유의하다고 판정한다. [그림 14.10]은 관측된 상대적 차이인 $t(i)$와 기대되는 상대적 차이인 $t_E(i)$의 플롯이다. 직선이 $t(i) = t_E(i)$를 나타내고 점

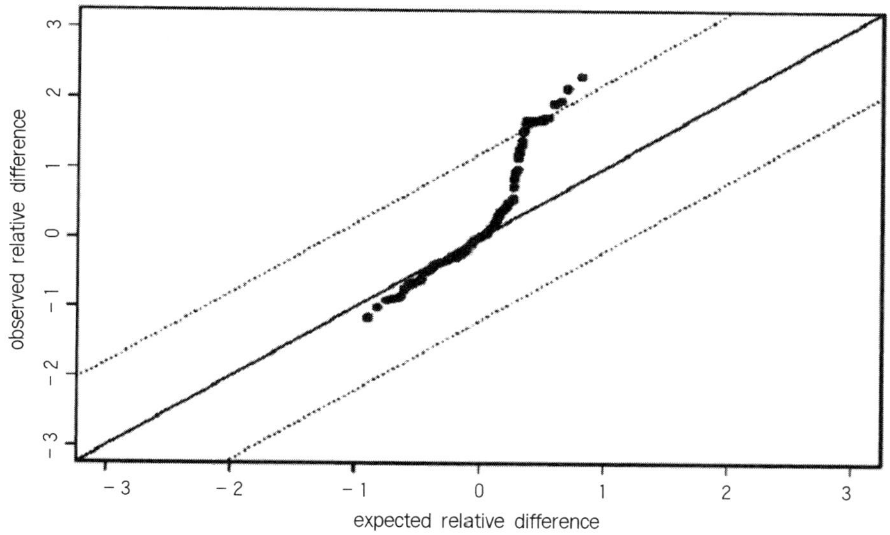

[그림 14.10] 발현자료에서 유의한 차이를 보이는 유전자의 식별

선은 기준치를 표시하는 선이며, 점선 밖으로 나온 유전자를 유의한 것으로 판명한다.

14.6 유전자의 군집 및 분류

생명체의 유전적 특징은 각각의 유전자에 의해서 나타나는 것이 아니고, 서로 연관된 여러 유전자들간의 상호관계를 파악함으로써 이해할 수 있으므로, 유의하게 다르게 발현된 각각의 유전자를 찾는 과정만으로는 생물체의 유전적 특징을 살펴볼 수 없다. 서열을 공유하지 않고 구조적 유사성이 없는 유전자들도 활동측면에서 관련되어 있을 수 있는데, 이와 같이 연관된 유전자는 같이 발현되는 경향이 있다. 따라서 이러한 유전자들의 군집을 찾는 일이 유전자기능을 파악하는데 도움이 될 수 있다. 유전자발현자료를 이용하여 새로운 군집이나 아직 알려지지 않은 군집을 식별하는 것은 **군집분석 (cluster analysis)** 에 의해 가능하다. 이 방법을 **비지도학습법 (unsupervised learning)** 이라고도 한다. 이에 반해 **판별분석 (discriminant analysis)**은 이미 알려진 군집으로 분류하는 방법이며, **지도학습법 (supervised learning)** 이라고도 한다. 군집분석이나 판별분석 모두 전통적인 다변량 분석 방법이다. 여기서는 군집분석에 초점을 맞추어 소개하겠다.

n개 mRNA 샘플에 대해 p개의 유전자의 발현정도를 측정했을 때 사전처리 후 얻어지는 데이터는 $n \times p$ 행렬 $X = (x_{ij})$로 표현할 수 있다. 이때 x_{ij}는 i번째 mRNA 샘플에서의 j번째 유전자의 발현값이다. 실험에 따라서는 p개 유전자를 시간대별로 측정하여 시간에 따른 변화를 측정하기도 한다. [표 14.1]은 정리된 데이터의 예이다. 이렇게 생성

된 대규모 유전체 자료의 분석을 위해서, 계층적 군집분석(hierarchical cluster-ing)이나 k-평균 군집분석(k-means clustering), 주성분분석(Principal Component Analysis; PCA) 등의 전통적인 다변량 방법을 비롯하여, 자기조직도(Self-Organizing Map; SOM)이나 진쉐이빙(geneshaving) 등 다양한 다변량분석 기법들이 사용되고 있다. 이들 방법에 대해 간단히 알아보자.

[표 14.1] 사전처리 후 얻어지는 유전자발현데이터의 형태

	Gene1	Gene2	Gene3	Gene4	Gene5	…
sample 1	0.46	0.30	0.80	1.51	0.90	…
sample 2	− 0.10	0.49	0.24	0.06	0.46	…
sample 3	0.15	0.74	0.04	0.10	0.20	…
sample 4	− 0.45	− 1.03	− 0.79	− 0.56	− 0.32	…
sample 5	− 0.06	1.06	1.35	1.09	− 1.09	…
⋮	⋮	⋮	⋮	⋮	⋮	

계층적 군집분석에는 병합적 방법과 분할적 방법이 있다. 병합적 방법은 모든 유전자들을 각각의 군집으로 본 후에 유사한 군집들을 모아 나가는 것이고, 분할적 방법은 모든 유전자를 묶어서 하나의 군집으로 본 후에 그룹을 나누어가는 것이다. 이때 유전자의 프로파일들이 얼마나 유사한지가 나무구조의 그림인 덴드로그램(dendrogram)으로 표현된다. 주로 사용되는 것은 병합적 방법이다. 계층적 군집분석 방법은 쉽고 단순하며 최종 결과가 이해하기 쉬운 나무구조의 그림으로 표현되어 많은 연구에서 이용되고 있다. 반면에 각 개체들이 지엽적인 결정에 의해 군집되고, 한 번 결정된 것은 다시 평가할 기회가 없다는 단점이 있다. [그림 14.11]는 계층적 군집분석의 결과 생성된 덴드

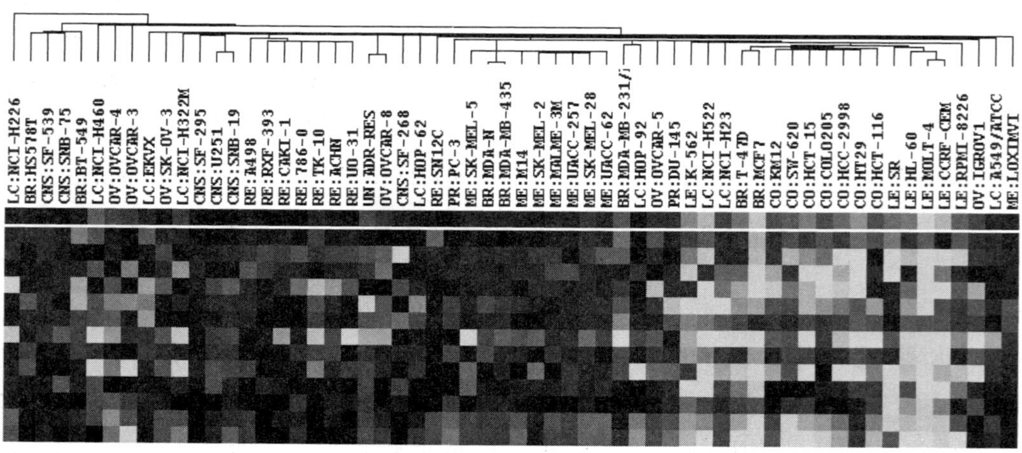

[그림 14.11] 계층적 군집분석의 덴드로그램

로그램의 예로, Eisen Lab의 Treeview라는 프로그램을 이용하여 그린 것이다. 나무 아래의 색상표는 유전자들의 발현정도를 적색에서 녹색까지의 색상으로 표시한 것(일부분만 표시했음)이다. 비슷한 위치에 묶여있는 유전자들은 색상의 패턴이 유사하다.

k-평균 군집분석은 개체들을 미리 정해진 수(k개)의 군집에 할당하는 방법이다. 군집의 초기값을 규정하여 결정된 초기 군집에 각 개체들을 할당한 후, 정해진 기준에 따라 최적화될 때까지 재할당하는 과정을 거쳐 최종 군집이 정해지게 된다. 군집의 중심을 기준으로 개체를 할당하게 되며, 중심으로는 평균 또는 중앙값을 쓸 수 있다.

자기조직도(SOM)는 신경망모형의 한 종류로서 k-평균 군집과 비슷하지만 결과로 나오는 유전자들의 그룹에서 이웃한 그룹들은 떨어져 있는 그룹보다 유사한 패턴을 보여주게 된다(Kohonen, 1995). [그림 14.12]는 3 × 2 SOM 실행원칙을 보여준다. 검은 점들은 데이터(유전자)를 나타낸다. 초기에 사용자가 원하는 형태를 선택하며, 여기서는 3 × 2 = 6개의 노드(node)를 가진 3행 2열 형태의 직사각형을 선택하였다. 숫자가 쓰여진 점이 초기의 중심점이며, 이로부터 반복적인 계산과정을 통해 화살표방향으로 이동하여 자기 위치를 찾아나간다. 최후에 결정된 군집에서 노드가 가까운 군집들은 다른 군집들보다 상대적으로 유사한 패턴을 갖게 된다. 예컨대 그림의 노드 1에 속하는 것으로 묶인 유전자들의 프로파일은 노드 3이나 노드 2에 속한 유전자들의 프로파일과 닮은 부분이 있으며 멀리 떨어진 노드 6에 속하는 유전자들의 프로파일과는 많이 다르다.

주성분분석은 구조가 복잡하고 서로 상관되어 있는 다차원 자료를 변환시켜 주성분이라는 서로 독립적인 인공 변수들을 만들어냄으로써 몇 개의 의미있는 주성분으로 많은 부분을 설명할 수 있도록 하는 것이다. 주성분분석은 특정 유전자가 어떤 군집에 속

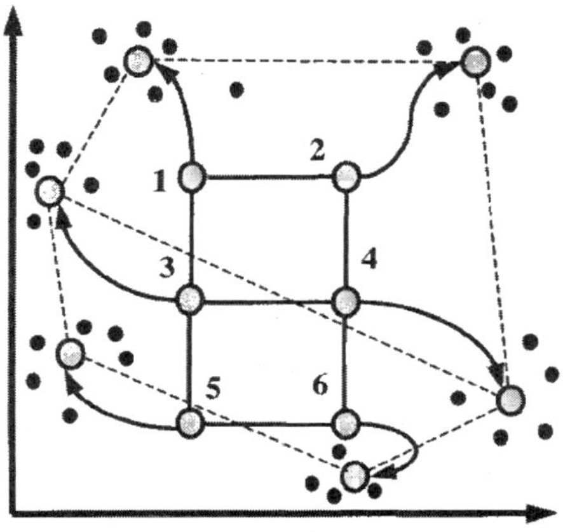

[그림 14.12] 3 × 2 SOM의 실행과정
(출처: Tamayo, 1999)

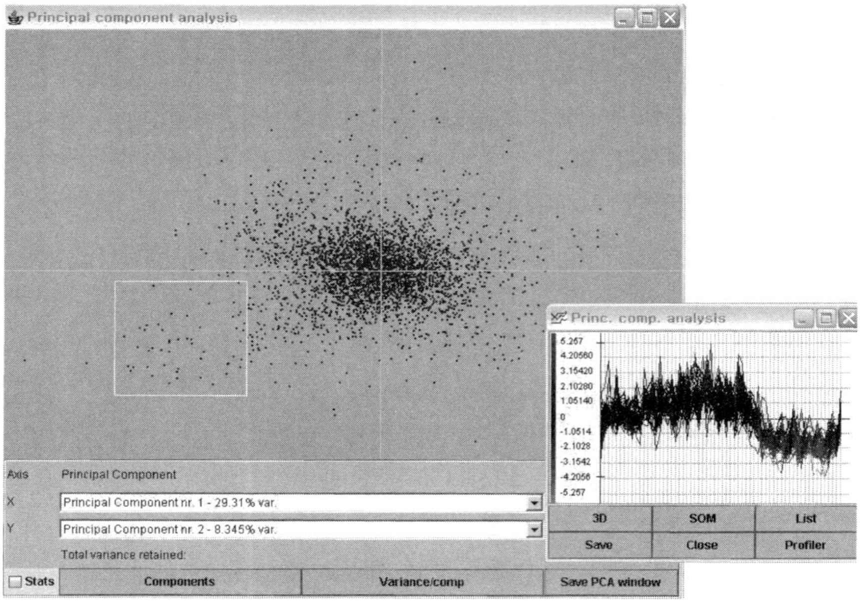

[그림 14.13] 주성분분석결과 및 2차원그림의 예

하는지를 알기위한 것보다는 이웃하는 유전자들이 무엇인가를 알아보고 싶을 때 효과적이다. [그림 14.13]은 주성분분석 결과를 2차원 그래프로 그린 예로 J-express라는 프로그램을 사용하여 구한 것이다. 왼쪽 창에서 관심있는 유전자들을 일부 드래그하여 (사각형으로 표시) 프로파일을 본 것이 오른쪽의 작은 창에 나와 있다.

진쉐이빙방법은 제 1 주성분으로 일명 '슈퍼유전자 (super gene)'를 계산한 다음 이와 가장 관련이 없는 유전자들 (예컨대 하위 10%)을 잘라내는 과정을 마지막 유전자 하나만이 남을 때까지 반복한다 (Hastie et al., 2000). [그림 14.14]는 이 과정을 설명한 그림이다. 이 절차는 연쇄적인 유전자 블럭을 생성하게 되는데, 이때 각 군집은 군집간 분산은 최대화하고 군집내 분산은 최소화하도록 구성된다. 이 방법은 중복할당을 허용하므로 유전자들은 단 하나의 군집에 속하도록 제한되지 않고 하나 이상의 군집에 할당될 수 있다.

이 밖에도 여러 가지 군집방법이 있다. 다차원척도 (Multidimensional Scaling; MDS)와 비정칙치분해 (Singular Value Decomposition; SVD)를 이용한 분석도 자주 사용되는 방법이다. 사전분포에 대한 정보가 있을 때에는 베이지안 방법 (Bayesian Clustering)도 사용되며, 기타 자세한 방법은 다변량 서적과 관련논문을 살펴보기 바란다.

한편 전통적인 판별분류기법으로서 Fisher의 선형판별 분석 (Fisher linear discriminant analysis), 최대우도판별분석 (maximum likelihood discriminant analysis), 근접 분류자 (nearest neighbor) 등의 방법이 있으며, 최근에는 분류나무 (classification tree)나 인공지

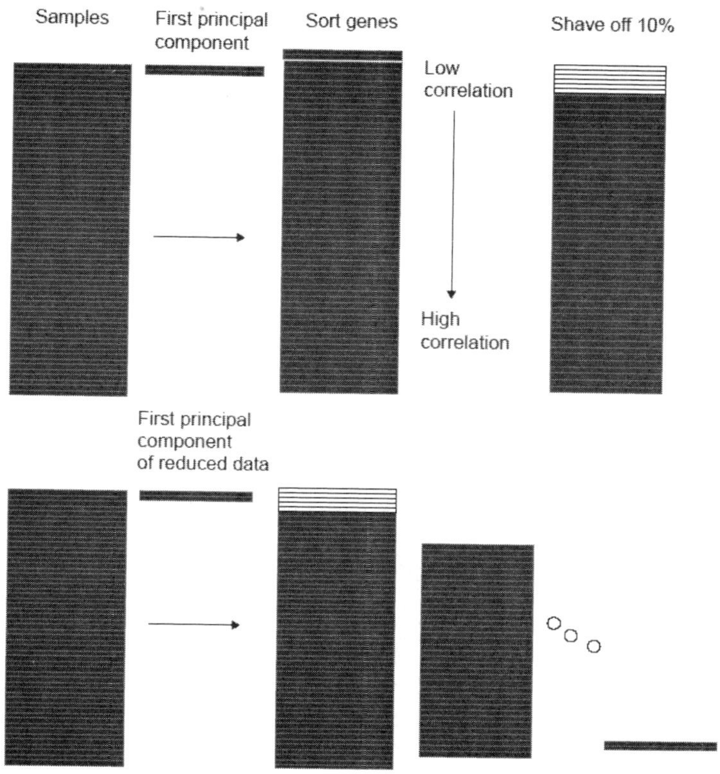

[그림 14.14] 진쉐이빙 절차 그림
(출처: Hastie et al., 2000)

능망(neural network), SVM(support vector machines) 등을 이용한 분류기법도 많이 쓰이고 있다. 분류방법에 대해서는 각 방법들을 소개하고 비교한 Lee et al.(2005)을 참고하기 바란다.

유전체 분야의 연구에서 사용되는 군집 및 분류 방법은 방법별로 서로 다른 성질을 갖고 있다. 특정 방법의 적절성은 데이터의 성질에 달려 있으며 어느 상황에서나 최고인 방법은 없으므로, 성공적인 데이터분석을 위해서는 여러가지 방법을 적용해보고 그 결과를 비교해 봄으로써 의미있는 결론을 도출해 내는 것이 필요하다.

14.7 분석 소프트웨어

마이크로어레이 자료 분석을 위한 많은 소프트웨어가 개발되어 상용 또는 공개용으로 나와 있다. 여기서는 자주 사용되는 몇 가지 이미지 분석 소프트웨어와 군집분석 소프트웨어를 소개하겠다.

이미지 분석을 위한 소프트웨어로는 ScanAnalyze, Spotfinder, Array Vision, GenePix Pro, ImaGene 등이 있다. 이들의 프로그램에 대한 정보는 다음의 [표 14.2]와 같다. 이 밖에도 여러 소프트웨어들이 개발되어 있다. 이들 프로그램을 비교해놓은 사이트를 참조하는 것도 좋겠다(cf. http://ihome.cuhk.edu.hk/~b400559/arraysoft_image.html). [그림 14.15]는 Imagene에서의 실행화면이다.

[표 14.2] 이미지 분석용 소프트웨어

소프트웨어	제작자	위 치	다운로드 정보
Array Vision	Imaging research	http://imaging.brocku.ca/products/ARV.asp	등록시 데모프로그램 제공
GenePix Pro	Axon Instruments	http://www.axon.com/gn_GenePixSoftware.html	등록시 데모프로그램 제공
ImaGene	Biodiscovery	(http://www.biodiscovery.com/imagene.asp	등록시 데모프로그램 제공
ScanAnalyze	Eisen Lab	http://rana.lbl.gov/EisenSoftware.htm	다운로드 가능
Spotfinder	Tiger	http://www.tigr.org/software/tm4/spotfinder.html	다운로드 가능

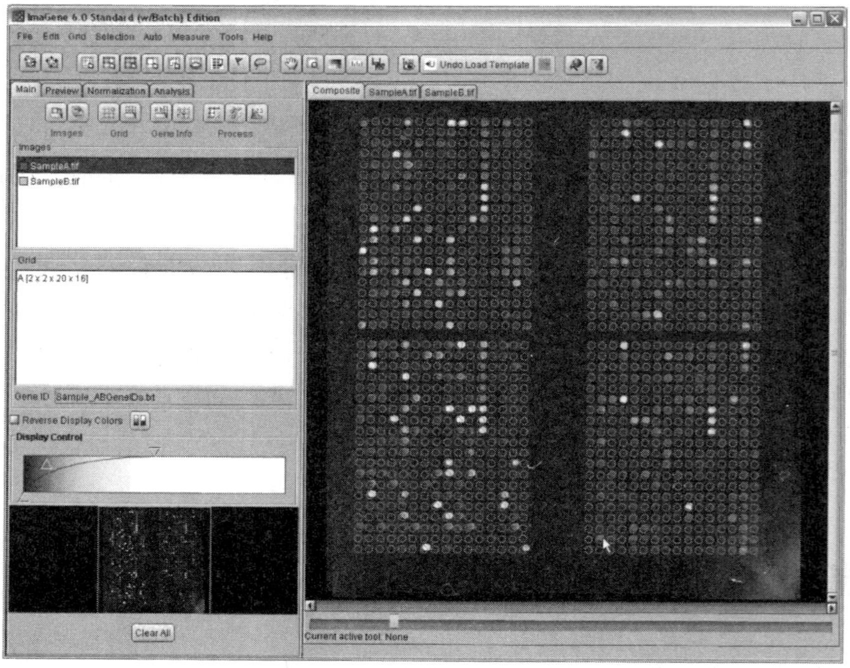

[그림 14.15] Imagene의 이미지분석 실행화면

군집분석용 소프트웨어 역시 많이 개발되어 있다. 상용 소프트웨어인 Silicon Genetics 사의 GeneSpring은 k-평균군집, 계층적 군집, 주성분분석, SOM의 분석툴을 제공한다. 이것은 JAVA, Windows NT, Mac OS 및 Unix에서 구동할 수 있다. Biodiscovery사의 Genesight, Strand Genomics 사의 Avadis, MolMine사의 J-express pro 등도 자주 사용되는 군집분석을 제공한다. [그림 14.16]은 이 가운데에서 Genespring의 SOM 실행화면이다.

공개 프로그램으로 미국 버클리 대학의 Eisen Lab에서는 Cluster와 Treeview 프로그램을 공개하고 있다. Cluster로는 k-평균군집, 계층적 군집, 1차원 SOM과 주성분분석을 할 수 있으며, TreeView는 Cluster에서 생성된 결과를 이용하여 덴드로그램을 그려주는 프로그램이다. [그림 14.17]은 Cluster와 Treeview의 실행화면이다. 스탠포드 대학의 GeneXpress도 시각적 분석을 위한 툴을 제공한다. 이 밖에도 AMIADA 등의 다양한 공개 소프트웨어가 나와 있으며, CCLUST 등의 프로그래밍 언어 R을 사용한 패키지들도 나오고 있다. 저자들이 진행한 IMT-2000 프로젝트에서도 이미지 분석부터 분류분석까지 마이크로어레이의 모든 분석과정에 ISSAC (Integrated Statistical System for Analyzing DNA Chip Data)이라는 소프트웨어를 작성한 바 있으며, 여러 연구그룹에서 이러한 분석 프로그램 개발이 활발히 진행되고 있다.

[표 14.3]은 군집분석을 위한 소프트웨어의 위치정보와 다운로드정보를 일부 정리한 것이다. 각 소프트웨어가 제공하는 분석툴은 거의 비슷하지만, 플랫폼과 결과물 양식 등에 차이가 있으므로 각 연구자는 자신의 연구환경에 맞는 것으로 선택하여 분석하는 것이 좋을 것이다. 마이크로어레이 소프트웨어를 정리하여 소개한 다음의 사이트들을 참조하는 것도 좋은 방법이다. (cf. http://www.cs.tcd.ie/Nadia.Bolshakova/softwarecatalogue.html, http://ihome.cuhk.edu.hk/~b400559/arraysoft_mining_comprehensive.html)

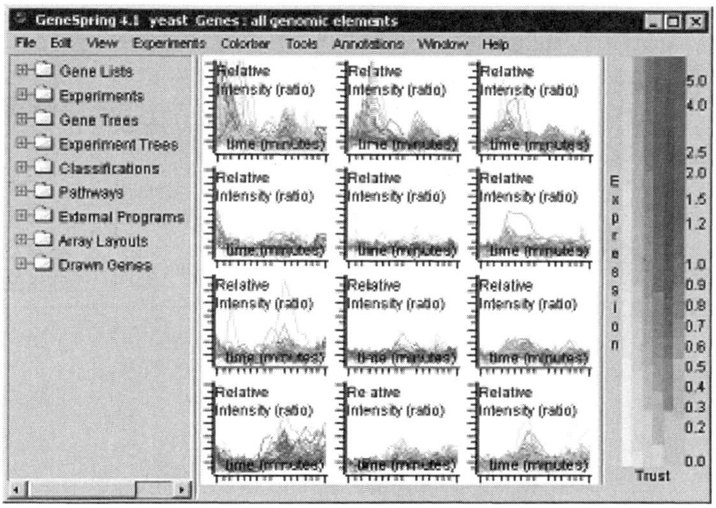

[그림 14.16] Genespring의 SOM 실행화면

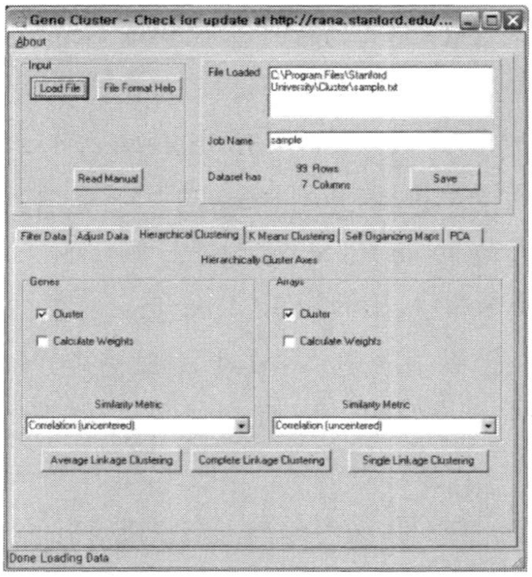

(가) Cluster

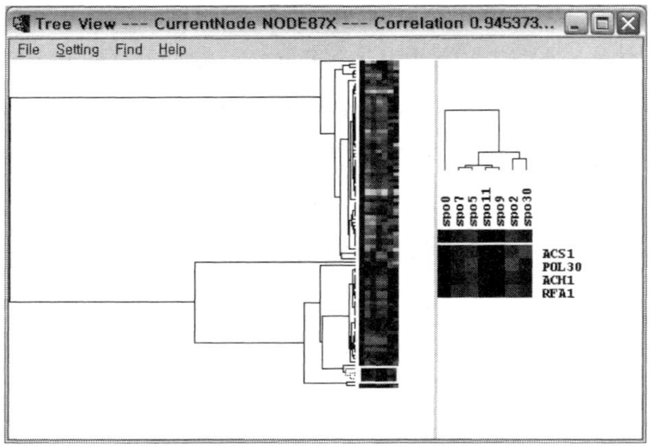

(나) Treeview

[그림 14.17] Cluster와 Treeview 실행화면

[표 14.3] 군집분석용 소프트웨어

소프트웨어	제작자	위 치	다운로드 정보
AMIADA	Hong Kong Univ.	http://aix1.uottawa.ca/~xxia/software/amiada.html	다운로드 가능
Avadis	Strand Genomics	http://avadis.strandgenomics.com/	등록시 데모프로그램 제공
CCLUST	Vienna Univ. of Tec.	http://www.cran.r-project.org	다운로드 가능
Cluster/Treeview	Eisen Lab	http://rana.lbl.gov/EisenSoftware.htm	다운로드 가능
GeneSight	Biodiscovery	http://www.biodiscovery.com/genesight.asp	등록시 데모프로그램 제공
GeneSpring	Silicon Genetics	http://www.genespring.com	등록시 데모프로그램 제공
GeneXpress	Stanford Univ.	http://genexpress.stanford.edu	다운로드 가능
J-express Pro	MolMine	http://www.molmine.com/index.asp	등록시 데모프로그램 제공

연습문제

1. 생물정보학이란 무엇인지 설명하라. 또 어떠한 연구분야들이 이에 속하는지 알아보라.

2. '생물학적 의문점의 발생' 부터 '생물학적 해석' 에 이르기까지, DNA 마이크로어레이 실험의 결과도출을 위한 모든 절차를 순서대로 정리하고 간략히 설명하라.

3. 마이크로어레이 실험 설계방법에는 어떠한 것이 있는가? 각 방법의 특징을 요약하여 보라.

4. 유전자발현자료의 분석단계에서 군집분석의 목적은 무엇이며, 어떠한 방법들이 있는가?

5. Eisen Lab의 홈페이지 (http://rana.lbl.gov/EisenSoftware.htm)에 가서 Cluster와 Treeview 프로그램을 다운로드받고, 그 안에 포함되어 있는 샘플데이터를 이용하여 여러 분석을 실행하여 보라. 분석에 따라 어떤 결과가 나오는지 비교하여 보라.

참고문헌

김일순 (1986). 『역학적 연구방법』, 대우학술총서 자연과학 41, 민음사.

박미라, 김선우, 이재원 (1998). 생존함수의 비교연구를 위한 표본수의 결정, 응용통계연구, 제 11권 제 2 호, 269-286.

박미라, 이재원 (1996). 『임상시험연구를 위한 통계적방법』, 자유아카데미.

박미라, 이재원 (1998). 『EXCEL을 이용한 의학데이터의 통계분석』, 자유아카데미.

박용규, 송혜향 (1997). 『반복측정과 교차계획 자료의 분석법』, 자유아카데미.

송혜향 (1992). 『메타분석법』, 자유아카데미.

송혜향, 김동재 (1996). 『통계학』, 청문각.

이재원 (1994). 집단축차검정법들에 관한 고찰, 『응용통계연구』, 제 7 권 제 2 호, 35-51.

허명회 (1992). 『비교연구를 위한 통계적 방법론』, 자유아카데미.

허명회 (1993). 『탐색적 방법에 의한 통계자료분석』, 자유아카데미.

허명회, 박미라 (1992). 『SAS와 NCSS를 이용한 생존분석』, 자유아카데미.

DNA 프로필연구회 (2002). 『유전자감식』, 탐구당.

Adams, R. and Bischof, L. (1994). Seeded region growing. *IEEE Transactions on Pattern Analysis and Machine Intelligence* 16, 641-647.

Agresti, A. (1990). *Categorical Data Analysis*, John Wiley and Sons, New York.

Allison, P. D. (1995). *Survival Analysis Using THE SAS SYSTEM : A Practical Guide*, SAS Institute Inc, North Carolina.

Altman, D. G., Gore, S. M., Gardner, M. J. and Pocock, S. J. (1983). Statistical guidelines for contributors to medical journals, *British Medical Journal*, 286, 1489-1493.

Armitage, P. (1975). *Sequential Medical Trials, 2nd edition*, John Wiley and Sons, New York.

Armitage, P., McPherson, C. K. and Rowe, B. C. (1969). Repeated significance tests on accumulating data, *Journal of the Royal Statistical Society*, Ser. A, 132, 235-244

Balding, D. J. and Donnelly, P. (1995) Inference in forensic identification. Journal of the Royal Statistical Society, Series A 158: 21-53.

Balding, D. J. and Nichols, R. A. (1994) DNA profile match probability calculation: how to allow for population stratification, relatedness, database selection and single bands. Forensic Science international 64: 125-140.

Balding, D. J. and Nichols, R. A. (1995) The method for quantifying differentiation between populations at multi-allelic loci and its implications for investigating identity and paternity. Genetica 96: 3-12.

Balding, D. J. and Nichols, R. A. (1997) Significant genetic correlations among Caucasians at forensic DNA loci. Heredity 78: 583-589.

Belin, T. R., Gjertson, D. W. and Ming-yi, Hu (1997) Summarizing DNA evidence when relatives are possible suspects. Journal of the American Statistical Association 92: 706-716.

Berlin, J. A., Laird, N. M., Sacks, H. S. and Chalmers, T. C. (1989). A comparison of statistical methods for combining event rates from clinical trials, *Statistics in Medicine*, 8, 141-151.

Beucher, S. and Meyer, F. (1993). The morphological approach to segmentation: the watershed transformation. Mathematical morphology in image processing. *Optical Engineering* 34, 433-481.

Brookfield, J. F. Y. (1994) The effect of relatives on the likelihood ratio associated with DNA profile evidence. Journal of Forensic Science Society 34: 193-197.

Buhler, J., Ideker, T. and Haynor, D. (2000). Dapple: improved techniques for finding spotson DNA microarrays. University of Washington CSE Technical Report UWTR 2000-08-05.

Casagrande, J. T., Pike, M. C. and Smith, P. G. (1978a). An improved approximate formula for calculating sample sizes for comparing two binomial distributions, *Biometrics*, 34, 483-486.

Casagrande, J. T., Pike, M. C. and Smith, P. G. (1978b). The power function of the "exact" test for comparing two binomial distributions, *Applied Statistics*, 27, 176-180.

Cohen, J. (1977). *Statistical power analysis for the behavioral sciences*. rev ed. Academic Press, NewYork

Cohen, J. (1988). *Statistical power analysis for the behavioral sciences*. 2nd ed. Academic Press, NewYork

Cox, D. R. (1972). Regression models and life tables, *Journal of Royal Statistical Society* Ser. B, 34, 187-220.

Dawson-Saunders, B. and Trapp, R. G. (1994). Basic and Clinical Biostatistics, 2nd edition, Prentice Hall International Inc.

DeMets, D. (1984). Can early stopping procedures impact significantly on the efficiency of clinical trials without serious loss of information?, *Statistics in Medicine*, 3, 445-451.

DerSimonian, R. and Laird, N. (1986). Meta-analysis in clinical trials, *Controlled Clinical Trials*, 7, 177-188.

Donner, A. (1984). Approaches to sample size estimation in the design of clinical trials - A review, *Statistics in Medicine*, 3, 199-214.

Douglass, H. O., Lavin, P. J. and Woll, J. (1978). Chemotherapy for advanced measurable colon and rectal carcinoma, *Cancer*, 42, 2538-2542.

Dudoit, S., Yang, Y. H., Speed, T. P. and Callow, M. J. (2002). Statistical methods for identifying differentially expressed genes in replicated cDNA microarray experiments. *Statistica Sinica* 12, 111-140.

Durrleman, S. and Simon, R. (1990). Planning and monitoring of equivalence studies, *Biometrics*, 46, 329-336.

Efron, B. (1971). Forcing a sequential experiment to be balanced, *Biometrika*, 58, 403-417.

Efron, B. (1977). The Efficiency of Logistic Regression Compared to Normal Discriminant Analysis, *Journal of the American Statistical Association*, 70, 892-898.

Einarsson, K. et al. (1985). Influence of age on secretion of cholesterol and synthesis of bile acids by the liver, *New England Journal of Medicine*, 313, 277-282.

Evett, I. W. (1992) Evaluating DNA profiles in a case where the defence is "It was my brother". Journal of Forensic Science Society 32: 5-14.

Fisher, R. A. (1932). *Statistical methods for research workers, 4th edition*, Oliver and Boyd, London.

Fleiss, J. L. (1973). *Statistical Methods for Rates and Proportions*, John Wiley and Sons, New York.

Fleiss, J. L., Tytun, A. and Ury, H. K. (1980). A simple approximation for calculation sample sizes for comparing independent proportions, *Biometrics*, 36, 343-346.

Fleming, T., Green, S. and Harrington, D. (1984). Considerations for monitoring and evaluating treatment effects in clinical trials, *Controlled Clinical Trials*, 5, 55-66.

Fleming, T. R. and Harrington, D. P. (1991). *Counting Process and Survival Analysis*.

Freedman, L. S. (1982). Tables of the number of patients required in clinical trials using the logrank test. Statistics in Medicine, 1, 121-129.

Frieman, J. A. et al. (1978). The importance of beta, the Type II error and sample size in the design and interpretation of the randomized control trial, *New England Journal of Medicine*, 299, 690-694.

Gail, M. (1973a). The determination of the number of patients required in a preliminary and a follow-up trial of a new chemotherapeutic agent, *Journal of Chronic Disease*, 13, 346-353

Gail, M. (1973b). The determination of sample sizes for trials involving several independent 2 × 2 tables, *Journal of Chronic Disease*, 26, 669-673.

Gehan, E. (1961). The determination of the number of patients required in a preliminary and a follow-up trial of a new chemotherapeutic agent, *Journal of Chronic Disease*, 13, 346-353.

Gehan, E. (1986). Randomized or historical control groups in cancer clinical trials : Are historical controls valid?, *Journal of Clinical Oncology*, 4, 1024-1025.

Gehan, E. A. (1965). A generalized Wilcoxon test for comparing arbitrarily singly-censored samples, *Biometrika*, 52, 15-21.

Geller, N. (1987). Planned interim analysis and its role in cancer clinical trials, *Journal of Clinical Oncology*, 5, 485-1490.

George, E. O. (1977). *Combining independent one-sided and two-sided statistical tests-Some theory and applications*, Doctorial dissertation, University of Rochester.

George, E. O. and Mudholker, G. S. (1977). *On the convolution of logistic random variables*, Unpublished paper, University of Rochester, Rochester, NY., USA.

George, S. L. and Desu, M. M. (1974). Planning the size and duration of a clinical trial studying the tine to some critical event, *Journal of Chronic Diseases*, 27, 15-24.

Glass, G. V. (1976). Primary, secondary, and meta-analysis of research, *Educational Researcher*, 5, 3-8.

Glen, A. W. (1997). *Common Statistical Methods for Clinical Research with SAS Examples*, SAS Institute Inc, North Carolina.

Good, I. J. (1955). On the weighted combination of significance tests, *Journal of the Royal*

Statistical Society, Ser. B, 17, 264-265.

Green, S. and Byar, D. (1984). Using observational data from registries to compare treatments : The fallacy of ominmetrics, Statistics in Medicine, 3, 361-370.

Green, S., Fleming, T. and O' Fallon, J. (1987). Policies for study monitoring and interim reporting of results, Journal of Clinical Oncology, 5, 1477-1484.

Guo, S. W. and Thompson, E. A. (1992) Performing the exact test of Hardy-Weinberg proportion for multiple alleles. Biometrics 48: 361-372.

Harrington, D. P. and Flemming, T. R. (1982). A class of rank test procedures for censored survival data, Biometrika, 69, 133-143.

Hastie, T., Tibshirani, R., Eisen, M. B., Alizadeh, A., Levy, R., Staudt, L., Chan, W. C., Botstein, D. and Brown, P. (2000). "Gene shaving" as a method for identifying distinct sets of genes with similar expression patterns. *Genome Biology* 1 (2): research0003.1-0003.21.

Hedges, L. V. (1982). Fitting categorical models to effect sizes from a series of experiments, *Journal of Educational Statistics*, 7, 119-137.

Hedges, L. V. and Olkin, I. (1985). *Statistical methods for meta-analysis*, Academic-Press, Orlando, FL., USA.

Hsieh, F. Y. (1987). Comparing sample size formulae for trials with unbalanced allocation using the logrank test, *Statistics in Medicine*, 11, 1091-1098.

Jennison, C. and Tunnbull, B. W. (1989). Interim analysis: the repeated confidence interval approach, *Journal of the Royal Statistical Society*, Ser. B, 51, 305-361.

Jones, D. A. (1972) Blood Samples : Probability of Discrimination. Journal of Forensic Science Society 12; 355-359

Kalbfleish, J. D. and Prentice, R. L. (1980). *The Statistical Analysis of Failure Time Data.*, John Wiley and Sons, New York.

Kerr, M. K. and Churchill, G. A. (2001). Experimental design for gene expression microarrays. *Biostatistics* 2, 183-201.

Kim, K. and DeMets, D. L. (1987). Design and Analysis of group sequential tests based on the Type I error spending rate function, *Biometrika*, 74, 149-154.

Kohonen, T. (1995) Self-Organizing Maps, Springer, Berlin.

Kraemer, H. C. (1983). Theory of estimation and testing of effect sizes : Use in meta-analysis. *Journal of Educational Statistics*, 8, 93-101.

Kraemer, H. C. and Paik, M. (1979). A central t approximation to the noncentral t distribution, *Technometrics*, 21, 357-360.

Lan, K. K. G. and DeMets, D. L. (1983). Discrete sequential boundaries for clinical trials, *Biometrika*, 70, 659-663.

Lawless, J. F. (1982). *Statistical Models and Methods for Lifetime Data.*, John Wiley and Sons, New York.

Lee, E. T. (1992). *Statistical Methods for Survival Data Analysis, 2nd edition*, Lifetime Learning.

Lee, H. S., Lee, J. W., Han, G. R. and Hwang, J. J. (2000) Motherless case in paternity testing. Forensic Science International 114(2) 57-65.

Lee, J. W. (1994). Group sequential testing in clinical trials with multivariate observations : A review, *Statistics in Medicine*, 13, 101-111.

Lee, J. W. and DeMets, D. L. (1991). Sequential comparison of changes with repeated measurements data, *Journal of the American Statistical Association*, 86, 757-762.

Lee, J. W. and DeMets, D. L. (1992). Sequential rank tests with repeated measurements in clinical trials, *Journal of the American Statistical Association*, 87, 136-142.

Lee, J. W., Lee, H. S., Park, M. and Hwang, J. J. (1999) Paternity probability when a relative of father is an alleged father. *Science & Justice* 39(4) 223 – 230.

Lee, J. W., Lee, H. S., Park, M. and Hwang, J. J. (2001) Evaluation of DNA match probability in criminal case. *Forensic Science International* 116 139-148.

Lee, J. W., Lee, J. B., Park, M. and Song, S. H. (2005) An extensive comparision of recent classification tools applied to microarray data, *Computational Statistics & Data Analysis*, 48, 869-885.

Lipták, T. (1958). On the combination for independent tests. *Magyar Tudományos Akadémia Mathematicai Kutató Intezetenek Kozlemenyei*, 3, 1971-1977.

Mantel, N. and Haenszel, W. (1959). Statistical Aspects of the Analysis of Data from Retrospective Studies of Disease, *Journal of the National Cancer Institute*, 22, 719-748.

Miller, R. G. (1981). *Survival Analysis*, John Wiley and Sons, New York.

Mosteller, F. and Bush, R. R. (1954). Selected quantitative techniques, *In Handbook of social psychology*(Ed. by G. Lindzey), Addison-Wesley, 289-334, Cambridge, MA

Moussa, M. A. A. (1988). Planning the size of survival time clinical trials with allowance for stratification, *Statistics in Medicine*, 7, 559-569.

Munoz, A. and Rosner, B. (1984). Power and sample size for a collection of 2 2 tables, *Biometrics*, 40, 995-1004.

National Cancer Institute. (1986). *Investigators Handbook*, Cancer Therapy Evaluation Program, Division of Cancer Treatment, National Cancer Institute, Bethesda, Maryland

20892.

O' Brien, P. C. and Fleming, T. R. (1979). A multiple testing procedure for clinical trials, *Biometrics*, 35, 549-556.

Pape, E. S. (1972). A combination of F-statistics. Technometrics, 14, 89-99.

Pearson, E. S. and Hartley, H. O. (1972). *Biometrika tables for statisticians 2*, Cambridge University Press, London

Peto, R. (1978). Clinical trial methodology, *Biomedicine*, 28, 24-36.

Peto, R., Pike, M. and Armitage, P. et al. (1976). Design and analysis of randomized clinical trials requiring prolonged observation of each patient, I. Introduction and design, *British Journal of Cancer*, 34, 585-612.

Pocock, S. J. (1977). Group sequential methods in design and analysis of clinical trials, *Biometrika*, 64, 191-199.

Pocock, S. J. (1983). *Clinical Trials - A Practical Approach.*, John Wiley and Sons, New York.

Polit, D. F. and Sherman, R. E. (1990). Statistical power in nursing research, *Nursing Research*, 39, 365-369

Prentice, R. L. (1973). Exponential Survivals with Censoring and Explanatory Variables, *Biometrika*, 40, 639-651.

Prentice, R. L. (1978). Linear rank tests with right censored data, Biometrika, 65, 167-179.

Roeder, K., Escobar, M., Kadane, J. B. and Balazs, I. (1998) Measuring heterogeneity in forensic databases using hierarchical Bayes models. Biometrika 85, 2: 269-587.

Ronald, A., Garber, J. and Morris, W. (1983) General Equations for the Average Power of Exclusion for Genetic Systems of n Codominant Alleles in One-Parent and No-Parent Cases of Disputed Parentage. Inclusion Probabilities in Parentage Testing 277-80.

Rubinstein, L. V., Gail, M. H. and Santner, T. J. (1981). Planning the duration of a comparative clinic trial with loss to follow-up and a period of continued observation, *Journal of Chronic Disease*, 34, 469-479.

Sackett, D. L. (1979). Bias in analytic research, *Journal of Chronic Disease*, 32, 51-63.

Sackett, D. L. (1981). How to read clinical journals : I. Why to read them and how to start reading them critically, V. To distinguish useful from useless or even harmful therapy, *Can. Med. Assoc. J.*, 124, 555-558 and 1156-1162.

Sacks, H., Chalmers, T. C. and Smith, H. (1982). Randomized versus historical controls for clinical trials, *American Journal of Medicine*, 72, 233-240.

Schlesselman, J. J. (1973a). Planning a longitudinal study : I. Sample size determination,

Journal of Chronic Disease, 26, 553-560.

Schlesselman, J. J. (1973b). Planning a longitudinal study : II. Frequency of measurement and study duration, *Journal of Chronic Disease*, 26, 561-570.

Schoenfeld, D. A. (1980). Statistical consideration for pilot studies, *International Journal of Radiation Oncology, Biology, and Physics*, 6, 371-374.

Shuster, J. J. (1990). *Handbook of Sample Size of Guidelines for Clinical Trials*, CRC Press, Inc., Wesr Palm Beach, Florida.

Simon, R. (1987). How large should a phase II trial of a new drug be? *Cancer Treatment Reports*, 71, 1079-1085.

Simon, R. (1989). Optimal two-stage design for phase II clinical trials, *Controlled Clinical Trials*, 10, 1-10.

Smyth, G. K., Yang, Y. H. and Speed, T. (2003) Statistical issues in cDNA microarray data analysis, Functional Genomics: Methods and Protocols, 224, 111-136

Stein, C. (1964). Inadmissibility of the usual estimator for the variance of a normal distribution with unknown mean, Annals of the Institute of Statistical Mathematics, 16, 155-160.

Stouffer, S. A., Suchman, E. A., DeVinney, L. C., Star, S. A. and William, R. M. Jr. (1949). *The American soldier, Volume I, Adjustment during Army life*, Princeton University Press, Princeton, NJ.

Tamayo, P., Slonim, D., Mesirov, J., Zhu, Q., Kitareewan, S., Dmitrovsky, E., Lander, E. S. and Golub, T. R. (1999) Proc. Natl. Acad. Sci. USA 96, 2907-2912.

Tarone, R. E. and Ware, J. (1977). On distribution-free tests for equality of survival distributions, *Biometrika*, 64, 156-160.

Tebbi, C., Cummings, K. and Zevon, M. et al. (1983). Compliance of pediatric and adolescent cancer patients, Cancer, 58, 1179-1184.

Tippett, L. H. C. (1931). *The method of statistics*, Williams & Norgate., London.

Tukey, J. W. (1977). Exploratory Data Analysis, Addison-Wesley, MA : Ready.

Tusher, V., Tibshirani, R. and Chu, G. (2001). Significance analysis of microarrays applied to the ionizing radiation response. *Proceedings of the National Academy of Sciences* 98, 5116-5124.

Von Hoff, D. D., Kuhn, J. and Clark, G. M. (1984). Design and conduct of phase I trials, in Buyse, M.E., Staquet, M.D., Sylvester, R.D.(editors), *Cancer Clinical Trials : Methods and Practice*, Oxford University Press, 210-220.

Wald, A. (1947). *Sequential Analysis*, John Wiley and Sons, New York.

Wang, X., Ghosh, S. and Guo, S. W. (2001). Quantitative quality control in microarray image processing and data acquisition. *Nucleic Acids Research* 29 (15), e75.

Weir, B. S. and Cockerham, C. C. (1984) Estimating F-statistics for the analysis of population structure. Evolution 19: 395-420.

Westfall, P. H. and Young, S. S. (1993). *Re-Sampling Based Multiple Testing*. Wiley, New York.

Wilkinson, B. (1951). A statistical consideration in psychological research, *Psychological Bulletin*, 48, 156-158.

Williamson, J. W., Goldschmidt, P. G. and Colton, T. (1986). The quality of medical literature : An analysis of validation assessments, *Medical Uses of Statistics*, Bailar JC, Mosteller F(editors), Massachusetts Medical society.

Wolf, G. T. and Makuch, R. W. (1980). A classification system for protocol deviations in clinical trials, *Cancer Clin Trials*, 3, 101-103.

Yang, J. (2000) Image Analysis on cDNA Microarray-DataDemo of Spot, Presentations in Genetics & Bioinformatics Meetings.

Yang, Y. H., Dudoit, S., Luu, P. and Speed, T. P. (2001). Normalization for cDNA microarray data. In M. L. Bittner, Y. Chen, A. N. Dorsel, and E. R. Dougherty (eds.), *Microarrays: Optical Technologies and Informatics*, Volume 4266 of Proceedings of SPIE.

Yang, Y. H., Dudoit, S., Luu, P., Lin, D. M., Peng, V., Ngai, J. and Speed, T. P. (2002). Normalization for cDNA microarray data: a robust composite method addressing single and multiple slide systematic variation. *Nucleic Acids Research* 30(4):e15.

Yusuf, S., Peto, R., Lewis, J., Collins, R. and Sleight, P. (1985). Beta blockade during and after myocardial infarction : An overview of the randomized trials, Progress in Cardiovascular Diseases, 27, 335-371.

Zaykin, D., Zhivotovsky, L. and Weir, B. S. (1995) Exact tests for association between alleles at arbitrary numbers of loci. Genetica 96: 169-178.

Zelen, M. (1957). The analysis of incomplete block designs, *Journal of the American Statistical Association*, 52, 204-217.

Zelen, M. (1969). Play the winner rule and the controlled clinical trials, *Journal of the American Statistical Association*, 64, 131-146.

Zelen, M. (1974). The randomization and stratification of patients to clinical trials, *Journal of Chronic Disease*, 27, 365-375.

Zelen, M. (1979). A new design for randomized clinical trials, *New England Journal of*

Medicine, 300, 1242-1245.

Zelen, M. (1983). Guidelines for publishing papers on cancer clinical trials : Responsibilities of editors and authors, *Journal of Clinical Oncology*, 1, 164-169.

Zelen, M. and Joel, L. S. (1959). On the weighted compounding of two independent significance tests, *Annals of Mathematical Statistics*, 30, 885-895.

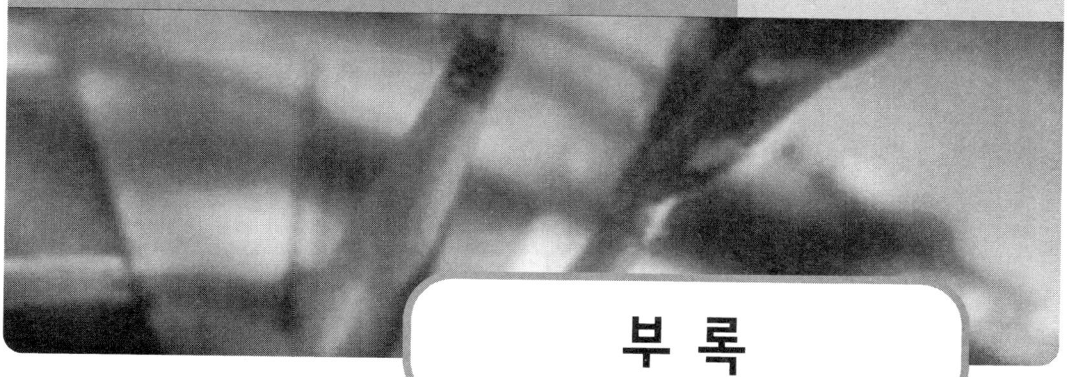

부 록

부록 1 난수표

부록 2 표준정규분포표

부록 3 t-분포표

부록 4 F-분포표

부록 5 χ^2-분포표

부록 1. 난수표 (random number table)

85967	73152	14511	85285	36009	95892	36962	67835	63314	50162
07483	51453	11649	86348	76431	81594	95848	36738	25014	15460
96283	01898	61414	83525	04231	13604	75339	11730	85423	60698
49174	12074	98551	37895	93547	24769	09404	76548	05393	96770
97366	39941	21225	93629	19574	71565	33413	56087	40875	13351
90474	41469	16812	81542	81652	45554	27931	93994	22375	00953
28599	64109	09497	76235	41383	31555	12639	00619	22909	29563
25254	16210	89717	65997	82667	74624	36348	44018	64732	93589
28785	02760	24359	99410	77319	73408	58993	61098	04393	48245
84725	86576	86944	93296	10081	82454	76810	52975	10324	15457
41059	66456	47679	66810	15941	84602	14493	65515	19251	41642
67434	41045	82830	47617	36932	46728	71183	36345	41404	81110
72766	68816	37643	19959	57550	49620	98480	25640	67257	18671
92079	46784	66125	94932	64451	29275	57669	66658	30818	58353
29187	40350	62533	73603	34075	16451	42885	03448	37390	96328
74220	17612	65522	80607	19184	64164	66962	82310	18163	63495
03786	02407	06098	92917	40434	60602	82175	04470	78754	90775
75085	55558	15520	27038	25471	76107	90832	10819	56797	33751
09161	33015	19155	11715	00551	24909	31894	37774	37953	78837
75707	48992	64998	87080	39333	00767	45637	12538	67439	94914
21333	48660	31288	00086	79889	75532	28704	62844	92337	99695
65626	50061	42539	14812	48895	11196	34335	60492	70650	51108
84380	07389	87891	76255	89604	41372	10837	66992	93183	56920
46479	32072	80083	63868	70930	89654	05359	47196	12452	38234
59847	97197	55147	76639	76971	55928	36441	95141	42333	67483
31416	11231	27904	57383	31852	69137	96667	14315	01007	31929
82066	83436	67914	21465	99605	83114	97885	74440	99622	87912
01850	42782	39202	18582	46214	99228	79541	78298	75404	63648
32315	89276	89582	87138	16165	15984	21466	63830	30475	74729
59388	42703	55198	80380	67067	97155	34160	85019	03527	78140
58089	27632	50987	91373	07736	20436	96130	73483	85332	24384
61705	57285	30392	23660	75841	21931	04295	00875	09114	32101
18914	98982	60199	99275	41967	35208	30357	76772	92656	62318
11965	94089	34803	48941	69709	16784	44642	89761	66864	62803
85251	48111	80936	81781	93248	67877	16498	31924	51315	79921
66121	96986	84844	93873	46352	92183	51152	85878	30490	15974
53972	96642	24199	58080	35450	03482	66953	49521	63719	57615
14509	16594	78883	43222	23093	58645	60257	89250	63266	90858
37700	07688	65533	72126	23611	93993	01848	03910	38552	17472
85466	59392	72722	15473	73295	49759	56157	60477	83284	56367
52969	55863	42312	67842	05673	91878	82738	36563	79540	61935
42744	68315	17514	02878	97291	74851	42725	57894	81434	62041
26140	13336	67726	61876	29971	99294	96664	52817	90039	53211
95589	56319	14563	24071	06916	59555	18195	32280	79357	04224
39113	13217	59999	49952	83021	47709	53105	19295	88318	41626
41392	17622	18994	98283	07249	52289	24209	91139	30715	06604
54684	53645	79246	70183	87731	19185	08541	33519	07223	97413
89442	61001	36658	57444	95388	36682	38052	46719	09428	94012
36751	16778	54888	15357	68003	43564	90976	58904	40512	07725
98159	02564	21416	74944	53049	88749	02865	25772	89853	88714

부록 2. 표준정규분포표

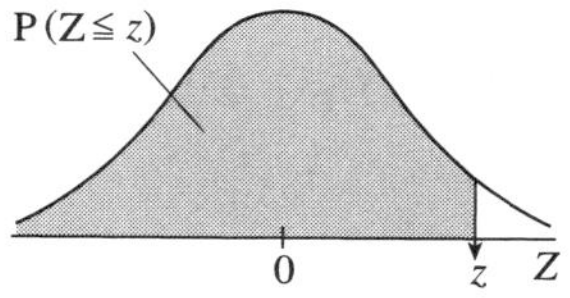

$$P[Z \leq z] = \int_{-\infty}^{z} \frac{1}{\sqrt{2\pi}} e^{-\frac{t^2}{2}} dt$$

z	.00	.01	.02	.03	.04	.05	.06	.07	.08	.09
.0	.5000	.5040	.5080	.5120	.5160	.5199	.5239	.5279	.5319	.5359
.1	.5398	.5438	.5478	.5517	.5557	.5596	.5636	.5675	.5714	.5753
.2	.5793	.5832	.5871	.5910	.5948	.5987	.6026	.6064	.6103	.6141
.3	.6179	.6217	.6255	.6293	.6331	.6368	.6406	.6443	.6480	.6517
.4	.6554	.6591	.6628	.6664	.6700	.6736	.6772	.6808	.6844	.6879
.5	.6915	.6950	.6985	.7019	.7054	.7088	.7123	.7157	.7190	.7224
.6	.7257	.7291	.7324	.7357	.7389	.7422	.7454	.7486	.7517	.7549
.7	.7580	.7611	.7642	.7673	.7704	.7734	.7764	.7794	.7823	.7852
.8	.7881	.7910	.7939	.7967	.7995	.8023	.8051	.8078	.8106	.8133
.9	.8159	.8186	.8212	.8238	.8264	.8289	.8315	.8340	.8365	.8389
1.0	.8413	.8438	.8461	.8485	.8508	.8531	.8554	.8577	.8599	.8621
1.1	.8643	.8665	.8686	.8708	.8729	.8749	.8770	.8790	.8810	.8830
1.2	.8849	.8869	.8888	.8907	.8925	.8944	.8962	.8980	.8997	.9015
1.3	.9032	.9049	.9066	.9082	.9099	.9115	.9131	.9147	.9162	.9177
1.4	.9192	.9207	.9222	.9236	.9251	.9265	.9279	.9292	.9306	.9319
1.5	.9332	.9345	.9357	.9370	.9382	.9394	.9406	.9418	.9429	.9441
1.6	.9452	.9463	.9479	.9484	.9495	.9505	.9515	.9525	.9535	.9545
1.7	.9554	.9564	.9573	.9582	.9591	.9599	.9608	.9616	.9625	.9633
1.8	.9641	.9649	.9656	.9664	.9671	.9678	.9686	.9693	.9699	.9706
1.9	.9713	.9719	.9726	.9732	.9738	.9744	.9750	.9756	.9761	.9767
2.0	.9772	.9778	.9783	.9788	.9793	.9798	.9803	.9808	.9812	.9817
2.1	.9821	.9826	.9830	.9834	.9838	.9842	.9846	.9850	.9854	.9857
2.2	.9861	.9864	.9868	.9871	.9875	.9878	.9881	.9884	.9887	.9890
2.3	.9893	.9896	.9898	.9901	.9904	.9906	.9909	.9911	.9913	.9916
2.4	.9918	.9920	.9922	.9925	.9927	.9929	.9931	.9932	.9934	.9936
2.5	.9938	.9940	.9941	.9943	.9945	.9946	.9948	.9949	.9951	.9952
2.6	.9953	.9955	.9956	.9957	.9959	.9960	.9961	.9962	.9963	.9964
2.7	.9965	.9966	.9967	.9968	.9969	.9970	.9971	.9972	.9973	.9974
2.8	.9974	.9975	.9976	.9977	.9977	.9978	.9979	.9979	.9980	.9981
2.9	.9981	.9982	.9982	.9983	.9984	.9984	.9985	.9985	.9986	.9986
3.0	.9987	.9987	.9987	.9988	.9988	.9989	.9989	.9989	.9990	.9990
3.1	.9990	.9991	.9991	.9991	.9992	.9992	.9992	.9992	.9993	.9993
3.2	.9993	.9993	.9994	.9994	.9994	.9994	.9994	.9995	.9995	.9995
3.3	.9995	.9995	.9995	.9996	.9996	.9996	.9996	.9996	.9996	.9997
3.4	.9997	.9997	.9997	.9997	.9997	.9997	.9997	.9997	.9997	.9998

부록 3. t-분포표

$$P[t(\upsilon) \le t_{\alpha}(\upsilon)] = 1 - \alpha$$

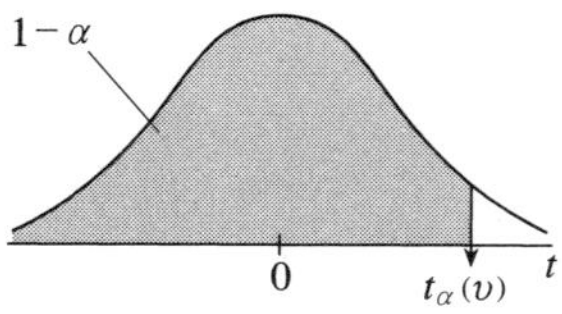

υ	$1-\alpha$						
	.55	.60	.65	.70	.75.	.80	.85
1	0.158	0.325	0.510	0.727	1.000	1.376	1.963
2	0.142	0.289	0.445	0.617	0.816	1.061	1.386
3	0.137	0.277	0.424	0.584	0.765	0.978	1.250
4	0.134	0.271	0.414	0.569	0.741	0.941	1.190
5	0.132	0.267	0.408	0.559	0.727	0.920	1.156
6	0.131	0.265	0.404	0.553	0.718	0.906	1.134
7	0.130	0.263	0.402	0.549	0.711	0.896	1.119
8	0.130	0.262	0.399	0.546	0.706	0.889	1.108
9	0.129	0.261	0.398	0.543	0.703	0.883	1.100
10	0.129	0.260	0.397	0.542	0.700	0.879	1.093
11	0.129	0.260	0.396	0.540	0.697	0.876	1.088
12	0.128	0.259	0.395	0.539	0.695	0.873	1.083
13	0.128	0.259	0.394	0.538	0.694	0.870	1.079
14	0.128	0.258	0.393	0.537	0.692	0.868	1.076
15	0.128	0.258	0.393	0.536	0.691	0.866	1.074
16	0.128	0.258	0.392	0.535	0.690	0.865	1.071
17	0.128	0.257	0.392	0.534	0.689	0.863	1.069
18	0.127	0.257	0.392	0.534	0.688	0.862	1.067
19	0.127	0.257	0.391	0.533	0.688	0.861	1.066
20	0.127	0.257	0.391	0.533	0.687	0.860	1.064
21	0.127	0.257	0.391	0.532	0.686	0.859	1.063
22	0.127	0.256	0.390	0.532	0.686	0.858	1.061
23	0.127	0.256	0.390	0.532	0.685	0.858	1.060
24	0.127	0.256	0.390	0.531	0.685	0.857	1.059
25	0.127	0.256	0.390	0.531	0.684	0.856	1.058
26	0.127	0.256	0.390	0.531	0.684	0.856	1.058
27	0.127	0.256	0.389	0.531	0.684	0.855	1.057
28	0.127	0.256	0.389	0.530	0.683	0.855	1.056
29	0.127	0.256	0.389	0.530	0.683	0.854	1.055
30	0.127	0.256	0.389	0.530	0.683	0.854	1.055
40	0.126	0.255	0.388	0.529	0.681	0.851	1.050
60	0.126	0.254	0.387	0.527	0.679	0.848	1.046
120	0.126	0.254	0.386	0.526	0.677	0.845	1.041
∞	0.126	0.253	0.385	0.524	0.674	0.842	1.036

υ	$1-\alpha$					
	.90	.95	.975	.99	.995	.9995
1	3.078	6.314	12.706	31.821	63.657	636.619
2	1.886	2.920	4.303	6.965	9.925	31.598
3	1.638	2.353	3.182	4.541	5.841	12.924
4	1.533	2.132	2.776	3.747	4.604	8.610
5	1.476	2.015	2.571	3.365	4.032	6.869
6	1.440	1.943	2.447	3.143	3.707	5.959
7	1.415	1.895	2.365	2.998	3.499	5.408
8	1.397	1.860	2.306	2.896	3.355	5.041
9	1.383	1.833	2.262	2.821	3.250	4.781
10	1.372	1.812	2.228	2.764	3.169	4.587
11	1.363	1.796	2.201	2.718	3.106	4.437
12	1.356	1.782	2.179	2.681	3.055	4.318
13	1.350	1.771	2.160	2.650	3.012	4.221
14	1.345	1.761	2.145	2.624	2.977	4.140
15	1.341	1.753	2.131	2.602	2.947	4.073
16	1.337	1.746	2.120	2.583	2.921	4.015
17	1.333	1.740	2.110	2.567	2.898	3.965
18	1.330	1.734	2.101	2.552	2.878	3.922
19	1.328	1.729	2.093	2.539	2.861	3.883
20	1.325	1.725	2.086	2.528	2.845	3.850
21	1.323	1.721	2.080	2.518	2.831	3.819
22	1.321	1.717	2.074	2.508	2.819	3.792
23	1.319	1.714	2.069	2.500	2.807	3.767
24	1.318	1.711	2.064	2.492	2.797	3.745
25	1.316	1.708	2.060	2.485	2.787	3.725
26	1.315	1.706	2.056	2.479	2.779	3.707
27	1.314	1.703	2.052	2.473	2.771	3.690
28	1.313	1.701	2.048	2.467	2.763	3.674
29	1.311	1.699	2.045	2.462	2.756	3.659
30	1.310	1.697	2.042	2.457	2.750	3.646
40	1.303	1.684	2.021	2.423	2.704	3.551
60	1.296	1.671	2.000	2.390	2.660	3.460
120	1.289	1.658	1.980	2.358	2.617	3.373
∞	1.282	1.645	1.960	2.326	2.576	3.291

부록 4. *F*-분포표

$$P\,[F(\upsilon_1,\ \upsilon_2) \le F_\alpha(\upsilon_1,\ \upsilon_2)] = 1 - \alpha$$

$$F_\alpha(\upsilon_1,\ \upsilon_2) = \frac{1}{F_{1-\alpha}(\upsilon_2,\ \upsilon_1)}$$

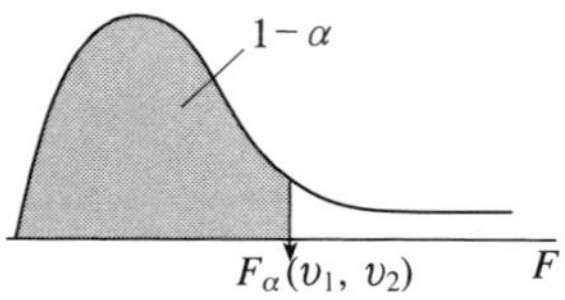

υ_2	$1-\alpha$	υ_1 = 1	2	3	4	5	6	7	8	9
1	.90	39.9	49.5	53.6	55.8	57.2	58.2	58.9	59.4	59.9
	.95	161	200	216	225	230	234	237	239	241
	.99	4,052	5,000	5,403	5,625	5,764	5,859	5,928	5,981	6,022
2	.90	8.53	9.00	9.16	9.24	9.29	9.33	9.35	9.37	9.38
	.95	18.5	19.0	19.2	19.2	19.3	19.3	19.4	19.4	19.4
	.99	88.5	99.0	99.2	99.2	99.3	99.3	99.4	99.4	99.4
3	.90	5.54	5.46	5.39	5.34	5.31	5.28	5.27	5.25	5.24
	.95	10.1	9.55	9.28	9.12	9.01	8.94	8.89	8.85	8.81
	.99	34.1	30.8	29.5	28.7	28.2	27.9	27.7	27.5	27.3
4	.90	4.54	4.32	4.19	4.11	4.05	4.01	3.98	3.95	3.94
	.95	7.71	6.94	6.59	6.39	6.26	6.16	6.09	6.04	6.00
	.99	21.2	18.0	16.7	16.0	15.5	15.2	15.0	14.8	14.7
5	.90	4.06	3.78	3.62	3.52	3.45	3.40	3.37	3.34	3.32
	.95	6.61	5.79	5.41	5.19	5.05	4.95	4.88	4.82	4.77
	.99	16.3	13.3	12.1	11.4	11.0	10.7	10.5	10.3	10.2
6	.90	3.78	3.46	3.29	3.18	3.11	3.05	3.01	2.98	2.96
	.95	6.99	5.14	4.76	4.53	4.39	4.28	4.21	4.15	4.10
	.99	13.7	10.9	9.78	9.15	8.75	8.47	8.26	8.10	7.98
7	.90	3.59	3.26	3.07	2.96	2.88	2.83	2.78	2.75	2.72
	.95	5.59	4.74	4.35	4.12	3.97	3.87	3.79	3.73	3.68
	.99	12.2	9.55	8.45	7.85	7.46	7.19	6.99	6.84	6.72
8	.90	3.46	3.11	2.92	2.81	2.73	2.67	2.62	2.59	2.56
	.95	5.32	4.46	4.07	3.84	3.69	3.58	3.50	3.44	3.39
	.99	11.3	8.65	7.59	7.01	6.63	6.37	6.18	6.03	5.91
9	.90	3.36	3.01	2.81	2.69	2.61	2.55	2.51	2.47	2.44
	.95	5.12	4.26	3.86	3.63	3.48	3.37	3.29	3.23	3.18
	.99	10.6	8.02	6.99	6.42	6.06	5.80	5.61	5.47	5.35
10	.90	3.29	2.92	2.73	2.61	2.52	2.46	2.41	2.38	2.35

υ_2	$1-\alpha$	υ_1								
		1	2	3	4	5	6	7	8	9
	.95	4.96	4.10	3.71	3.48	3.33	3.22	3.14	3.07	3.02
	.99	10.0	7.56	6.55	5.99	5.64	5.39	5.20	5.06	4.94
12	.90	3.18	2.81	2.61	2.48	2.39	2.33	2.28	2.24	2.21
	.95	4.75	3.89	3.49	3.26	3.11	3.00	2.91	2.85	2.80
	.99	9.33	6.93	5.95	5.41	5.06	4.82	4.64	4.50	4.39
15	.90	3.07	2.70	2.49	2.36	2.27	2.21	2.16	2.12	2.09
	.95	4.54	3.68	3.29	3.06	2.90	2.79	2.71	2.64	2.59
	.99	8.68	6.36	5.42	4.89	4.56	4.32	4.14	4.00	3.89
20	.90	2.97	2.59	2.38	2.25	2.16	2.09	2.04	2.00	1.96
	.95	4.35	3.49	3.10	2.87	2.71	2.60	2.51	2.45	2.39
	.99	8.10	5.85	4.94	4.43	4.10	3.87	3.70	3.56	3.46
24	.90	2.93	2.54	2.33	2.19	2.10	2.04	1.98	1.94	1.91
	.95	4.26	3.40	3.01	2.78	2.62	2.51	2.42	2.36	2.30
	.99	7.82	5.61	4.72	4.22	3.90	3.67	3.50	3.36	3.26
30	.90	2.88	2.49	2.28	2.14	2.05	1.98	1.93	1.88	1.85
	.95	4.17	3.32	2.92	2.69	2.53	2.42	2.33	2.27	2.21
	.99	7.56	5.39	4.51	4.02	3.70	3.47	3.30	3.17	3.07
60	.90	2.79	2.39	2.18	2.04	1.95	1.87	1.82	1.77	1.74
	.95	4.00	3.15	2.76	2.53	2.37	2.25	2.17	2.10	2.04
	.99	7.08	4.98	4.13	3.65	3.34	3.12	2.95	2.82	2.72
120	.90	2.75	2.36	2.13	1.99	1.90	1.82	1.77	1.72	1.68
	.95	3.92	3.07	2.68	2.45	2.29	2.18	2.09	2.02	1.96
	.99	7.08	4.98	4.13	3.65	3.34	3.12	2.95	2.82	2.72
∞	.90	2.71	2.30	2.08	1.94	1.85	1.77	1.72	1.67	1.63
	.95	3.84	3.00	2.60	2.37	2.21	2.10	2.01	1.94	1.88
	.99	6.63	4.61	3.78	3.32	3.02	2.80	2.64	2.51	2.41

υ_2	$1-\alpha$	υ_1								
		10	12	15	20	24	30	60	120	∞
1	.90	60.2	60.7	61.2	61.7	62.0	62.3	62.8	63.1	63.3
	.95	242	244	246	248	249	250	252	253	254
	.99	6,056	6,106	6,157	6,209	6,235	6,261	6,313	6,339	6,366
2	.90	9.39	9.41	9.42	9.44	9.45	9.46	9.47	9.48	9.49
	.95	19.4	19.4	19.4	19.4	19.5	19.5	19.5	19.5	19.5
	.99	99.4	99.4	99.4	99.4	99.5	99.5	99.5	99.5	99.5
3	.90	5.23	5.22	5.20	5.18	5.18	5.17	5.15	5.14	5.13
	.95	8.79	8.74	8.70	8.66	8.64	8.62	8.57	8.55	8.53
	.99	27.2	27.1	26.9	26.7	26.6	26.5	26.3	26.2	26.1
4	.90	3.92	3.90	3.87	3.84	3.83	3.82	3.79	3.78	3.76
	.95	5.96	5.91	5.85	5.80	5.77	5.75	5.69	5.66	5.63
	.99	14.5	14.4	14.2	14.0	13.9	13.8	13.7	13.6	13.5
5	.90	3.30	3.27	3.24	3.21	3.19	3.17	3.14	3.12	3.11
	.95	4.74	4.68	4.62	4.56	4.53	4.50	4.43	4.40	4.37
	.99	10.1	9.89	9.72	9.55	9.47	9.38	9.20	9.11	9.02
6	.90	2.94	2.90	2.87	2.84	2.82	2.80	2.76	2.74	2.72
	.95	4.06	4.00	3.94	3.87	3.84	3.81	3.74	3.70	3.67
	.99	7.87	7.72	7.56	7.40	7.31	7.23	7.06	6.97	6.88
7	.90	2.70	2.67	2.63	2.59	2.58	2.56	2.51	2.49	2.47
	.95	3.64	3.57	3.51	3.44	3.41	3.38	3.30	3.27	3.23
	.99	6.62	6.47	6.31	6.16	6.07	5.99	5.82	5.74	5.65
8	.90	2.54	2.50	2.46	2.42	2.40	2.38	2.34	2.32	2.29
	.95	3.35	3.28	3.22	3.15	3.12	3.08	3.01	2.97	2.93
	.99	5.81	5.67	5.52	5.36	5.28	5.20	5.03	4.95	4.86
9	.90	2.42	2.38	2.34	2.30	2.28	2.25	2.21	2.18	2.16
	.95	3.14	3.07	3.01	2.94	2.90	2.86	2.79	2.75	2.71
	.99	5.26	5.11	4.96	4.81	4.73	4.65	4.48	4.40	4.31
10	.90	2.32	2.28	2.24	2.20	2.18	2.16	2.11	2.08	2.06
	.95	2.98	2.91	2.84	2.77	2.74	2.70	2.62	2.58	2.54
	.99	4.85	4.71	4.56	4.41	4.33	4.25	4.08	4.00	3.91
12	.90	2.19	2.15	2.10	2.06	2.04	2.01	1.96	1.93	1.90
	.95	2.75	2.69	2.62	2.54	2.51	2.47	2.38	2.34	2.30
	.99	4.30	4.16	4.01	3.86	3.78	3.70	3.54	3.45	3.36

υ_2	$1-\alpha$	υ_1								
		10	12	15	20	24	30	60	120	∞
15	.90	2.06	2.02	1.97	1.92	1.90	1.87	1.82	1.79	1.76
	.95	2.54	2.48	2.40	2.33	2.29	2.25	2.16	2.11	2.07
	.99	3.80	3.67	3.52	3.37	3.29	3.21	3.05	2.96	2.87
20	.90	1.94	1.89	1.84	1.79	1.77	1.74	1.68	1.64	1.61
	.95	2.35	2.28	2.20	2.12	2.08	2.04	1.95	1.90	1.84
	.99	3.37	3.23	3.09	2.94	2.86	2.78	2.61	2.52	2.42
24	.90	1.88	1.83	1.78	1.73	1.70	1.67	1.61	1.57	1.53
	.95	2.25	2.18	2.11	2.03	1.98	1.94	1.84	1.79	1.73
	.99	3.17	3.03	2.89	2.74	2.66	2.58	2.40	2.31	2.21
30	.90	1.82	1.77	1.72	1.67	1.64	1.61	1.54	1.50	1.46
	.95	2.16	2.09	2.01	1.93	1.89	1.84	1.74	1.68	1.62
	.99	2.98	2.84	2.70	2.55	2.47	2.39	2.21	2.11	2.01
60	.90	1.71	1.66	1.60	1.54	1.51	1.48	1.40	1.35	1.29
	.95	1.99	1.92	1.84	1.75	1.70	1.65	1.53	1.47	1.39
	.99	2.63	2.50	2.35	2.20	2.12	2.03	1.84	1.73	1.60
120	.90	1.65	1.60	1.55	1.48	1.45	1.41	1.32	1.26	1.19
	.95	1.91	1.83	1.75	1.66	1.61	1.55	1.43	1.35	1.25
	.99	2.47	2.34	2.19	2.03	1.95	1.86	1.66	1.53	1.38
∞	.90	1.60	1.55	1.49	1.42	1.38	1.34	1.24	1.17	1.00
	.95	1.83	1.75	1.67	1.57	1.52	1.46	1.32	1.22	1.00
	.99	2.32	2.18	2.04	1.88	1.79	1.70	1.47	1.32	1.00

부록 5. χ^2-분포표

$$P\,[\chi^2(\upsilon) \le \chi^2_{\alpha}(\upsilon)] = 1 - \alpha$$

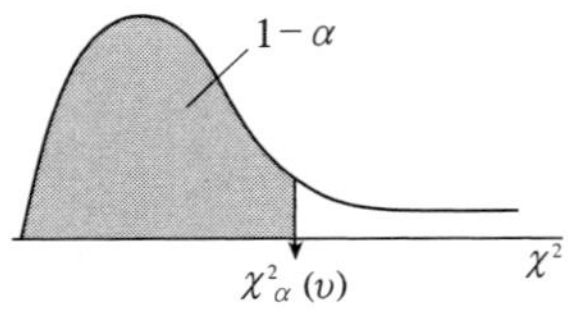

υ	$1-\alpha$									
	.005	.010	.025	.050	.100	.900	.950	.975	.990	.995
1	0.0^4393	0.0^3157	0.0^3982	0.0^2393	0.0158	2.71	3.84	5.02	6.63	7.88
2	0.0100	0.0201	0.0506	0.103	0.211	4.61	5.99	7.38	9.21	10.60
3	0.072	0.115	0.216	0.352	0.584	6.25	7.81	9.35	11.34	12.84
4	0.207	0.297	0.484	0.711	1.064	7.78	9.49	11.14	13.28	14.86
5	0.412	0.554	0.831	1.145	1.61	9.24	11.07	12.83	15.09	16.75
6	0.676	0.872	1.24	1.64	2.20	10.64	12.59	14.45	16.81	18.55
7	0.989	1.24	1.69	2.17	2.83	12.02	14.07	16.01	18.48	20.28
8	1.34	1.65	2.18	2.73	3.49	13.36	15.51	17.53	20.09	21.96
9	1.73	2.09	2.70	3.33	4.17	14.68	16.92	19.02	21.67	23.59
10	2.16	2.56	3.25	3.94	4.87	15.99	18.31	20.48	23.21	25.19
11	2.60	3.05	3.82	4.57	5.58	17.28	19.68	21.92	24.73	26.76
12	3.07	3.57	4.40	5.23	6.30	18.55	21.03	23.34	26.22	28.30
13	3.57	4.11	5.01	5.89	7.04	19.81	22.36	24.74	27.69	29.82
14	4.07	4.66	5.63	6.57	7.79	21.06	23.68	26.12	29.14	31.32
15	4.60	5.23	6.26	7.26	8.55	22.31	25.00	27.49	30.58	32.80
16	5.14	5.81	6.91	7.96	9.31	23.54	26.30	28.85	32.00	34.27
17	5.70	6.41	7.56	8.67	10.09	24.77	27.59	30.19	33.41	35.72
18	6.26	7.01	8.23	9.39	10.86	25.99	28.87	31.53	34.81	37.16
19	6.84	7.63	8.91	10.12	11.65	27.20	30.14	32.85	36.19	38.58
20	7.43	8.26	9.59	10.85	12.44	28.41	31.41	34.17	37.57	40.00
21	8.03	8.90	10.28	11.59	13.24	29.62	32.67	35.48	38.93	41.40
22	8.64	9.54	10.98	12.34	14.04	30.81	33.92	36.78	40.29	42.80
23	9.26	10.20	11.69	13.09	14.85	32.01	35.17	38.08	41.64	44.18
24	9.89	10.86	12.40	13.85	15.66	33.20	36.42	39.36	42.98	45.56
25	10.52	11.52	13.12	14.61	16.47	34.38	37.65	40.65	44.31	46.93
26	11.16	12.20	13.84	15.38	17.29	35.56	38.89	41.92	45.64	48.29
27	11.81	12.88	14.57	16.15	18.11	36.74	40.11	43.19	46.96	49.64
28	12.46	13.56	15.31	16.93	18.94	37.92	41.34	44.46	48.28	50.99
29	13.12	14.26	16.05	17.71	19.77	39.09	42.56	45.72	49.59	52.34
30	13.79	14.95	16.79	18.49	20.60	40.26	43.77	46.98	50.89	53.67
40	20.71	22.16	24.43	26.51	29.05	51.81	55.76	59.34	63.69	66.77
50	27.99	29.71	32.36	34.76	37.69	63.17	67.50	71.42	76.15	79.49
60	35.53	37.48	40.48	43.19	46.46	74.40	79.08	83.30	88.38	91.95
70	43.28	45.44	48.76	51.74	55.33	85.53	90.53	95.02	100.4	104.2
80	51.17	53.54	57.15	60.39	64.28	96.58	101.9	106.6	112.3	113.6
90	59.20	61.75	65.65	69.13	73.29	107.6	113.1	118.1	124.1	128.3
100	67.33	70.06	74.22	77.93	82.36	118.5	124.3	129.6	153.8	140.2

찾아보기

ㄱ

ㅇ

ㅈ

ㅊ

ㅋ

ㅌ

ㅍ

ㅎ

| 저자 소개 |

이 재 원
서울대학교 계산통계학과 졸업
서울대학교 대학원 통계학과 (석사)
위스컨신대학교 통계학과 (박사)
미네소타대학교 통계학과 조교수
남가주대학교(USC) 예방의학과 조교수
미국 Childrens Cancer Group 생물통계학자
식품의약품안전청 중앙약사심의위원
현 : 고려대학교 통계학과 교수
e-mail : jael@korea.ac.kr

박 미 라
고려대학교 통계학과 졸업
고려대학교 대학원 통계학과(석사)
고려대학교 대학원 통계학과(박사)
현 : 을지의과대학교 의예과 부교수
e-mail : mira@eulji.ac.kr

유 한 나
고려대학교 통계학과 졸업
고려대학교 통계연구소 간사
현 : 고려대학교 대학원 통계학과 박사과정
e-mail : pinkcan78@korea.ac.kr

생명과학연구를 위한 통계적 방법

| 저 자 박미라 · 이재원 · 유한나
| 발 행 인 김지영
| 발 행 처 자유아카데미
| 주 소 경기도 파주시 회동길 37-42 파주출판도시
| 전 화 031-955-1321
| 팩 스 031-955-1322
| 홈페이지 www.freeaca.com
| 전자우편 main@freeaca.com(대표)
editor@freeaca.com(편집)
crm@freeaca.com(영업)
| 등 록 제406-2003-017호, 1980. 7. 12
| 제1판1쇄 2005년 3월 15일 발행
| 제1판11쇄 2023년 7월 5일 발행
| 정 가 23,000원

저자와의 협의하에 인지생략

무단 복제를 금하며, 잘못된 책은 바꾸어 드립니다.
ISBN 89-7338-534-8 93310